JN109101

植物細胞

小胞体

一重の膜からなる袋状または管状の構造で，細胞質基質に広がっている。リボソームが付着した部分を粗面小胞体，付着していない部分を滑面小胞体という。タンパク質をゴルジ体へ輸送したり，脂質を合成したりする。

一重の膜でできており，内部は細胞液で満たされている。動物細胞にも存在するが，植物細胞で特に発達する。液胞内にはアミノ酸や無機塩類などのほか老廃物も貯蔵する。アントシアンなどの色素を含むものもある。

核

細胞質基質

細胞小器官の間をうめる部分で，さまざまな化学反応の場となる。

細胞骨格

ミトコンドリア

リボソーム

ゴルジ体

細胞膜

リン脂質の二重層にタンパク質がモザイク状に分布している。細胞への物質の出入りを調節している。

葉緑体

二重の膜でできており，内部にはチラコイドと呼ばれる扁平な膜構造が存在する。チラコイドの重なった部分をグラナといい，チラコイドをうめる部分をストロマと呼ぶ。チラコイドにはクロロフィルなどの光合成色素や ATP 合成酵素が含まれている。光合成の場となる。

細胞壁

細胞質を囲む構造体で，セルロースを主成分とする。伸びにくいため，植物細胞が過度に膨張して破裂することを防いでいる。

▮▮▮ は，植物細胞にのみ存在する。

本書の構成と利用法

　本書は，高等学校「生物」の学習書として，基礎知識を体系立てて理解し，さらに問題解決の技法を確実に習得できるよう，特に留意して編集してあります。したがって，本書を教科書と併用することによって，学習の効果を一層高めることができます。また，大学入試に備えて，基礎作りを行うための自習用整理書としても最適です。各学習テーマは，次のような構成になっています。

まとめ　「生物」における重要事項を図や表を用いてまとめて丁寧に解説し，効率的に学習できるよう工夫してあります。

プロセス　「まとめ」で理解した知識をより確実にするため，問題形式で基礎的な理解度を自己チェックできるようにしています。

基本例題　典型的な問題を示し，考え方，解き方などが説明してあります。これによって，いろいろな形式の問題について，解法をマスターできるようにしました。また，関連する基本問題とリンクさせています。

基本問題　「生物」教科書や各章の解説にある重要事項にもとづき，基礎的な学力を養成する良問で構成しています。

思考例題　思考力を必要とする入試問題を取り上げています。思考の過程が体験できるような構成としており，データの見方や，情報の整理の仕方といった問題解決の手順と手段が身に着けられます。

発展例題　基本例題よりも高度な解決能力を要する入試問題を取り上げ，丁寧に解説しました。関連する発展問題をリンクさせています。

発展問題　実際の入試問題から良問を選んで掲載しました。思考力を要する問題などを取り上げました。すべての問題にヒントを設けています。

★さらに入試対策として，巻末に3つの特集を設けました。
総合演習　さらに応用的な大学入試問題を掲載し，実践力が高められるようにしました。
論述問題　論述・記述形式の良問をまとめて掲載しています。解答に使用する用語を指定した基本問題と，自由に記述する発展問題の二段階に分けました。
大学入学共通テスト対策問題　思考力・判断力・表現力を養成する問題を掲載しました。

次のマークをそれぞれの内容に付し，利用しやすくしています。

資質・能力を表すマーク	**知識**……知識・技能を特に要する問題。
	思考……思考力・判断力・表現力を特に要する問題。
科目の範囲を表すマーク	**発展**……「生物」科目の学習範囲を超えた内容を含む問題。
	論述……論述形式の設問を含む問題。
	実験・観察 実験・観察を題材とした問題。
問題のタイプを表すマーク	**計算**……計算問題を含む問題。
	作図……作図形式の設問を含む問題。
	やや難……やや難しい問題。

CONTENTS

■学習支援サイト「プラスウェブ」のご案内

スマートフォンやタブレット端末機などを使って, 以下のコンテンツにアクセスすることができます。
https://dg-w.jp/b/5250001

❶基本例題・発展例題の解説動画
❷大学入試問題の分析と対策

[注意] コンテンツの利用に際しては, 一般に, 通信料が発生します。

1 生物の進化

1 生物の起源と生物界の変遷

❶生命の誕生

(a) **原始地球とその環境**　大気の成分…二酸化炭素，一酸化炭素，窒素，水蒸気など。環境などの特徴…原始海洋の形成，激しい地殻変動，強い紫外線・宇宙線

(b) **化学進化**　無機物から分子量の小さな有機物を経て生体を構成する有機物が生じる過程を化学進化という。ミラーらは，当時考えられていた還元型の原始大気中で放電をくり返すと，数種類のアミノ酸が生じることを発見した。その後，酸化型大気でも有機物の生成が確認された。

(c) **熱水噴出孔**　海底にある高温・高圧の熱水が吹き出す孔。メタン・アンモニア・水素・硫化水素などの濃度が高く，化学進化が生じて生命が誕生した場である可能性がある。

(d) **遺伝物質と進化**　始原生物は，遺伝物質としての働きと，触媒作用ももつ RNA をもっていたと考えられている。その後，触媒作用はタンパク質(酵素)が担い，遺伝物質は RNA から DNA に変わっていったと考えられている。

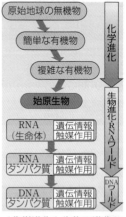

◀化学進化と生物の進化▶

❷細胞の進化

(a) **始原生物**　始原生物は，酸素を用いずに有機物を分解する従属栄養の細菌や，独立栄養の化学合成細菌(→p.84)のような原核生物であったと考えられている。

(b) **光合成生物の出現**　光合成細菌は，酸素を放出せずに光合成で有機物を合成する。やがて，水を利用し酸素を放出する光合成を行うシアノバクテリアが出現した。世界各地の約27億〜25億年前以降の地層から，シアノバクテリアの働きで形成されたストロマトライトと呼ばれる岩石が発見されている。

(c) **真核生物の誕生**　原核生物のなかでも，系統的に真核生物に近い生物群であるアーキア(→p.35)が，細胞壁を失い核膜をもつことで誕生したと考えられている。

・**細胞内共生**　細胞内に別の生物が共生する現象。原始的な真核細胞に好気性細菌が共生してミトコンドリアの，原始的なシアノバクテリアが共生して葉緑体の起源になったと考えられている。

〔細胞内共生の根拠〕　ミトコンドリアや葉緑体の内部に核の DNA とは異なる独自の DNA が存在する，独自の DNA は原核生物と同じように環状の構造をしている，細胞分裂とは別に分裂・増殖する。

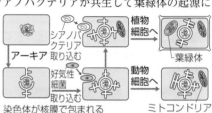

◀真核生物の起源(細胞内共生)▶

(d) 生物の進化と地球環境の変化

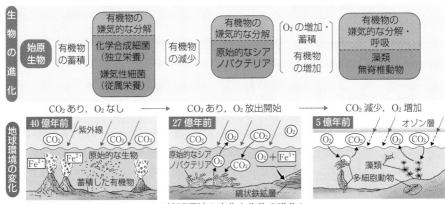

◀地球環境の変化と生物の進化▶

2 遺伝子の変化と遺伝子の組み合わせの変化

❶遺伝子とその変化

(a) **変異** 色や形，酵素が作用する強さなど，同種の個体間にみられる形質の違い。

(b) **突然変異** DNA複製時の誤りや，紫外線やX線，化学物質などの要因によって，DNAの塩基配列や染色体の構造，数が変化することを突然変異という。生殖細胞に生じた場合は，子に遺伝する。

(c) **DNAの塩基配列の変化**

						指定されるアミノ酸
もとの塩基配列	G C A	C A G	T A C	G T A	T	A－Q－Y－V …
置換　同義置換	G C G	C A G	T A C	G T A	T	A－Q－Y－V …
非同義置換	G C A	C G G	T A C	G T A	T	A－R－Y－V …
	G C A	C A G	T A G	=(終止コドン)		A－Q
欠　失	G C A	C A T	A C G	T A T	G	A－H－T－Y …
挿　入	G C A	C T A	G T A	C G T	A	A－L－V－R …

アミノ酸の表記
A：アラニン　Q：グルタミン　Y：チロシン　V：バリン　R：アルギニン　H：ヒスチジン　T：トレオニン　L：ロイシン
アミノ酸配列に変化をもたらさない塩基の置換を同義置換，もたらす置換を非同義置換という。欠失・挿入では読み枠がずれ（フレームシフト），アミノ酸配列が大きく変化する。

◀遺伝子に起こる突然変異▶

　i）**鎌状赤血球症** 塩基の置換によってアミノ酸が1つ置き換わり，合成されるヘモグロビンの立体構造が変化し，赤血球の変形やそれに伴う貧血が起こる。

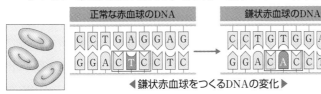

◀鎌状赤血球をつくるDNAの変化▶

(d) **一塩基多型**　同種の個体間において，DNA の一連の塩基配列中で 1 つの塩基だけが異なる場合が多数存在する。このような個体間でみられる 1 塩基の違いを，一塩基多型（SNP，スニップ）という。鎌状赤血球症の場合のように健康に影響するものもあるが，その多くは直接形質に影響しないと考えられている。

❷遺伝子の組み合わせの変化

有性生殖では，卵や精子などの配偶子の合体によって新しい個体が生じる。

(a) 遺伝子と染色体

ⅰ）**相同染色体**　形や大きさが同じで，対になっている染色体。

ⅱ）**核相**　染色体の組に関する核内の状態のことをいう。配偶子のように 1 組の染色体をもつ核の状態を単相，体細胞のように 2 組の染色体をもつ状態を複相という。単相は n，複相は $2n$ で表す。ヒトの体細胞の核相と染色体数は，$2n＝46$ と表される。

(b) 遺伝子座　染色体に占める遺伝子の位置を遺伝子座という。

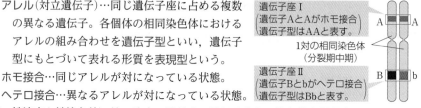

アレル（対立遺伝子）…同じ遺伝子座に占める複数の異なる遺伝子。各個体の相同染色体におけるアレルの組み合わせを遺伝子型といい，遺伝子型にもとづいて表れる形質を表現型という。

ホモ接合…同じアレルが対になっている状態。

ヘテロ接合…異なるアレルが対になっている状態。

遺伝子座Ⅰ（遺伝子 A と A がホモ接合　遺伝子型は AA と表す。）
1 対の相同染色体（分裂期中期）
遺伝子座Ⅱ（遺伝子 B と b がヘテロ接合　遺伝子型は Bb と表す。）

(c) 性決定と性染色体　性の決定に関係する遺伝子をもつ染色体を性染色体といい，X，Y などの記号で表す。性染色体以外の染色体を常染色体という。

＜ヒトの体細胞の染色体構成＞

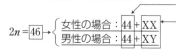

$2n＝\boxed{46}$　女性の場合：44＋XX　男性の場合：44＋XY

常染色体：雌雄共通の染色体。ヒトの場合 44 本ある。

性染色体：雌雄の決定に関与する染色体。ヒトの場合，X 染色体と Y 染色体がある。女性は X 染色体を 2 本，男性は X 染色体と Y 染色体を 1 本ずつもつ。

＜ヒトの性染色体による性決定＞

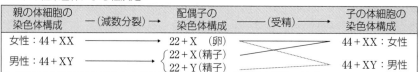

親の体細胞の染色体構成	—（減数分裂）→	配偶子の染色体構成	——（受精）——	子の体細胞の染色体構成
女性：44＋XX	→	22＋X　（卵）		44＋XX：女性
男性：44＋XY	→	22＋X（精子）／22＋Y（精子）		44＋XY：男性

(d) 伴性遺伝　性染色体には，性決定に関与しない遺伝子も存在し，これらによって表れる形質は，性と関連をもって遺伝する。このような遺伝現象を伴性遺伝という。

［伴性遺伝の例］

ショウジョウバエの眼の色，ヒトの赤緑色覚多様性，血友病

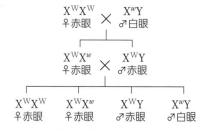

$X^W X^W$ ♀赤眼 × $X^w Y$ ♂白眼

$X^W X^w$ ♀赤眼 × $X^W Y$ ♂赤眼

$X^W X^W$ ♀赤眼　$X^W X^w$ ♀赤眼　$X^W Y$ ♂赤眼　$X^w Y$ ♂白眼

◀ キイロショウジョウバエにおける伴性遺伝の例 ▶

❸減数分裂と生殖細胞の形成

(a) **減数分裂** 動物の配偶子や植物の胞子などの生殖細胞がつくられるときの細胞分裂を減数分裂という。連続して起こる2回の分裂（第一分裂，第二分裂）で，1個の母細胞から4個の娘細胞ができる。ふつう，第一分裂で核相が変化する。

〔第一分裂〕

前期…分散していた染色体はひも状になる。同形・同大の相同染色体が対合し，二価染色体となる。このとき相同染色体間でみられる部分的な交換は乗換えと呼ばれる。

中期…二価染色体が赤道面に並ぶ。紡錘糸は染色体の動原体に付着し紡錘体をつくる。

後期…二価染色体は対合面で分離し，それぞれ両極に移動する。

終期…凝縮していた染色体は，形が崩れて間期の状態に戻る。その後，細胞質分裂が起こる。

〔第二分裂〕

体細胞分裂と同じ過程を経て起こる。中期に各染色体が赤道面に並び，後期になると各染色体は接着面で分離し，それぞれ両極に移動する。

減数分裂の結果，1個の母細胞($2n$)から4個の娘細胞(n)ができ，これらの娘細胞から生殖細胞が形成される。

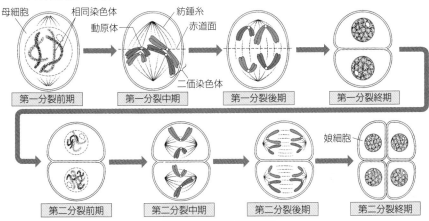

◀花粉母細胞の減数分裂▶

(b) **減数分裂と DNA 量の変化**

間期のS期にDNAが複製され，基準量（体細胞分裂直後のDNA量）の2倍のDNA量になる。第一分裂の終期には，DNA量は半減して基準量と同じになる。第一分裂と第二分裂の間ではDNAが複製されないので，第二分裂終期にはDNA量はさらに半減して基準量の半分になる。

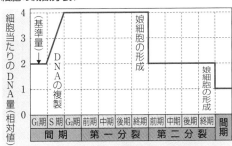

◀減数分裂における DNA 量の変化▶

◀体細胞分裂と減数分裂の比較▶

	体細胞分裂	減数分裂
核相の変化	$2n$ → $2n$ $2n$（母細胞 → 娘細胞）	$2n$ → n, n, n, n（母細胞 → 娘細胞）
赤道面への染色体の並び方	（中期のようす）	（第一分裂中期のようす）
相同染色体の対合	対合は起こらない	第一分裂前期に対合して，二価染色体を形成する
乗換え	乗換えは起こらない	相同染色体どうしの間で起こる

(c) **染色体の組み合わせと遺伝子** 母細胞に含まれる相同染色体は，減数分裂によってそれぞれ独立して配偶子に入る。これによって，配偶子がもつ染色体には多様な組み合わせが生じる。また，遺伝子は染色体に存在するため，染色体の組み合わせが多様化することは，遺伝子の組み合わせも多様化することを意味する。これらの配偶子が受精によって自由に組み合わさることで，遺伝的に多様な子が生じる。

　たとえばヒトは，配偶子の染色体数は $n=23$ である。したがって，父親または母親からつくられる配偶子の染色体の組み合わせは，$2^{23}=$ 約840万通りとなる。さらに，受精によって生じる染色体の組み合わせは $2^{23} \times 2^{23} = 2^{46}$ 通りある。これは，子がもつ可能性のある遺伝子の組み合わせの種類は70兆を超えることを意味する。

(d) **異なる染色体に存在する遺伝子の伝わり方** 着目する複数種類の遺伝子が，それぞれ異なる染色体に存在するとき，各遺伝子は独立して配偶子に入るため，配偶子の遺伝子は，任意の組み合わせが等しい割合でできる。二遺伝子雑種の F_1 では，遺伝子の組み合わせからみると，4種類の配偶子が等しい割合で生じることになる。

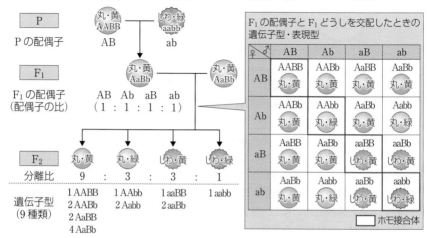

(e) **連鎖と組換え**

連鎖　同じ染色体にある複数の遺伝子は，染色体の挙動に合わせて一緒に遺伝する。この現象を，連鎖という。

組換え　連鎖している遺伝子の組み合わせが変わることがある。この現象を，組換えという。組換えは，減数分裂時に相同染色体が対合して分かれるとき，乗換え（染色体の部分的な交換）が起こるために生じる。染色体が交差した部分はキアズマと呼ばれる。

(f) **遺伝的多様性**　一般に，遺伝子型 AaBb の個体において，遺伝子Aとの（aとb）が連鎖している場合，配偶子 AB：Ab：aB：ab＝n：1：1：n（$n>1$）から生じる子の遺伝子型は次のようになる。

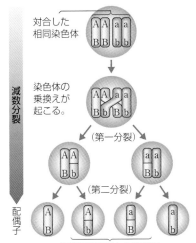

減数分裂

対合した相同染色体

染色体の乗換えが起こる。

（第一分裂）

（第二分裂）

配偶子

組換えを起こした配偶子

◀組換えが起こるしくみ▶

	nAB	1Ab	1aB	$n$ab
n**AB**	n^2AABB	nAABb	nAaBB	n^2AaBb
1Ab	nAABb	1AAbb	1AaBb	nAabb
1aB	nAaBB	1AaBb	1aaBB	$n$aaBb
n**ab**	n^2AaBb	nAabb	$n$aaBb	n^2aabb

(g) **組換え価と染色体地図**

ⅰ）組換え価　組換えは，ふつう，連鎖している遺伝子間では一定の割合で起こり，その割合を組換え価という。

$$組換え価（\%）＝\frac{組換えによって生じた配偶子の数}{配偶子の数}×100$$

- 遺伝子型 AaBb の個体において，遺伝子Aとの（aとb）が連鎖しており，配偶子 AB：Ab：aB：ab＝n：1：1：n の場合の組換え価は次のようになる。

$$組換え価（\%）＝\frac{1＋1}{n＋1＋1＋n}×100$$

組換え価は，顕性形質の純系の個体と潜性形質の純系の個体を交配させて生じた F_1 の個体に，さらに潜性形質の純系の個体を交配させると求めることができる。

ⅱ）染色体地図　染色体に存在する遺伝子の位置を直線上に表したもの。モーガンは「組換え価は遺伝子間の距離に比例する」という前提にもとづき，キイロショウジョウバエの各遺伝子の相対的位置関係を，三点交雑を用いて求めた。

- 三点交雑　同じ染色体上にある3つの遺伝子を選び，それぞれの組換え価を求める。このときの組換え価は遺伝子間の相対的距離を表すため，この結果から，遺伝子間の位置関係を決定することができる。この方法を三点交雑という。

キイロショウジョウバエで，互いに連鎖している黒体色(*b*)，紫眼(*pr*)，痕跡ば
ね(*vg*)の3つの遺伝子間の組換え価が，*b*～*pr*が6.0％，*b*～*vg*が18.5％，*pr*～*vg*
が12.5％のとき，遺伝子の位置は次のようになる。

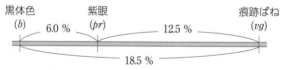

(h) **遺伝子と染色体の関係**

◀染色体と配偶子の形成▶

遺伝子と染色体の関係		形成される配偶子の種類とその割合
·A　　　·B ·a　　　·b	独立 A(a)とB(b)が別の染色体に存在する	AB：Ab：aB：ab＝1：1：1：1
·A　·B ·a　·b	完全連鎖 連鎖していて組換えが起こらない	AB：Ab：aB：ab＝1：0：0：1
	不完全連鎖 連鎖していて組換えが起こる(組換え価10％)	AB：Ab：aB：ab＝9：1：1：9
·A　·b ·a　·B	完全連鎖 連鎖していて組換えが起こらない	AB：Ab：aB：ab＝0：1：1：0
	不完全連鎖 連鎖していて組換えが起こる(組換え価10％)	AB：Ab：aB：ab＝1：9：9：1

(i) **検定交雑**　顕性形質を示す個体の遺伝子型がホモ接合かヘテロ接合かは，潜性のホ
モ接合体との間で交雑(検定交雑)を行った結果から検定することができる。また，検
定される個体から生じる配偶子の遺伝子の組み合わせとその比が明らかになる。

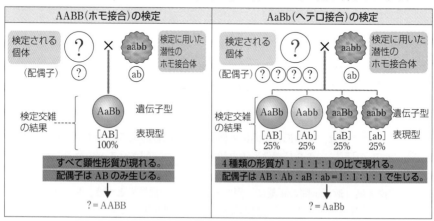

◀検定交雑▶

（j）**染色体レベルの突然変異**　染色体の構造や数が変化して生じる。

- **乗換えによる変化**　減数分裂において，相同染色体がずれて対合して乗換えが起こると，特定の領域が失われたり，同じ領域がくり返されたりした染色体が生じる。

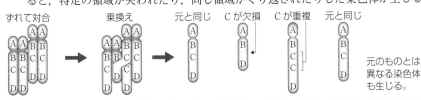

- **構造の変化**　染色体の構造が部分的に変化する。欠失・逆位・転座・重複などがある。

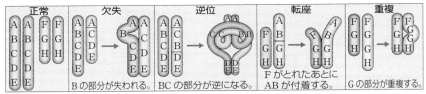

- **数の変化**　生物がもつ染色体の数が変化する。
  異数性　染色体数が 1 〜数本増減した場合（染色体数が $2n \pm \alpha$），これを異数性といい，異数性を示す個体を異数体という。

《遺伝学の基礎用語》

形質　生物がもっているさまざまな形や性質

対立形質　互いに対立関係にある形質　〔例〕花の色が赤い⇔花の色が白い

交配　2 個体間で行われる配偶子の受精

交雑　遺伝的に異なる個体の間で交配を行うこと

自由交雑　雌雄の個体の間で，選り好みなく，任意に行われる交雑

一遺伝子雑種　1 対の対立形質だけに着目し，純系どうしを交雑してつくられた雑種

二遺伝子雑種　2 対の対立形質だけに着目し，純系どうしを交雑してつくられた雑種

雑種第一代（F_1）　純系の両親（ P ）の交雑によって生じた一代目（子の代）の個体

雑種第二代（F_2）　F_1 の自家受精（F_1 どうしの交配）で生じた二代目（孫の代）の個体

遺伝子記号　遺伝子を表す記号。ふつうアルファベットを用い，顕性形質の遺伝子は大文字で，潜性形質の遺伝子は小文字で表す。

遺伝子型　個体の遺伝子の構成を遺伝子記号で表したもの

ホモ接合体　同じ遺伝子を対になるようにもつ個体　〔例〕AA, aa

ヘテロ接合体　対立関係にある遺伝子を対になるようにもつ個体　〔例〕Aa

純系　すべての遺伝子について，ホモ接合となっている系統

表現型　遺伝子型にもとづいて現れる，からだの形態的特徴や性質。記号で表すときは，ふつう形質として現れる遺伝子に〔　〕をつけて示す。　〔例〕〔AB〕

顕性形質　ホモ接合体の親どうしの交雑で，F_1（ヘテロ接合体）に現れる方の形質

潜性形質　ホモ接合体の親どうしの交雑で，F_1（ヘテロ接合体）に現れない方の形質

3 進化のしくみ

❶進化のしくみ

ⓐ 進化と遺伝子頻度

ⅰ）**遺伝子プール**　交配可能な集団内に存在する遺伝子全体を遺伝子プールという。

ⅱ）**遺伝子頻度**　遺伝子プールにおいて，1つの遺伝子座におけるアレルの頻度（割合）を遺伝子頻度という。

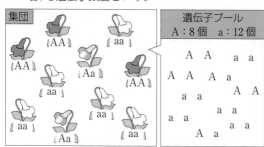

	この集団の遺伝子型の比
	AA：Aa：aa＝3：2：5

A の遺伝子頻度

$$\frac{遺伝子 A の数}{遺伝子 A と a の総数}＝\frac{8}{20}＝0.4$$

a の遺伝子頻度

$$\frac{遺伝子 a の数}{遺伝子 A と a の総数}＝\frac{12}{20}＝0.6$$

　集団の遺伝子頻度が変化して，別の状態になることも生物の進化の一部とされる。遺伝子頻度を変化させる要因には，遺伝的浮動や自然選択がある。

ⅲ）**ハーディー・ワインベルグの法則**　世代を経ても遺伝子頻度が変化せず，集団の遺伝子型の頻度が遺伝子頻度の積と等しくなる法則を，ハーディー・ワインベルグの法則という。下のような条件を備えた集団では，遺伝子頻度は変化しない。

> ≪条件≫
> ・集団内の個体数がきわめて大きい。　　・集団内で個体が自由に交配できる。
> ・集団への個体の移入・移出が起こらない。　・集団内では突然変異が起こらない。
> ・個体間で生存率や繁殖能力に差がない。

　これらの条件を満たす集団で遺伝子頻度が変化しないことを確かめる。

　あるアレルAとaについて，もとの集団におけるそれぞれの遺伝子頻度をpとq（$p+q=1$）とすると，次世代の各遺伝子型とその頻度の関係は，

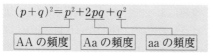

	A(p)	**a**(q)
A(p)	AA(p^2)	Aa(pq)
a(q)	Aa(pq)	aa(q^2)

と表すことができる。このときの子世代の遺伝子A，aについてみると，

　遺伝子Aの頻度は，$\dfrac{2p^2+2pq}{2p^2+4pq+2q^2}=\dfrac{2p(p+q)}{2(p+q)^2}$ であり，$p+q$ は 1 なので，p となる。

　同様に，遺伝子 a の頻度は，$\dfrac{2pq+2q^2}{2p^2+4pq+2q^2}=\dfrac{2q(p+q)}{2(p+q)^2}=q$ となる。

　このように，遺伝子A，aのいずれも，もとの集団から遺伝子頻度が変化しないことがわかる。ただし，自然界にはこのような条件をすべて満たす集団は存在しないため，遺伝子頻度は変化し，進化が生じる。

(b) 遺伝的浮動と中立進化

ⅰ）**遺伝的浮動**　アレル間で生存に有利・不利の関係がない場合に，次世代に伝えられる遺伝子頻度が偶然によって変化することを遺伝的浮動という。遺伝的浮動は，集団の大きさが小さいほど強く働く。

ⅱ）**中立進化**　DNA の塩基配列やタンパク質のアミノ酸配列に変化が生じても，生存や繁殖に影響がない場合が多い。このような変異が遺伝的浮動によって集団内に広まっていく進化を中立進化という。

ⅲ）**びん首効果**　集団の大きさが著しく小さくなることで，残った集団の遺伝子頻度がもとの集団の遺伝子頻度から大きく変化すること。

　［起こりやすい状況の例］環境の急激な変化や災害による個体数の減少からの回復
　　　　　　　　　　　　　集団から離れた少数の個体による新たな集団の形成

　環境の変化などによって生殖可能な個体が著しく減少する。

　個体がふたたび増加する。

遺伝子頻度
A…0.5
a…0.5

もとの集団

遺伝子頻度
A…0.75
a…0.25

新しくできた集団

●は AA, ●は Aa, ●は aa の遺伝子をもつ個体を表す（A と a は生存に有利・不利の関係がないアレル）

(c) 自然選択と適応進化

ⅰ）**自然選択**　集団内で，生存や生殖に有利な形質をもつ個体が次世代に子を多く残すことを自然選択という。自然選択によって，集団内の遺伝子頻度が変化する。

　［自然選択の要因の例］　非生物的環境要因（温度・降水量・光），生物間の相互作用
　　（捕食－被食の関係，種内競争，配偶相手や捕食者となる生物の選り好み）

ⅱ）**適応進化**　自然選択の結果，集団が環境に適応した形質をもつものとなること。

ⅲ）**適応度**　個体が自分の子をどれだけ残せたかを表す尺度。ある個体が一生の間につくる子のうち，繁殖可能な年齢になるまで成長した個体数で表す。

ⅳ）**工業暗化**　オオシモフリエダシャクというガには明色型と暗色型があり，19世紀中頃までは明色型がほとんどであった。著しく工業が発展したことで，煤煙が多く排出されるようになると，ガの生息場所である樹皮などが黒ずんだ。その結果，明色型は目立つようになり，鳥に捕食されやすくなって減少し，暗色型が増加した。工業地帯で暗色型の個体が増加したこの現象は工業暗化と呼ばれる。

ⅴ）**鎌状赤血球症**　鎌状赤血球症の原因遺伝子をホモ接合でもつと，重篤な貧血となり死亡率が高くなるが，ヘテロ接合では，貧血が軽度になるとともに，マラリアに対して抵抗性を示す。マラリアが多発するアフリカ西部などで，鎌状赤血球症の原因遺伝子の頻度がほかの地域と比べて高くなっているのは，ヘテロ接合でもつと生存率が高まるという自然選択が働いたためと考えられている。

vi）**性選択**　配偶行動における同性間または異性間での相互
作用にもとづく自然選択。

　　〔例〕　トドの雄の巨大化，クジャクの雄の飾り羽根

vii）**擬態**　周囲の風景や他の生物と見分けがつかない色や形
になることを擬態という。

viii）**共進化**　異なる種の生物どうしが，生存や繁殖に影響を
及ぼし合いながら進化する現象。花とその蜜を吸う昆虫の
間には，共進化によって，両者が利益を得られるような，
花の形と口器の関係が成立している場合がある。

ガの口器とランの距
は互いに影響しあい，
ともに長くなる方向
に進化した。

◀**共進化の例**▶

(d)　**分子進化**　DNA の塩基配列やタンパク質のアミノ酸配列などの分子にみられる変
化を分子進化という。分子進化のほとんどは，個体の生存に有利でも不利でもない。

- **コドンに生じた突然変異**　コドンの３番目の塩基に置換が生じても，同義置換とな
る場合が多く，指定するアミノ酸は変化せず，形質に影響を与えないことが多い。

- **アミノ酸の変化**　突然変異によりアミノ酸が他のアミノ酸に変化しても，タンパク
質の機能にとって重要でない部分であれば，その働きにほとんど影響を与えない。

- **翻訳されない領域の突然変異**　ゲノムのなかの，遺伝子と遺伝子の間の領域やイン
トロン（→p. 118）に突然変異が生じても，多くの場合，形質に影響を及ぼさない。

i）**分子進化の速度**　一定期間の間に，DNA の塩基配列やタンパク質のアミノ酸配
列に蓄積される変化の速度。機能に影響を与えない配列に生じた変化は，中立とな
り，蓄積しやすく，分子進化の速度は大きくなる。重要な機能を担う配列に，形質
に影響する変化が生じた場合，生存に不利なものが自然選択により残りにくくなる
ため，分子進化の速度は小さくなる。生存に有利に働くような変化では，分子進化
の速度が大きくなるものもある。

(e)　**遺伝子重複による進化**

i）**遺伝子重複**　同じ遺伝子がゲノム内に複数存在
する現象。同じ機能をもつ２つの遺伝子が存在す
る場合，一方が突然変異を起こしてその機能を失
ったり，変化したりしても，もう一方が正常に機
能していれば生物の生存には支障がない。そのた
め，重複した遺伝子の一方は自然選択の要因から
解放され，単一の遺伝子よりも速く変異が蓄積さ
れやすい。重複した遺伝子の一部が変化すること
で，新しい形質が生み出され，より複雑な形態や
機能の出現が可能となったと考えられている。

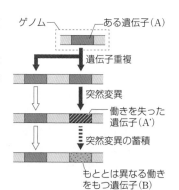

　　〔例〕・ハ虫類・鳥類がもつクリスタリン（眼のレンズを構成する，透明性の高いタン
パク質の総称）の一種は，アルギニンを合成する酵素の遺伝子が重複し，一方
が突然変異を起こして生じたと考えられている。

　　　　・動物の胚発生時に働く *Hox* 遺伝子群（→p. 146）

❷種分化

(a) **隔離と種分化**　ある個体群が，同種の個体群から隔てられて交配できなくなることを隔離という。生殖的隔離が成立し，新たな種が生じることを種分化という。

i) 地理的隔離　地殻変動や海面の上昇などによって山脈・海峡などができ，集団が空間的に分断されて隔離されること。

ii) 生殖的隔離　地理的隔離によって，それぞれの集団が異なった自然選択を受けたり，集団が小さくなって遺伝的浮動の影響を受けやすくなったりする。その結果，集団間の差異が拡大し，開花期や繁殖期のずれなどで交配ができなくなること。

植物 A

突然変異体

ある島の全域で植物 A が自生している。

海面上昇に伴う地理的隔離

X 島と Y 島の間で，植物 A の交配が起こらず，それぞれの島で別々の突然変異体が生じる。

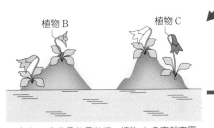

植物 B　植物 C

X 島と Y 島のそれぞれで，植物 A の突然変異体に，さらに別々の突然変異が起こり，植物 B と植物 C が生じる。植物 B と植物 C は，それぞれの環境に適応して増殖する。

再び地続きになっても，植物 B と植物 C は交配できない(生殖的隔離)。

iii) 異所的種分化　地理的隔離によって分かれた集団に生殖的隔離が起こり，種分化が生じること。種分化の多くは，異所的種分化によって生じると考えられている。

[例]　小笠原諸島固有のカタツムリであるカタマイマイのなかま(カタツムリは移動能力が乏しいため，山や谷などで容易に集団が分断される)。

iv) 隔離によらない種分化

・同所的種分化　地理的隔離を伴わない種分化。性選択や，食べ物の選択性などのニッチ(→p.257)の違いなどで生じる。

山によって地理的隔離が起こることで種分化が進み，山を挟んで異なる種のカタツムリが生息する。

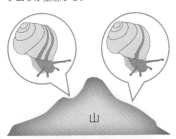

山

◀異所的種分化の例▶

- **倍数性** ゲノムを構成する染色体数を基本数（x）という。基本数は生物の種で決まっており，多くの生物では体細胞に基本数の2倍（$2n=2x$）の染色体をもつ。染色体数に基本数の倍数関係がみられることを倍数性といい，倍数性を示す個体を倍数体という。4倍体（$2n=4x$）など。

  倍数性の異なる個体どうしが交配すると，子に生殖能力がなくなることが多い。そのため，倍数化が起こるとすみやかに生殖的隔離が生じ，同所的種分化が起こることがある。

(b) **大進化と小進化** 新たに種や，種よりも分類上隔たりが大きい生物群が生じるような進化を大進化といい，種内の形質が変化する程度の進化を小進化という。

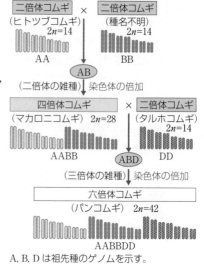

A, B, D は祖先種のゲノムを示す。

参考 地質時代と生物の変遷

地質年代（億年前）			生物の変遷		動物界	植物界
新生代	第四紀	0.026	ヒトの出現		哺乳類時代	被子植物時代
	新第三紀	0.23	人類の出現			
	古第三紀	0.66	霊長類の出現，哺乳類の繁栄	被子植物の繁栄		
中生代	白亜紀	1.45	アンモナイト・恐竜類の絶滅	被子植物の出現	八虫類時代	裸子植物時代
	ジュラ紀		鳥類の出現			
		2.01	アンモナイト・恐竜類の繁栄			
	三畳紀	2.52	八虫類の繁栄，哺乳類の出現	裸子植物の繁栄		
古生代	ペルム紀	2.99	三葉虫・フズリナの絶滅		両生類時代	シダ植物時代
	石炭紀		八虫類・フズリナの出現	木生シダ植物の繁栄		
		3.59	両生類の繁栄，筆石類の絶滅			
	デボン紀	4.19	両生類の出現，魚類の繁栄	裸子植物の出現	魚類時代	
	シルル紀	4.43	魚類の出現，サンゴの繁栄	シダ植物の出現		
	オルドビス紀	4.85	三葉虫類・筆石類の繁栄	植物の陸上進出藻類の繁栄	無脊椎動物時代	藻類時代
	カンブリア紀		カイメン・クラゲなどの繁栄			
			無顎類・三葉虫類・腕足類の出現			
		5.15	バージェス動物群			
先カンブリア時代		5.39 約6	エディアカラ生物群			
		約7	全球凍結			
		約10	多細胞生物の出現			
		約19	真核生物の出現			
		約27	シアノバクテリアの繁栄			
		約40	始原生物の出現			
		約46	地球の誕生			

プロセス《 *Process*

☐ **1** 次の生物(ア)〜(ウ)を,地球上に出現した順に並べ替えよ。
   (ア) DNA が遺伝情報を,タンパク質が触媒作用を担う生物。
   (イ) RNA が遺伝情報を,タンパク質が触媒作用を担う生物。
   (ウ) RNA が遺伝情報と触媒作用の両方を担う生物。

☐ **2** DNA の塩基配列に生じる変化について,以下の各問いに答えよ。
   (1) DNA の塩基配列に変化が起こる現象を何と呼ぶか。
   (2) 血液中の酸素の不足によって赤血球が変形し,それが原因でさまざまな症状を引き起こすヒトの遺伝病を何というか。
   (3) 個体間にみられる,一連の塩基配列中での 1 塩基の違いを何というか。

☐ **3** ヒトの染色体数は $2n=46$ であり,そのなかには性染色体が含まれている。
   (1) 常染色体の数を答えよ。
   (2) 女性,男性の性染色体の組み合わせをそれぞれ記号で表せ。
   (3) 卵と精子の染色体構成はそれぞれどのように表されるか。核相と常染色体の数,性染色体の記号を使って答えよ。

☐ **4** 次の a 〜 e は,減数分裂の過程を順不同に示したものである。これについて下の各問いに答えよ。
   a.DNA を複製する。　　　　b.対合した相同染色体が赤道面に並ぶ。
   c.相同染色体が対合する。　　d.染色体が接着面で分離し,両極に移動する。
   e.相同染色体が対合面で分離して両極に移動する。
   (1) 一般的な減数分裂では,a 〜 e はどのような順序で起こるか。間期にみられるものを先頭にして並べ替えよ。
   (2) a 〜 e のうち,①減数分裂第一分裂中期および②減数分裂第二分裂後期でみられるものはどれか。記号で答えよ。
   (3) a 〜 e のうち,体細胞分裂でも観察できる現象をすべて選べ。

☐ **5** $2n=8$ の生物がつくる生殖細胞には,乗換えが起こらなかった場合,何通りの染色体の組み合わせが考えられるか。

☐ **6** 遺伝子型が AaBb の個体が形成する配偶子の遺伝子の組み合わせとその分離比を,下の(1)〜(4)の場合についてそれぞれ求めよ。
   (1) A(a)と B(b)がそれぞれ別々の染色体にある場合。
   (2) A と B,a と b が連鎖し,組換えが起こらない場合。
   (3) A と b,a と B が連鎖し,組換えが起こらない場合。
   (4) A と B,a と b が連鎖し,組換え価が20%の場合。

Answer ▶

1 (ウ)→(イ)→(ア)　**2** (1)突然変異　(2)鎌状赤血球症　(3)一塩基多型(SNP,スニップ)
3 (1)44本　(2)女性…XX　男性…XY　(3)卵…$n=22+X$　精子…$n=22+X$,$22+Y$　**4** (1)a→c→b→e →d
(2)①…b　②…d　(3)a, d　**5** 16通り　**6** (1)AB:Ab:aB:ab=1:1:1:1　(2)AB:ab=1:1
(3)Ab:aB=1:1　(4)AB:Ab:aB:ab=4:1:1:4

☑ **7** 連鎖している３つの遺伝子Ａ，Ｂ，Ｃについて，次のような組換え価が得られた場合，これらの遺伝子の配列状態はどのようになるか。右図にＡ～Ｃの位置を示せ。

Ａ－Ｂ間：３％，Ｂ－Ｃ間：５％，Ａ－Ｃ間：８％の場合

☑ **8** 遺伝子レベルの突然変異の例(３個)と，染色体レベルの突然変異の例(４個)を選べ。
① 欠失 ② 逆位 ③ 置換 ④ 転座 ⑤ 挿入 ⑥ 重複

☑ **9** ハーディー・ワインベルグの法則が成り立つ集団における，潜性形質の個体の割合が16％であった。顕性の遺伝子の遺伝子頻度を p，潜性の遺伝子の遺伝子頻度を $q(p+q=1)$ として，p，q をそれぞれ求めよ。

☑ **10** 次のＡに示した生物に最も関係の深い適応進化の用語をＢから選び，記号で答えよ。
Ａ：(1) キサントパンスズメガ (2) トドの雄 (3) オオシモフリエダシャク
Ｂ：ア．工業暗化 イ．収れん ウ．適応放散 エ．共進化 オ．性選択

☑ **11** 個体の生存や繁殖に対して影響を与えにくい分子進化を，①，②から選べ。
(1) コドンの(①１番目，②３番目)の塩基に生じた突然変異。
(2) タンパク質の機能に(①重要な，②重要でない)部分に生じたアミノ酸の変化。
(3) (①イントロン，②エキソン)に生じた突然変異。

☑ **12** 次の①～④は，種分化に関する出来事である。
① 地域の分断が解消されても，植物Ｂ，Ｃは交配できない。
② 分断された場所で生物Ａに別々の突然変異が生じ，植物Ｂ，Ｃが生じる。
③ ある地域に，生物Ａが広く分布している。
④ 海面上昇や地殻変動などによって，生物Ａの生息分布域が分断される。
(1) ①～④を，種分化が生じる順に並べ替えよ。
(2) ①の状態になることを，何というか。
(3) ④の出来事を何というか。

☑ **13** 進化の要因について述べた次の文中の( )に適当な語を記入せよ。
(1) 長い年月の間に，( )による塩基配列の変化が蓄積する。
(2) 環境に適応した形質をもたらす遺伝子が，( )によって集団内に広まっていく。
(3) ( )によって，生存に影響のない遺伝子でも次世代の遺伝子頻度は変化する。
(4) 生物集団が地理的に( )されて交雑が不可能になる。

☑ **14** 染色体数に関する次の文中の( )に適当な語を記入せよ。
染色体のセットに倍数関係がみられる場合を(１)といい，(１)を示す個体を(２)という。(１)の異なる個体どうしが交配すると，子に(３)がなくなることが多く，生殖的隔離が生じて(４)が起こることがある。

Answer

7 Ａ｜Ｂ｜｜Ｃ またはＣ｜｜Ｂ｜Ａ
8 遺伝子レベルの突然変異…①，③，⑤ 染色体レベルの突然変異…①，②，④，⑥ **9** $p=0.6$ $q=0.4$
10(1)…エ (2)…オ (3)…ア **11**(1)…② (2)…② (3)…① **12**(1)③→④→②→① (2)生殖的隔離 (3)地理的隔離
13(1)突然変異 (2)自然選択 (3)遺伝的浮動 (4)隔離 **14**(1)倍数性 (2)倍数体 (3)生殖能力 (4)同所的種分化

基本例題1　生命の起源　　　　　　　　　　　　　　　　　⇒基本問題1, 2

次の文中の空欄に最も適する語を答えよ。

原始地球の大気には（　1　）はほとんどなく，一酸化炭素や（　2　），窒素，水蒸気が主成分であったと考えられている。これらの無機物から高温や高圧，（　3　）などによって分子量の小さな有機物が合成され，その後タンパク質や核酸などの分子量の大きな有機物に変化し，これらの有機物の働きあいによって生命が誕生した。この過程を（　4　）という。世界各地の深海底で発見された（　5　）は（　4　）が起こり生命の誕生した場である可能性がある。原始的な生物には従属栄養生物と独立栄養生物がいたと考えられており，従属栄養生物は有機物を嫌気的に分解してエネルギーを得る生物であった。また，独立栄養生物はメタンや水素を酸化したエネルギーを利用する（　6　）細菌であったと考えられている。その後，光エネルギーを利用して有機物を合成する（　7　）細菌が出現した。さらに，水を用いて光合成を行うシアノバクテリアが出現して大気中の（　1　）が増大し，（　8　）を行う生物が現れた。

■ 考え方　原始大気のもとで化学進化が起こり，有機物が蓄積された。その後，有機物を嫌気的に分解する生物や化学合成細菌が出現した。酸素発生型の光合成を行う独立栄養生物の出現によって遊離酸素が増大するとともに，好気性の従属栄養生物や好気性の独立栄養生物が出現した。

■ 解答　1…（遊離）酸素
2…二酸化炭素　　3…紫外線
4…化学進化　　5…熱水噴出孔
6…化学合成　　7…光合成
8…呼吸

基本例題2　減数分裂　　　　　　　　　　　　　　　　　　⇒基本問題6, 7

ある動物の減数分裂の過程を模式的に示した図について，下の各問いに答えよ。

A 　B 　C 　D 　E

F 　G 　H 　I

(1)　図の減数分裂は，AからはじまってIで終わるが，その途中の過程は順番に並んでいない。B〜Hを正しい順番に並べ替えよ。ただし，図にはこの細胞分裂の過程とは関係のないものが2つ含まれている。

(2)　この動物のG₁期にある体細胞の染色体数（2n）はいくつか。

■ 考え方　(1)減数分裂第一分裂前期に相同染色体の対合がはじまり，二価染色体が形成される。第一分裂中期には二価染色体が赤道面に並ぶ（図E）。第一分裂後期には対合面で離れる（図C）が，第二分裂後期は体細胞分裂と同様に各染色体の接着面で離れる（図B）。(2)第一分裂中期には二価染色体となっている。

■ 解答
(1)E→C→H→B→D
(2)4本

例題
解説動画

基本例題3　連鎖と組換え

→基本問題9, 10, 11

ある植物において，Aとa，Bとbはアレルであり，AとBは顕性，aとbは潜性である。AABBとaabbを両親としてF₁(AaBb)を得た。F₁を潜性のホモ接合体と交配した結果，次世代の表現型とその比は[AB]：[Ab]：[aB]：[ab]＝4：1：1：4となった。次の各問いに答えよ。

(1)　下線部のような交配を何というか。

(2)　F₁からできる配偶子の遺伝子の組み合わせとその比を答えよ。

(3)　F₁の遺伝子の位置関係を右図に記入せよ。

(4)　A(a)とB(b)の組換え価を求めよ。

(5)　F₁を自家受精して得た次世代の表現型の分離比を答えよ。

考え方　(2)検定交雑で得られた表現型の分離比が，F₁からできる配偶子の分離比となる。(3)配偶子の分離比が4：1：1：4なので，AとB，aとbが連鎖。(4){(1+1)/(4+1+1+4)}×100＝20（％）(5)自家受精の結果は，下の表のようになる。

	4AB	1Ab	1aB	4ab
4AB	16[AB]	4[AB]	4[AB]	16[AB]
1Ab	4[AB]	1[AB]	1[AB]	4[Ab]
1aB	4[AB]	1[AB]	1[aB]	4[aB]
4ab	16[AB]	4[Ab]	4[aB]	16[ab]

解答　(1)検定交雑
(2)AB：Ab：aB：ab＝4：1：1：4
(3)右図

(4)20%
(5)[AB]：[Ab]：[aB]：[ab]＝66：9：9：16

基本例題4　ハーディー・ワインベルグの法則

→基本問題13

PTCという薬品に対して，苦みを感じる有味者と苦みを感じない無味者がいる。この性質は，常染色体の1対のアレル(有味遺伝子T，無味遺伝子t)によって支配されており，有味と無味では有味が顕性である。ハーディー・ワインベルグの法則が成り立つある地域で，有味者と無味者の頻度を調査したところ，有味者が75%，無味者が25%であった。また，Tとtの頻度をp，q(p+q=1)とする。

(1)　文中の有味者の遺伝子型をすべて答えよ。

(2)　次世代の遺伝子型の頻度を示した式について，(p+q)²に続く右辺を答えよ。

(3)　次世代の無味遺伝子の頻度を，qを用いて答えよ。

(4)　この集団でのp，qの値を求めよ。

(5)　この集団における遺伝子型Ttの割合(%)を答えよ。

考え方　(3)ハーディー・ワインベルグの法則が成立する集団では，子の世代の遺伝子頻度は，親世代と変わらない。(4)この集団では，無味者(tt)の頻度が25%だったのでq²=0.25より，q=0.5となり，p+q=1より，p=1−q=0.5となる。(5)Ttの割合は2pqであるので，2×0.5×0.5=0.5となり，50%である。

解答　(1)TT, Tt
(2)$p^2+2pq+q^2$
(3)q
(4)p=0.5, q=0.5
(5)50%

|基|本|問|題|

知識
☑**1. 化学進化と始原生物** ●次の文章を読み，下の各問いに答えよ。

地球の誕生は，約（　ア　）前と考えられている。当時の大気は，一酸化炭素，二酸化炭素，（　イ　），水蒸気などを主成分としており，太陽から強い放射線や（　ウ　）が地表に到達し，火山活動を伴う地殻変動が起こるなど，現在とは大きく異なる環境であったと考えられている。こうした環境のもとで，（　エ　）などの簡単な有機物がつくられ，その後，（　オ　）や核酸などの複雑な有機物ができたと考えられている。この過程を（　カ　）という。

1950年代のはじめ，（　A　）らは，その当時に考えられていた組成で原始大気を再現し，放電などをくり返した結果，（　エ　）などの有機物が生成されることを発見した。

地球最古の生物は，約40億年前に（　キ　）で誕生したと考えられている。生命が誕生した場所についてはいくつかの説があるが，現在の深海底にみられる（　B　）が注目されている。

問1．文中の空欄（　ア　）～（　キ　）に当てはまる語として最も適切なものを，次の①〜⑩のなかからそれぞれ選べ。

① 36億年　　② 46億年　　③ 紫外線　　④ タンパク質　　⑤ アミノ酸
⑥ 窒素　　⑦ 硫化水素　　⑧ 化学進化　　⑨ 原始大気中　　⑩ 原始海洋中

問2．文中の空欄（　A　）に当てはまる人物名と，（　B　）に当てはまる語を答えよ。

問3．下線部に関連して，始原生物では，遺伝情報を担う物質と触媒機能を担う物質が同一であったと考えられている。その物質名を答えよ。

問4．現在の真核生物では，遺伝情報を担う物質と触媒機能を担う物質はそれぞれ何か。

知識
☑**2. 始原生物の進化** ●次の文章を読み，下の各問いに答えよ。

原始海洋中で誕生した始原生物は嫌気的に有機物を分解してエネルギーを得ていた（　ア　）の原核生物か，化学合成を行っていた（　イ　）の原核生物であったと考えられている。その後，約27億年前に水を用いて（　ウ　）を行う生物が出現したと考えられている。この生物が繁栄することによって，大気中の遊離酸素が増大し，その酸素を利用して（　エ　）を行う生物が出現した。

問1．文中の空欄に最も適する語をそれぞれ選べ。

① 呼吸　　② 光合成　　③ 従属栄養　　④ 独立栄養

問2．下線部の生物は次の①〜④のうち，どれに近いか。最も適切なものを1つ選べ。

① 乳酸菌　　② インフルエンザウイルス　　③ 緑藻類　　④ シアノバクテリア

問3．約27億〜25億年前の世界各地の地層から発見され，約27億年前に下線部の生物が存在していたことを示唆する証拠とされているものは何か。

問4．真核細胞のミトコンドリアや葉緑体は，かつては独立した生物であったが，進化の過程で細胞内に取り込まれたと考えられている。このような現象を何というか。また，これが起こった根拠とされるミトコンドリアや葉緑体の特徴を2つ答えよ。

〔思考〕〔論述〕

□ **3. 突然変異** ●遺伝子に生じる突然変異について，次の各問いに答えよ。

問１．ある遺伝子とそれが突然変異を起こした遺伝子を比べると，アミノ酸を指定する領域において塩基が１つ異なっていた。しかし，生じるタンパク質のアミノ酸配列は同一であった。この理由を30字以内で述べよ。

問２．塩基の置換が起こると形質に変化が生じることがあるが，欠失や挿入が生じた場合，形質の変化は置換より大きくなる場合が多い。その理由を答えよ。

問３．１塩基の置換の場合でも，アミノ酸の配列が大きく変化する場合がある。それはどのような場合か。

問４．さまざまな個体の遺伝子を調べると，一連の塩基配列中に１塩基の違いがみられることが多い。個体間にみられる，このような１塩基の違いを何というか。

〔知識〕〔計算〕

□ **4. 性の決定** ●性の決定様式について，次の各問いに答えよ。

問１．次の文中の（　　）に適する語を，下の①〜⑤のなかからそれぞれ選べ。

動物の性は，性染色体の組み合わせによって決まる。ヒトの場合，女性の性染色体は（　1　）接合，男性の性染色体は（　2　）接合となっている。ヒトの体細胞中において，常染色体の１組を記号Ａでまとめて表し，染色体の構成を示すと，女性は（　3　），男性は（　4　）と示される。

① ヘテロ　　② ホモ　　③ 2A＋XX　　④ 2A＋YY　　⑤ 2A＋XY

問２．ヒトの染色体数は46本である。ヒトの男性から生じる配偶子の染色体の構成を，具体的な数字と性染色体を表す記号を使って示せ。

問３．ヒトの女性からつくられる配偶子の染色体の組み合わせは何通りとなるか。次から選べ。

① 約84通り　　② 約8400通り　　③ 約8.4万通り　　④ 約840万通り

〔思考〕

□ **5. 常染色体と性染色体** ●染色体と遺伝に関して，次の各問いに答えよ。

右図は，ある動物の精巣内に含まれる，減数分裂を行う前の細胞の染色体を模式的に表したものである。図中の１〜６は染色体の番号，ＡとＢの・は遺伝子座を示している。

問１．右図において，常染色体と性染色体はどれか。それぞれ答えよ。

問２．右図において，顕性遺伝子Ａ，Ｂのアレルである潜性遺伝子ａ，ｂは，１〜６のどの染色体に存在するか。最も適当なものを選べ。

問３．この動物の細胞が減数分裂を行った結果生じた生殖細胞の染色体を模式的に表した図はどれか。適当なものを，次の①〜⑥の図から２つ選べ。

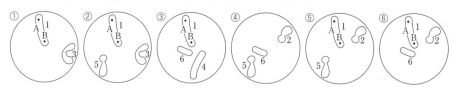

知識 **計算**

☐ **6. 減数分裂の過程** ●下図は，ある被子植物の減数分裂を観察したときの各時期の模式図である。次の各問いに答えよ。

問1．図のa～fを減数分裂の進行順に並べ替えよ。

問2．図のa～fの各時期の名称を答えよ。

問3．図中のア～エの名称を答えよ。ただし，アはウが付着する位置を，イはエが並ぶ面をそれぞれ示す。

問4．乗換えが起こる時期を図のa～fから選べ。

問5．この植物のつくる生殖細胞の染色体の組み合わせは何通りか。ただし，乗換えは起こらないものとする。

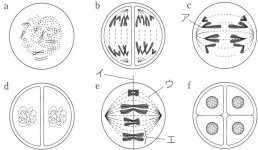

知識

☐ **7. 細胞分裂とDNA量** ●細胞内のDNA量は，細胞が分裂する過程で変化することが知られている。下に示した図1と図2は，細胞分裂に伴う細胞当たりのDNA量の変化を示している。ただし，分裂期の各時期は細かく分けていない。また，図3と図4は，$2n=4$の細胞の細胞分裂を模式的に示したものである。下の各問いに答えよ。

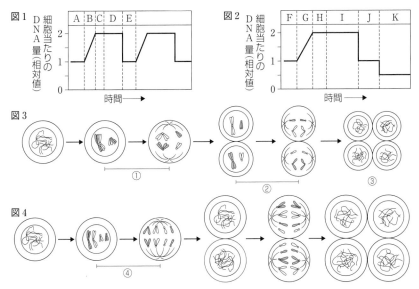

問1．図1のA～Dの時期をそれぞれ何というか。

問2．図2に示したようなDNA量の変化を伴う細胞分裂を何というか。

問3．図3と図4の中に①～④の番号で示した細胞は，図1と図2の中に示したA～Kのどの時期に対応するか。

☑ **8. 二遺伝子雑種** ●エンドウには，種子の形が丸い
ものとしわのものがあり，子葉の色が黄色のものと
緑色のものがある。種子の形を丸くする遺伝子をA，
しわにする遺伝子をa，子葉の色を黄色にする遺伝
子をB，緑にする遺伝子をbとして，丸・黄（AABB）
の個体と，しわ・緑（aabb）の個体を交雑した結果を
右図に示す。次の各問いに答えよ。

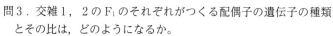

問1．F$_1$の遺伝子型を示せ。

問2．F$_1$がつくる配偶子について，遺伝子の組み合わせとその比を示せ。

問3．F$_1$の自家受精で生じたF$_2$の表現型の分離比を，最も簡単な整数比で示せ。

問4．F$_2$のうち，（ア）および（イ）の遺伝子型をすべて示せ。

☑ **9. 連鎖** ●スイートピーには，花の色を紫にする遺伝子Bと赤にする遺伝子b，花粉の形
を長くする遺伝子Lと丸くする遺伝子 l がある。いま，下記の2つの交雑を行い，F$_1$を得
たのち，さらにF$_1$を自家受精してF$_2$を得た。下の各問いに答えよ。ただし，B（b）とL（l）
は同一染色体に存在する。また，遺伝子間の組換えはないものとする。

交雑1	P：紫色花・丸花粉の系統×赤色花・長花粉の系統
	F$_1$：すべて紫色花で長花粉

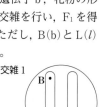

交雑1

交雑2	P：紫色花・長花粉の系統×赤色花・丸花粉の系統
	F$_1$：すべて紫色花で長花粉

交雑2

問1．交雑1，交雑2について，それぞれのPの遺伝子型を答えよ。

問2．F$_1$の体細胞で，B以外の遺伝子はどのように配置しているか。
　　交雑1，2のF$_1$のそれぞれについて，右図に記入せよ。ただし，
　　図中の・印は遺伝子の位置を示す。

問3．交雑1，2のF$_1$のそれぞれがつくる配偶子の遺伝子の種類
　　とその比は，どのようになるか。

問4．交雑1，2のF$_2$の表現型とその分離比を求めよ。

☑ **10. 二遺伝子間の組換え** ●次の文章を読み，下の各問いに答えよ。

　ある植物において，子葉の色の遺伝子と種子の形に関する遺伝子は同一染色体にある。
子葉の色を有色にする遺伝子をA，無色にする遺伝子をa，種子の形を丸くする遺伝子を
B，しわにする遺伝子をbとする。AとBは顕性，aとbは潜性である。

問1．子葉が有色で種子の形が丸いもの（X株）と潜性のホモ接合体を交雑したところ，
　　（有色・丸）：（有色・しわ）：（無色・丸）：（無色・しわ）＝10：3：3：10の比で現れた。
　⑴　X株の遺伝子型を推定せよ。
　⑵　A，B両遺伝子間の組換え価を，小数第2位を四捨五入して小数第1位まで求めよ。
　⑶　X株を自家受精して次世代を育てた場合，どのような表現型の株がどのような割合
　　で生じるか。ただし，AB間には⑵と同じ割合で組換えが起こるものとする。

問2．A(a)とB(b)間の組換え価が10%であったとする。

(4) AaBb（AとB，aとbが連鎖している）からできる配偶子の遺伝子の組み合わせとその比を求めよ。

(5) (4)の株を自家受精したときに得られる次世代の表現型とその分離比を求めよ。

知識 計算

11. 組換え価と遺伝子の位置関係 ●下記の表は，(1)〜(5)の個体と潜性のホモ接合体を両親として交雑した結果である。空欄の(a)〜(d)には数値を入れ，(i)〜(v)は下の語群から選んで答えよ。ただし，AとBは顕性，aとbは潜性である。

	子の表現型の比 [AB]:[Ab]:[aB]:[ab]				(1)〜(5)からできる配偶子の比 AB:Ab:aB:ab				組換え価	遺伝子の位置関係
(1)×aabb	1	1	1	1	1	1	1	1	50%	(i)
(2)×aabb	1	0	0	1	1	0	0	1	(a)	(ii)
(3)×aabb	7	1	1	7	7	1	1	7	(b)	(iii)
(4)×aabb	0	1	1	0	0	1	1	0	(c)	(iv)
(5)×aabb	1	7	7	1	1	7	7	1	(d)	(v)

〔語群〕 ① AとB，aとbが連鎖 ② Aとb，aとBが連鎖
③ Aとa，Bとbが連鎖 ④ A，a，B，bはそれぞれ独立している

知識 計算 作図

12. 染色体地図 ●次の文章を読み，下の各問いに答えよ。

ある生物の3つの形質に関わる遺伝子A(a)，B(b)，C(c)は連鎖している。A−B間の組換え価を求めるため，AABBとaabbの個体を交雑して得られたF_1に対して検定交雑を行ったところ，表現型が[ab]の個体が全体の40%の割合で現れた。同様の実験で，A−C間では[ac]が42%，B−C間では[bc]が48%現れた。

問1．A−B間，A−C間，B−C間，それぞれの組換え価を求めよ。

問2．染色体地図を作成せよ。

知識 計算

13. ハーディー・ワインベルグの法則と血液型 ●次の文章を読み，下の各問いに答えよ。

ある集団(3000人)の血液型を調査したところ，Rh⁻型が16%存在することがわかった。Rh⁻型は遺伝子dによるものであり，遺伝子dは潜性である。これに対し，遺伝子DによるRh⁺型は顕性形質である。

また，この集団は次の条件をすべて満たすものとする。

・個体数が十分に多く，この集団への移入やこの集団からの移出は起こらない。

・遺伝子D(d)に関して，突然変異は起こらない。

・結婚はRh型には無関係になされ，Rh型によって生存率に差は生じない。

問1．この集団に存在する遺伝子D，dの割合を，それぞれ％で答えよ。

問2．この集団内で，遺伝子型がDdのヒトの割合は全体の何％か。

問3．この集団内で，遺伝子型がDD，Ddのヒトは，それぞれ何人か。

問4．この集団の，次世代の遺伝子の割合はどのようになるか。％で答えよ。

☐ **14. 遺伝的浮動** ●次の文章を読み，下の各問いに答えよ。

アレル間に個体の生存や繁殖上の有利・不利の関係がない場合，（　1　）は働かず，（　2　）によって（　3　）が変化することがある。

問1．文中の（　1　）〜（　3　）に当てはまる語を答えよ。

問2．ある二倍体生物がもつ，自然選択を受けないアレルD
とdの遺伝子頻度がいずれも0.5で，1000個体で遺伝子頻
度の変化を50世代後まで調べると右図のようであったとす
る。同じ実験を1億個体と100個体で行ったときに予測さ
れる結果として，適切なものをア〜ウからそれぞれ選べ。

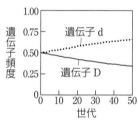

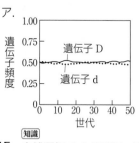
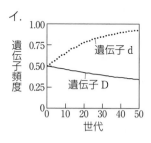
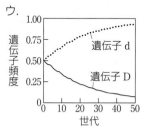

☐ **15. 自然選択** ●自然選択に関する次の文章を読み，下の各問いに答えよ。

自然選択の結果，ある生物集団が環境に適応した形質をもつ集団になることを（　1　）
という。個体が自分の子をどれだけ残せたかを表す尺度は（　2　）と呼ばれる。（　1　）
の例は，現在の生物にみることができる。生物が，周囲の風景や他の生物と見分けがつか
ない色や形になることを（　3　）といい，異なる種の生物どうしが，生存や繁殖に影響を
及ぼしあいながら進化する現象を（　4　）という。また，配偶行動において，同性間や異
性間にみられる相互作用が自然選択の要因となるものを（　5　）という。

問1．文中の空欄に最も適する語をそれぞれ選び，記号で答えよ。

　ア．共進化　　イ．適応進化　　ウ．適応度　　エ．擬態　　オ．性選択

問2．（　3　），（　4　），（　5　）の例として，最も適当なものをそれぞれ選べ。

　ア．キサントパンスズメガ　　イ．トドの雄　　ウ．ワモンダコ

☐ **16. 進化をもたらす要因** ●次の文章を読み，下の各問いに答えよ。

生物は世代を経るに従って，DNAの塩基配列やタンパク質のアミノ酸配列に変化が生
じる。このような分子に生じる変化は（　A　）と呼ばれる。（　A　）の多くは，個体の生
存や繁殖に対して影響を（　1　）。たとえば，コドンの（　2　）番目の塩基に突然変異が
生じても，（　B　）置換となって指定するアミノ酸が変化しない場合が多い。また，イン
トロンのように（　C　）されない領域に生じた突然変異も形質に影響を及ぼさない。

問1．文中の（　1　），（　2　）に当てはまる語を，次のア〜オからそれぞれ選べ。

　ア．与える　　イ．与えない　　ウ．1　　エ．2　　オ．3

問2．文中の空欄（　A　）〜（　C　）に当てはまる語を答えよ。

知識

☐ **17. 染色体レベルの突然変異** ●染色体レベルの突然変異には，染色体の構造が部分的に変化する構造的な変化と，染色体数の変化がある。これについて次の各問いに答えよ。ただし，生物が生命を保つうえで必要最小限の染色体の1組を x と表す。

問1．右図は，染色体の構造の変化を示しており，上下は相同染色体を，A～Jは遺伝子を表す。(1)～(4)の変異はそれぞれ何と呼ばれているか。

問2．生物が生命を保つうえで必要最小限の遺伝情報の1組を何というか。

問3．$2n=3x$ や $4x$ のように表される染色体数をもつ個体を何というか。

(1) A B C F G ／ H I J
A B C D E F G ／ H I J

(2) A B C D E F G ／ H I J I J
A B C D E F G ／ H I J

(3) A B E D C F G ／ H I J
A B C D E F G ／ H I J

(4) A B C D E ／ H I J F G
A B C D E F G ／ H I J

問4．$2n=2n\pm\alpha$ のように表される染色体数をもつ個体を何というか。

思考 論述

☐ **18. 変異のまとめ** ●変異に関する次の各問いに答えよ。

生物の変異には，遺伝しない環境変異と，生殖細胞に生じた場合には遺伝する（　ア　）がある。さらに，（　ア　）には，（　イ　）の構造や数が変化する（　ウ　）と，遺伝子がもつ情報が変化する（　エ　）がある。環境変異の例として，同一個体での果実や種子の（　オ　）のばらつきなどがある。また，（　ウ　）の例には，パンコムギにみられるような（　カ　）によるものや，ヒトのダウン症のように（　キ　）によるものがあり，（　エ　）では（　ク　）や紫外線，化学物質が変異の原因となっている場合も知られている。

問1．文中の空欄に最も適する語を次の①～⑧から選び，番号で答えよ。
① 遺伝子レベルの突然変異　　② 放射線　　③ 突然変異　　④ 重量
⑤ 異数性　　⑥ 倍数性　　⑦ 染色体レベルの突然変異　　⑧ 染色体

問2．倍数性の異なる個体どうしが交配すると，子に生殖能力がなくなることが多い。その理由を配偶子形成に関連付けて簡潔に答えよ。

知識

☐ **19. 進化のしくみ** ●次の各問いに答えよ。

① 集団内の個体のうち，生存や生殖に有利な形質をもつものが次世代の個体を多く残す。
② 1つの生物集団がいくつかの集団に分かれ，地殻変動などによって山脈・海峡などができることで，それぞれの集団に隔離される。
③ もとは1つであった生物集団に開花期や繁殖期のずれなどが生じ，交配ができないいくつかの集団に分かれる。
④ DNA の塩基配列や，染色体の構造・数が変化する。
⑤ アレル間で生存に有利・不利の関係がない場合にも，次世代に伝えられる遺伝子頻度が偶然によって変化する。

問1．①～⑤の説明は，それぞれ何という現象を説明したものか。次から選べ。
　　突然変異　　生殖的隔離　　遺伝的浮動　　自然選択　　地理的隔離

問2．①～⑤で，種分化が生じる過程で最後にみられるものはどれか。

課題

進化とは，同一の種からなる生物集団内の遺伝子構成の変化である。ある生物集団がもつ遺伝子全体を遺伝子プールといい，遺伝子プールに含まれる個々のアレルの割合を遺伝子頻度という。以下の①〜⑤の条件をすべて満たす仮想集団では，世代を重ねてもその集団内のすべての遺伝子座における遺伝子頻度は変化しない。

① 個体数が十分多い
② 自由に交雑が行われる
③ 個体によって生存率や生殖率に差がない
④ 外部との個体の出入りがない
⑤ 突然変異が起こらない

下線部の法則が成り立つ生物の集団について，次の問に答えよ。

問．この生物のある形質に関わるアレルAとaがある。Aはaに対して顕性で，Aの遺伝子頻度が0.6，aの遺伝子頻度が0.4のとき，この集団から潜性ホモの個体をすべて取り除いた場合，次世代のAの遺伝子頻度とaの遺伝子頻度はそれぞれいくつになるか。小数点第1位まで求めよ。 (21. 岡山県立大改題)

指針 与えられた条件から，ハーディー・ワインベルグの法則を想起し，順序立てて整理する。

次のStep1〜3は，課題を解く手順の例である。空欄を埋めてその手順を確認しなさい。

Step 1 リード文を整理する

下線部「以下の①〜⑤の条件をすべて満たす仮想集団では，世代を重ねてもその集団内のすべての遺伝子座における遺伝子頻度は変化しない」は，ハーディー・ワインベルグの法則のことを意味している。リード文には，これが成り立つ生物の集団とあるため，各遺伝子型の頻度は，各アレルの遺伝子頻度の（　1　）と一致する。

Step 2 配偶子の組み合わせと各遺伝子型の頻度の関係について考える

もとの集団におけるAの遺伝子頻度をp，aの遺伝子頻度を$q(p+q=1)$として，これらの遺伝子記号と遺伝子頻度を併記してA(p)，a(q)と表す。条件②から，この集団の個体どうしは自由に交雑す

表1

	A(p)	a(q)
A(p)	AA(p^2)	Aa(pq)
a(q)	Aa(pq)	aa(q^2)

るため，交雑の結果生じる次世代の各遺伝子型とその頻度は，表1のようになる。

各遺伝子型の頻度は各アレルの遺伝子頻度の積であるから，AAとaaの頻度は，表1に示すように，それぞれp^2とq^2となる。Aaは，pqの頻度で表中に2回出てきていることが読み取れるため，全体でみるとその頻度は（　2　）となる。

なお，次世代全体についてみると，集団中にAA，Aa，aaのいずれかが現れる頻度は，これらの頻度の和で表されるので$p^2+2pq+q^2$となる。

Step 3 問題の条件を当てはめて計算する

Step2で考えた次世代の各遺伝子型とその頻度から，潜性ホモの個体をすべて取り除き，遺伝子頻度に数値を代入して計算すると，表2のようになる。

表2

	A（ 3 ）	a（ 4 ）
A（ 3 ）	AA（ 5 ）	Aa（ 6 ）
a（ 4 ）	Aa（ 6 ）	―

このうち，aa の個体を取り除くのだから，aa の頻度は考えなくてよい。

　Aは，AAには2つ含まれる。また，表中に2か所ある Aa には1つずつ含まれる。したがって，遺伝子プール中での相対的な個数は（ 5 ）×2＋（ 6 ）×2＝（ 7 ）と計算される。a については，前述の通り aa は考えなくてよい。一方，表中に2か所ある Aa には1つずつ含まれるため，その相対的な個数は（ 6 ）×2＝（ 8 ）となる。

　これらから，Aと a の数の比は，（ 7 ）：（ 8 ）であることがわかり，

Aの遺伝子頻度は $\dfrac{（ 7 ）}{（ 7 ）＋（ 8 ）}$，a の遺伝子頻度は $\dfrac{（ 8 ）}{（ 7 ）＋（ 8 ）}$

で計算することができる。これを計算して小数点第1位まで求めればよい。

＜式を用いた理解＞

　Aについて着目する。AAは，この集団内では p^2 の頻度で存在し（Step2），Aを2つもつ。そのため，遺伝子プール中での AA に由来するAの相対的な個数は，$2 \times p^2$ となる。Aa も，$2pq$ の頻度で存在してAを1つもつことから，Aa に由来するAの相対的な個数は $1 \times 2pq$ となる。同様に a の相対的な個数は，aa に由来するものは $2q^2$ で，Aa に由来するものは $2pq$ である。

　次世代の集団の個体数を x とすると，次世代における各アレルの実際の個数は，

　　Aの数＝$2p^2x + 2pqx = (2p^2 + 2pq)x$

　　a の数＝$2q^2x + 2pqx = (2q^2 + 2pq)x$

また，遺伝子プールに存在するアレルの総和は，

　　$(2p^2 + 2pq)x + (2q^2 + 2pq)x = (2p^2 + 4pq + 2q^2)x$

となる。これらから次世代における各アレルの遺伝子頻度は，

次世代のAの遺伝子頻度＝$\dfrac{(2p^2 + 2pq)x}{(2p^2 + 4pq + 2q^2)x} = \dfrac{2p^2 + 2pq}{2p^2 + 4pq + 2q^2}$

次世代の a の遺伝子頻度＝$\dfrac{(2q^2 + 2pq)x}{(2p^2 + 4pq + 2q^2)x} = \dfrac{2q^2 + 2pq}{2p^2 + 4pq + 2q^2}$

となる。ただし，この問題では潜性ホモを取り除くとあるため，この集団中に aa は存在しない。したがって，上記の式中で aa の頻度を表している $2q^2$ は0であり，

次世代のAの遺伝子頻度＝$\dfrac{2p^2 + 2pq}{2p^2 + 4pq}$，　次世代の a の遺伝子頻度＝$\dfrac{2pq}{2p^2 + 4pq}$

に $p = 0.6$，$q = 0.4$ を代入して計算すればよい。

Stepの解答　1…積　2…$2pq$　3…0.6　4…0.4　5…0.36　6…0.24　7…1.2　8…0.48
課題の解答　Aの遺伝子頻度…0.7，a の遺伝子頻度…0.3

発展例題1　三遺伝子の組換え

⇒発展問題21

　ある植物では，野生型に対して，小さい葉をもつ系統，光沢がある葉をもつ系統，赤色の茎をもつ系統がある。これらの形質は，それぞれ1対のアレルにより決定され，小さい葉(b)，光沢がある葉(g)，赤色の茎(r)のいずれの形質も野生型(それぞれB，G，R)に対して潜性である。（　）内は，それぞれの遺伝子記号である。

　いま，これらの3組のアレルの関係を調べるために，赤色の茎をもつ純系の個体と，小さくて光沢がある葉をもつ純系の個体を親として交配し，F_1を得た。さらに，このF_1を検定交雑した結果が次の表1である。なお，表現型の＋はそれぞれの形質が野生型であることを示す。

問1．交配に用いた両親の遺伝子型を答えよ。

問2．文章中の下線部について，次の(1)，(2)に答えよ。

　(1)　F_1およびF_1の検定交雑に用いた個体の遺伝子型を答えよ。

　(2)　3組のアレルがすべて異なる相同染色体上に存在するものと仮定した場合，F_1を検定交雑すると，理論上どのような次代が得られるか。次代の表現型とその分離比を例にならって答えよ。なお，表現型は表1の番号を用い，分離比は最も簡単な整数比で答えよ。(例…①：②：④：⑧＝1：1：2：2)

表1

	表現型			個体数
①	小さい葉	光沢がある葉	赤色の茎	237
②	小さい葉	光沢がある葉	＋	232
③	小さい葉	＋	赤色の茎	17
④	＋	光沢がある葉	赤色の茎	21
⑤	小さい葉	＋	＋	19
⑥	＋	光沢がある葉	＋	23
⑦	＋	＋	赤色の茎	227
⑧	＋	＋	＋	224
			合計	1000

問3．表1の結果から考えて，F_1の染色体と遺伝子の関係を示した図はどれか。図1のア～カから1つ選べ。

問4．連鎖している2遺伝子の間の組換え価は何％か。小数第1位を四捨五入し，整数で答えよ。なお，問5・6で必要であれば，連鎖している遺伝子の組換え価はここで求めた数値を用いよ。

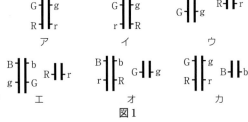

図1

問5．表1の②の個体の自家受精を行った。次代の遺伝子型とその分離比を，最も簡単な整数で答えよ。

問6．表1の⑦の個体が自家受精を行った。次代に生じた全個体のなかで，3組の形質がいずれも潜性である個体の割合は理論上何％になるか。小数第2位を四捨五入し，小数第1位まで答えよ。

(大同大改題)

解答

問1．BBGGrr×bbggRR　　問2．(1)　F₁…BbGgRr，検定交雑に用いた個体…bbggrr

(2)　①:②:③:④:⑤:⑥:⑦:⑧＝1:1:1:1:1:1:1:1

問3．ウ　　問4．8％

問5．bbggRR:bbggRr:bbggrr＝1:2:1　　問6．21.2％

解説

問1．両親の交雑のようすを表現型で表すと，[BGr]×[bgR]である。条件より両親とも純系とあるので，BBGGrr×bbggRRとなる。

問2．(1)　問1の両親の交雑からF₁を求める。検定交雑では，潜性のホモ接合体を交雑する。(2)　連鎖していない場合の配偶子の遺伝子の組み合わせは，8種類である。

	F₁がつくる配偶子の遺伝子の組み合わせ							
	BGR	BGr	BgR	Bgr	bGR	bGr	bgR	bgr
bgr	BbGgRr	BbGgrr	BbggRr	Bbggrr	bbGgRr	bbGgrr	bbggRr	bbggrr

問3．下表Aは，問題の表1を表現型[記号]で表したものである。また，表Bは，3つの形質のうち注目する2つの形質によって，表Aを3つのパターンの二遺伝子雑種として整理したものである。表Bより，BとG（bとg）が連鎖しており，R(r)はB(b)，G(g)とは別の染色体にあることがわかる。

表A

	表現型	個体数
①	[bgr]	237
②	[bgR]	232
③	[bGr]	17
④	[Bgr]	21
⑤	[bGR]	19
⑥	[BgR]	23
⑦	[BGr]	227
⑧	[BGR]	224
	合計	1000

表B

表現型	個体数	表現型	個体数	表現型	個体数
[BG]	227+224	[GR]	19+224	[BR]	23+224
[Bg]	21+23	[Gr]	17+227	[Br]	21+227
[bG]	17+19	[gR]	232+23	[bR]	232+19
[bg]	237+232	[gr]	237+21	[br]	237+17

葉の大きさと葉の光沢…連鎖している。

葉の光沢と茎の色…個体数がほぼ等しいので，それぞれ独立と考える。

葉の大きさと茎の色

問4．問3より，BとG（bとg）について，$\frac{(21+23)+(17+19)}{1000}\times100=8(\%)$

問5．②の個体の遺伝子型はbbggRrである。これを自家受精させると，右表のようになる。②の自家受精では，組換えは配偶子形成に影響しない。

	bgR	bgr
bgR	bbggRR	bbggRr
bgr	bbggRr	bbggrr

問6．⑦の個体の遺伝子型はBbGgrrである。組換え価が8％なので，配偶子はBGr:Bgr:bGr:bgr＝23:2:2:23の比で生じ，これを自家受精させると，現れる個体数は右表のようになる。3組の形質がいずれも潜性である個体は529個体なので，

	23BGr	2Bgr	2bGr	23bgr
23BGr	529	46	46	529
2Bgr	46	4	4	46
2bGr	46	4	4	46
23bgr	529	46	46	529

$\frac{（3組の形質がいずれも潜性である個体数）}{（全個体数）}\times100=\frac{529}{2500}\times100=21.16≒21.2(\%)$

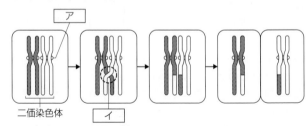

| 発 | 展 | 問 | 題 |

【知識】

20. 減数分裂と組換え ■次の文章を読み，下の各問いに答えよ。

減数分裂は，連続した2回の分裂により，1個の母細胞から4個の娘細胞が形成される。第一分裂前期では，複製された相同染色体が対合した二価染色体が形成される。

二価染色体

このうち，複製された染色体どうしは（　ア　）と呼ばれる部位で結合している。第一分裂後期に相同染色体が離れるとき，（　イ　）を形成していた部分でその一部を交換した染色体ができる。このようなしくみで起こる染色体の交換を（　ウ　）という。同一染色体の2つの遺伝子座にある遺伝子は，減数分裂で分配される際，基本的には行動をともにする。これを（　エ　）しているという。しかし，2つの遺伝子間で染色体の（　ウ　）が起こると，2つの遺伝子の組み合わせが変わる。これを遺伝子の組換えという。

一般に，a個体の遺伝子型を表現型から直接知ることはできない。そこで，検定交雑という手法を用いて遺伝子型を判定する。b検定交雑は，2つの遺伝子間の組換え価を求める際にも使われる。同一染色体にある遺伝子群の中から3つの遺伝子を選び，それぞれの組換え価を求める方法を三点交雑といい，これを用いることで3つの遺伝子の相対的な位置関係を知ることができる。

問1．空欄（　ア　）〜（　エ　）に当てはまる適切な語を記せ。

問2．減数分裂の過程において，DNAはどの時期に複製されるか。正しいものを次の①〜④のなかから1つ選び，番号で答えよ。

① 第一分裂開始前　② 第一分裂前期　③ 第一分裂後期
④ 第一分裂から第二分裂に移行する時期

問3．下線部aについて，遺伝子型と表現型が一致する生物を次の①〜④のなかからすべて選び，番号で答えよ。

① ウニ　② 大腸菌　③ ショウジョウバエ　④ イネ

問4．下線部bについて，検定交雑を行うために用いる接合体として正しいものを次の①〜④のなかから1つ選び，番号で答えよ。

① 顕性ホモ接合体　② 潜性ホモ接合体　③ ヘテロ接合体
④ 顕性ホモ接合体と潜性ホモ接合体の1：1混合物

問5．組換え価からつくられた染色体地図と実際の染色体上の遺伝子間の相対的な距離は必ずしも一致しない。この理由を30字程度で記せ。

(群馬大改題)

💡ヒント

問3．ふだん，複相で生活している生物は，ヘテロ接合体になりうる。

知識 計算

□ **21. 組換え価と遺伝子の位置** ■純系のショウジョウバエを用いて交雑実験を行ったところ、雑種第一代(F_1)の遺伝子型は AaBbCc であった。ただし、A(a)、B(b)、C(c)について、大文字は顕性遺伝子、小文字は潜性遺伝子を表している。次の各問いに答えよ。

問1．F_1の雄を三重の潜性ホモ接合体の雌と交雑して得られた次世代の表現型の分離比が［ABc］：［AbC］：［aBc］：［abC］＝1：1：1：1になったとする。①｛A(a)とB(b)｝、②｛B(b)とC(c)｝、③｛A(a)とC(c)｝のそれぞれの遺伝子の関係を次のア〜ウから選べ。ただし、同じものを何度選んでもよい。

　ア．別々の染色体に存在する

　イ．連鎖していて組換えをしていない

　ウ．連鎖していて組換えをしている

問2．実際にF_1の雌を三重の潜性ホモ接合体の雄と交雑すると、次世代(計1000個体)の表現型の分離比は、［ABC］：［ABc］：［AbC］：［aBC］：［Abc］：［aBc］：［abC］：［abc］＝11：42：341：107：113：339：38：9となり、3組の遺伝子 A(a)、B(b)、C(c)は連鎖していることがわかった。次の(1)〜(3)に答えよ。

(1)　F_1の両親の遺伝子型の組み合わせとして最も適当なものを、次の①〜⑥から選べ。

　①　AABBCC×aabbcc　　②　AABBcc×aabbCC　　③　AAbbCC×aaBBcc

　④　aaBBCC×AAbbcc　　⑤　AABBCC×AaBbCc　　⑥　aabbcc×AaBbCc

(2)　3組の組換え価のうち、最も大きい数値を次の①〜⑥から1つ選べ。

　①　8％　　②　10％　　③　20％　　④　24％　　⑤　30％　　⑥　34％

(3)　3組の遺伝子の並び順として最も適当なものを、次の①〜⑥から1つ選べ。

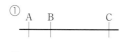

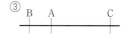

問3．次に、F_1の雄を三重の潜性ホモ接合体の雌と交雑すると、次世代の表現型の分離比が問2とは異なり、［AbC］：［aBc］＝1：1となった。これらの結果から、3組の遺伝子 A(a)、B(b)、C(c)はどのようになっているか。次の①〜⑥から1つ選べ。

①　雌では連鎖、雄では別々の染色体に存在する。

②　雄では連鎖、雌では別々の染色体に存在する。

③　雄では連鎖して組換えをしている、雌では連鎖して組換えはしていない。

④　雄では連鎖して組換えはしていない、雌では連鎖して組換えをしている。

⑤　X染色体上にある。

⑥　Y染色体上にある。

(自治医科大改題)

💡 ヒント ………………………………………………………………………………

問2．(3)組換え価が最も大きい数値を示す遺伝子が両端にある。

問3．問2のF_1雌の交雑結果と合わせて考える。

………………………………………………………………………………………………

思考 計算

☑**22. 生物集団と遺伝** ■次の文章を読み，下の各問いに答えよ。

　手術などで輸血が必要になった場合，血液型が適合するかどうかは非常に重要である。ABO式血液型は，A型，B型，AB型，O型の4つの表現型に分けられる。A型を現す遺伝子をA，B型を現す遺伝子をB，O型を現す遺伝子をOと呼び，遺伝子Aと遺伝子Bは互いに顕性でも潜性でもなく，いずれも遺伝子Oに対しては顕性である。血液型と遺伝子の関係を表にまとめた。たとえば，血液型A型には遺伝子型AAあるいはAOがあり，血液型O型は遺伝子型OOのみである。

表

血液型 （表現型）	遺伝子型
A型	AA，AO
B型	BB，BO
AB型	AB
O型	OO

　ある遺伝病のZ病は常染色体潜性遺伝形質であり，遺伝子eによって伝達され，出生直後にその症状を100%確認できるものとする。そのアレル（対立遺伝子）は遺伝子Eであり，遺伝子eに対して顕性である。このZ病の遺伝子はABO式血液型の遺伝子と連鎖していない。図の家系で□は男性，○は女性を示し，図形の中のアルファベットは血液型を表す。また，灰色はZ病を発症した人で，白色はZ病を生涯発症しない人である。たとえば，遺伝子型がAAEEの人は血液型がA型で，Z病を発症しない。

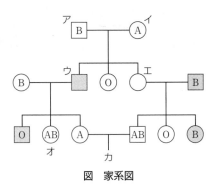

図　家系図

問1．図の家系のア～エの血液型とZ病の遺伝子型を以下の選択肢のなかからそれぞれ選び，記号で答えよ。（解答例：1，あ）

　1：AA　　2：AO　　3：BB　　4：BO　　5：AB　　6：OO
　あ：EE　　い：Ee　　う：ee

問2．図のオとZ病である血液型ABの男性の間に生まれてくる子が，Z病で血液型B型である確率をもっとも簡単な形の分数で答えよ。

問3．図のカがZ病で血液型AB型の男性である確率をもっとも簡単な形の分数で答えよ。

問4．遺伝子Eとeが同じ確率で現れると仮定した場合，任意の男女から生まれた子がZ病を発症する確率を%で答えよ。

問5．人口1億人のある国でZ病患者の割合は16万分の1であった。Z病について，性差や突然変異の影響を受けず，個体の出入りもなく，生存や繁殖に有利不利がないとき，遺伝子eを保有している人は全人口の何%か。小数第3位を四捨五入して小数第2位まで答えよ。

(23. 関西医科大改題)

💡ヒント

問4．「遺伝子Eとeが同じ確率で現れる」という条件を遺伝子頻度で考える。
問5．ハーディー・ワインベルグの法則が成り立っていると考える。また，どの遺伝子型のときに遺伝子eを保有するのかを考える。

思考 計算

☑**23. 突然変異と進化** ■生物の進化に関する次の文章を読み，下の各問いに答えよ。

特定の遺伝子の DNA の塩基配列を調べると，種間で違いがみられる。この違いは，共通の祖先から分岐した後に，種ごとに起きた突然変異と (a)遺伝子頻度の変化によるものである。生存や繁殖に有利な突然変異は集団中に広まるが，不利な突然変異は集団から取り除かれる。また，生存や繁殖に影響しない突然変異は，主に（　ア　）によって集団中に広まる。このような過程を経て (b)突然変異が蓄積していく。種間でみられる塩基配列の違いの多くは，生存や繁殖に（　イ　）突然変異に由来している。また，種間の塩基配列の違いは，共通の祖先から分岐した後に長い時間が経過しているほど（　ウ　）という傾向がある。

問1．（　　）に入る語句として最も適当なものを，次の語群からそれぞれ1つ選べ。

【語群】 遺伝的浮動　　生殖的隔離　　影響しない　　有利な　　大きい　　小さい

問2．下線部(a)に関連して，ある動物の集団について，2つのアレルWとwの遺伝子頻度を調べたところ，Wの遺伝子頻度は0.8であった。この動物の集団の多数の個体における各遺伝子型（WW，Ww，およびww）の個体数の割合を示したグラフとして最も適当なものを，次の①～⑥のうちから1つ選べ。ただし，Wとw以外のアレルは存在せず，この動物の集団ではハーディ・ワインベルグの法則が成立しているものとする。

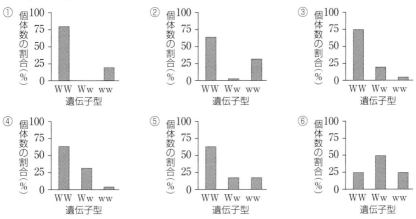

問3．下線部(b)に関連して，遺伝子に生じた塩基置換は非同義置換と，同義置換に分類することができる。ある遺伝子X～Zについて，それぞれの塩基配列をさまざまな動物種の間で比較し，非同義置換の率と同義置換の率を計算した結果を，表1に示した。表1のデータに基づき，遺伝子X～Zについて，突然変異が起きた場合に個体の生存や繁殖に有害な作用が起きる確率の大小関係を答えよ。

（20．センター試験改題）

表1

	1塩基あたり100万年あたりの塩基置換の率	
	非同義置換	同義置換
遺伝子X	0.0	6.4×10^{-3}
遺伝子Y	1.8×10^{-3}	4.3×10^{-3}
遺伝子Z	0.6×10^{-3}	3.9×10^{-3}

💡**ヒント**

問3．非同義置換は，生存等に不利であれば蓄積されない。

2 | 生物の系統と進化

1 生物の系統

❶生物の系統と分類

生物を共通性にもとづいてグループ分けすることを分類という。

(a) **人為分類** 識別しやすい形質や，日常生活との関係を基準にして行う便宜的な分類。必ずしも類縁関係を示さない。〔例〕 陸上動物，有毒植物，植食性動物 など

(b) **系統分類** 生物の進化の道筋(系統)に沿った類縁関係にもとづいて行う分類。

(c) **系統分類の方法** かつては，形態，生理的な特徴，生殖・発生の類似性などによって行ってきた。現在では，DNA や RNA の塩基配列，タンパク質のアミノ酸配列の類似性なども用いて行っている。

・**分子時計** 塩基配列やアミノ酸配列に生じる突然変異は一定の確率で起こり蓄積している。このような，分子に生じる変化の速度の一定性を分子時計という。分子時計を利用することで，種間の類縁関係や種が分かれた時期などを推測できる。

・**分子系統樹** 分子時計の考えにもとづき，塩基配列やアミノ酸配列の違いを比較して作成した系統樹を分子系統樹という。作成方法には平均距離法や最節約法などがある。

　平均距離法 対象とする複数の生物種が共通してもつタンパク質のアミノ酸配列や，遺伝子の塩基配列において，生物種間で異なる数の平均を分岐してからの距離として作成する方法。まず，異なる数が最小の 2 種を探し，その平均を分岐してからの距離とする。次に，この 2 種と残りの種のうち異なる数が最小の種を探し，その平均を 3 種が分岐してからの距離とする。同様の作業をくり返して作成する。

　最節約法 突然変異の回数が最も少なくなる系統樹を選択する方法。

❷分類階級

(a) **分類階級** 生物の分類は，種を基本単位とし，類縁関係にもとづいてより大きなグループに，段階的にまとめられる。このような段階を，分類階級と呼ぶ。

・**種より高次の分類階級** 種<属<科<目<綱<門<界

(b) **種** 形態や性質が基本的に同じで，同種他個体と自由に交配し，同様の生殖能力をもつ子を生み出すことが可能な生物群。他種とは生殖的に隔離されている。

・**種の表し方** リンネが用いた二名法にもとづいてつくられた国際命名規約に従った学名が用いられている。

・**学名** 属名と種小名を並べて記載する。ラテン語やギリシャ語のイタリック体を用いることが多く，種小名の後ろに命名者名と命名年が付記されることもある。

〔学名の例〕 ヒト：*Homo sapiens* Linnaeus, 1758

(c) **界** 生物を動物界，植物界，菌界，原生生物界，モネラ界の 5 つの界に分類する五界説が用いられることが多い。

◀五界説▶

(d)　**ドメイン**　1977年にウーズは，すべての生物に共通して存在する rRNA（→p.116）の塩基配列をさまざまな生物で解析し，比較することで系統関係を推定した。その結果，生物全体を細菌（バクテリア），アーキア（古細菌），真核生物（ユーカリア）の3つのグループに区分し，この区分をドメインと呼んだ。現在，ドメインは広く受け入れられ，界よりも上位の階級として扱われるようになっている。

(e)　**スーパーグループ**　アデルらは，分子系統学的な手法などを用いて，真核生物をいくつかのグループに大別した。これらのグループはスーパーグループと呼ばれる。

- 五界説では類縁関係が不明瞭であった原生生物界に属する生物群の類縁関係や，それらと動物界，植物界，菌界の関係が明らかになりつつある。
  〔例〕　オピストコンタ（動物，襟鞭毛虫類，菌類を含む）
  　　　　アーケプラスチダ（植物，車軸藻類，緑藻類，紅藻類を含む）
  　　　　アメーボゾア（アメーバ類，変形菌類を含む）　など

2 生物の系統関係

❶細菌（バクテリア）とアーキア（古細菌）

(a)　**細菌**　アーキア以外の原核生物のグループ。約38億年前に，他の2つのドメインと分岐したと考えられている。

(b)　**アーキア**　原核生物のうち，RNAポリメラーゼの構造が真核生物のものに似ているなど，明らかに細菌よりも真核生物に近い生物のグループ。約24億年前に，真核生物ドメインと分岐したと考えられている。熱水噴出孔，塩湖・塩田，汚泥などの極限環境に生息する種が存在する。

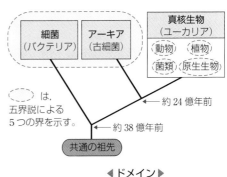

◀ドメイン▶

生物群	細胞壁の主成分	その他の特徴	生物例
細菌	ペプチドグリカン	• 多くは従属栄養生物であるが，独立栄養生物のものもいる。 • 細胞膜のリン脂質はエステル脂質。	大腸菌 乳酸菌 枯草菌 アグロバクテリウム
アーキア	糖やタンパク質	• 極限環境に生息するものがいる。 • 細胞膜のリン脂質はエーテル脂質。	メタン菌 高度好塩菌

❷真核生物（ユーカリア）

(a) **原生生物** 真核生物のうち，単細胞生物や，からだの構成が簡単で組織が発達しない多細胞生物からなるグループ。系統的には多様で，類縁関係は示されていない。

・主なグループ

車軸藻類（シャジクモ，フラスコモ）	緑藻類（アナアオサ，アオミドロ）
紅藻類（マクサ，アサクサノリ）	褐藻類（マコンブ，ヒジキ）
ケイ藻類（オビケイソウ，ハネケイソウ）	渦鞭毛藻類（ヤコウチュウ，ツノモ）
繊毛虫類（ゾウリムシ，ツリガネムシ）	放散虫類（ホウサンチュウ）
ユーグレナ藻類（ミドリムシ）	襟鞭毛虫類（エリベンモウチュウ）
アメーバ類（アメーバ）	変形菌類（ムラサキホコリ）

・植物に最も近縁であるのが，車軸藻類。動物に最も近縁であるのが，襟鞭毛虫類。

(b) **植物** 陸上の環境に適応し，光合成を行う多細胞の独立栄養生物のグループ。光合成色素として，クロロフィルaとbをもつ。**コケ植物，シダ植物，種子植物（裸子植物，被子植物）**に分けられる。細胞壁の主成分は，セルロースとペクチンである。

コケ植物　維管束は未発達。根・茎・葉も未分化。

シダ植物　維管束をもつ。根・茎・葉は分化している。

種子植物　種子を形成し，内部の胚を乾燥から保護する。裸子植物は子房をもたず胚珠が裸出し，被子植物は子房のなかに胚珠をもつ。

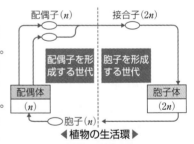

◀植物界の系統▶

参考　植物の生活環

　生物が生まれてから死ぬまでの過程を，生殖細胞で次の世代につなげたものを**生活環**という。植物の生活環をみると，配偶子を形成して生殖を行う配偶体の世代と，胞子を形成して生殖を行う胞子体の世代が，交互にくり返されている。植物の種類によって，配偶体や胞子体の発達の程度が異なる。

◀植物の生活環▶

◀植物の生活環における配偶体と胞子体の比較▶

- 植物に属する各生物群の特徴

生物群		維管束	根・茎・葉	その他の特徴		生物例
コケ植物		未発達	未分化	胞子体は配偶体の上に形成		ゼニゴケ スギゴケ
シダ植物				胞子体は配偶体に比べて発達		ワラビ トクサ
種子植物	裸子植物	発達	分化	配偶体は胞子体の上に形成	子房がなく胚珠は裸出する	イチョウ アカマツ
	被子植物				胚珠は子房に包まれる	アブラナ サトウキビ

(c) **動物** 外界から有機物を取り込み，体内で消化・吸収する従属栄養の多細胞生物の
グループ。胚葉(→p.142)の分化の程度によって，**側生動物**，**二胚葉動物**，**三胚葉動物**
に分けられる。

- **側生動物** 胚葉の分化がみられず，組織や器官が発達していない。
- **二胚葉動物** 中胚葉が形成されず，内胚葉と外胚葉に由来する細胞からなる。
- **三胚葉動物** 原腸胚期に，外胚葉，中胚葉，内胚葉の3つの胚葉が分化する。**旧口**
  動物と**新口動物**に分けられる。
  ── 旧口動物 原口(→p.142)が口になる。**冠輪動物**と**脱皮動物**に分けられる。
  ── 冠輪動物 脱皮せずに成長する。多くは，トロコフォア幼生の時期をもつ。
  ── 脱皮動物 外骨格をもち，脱皮を行いながら成長する。
  ── 新口動物 原口とは別の部分に口ができる。
  発生の過程で脊索を形成しない**棘皮動物**と，脊索を形成する**脊索動物**に分け
  られる。脊索動物は，さらに，終生脊索をもつ**原索動物**と，脊索が退化し神
  経管を取り囲む脊椎を形成する**脊椎動物**に分けられる。

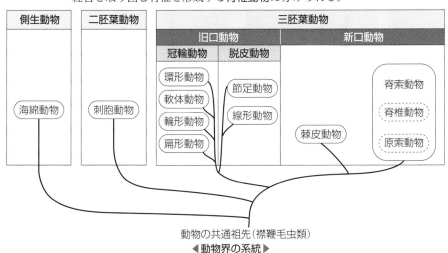

動物の共通祖先(襟鞭毛虫類)
◀動物界の系統▶

• 動物に属する各生物群の特徴

生物群						特徴	生物例
海綿動物	胚葉の分化なし					神経がなく，細胞間の結合が弱い。骨片，変形細胞，襟細胞をもつ。	ムラサキカイメン カイロウドウケツ
刺胞動物	二胚葉性					食物は，腔腸で消化。 腔腸には口のみで肛門はない。 刺胞をもつ。	ヒドラ ミズクラゲ アカサンゴ
扁形動物	三胚葉性	旧口動物	冠輪動物			からだは扁平で体腔をもたない。 口と肛門の区別がない。	プラナリア ヒラムシ サナダムシ
環形動物						からだは多数の体節からなる。 環状筋と縦走筋によるぜん動運動を行う。	フツウミミズ ゴカイ ケヤリムシ
軟体動物						内臓は外套膜でおおわれる。 多くはその外に硬い貝殻をもつ。 多くは開放血管系。 イカ・タコ類はカメラ眼をもつ。	マダコ ヤリイカ ハマグリ ヒザラガイ
線形動物			脱皮動物			からだは円筒形をしており，体節はもたない。他の生物に寄生しているものが多い。脱皮して成長する。	センチュウ カイチュウ ギョウチュウ
節足動物						体表は外骨格でおおわれる。体節構造をしており，足にも関節がある。背側に管状の心臓をもつ。開放血管系である。脱皮して成長する。	ナガサキアゲハ ハエトリグモ ヤスデ タカアシガニ
棘皮動物		新口動物				多くは，からだが硬い骨板でおおわれている。水管系と管足をもつ。成体は五放射相称である。	イトマキヒトデ バフンウニ マナマコ
脊索動物			原索動物			発生の過程で脊索を形成する。 ホヤでは成体になると退化するが，ナメクジウオは終生脊索をもつ。	ナメクジウオ カラスボヤ マボヤ
			脊椎動物			からだは頭部と腹部に分けられ，2対のひれまたは足をもつ。 閉鎖血管系でヘモグロビンをもつ。 脊索は退化し，脊椎骨が神経管を囲み脊椎を形成する。	スナヤツメ マイワシ トノサマガエル アオウミガメ カワセミ ヒト

(d) **菌類** 体外で有機物を分解して吸収する従属栄養生物のグループ。
- 細胞壁の主成分は，キチンと呼ばれる多糖類。
- 組織は発達せず，多くは糸状に連なった細胞からなる**菌糸**でできている。
- 多くの菌類は，胞子によって増殖する。胞子には，減数分裂を経てつくられる有性胞子(真正胞子)と，体細胞分裂を経てつくられる無性胞子(栄養胞子)がある。
- 菌類に属する生物群の特徴

生物群	菌糸の構造	その他の特徴	生物例
子のう菌類	隔壁あり	子実体の上にある子のうで，子のう胞子を形成する。	アオカビ アカパンカビ 酵母
担子菌類		一般に「キノコ」と呼ばれる大型の子実体をつくり，子実体にある担子器で担子胞子を形成する。	シイタケ シロオニタケ カワラタケ
接合菌類	隔壁なし	胞子にべん毛がない。	クモノスカビ ケカビ

※子のう菌類または担子菌類のなかには，シアノバクテリアまたは緑藻類と共生しているものがあり，その生物群を**地衣類**と呼ぶことがある。

3 人類の進化

❶人類の系統と進化

(a) **霊長類の進化**

ツパイ類のなかま(原始的な哺乳類)
└ 霊長類(サル類)の共通祖先の誕生(約6500万年前)
- 顔の前面に並ぶ両眼によって**立体視の範囲の拡大** ┐
- 木の枝や幹をしっかり握ることのできる母指対向性**の発達** ├ 樹上生活
- かぎ爪から，木の枝をつかみやすくなる**平爪への変化** ┘ への適応
└ 類人猿の共通祖先の誕生(約2900万年前)
- 枝から枝への巧みな移動が可能となる**肩関節の自由度の向上**

(b) **人類の誕生と進化**(約600万～700万年前，アフリカで誕生)
- アウストラロピテクス[猿人]の誕生(約300万～400万年前)
  ┌ ・**直立二足歩行**の獲得
  └ ・大後頭孔が真下に近い位置に開口
- ホモ・エレクトス[原人]の誕生(約180万年前) ┐ 脳容積の急激な増加
- ホモ・ネアンデルターレンシス[旧人]の誕生(約40万年前) │
- ホモ・サピエンス[新人，現生人類]の誕生(約20万年前) ┘

(c) **現生人類の拡散** 約20万年前，アフリカで誕生したホモ・サピエンスは，世界各地へ拡散した。その過程で多様性を生じ，現在に至る。現生の人類はホモ・サピエンスのみで，他の人類は，絶滅した。

☑ **1** 分類と学名に関する次の文章を読み，（　　　）に入る最も適当な語を答えよ。

　　生物の進化の道筋に沿った類縁関係にもとづく分類を（　1　）という。（　1　）では，
（　2　）を基本単位とし，近縁な（　2　）を1段階上位の分類階級である（　3　）にま
とめ，さらに上位の分類階級にまとめていく。（　2　）を表す学名は，（　4　）と
（　5　）をこの順に並べて記載する（　6　）にもとづいてつくられている。

☑ **2** 五界説を表す右図について，次の各問いに答えよ。

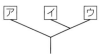

(1)　図の(ア)，(オ)に当てはまる，生物群の名称を答えよ。

(2)　図の(ア)～(オ)に属する生物を，次の①～⑥から，それぞれす
　　べて選び番号で答えよ。

　　①　メタン菌　　②　シャジクモ　　③　ミズクラゲ
　　④　大腸菌　　　⑤　アカパンカビ　　⑥　ワラビ

(3)　原核生物の生物群を，(ア)～(オ)からすべて選べ。

☑ **3** ウーズは，生物全体を3つのグループに大別することを提唱し，下図のように系統関
係を表した。これに関する，次の各問いに答えよ。

(1)　この3つのグループの分類階級を何というか答えよ。

(2)　五界説ではアとイが1つの界にまとめられている。ア～ウ
　　の生物群の名称を答えよ。

☑ **4** 植物界の，コケ植物・シダ植物・種子植物の説明として適当なものを，次の①～⑥か
ら，それぞれすべて選び番号で答えよ。

　　①　クロロフィルaとbをもつ　　②　維管束をもつ　　③　根・茎・葉が未分化
　　④　胞子でふえる　　　⑤　種子を形成する　　⑥　菌糸を用いて成長する

☑ **5** 動物界の次の①～⑨の生物群について，下の各問いに答えよ。

　　①　海綿動物　　②　軟体動物　　③　線形動物　　④　棘皮動物　　⑤　脊索動物
　　⑥　節足動物　　⑦　環形動物　　⑧　扁形動物　　⑨　刺胞動物

(1)　(ア)胚葉が分化していない動物と(イ)二胚葉性の動物を，それぞれすべて選べ。

(2)　(ウ)旧口動物と(エ)新口動物を，それぞれすべて選べ。

☑ **6** 次の①～⑥の生物について，下の各問いに答えよ。

　　①　ホモ・サピエンス　　②　アウストラロピテクス
　　③　霊長類の共通祖先　　④　ホモ・エレクトス
　　⑤　類人猿の共通祖先　　⑥　ホモ・ネアンデルターレンシス

(1)　進化の過程からみて，古いものから順に並べ替えて番号で答えよ。

(2)　人類に属する生物をすべて選び，番号で答えよ。

Answer ⟩ ···

1 1…系統分類　2…種　3…属　4…属名　5…種小名　6…二名法　**2**(1)ア…植物界　オ…モネラ界
(2)ア…⑥　イ…⑤　ウ…③　エ…②　オ…①，④　(3)オ　**3**(1)ドメイン　(2)ア…細菌　イ…アーキア
ウ…真核生物　**4**コケ植物…①，③，④　シダ植物…①，②，④　種子植物…①，②，⑤　**5**(1)ア…
イ…⑨　(2)ウ…②，③，⑥，⑦，⑧　エ…④，⑤　**6**(1)③→⑤→②→④→⑥→①　(2)①，②，④，⑥

基本例題5　系統樹と分類

➡基本問題25

表は，4種の生物①〜④に共通して存在するあるタンパク質のアミノ酸配列を比較し，2種の生物間で異なるアミノ酸の数を示したものである。次の各問いに答えよ。

生物	①	②	③	④
①	0			
②	50	0		
③	25	54	0	
④	27	46	10	0

(1) 表の値と分子時計の考え方を用いて，4種の生物の系統樹を作成した（右図）。ア〜ウとして最も適当な生物を①〜③の番号で答えよ。

(2) このような方法で作成した系統樹を，特に何というか答えよ。

(3) 種は，分類の基本単位である。種と界の間の分類階級を，下位から順に5つ答えよ。

(4) 種は，リンネが提唱した二名法にもとづいた学名を用いて表す。学名で記載する2つの名称は何か答えよ。

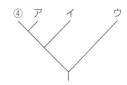

④　ア　イ　ウ

考え方　(1)タンパク質のアミノ酸配列の違いを比較した場合，その異なるアミノ酸の数が大きいものほど種として分岐してからの期間が長く，小さいほど期間が短いことを示す。したがって，④と類縁関係が最も近い生物は③となり，遠い生物は②となる。(4)学名は，属名と種小名をギリシャ語またはラテン語で記述することが多い。

解答
(1)ア…③　イ…①　ウ…②
(2)分子系統樹
(3)属，科，目，綱，門
(4)属名，種小名

基本例題6　五界説による分類

➡基本問題26, 27

右図は，生物を5つの界に分けた模式図である。次の各問いに答えよ。

(1) (ウ), (エ), (オ)の各界の名称を答えよ。

(2) (ア)〜(オ)の各界の説明として最も適当なものを次の①〜⑤から，属する生物の例として適当なものをa〜eから，それぞれ1つずつ選べ。

① 核膜をもたない細胞からなる生物群。

② 陸上の環境に適応し，光合成を行う多細胞の生物群。

③ 体外で有機物を分解し吸収する，従属栄養の生物群。

④ 外界から有機物を取り込み体内で消化・吸収する，多細胞で従属栄養の生物群。

⑤ 単細胞生物や，からだの組織が発達していない多細胞生物を含む生物群。

a. クロマツ　b. 赤痢菌　c. ムラサキカイメン　d. ミドリムシ　e. アオカビ

(ア) 植物界　(イ) 菌界　(ウ)
(エ)
(オ)

考え方　五界説では，原核生物をモネラ界として他の生物と分け，真核生物を，単細胞生物および組織の発達していない多細胞生物を含む原生生物界，さらに植物界，菌界，動物界に分ける。

解答　(1)(ウ)動物界　(エ)原生生物界　(オ)モネラ界　(2)(ア)②, a　(イ)③, e　(ウ)④, c　(エ)⑤, d　(オ)①, b

基本例題7 植物の系統

➡基本問題28

次のA～Dの生物群について，下の各問いに答えよ。

A：イチョウ，アカマツ，モミ　　　　B：ウラジロ，ワラビ，スギナ

C：ゼニゴケ，ヒノキゴケ，ツノゴケ　　D：アブラナ，ハクモクレン，ススキ

(1) A～Dの生物群を表す名称として，最も適当なものを答えよ。

(2) 右図は，生物群A～Dの系統関係を表した図である。
A～Cの生物群の位置として最も適当なものを，①～③
からそれぞれ選べ。

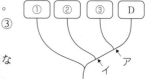

(3) 図のア，イの位置で獲得した形質として，最も適当な
ものを，次の①～③からそれぞれ選び，番号で答えよ。

　① 子房を形成する　　② 維管束を形成する　　③ 種子を形成する

(4) これらの生物群の共通祖先に近縁な生物として最も適当なものを，次の①～④か
ら1つ選び，番号で答えよ。

　① 渦鞭毛藻類　　② ケイ藻類　　③ ユーグレナ藻類　　④ 車軸藻類

■ 考え方　植物は，陸上の環境に適応し，光合成を行う多細胞の独立
栄養生物のグループで，共通祖先に近縁な生物は車軸藻類である。シ
ダ植物や種子植物では，維管束が発達し，シダ植物は胞子でふえるが種子
植物は種子を形成しふえる。被子植物は胚珠が子房におおわれている。

■ 解 答　(1)A裸子植物
Bシダ植物　Cコケ植物
D被子植物　(2)A③　B②
C①　(3)ア①　イ③　(4)④

基本例題8 動物の系統

➡基本問題30

右図は，動物の系統を模式的に示したもので
ある。次の各問いに答えよ。

(1) (ア)～(エ)に適する動物門の名称を①～④から，
動物例をa～dからそれぞれ選べ。

　① 脊索動物　　② 環形動物

　③ 節足動物　　④ 刺胞動物

　a．ナメクジウオ　　b．ウミホタル

　c．ゴカイ　　　　　d．ヒドラ

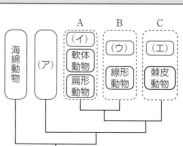

(2) 図のA，B，Cは，共通した特徴をもつものをまとめている。その特徴として最
も適当なものを，①～③からそれぞれ1つずつ選べ。

　① 脱皮して成長　　② 原口とは別の部分が口になる　　③ 脱皮せずに成長

(3) グループA，B，Cが，海綿動物および(ア)と異なる点を答えよ。

■ 考え方　動物は，無胚葉性の側生動物（海綿動物）→二胚葉動物
（刺胞動物）→三胚葉動物の順に進化してきたと考えられている。三
胚葉動物のなかの旧口動物は，脱皮して成長する脱皮動物と，脱皮
せずに成長する冠輪動物の2系統に分けられることがわかってきた。

■ 解 答　(1)(ア)…④，d
(イ)…②，c　(ウ)…③，b　(エ)…①，a
(2)A…③　B…①　C…②
(3)三胚葉性の動物であること。

|基|本|問|題|

知識

☑ **24. 種の表し方** ●種の名前を表す際には，学名が用いられる。次の表の(1)~(3)は，ある3種の哺乳類の学名である。下の各問いに答えよ。

	(a)	(b)	(c)	，命名年
(1)	*Balaenoptera*	*musculus*	Linnaeus	，1758
(2)	*Mus*	*musculus*	Linnaeus	，1758
(3)	*Mus*	*caroli*	Bonhote	，1902

問1．3種の哺乳類の類縁関係について述べた次の①~⑤から，正しいものを1つ選び，番号で答えよ。ただし，類縁関係はこの3種のみで考えること。

①　(b)の記載が同じなので，(1)と(2)が近いなかまである。

②　(c)の記載が同じなので，(1)と(2)が近いなかまである。

③　(b)と(c)の両方の記載が同じなので，(1)と(2)が近いなかまである。

④　(a)の記載が同じなので，(2)と(3)が近いなかまである。

⑤　この学名からは，類縁関係はわからない。

問2．学名に関する次の文の下線部が正しければ○を，間違っていれば正しい語を答えよ。

ア．上表のような表し方は，<u>リンネ</u>が提唱した方法にもとづいている。

イ．学名は，<u>三名法</u>にもとづいてつくられている。

ウ．学名は，ふつう<u>英語やギリシャ語</u>を用いることが多い。

エ．ヒトの学名は，<u>ホモ・エレクトス</u>である。

思考

☑ **25. 脊椎動物の分子系統樹** ●右表は，5種の脊椎動物A~Eがもつヘモグロビンα鎖のアミノ酸配列を，種間で比較したときにみられる異なるアミノ酸の数を示したものである。次の各問いに答えよ。

	A	B	C	D	E
A	0	62	79	71	23
B		0	92	74	65
C			0	85	80
D				0	70
E					0

問1．DNAの塩基配列やタンパク質のアミノ酸配列に生じる突然変異は，一定の確率で起こり蓄積している。このような，分子に生じる変化の速度の一定性を何というか。

問2．表の値を用いて分子系統樹を作成した(右図)。(1)~(4)の生物として最も適当なものをB~Eの記号で答えよ。

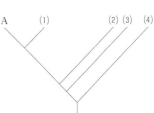

問3．Aはヒトである。他の脊椎動物が，イモリ，イヌ，コイ，サメであるとするならば，B~Eはそれぞれどの生物になるか答えよ。

知識
☑ **26. 五界説** ●右図は，ホイッタカーとマーグリスによる五界説を模式的に表したものである。なお，各界に属する生物群は，1つしか示されていない。各界の細胞に関する文章を読み，下の各問いに答えよ。

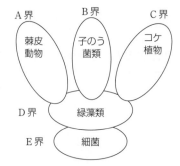

A・C界は共通して（　1　）細胞生物のみからなり，E界は（　2　）細胞生物のみからなる。B・D界にはその両者が混在する。また，A・B・C・D界の生物を構成する細胞は，（　3　）細胞であるのに対して，E界の生物の細胞は（　4　）細胞である。

　（　5　）界のみ，すべての生物が（　6　）をもたない細胞からなるが，他の界の生物には，主成分こそ異なるが（　6　）をもつ生物が含まれる。光合成を行うことができる細胞からなる生物は，（　7　）界，（　8　）界，（　9　）界に含まれている。

問1．A界〜E界の名称をそれぞれ答えよ。

問2．文中の（　　）内に，最も適当な語を答えよ。

問3．A界〜E界に属する生物群として適当なものを，次の①〜⑩のなかからすべて選び，それぞれ番号で答えよ。

① 繊毛虫類　　② 種子植物　　③ 担子菌類　　④ 原索動物　　⑤ 脊椎動物
⑥ メタン菌　　⑦ シダ植物　　⑧ 褐藻類　　⑨ 車軸藻類　　⑩ 襟鞭毛虫類

知識
☑ **27. 五界説と3ドメイン説** ●次の6つの生物群A〜Fについて，下の各問いに答えよ。

A	B	C	D	E	F
シイタケ アカパンカビ	大腸菌 イシクラゲ	クスノキ イチョウ	ゾウリムシ シャジクモ	ミズクラゲ オコジョ	メタン菌 高度好塩菌

問1．次の①〜⑥は，6つの生物群A〜Fの生物について説明したものである。生物群A〜Fの説明として最も適当なものをそれぞれ選び，番号で答えよ。

①　細胞壁をもたない多細胞生物である。取り込んだ有機物を体内で消化・吸収する従属栄養生物である。

②　真核細胞からなる。単細胞生物や組織の発達しない多細胞生物が含まれる。

③　独立栄養生物である。組織が発達し，陸上の環境に適応している。

④　原核細胞からなる。RNAポリメラーゼの構造が真核生物のものに似ている。

⑤　からだは菌糸からなり，組織は発達しない。体外で有機物を分解して吸収する。

⑥　原核細胞からなる。約38億年前に他の生物群と分岐したと考えられている。

問2．6つの生物群A〜Fを5つの界に分け，それぞれの界の名称を答えよ。

問3．6つの生物群A〜Fを3つのドメインに分け，それぞれのドメインの名称を答えよ。

問4．3ドメイン説を提唱した科学者を，次の①〜⑤から選び，番号で答えよ。

①　リンネ　　②　ホイッタカー　　③　ヘッケル　　④　ウーズ　　⑤　ダーウィン

問5．近年，アデルらによって，分子系統学的な手法などを用いて真核生物をいくつかのグループに大別する試みがなされている。これらのグループ（分類階級）を何と呼ぶか。

44 1編　生物の進化と系統

[知識]

□28. 植物の進化と系統●図は，植物の系統を模式的に示したものである。次の各問いに答えよ。

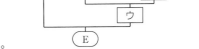

問1．図中のア〜ウは，その位置より上の生物群の共通の祖先が獲得した特徴を示している。その特徴として最も適当なものを，次の①〜④のなかから選び，それぞれ番号で答えよ。

① 胞子でふえる。　　　② 種子でふえる。
③ 子房を形成する。　　④ 維管束を形成する。

問2．A〜Dに属する生物の例を，次の①〜⑧からそれぞれ2つずつ選び，番号で答えよ。

① ソテツ　　② アブラナ　　③ ヒカゲヘゴ　　④ コスギゴケ
⑤ スギ　　　⑥ ツノゴケ　　⑦ ウラジロ　　　⑧ コムギ

問3．生物群A〜Dの共通の祖先Eに最も近縁な生物群の名称を答えよ。

問4．問3の生物群と植物は，共通した光合成色素をもっている。その光合成色素の名称を2つ答えよ。

[知識]

□29. 植物の生活環と適応●植物の生活環に関する次の文章を読み，下の各問いに答えよ。

生物が生まれてから死ぬまでの過程を生活史といい，これを生殖細胞で次の世代につなげたものを（　1　）という。植物の（　1　）では，胞子を形成する植物体を（　2　），配偶子を形成する植物体を（　3　）という。ァコケ植物，シダ植物，種子植物は，それぞれの（　1　）において，ィ（　2　）や（　3　）の発達の程度が異なっている。

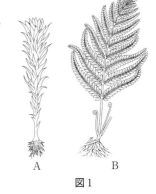

図1

問1．文中の（　　）内に，最も適当な語を答えよ。

問2．図1のA，Bは，野外でふつうに見ることができる植物体である。下線部アのどの植物のものかを，それぞれ答えよ。また，（　2　）と（　3　）のどちらであるかを，それぞれ名称で答えよ。

問3．図2は，下線部イの違いを表した図である。C〜Eは，それぞれ下線部アのどの植物のものかを答えよ。

問4．下線部イのように，植物の進化に伴って生物群ごとに，（　2　）や（　3　）の発達の程度が変化した。このことによって，進化上，どのようなことに適応できたと考えられるか。次の①〜③から，最も適当なものを選び，番号で答えよ。

① 昆虫などによる食害から，身を守ること。
② 水が少ない乾燥した環境でも，受精し生育できること。
③ 光が弱い環境でも，十分に光合成ができること。

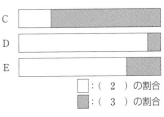

図2 （　2　）と（　3　）の
発達の程度の割合

30. 動物の進化と系統 知識 ●動物の系統に関する下の各問いに答えよ。

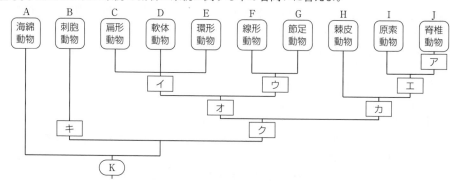

問1．図中のア〜クは，その位置より上の生物群の共通の祖先が獲得した特徴を示している。その特徴として最も適当なものを，次の①〜⑧から選び，番号で答えよ。

① 脱皮して成長する。　② 脊索を形成する。　③ 原口が口になる。

④ 脊椎を形成する。　⑤ ３つの胚葉を形成する。　⑥ 脱皮しないで成長する。

⑦ 内胚葉と外胚葉を形成する。　⑧ 原口とは別の部分が口になる。

問2．問1で解答した特徴から考えて，次の(1)〜(7)の動物群を何と呼ぶか。

(1) B　(2) C，D，E　(3) F，G　(4) I，J　(5) C，D，E，F，G

(6) H，I，J　(7) C，D，E，F，G，H，I，J

問3．B〜Jに属する生物の例を，次の①〜⑨からそれぞれ１つずつ選び，番号で答えよ。

① センチュウ　② ウミホタル　③ ミズクラゲ　④ ツパイ　⑤ マボヤ

⑥ プラナリア　⑦ バフンウニ　⑧ マダコ　⑨ シーボルトミミズ

問4．生物群A〜Jの共通の祖先Kに最も近縁な生物群を，次の①〜④から選べ。

① 繊毛虫類　② 襟鞭毛虫類　③ 放散虫類　④ アメーバ類

31. 人類の進化 知識 ●人類の進化に関する次の文章を読み，下の各問いに答えよ。

　　約6500万年前にツパイ類のなかまから（　1　）の共通祖先が誕生した。その後，約2900万年前に，（　1　）のなかから樹上生活に適応した（　2　）の共通祖先が誕生した。また，人類は，約600万〜700万年前にアフリカで誕生したと考えられている。その後，（　3　），（　4　），（　5　）の順に出現し，現生人類の（　6　）が約20万年前に誕生した。

問1．文章中の（　）に入る最も適当な語を，次の①〜⑥から選び，番号で答えよ。

① 霊長類　② ホモ・ネアンデルターレンシス　③ アウストラロピテクス

④ ホモ・サピエンス　⑤ ホモ・エレクトス　⑥ 類人猿

問2．下線部に関して，樹上生活に適応した際に獲得した特徴について述べた次の(1)〜(3)の文の（　）内に，最も適当な語を答えよ。

(1) 顔の前面に並ぶ両眼による（　　　）の範囲の拡大。

(2) 木の枝や幹をしっかり握ることのできる（　　　）の発達。

(3) かぎ爪から，木の枝をつかみやすくなる（　　　）への変化。

思考例題 ② 塩基配列の違いを整理して類縁関係を推測する ………

課題

　表は，マリモ・シオグサ・アオミソウ・マガタマモ，およびこれらと近縁とされるタンポヤリの計5種について，rRNAとして機能する部分のDNAの塩

配列番号 種　名	1	2	3	4	5	6	7	8	9	10	11	12	13	14	15
マリモ	G	C	T	C	T	A	G	C	T	G	A	T	T	C	A
シオグサ	G	T	T	C	T	G	C	T	T	G	A	A	T	C	T
アオミソウ	G	C	T	C	T	A	G	C	T	G	A	T	T	C	C
マガタマモ	G	C	T	C	T	G	T	T	T	G	C	A	C	C	G
タンポヤリ	G	C	T	C	T	G	T	T	T	G	A	A	C	C	T

基配列の一部を示したものである。この表から，遺伝的距離にもとづいて系統樹を作成した（右図）。横線の長さは遺伝的距離に比例する。

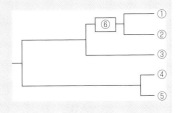

　図中の①～⑤に入る生物名を考えたのち，⑥の位置に入る生物を仮定すると，その生物の配列番号2番の塩基はA，T，G，Cのいずれである可能性が最も高いか答えよ。　　　　　　　（21. 北海道大改題）

指針　5種間で異なる塩基の数を整理して類縁関係を推測し，①と②から系統樹を遡って塩基配列を考える。

次のStep 1～3は，課題を解く手順の例である。空欄を埋めてその手順を確認しなさい。

Step 1　異なる塩基の数を表にまとめて整理する

	マリモ	シオグサ	アオミソウ	マガタマモ	タンポヤリ
マリモ		－	－	－	－
シオグサ	（　1　）		－	－	－
アオミソウ	（　2　）	（　5　）		－	－
マガタマモ	（　3　）	（　6　）	（　8　）		－
タンポヤリ	（　4　）	（　7　）	（　9　）	（　10　）	

Step 2　表から類縁関係を推測する

　問題文中に「横線の長さは遺伝的距離に比例する」とあり，これに分子時計の考えを当てはめれば，横線の長さと異なる塩基の数には相関がある。したがって，異なる数が最も少ない（　11　）と（　12　）は，それぞれ横線の長さが最も短い④と⑤に入る。同様に，次に少ない（　13　）と（　14　）は，それぞれ①と②に入る。残る（　15　）は，③となる。

Step 3　①と②から遡って⑥の塩基配列を判断する

　⑥は①と②の共通の祖先であることから，配列番号2の塩基を判断する。

Stepの解答　1…6　2…1　3…7　4…6　5…6　6…5　7…3　8…7　9…6　10…2
11，12…マリモ，アオミソウ（順不同）　13，14…マガタマモ，タンポヤリ（順不同）　15…シオグサ
課題の解答　C

発展例題2　ウイルスの分子系統樹　　　　　　　　　　➡発展問題32

　ウイルスも生物と同様に，共通の祖先から分かれた後にさまざまな突然変異が起こっている。このような塩基配列やアミノ酸配列の変化は一定の速度で進むことから，その変化の速度は（　1　）と呼ばれ，進化の過程で枝分かれした時期を探るための目安となる。ウイルスの免疫からの回避もこの突然変異で説明される。もともと，感染者の個体内でウイルスに多様性が存在していて，そのなかで環境に適したものが生き残ることがある。これが（　2　）説の考え方である。一方で変異により生存に対して有利不利がみられないことも多く，このような変異は遺伝的（　3　）によって集団全体に拡がったり消失したりすることがある。これが（　4　）説の考え方である。

問1．文中の（　1　）〜（　4　）に最も適切な語を入れよ。

問2．アミノ酸や塩基の配列から分子系統樹を作成する方法がある。図1はウイルスの遺伝子配列が異なる株A〜Dの塩基配列の一部を示し，図2はこれらの株の塩基配列をもとに作成した系統樹である。図1に示す以外の塩基配列は各株間で同一であった。

　株A：AAA**G**GUAU**A**UC**C**UUCCCA**GG**UAACAAACCAAC**C**AACU
　株B：AAA**A**GUAU**U**UC**C**CA**U**CCCA**AA**UAACAAACCAAC**C**AACU
　株C：AAA**A**GUAU**U**UC**C**CUUCCCA**AG**UAACAAACCAAC**A**AACU
　株D：AAA**A**GUAU**UU**A**C**CA**U**CCCA**AG**UAACAAACCAAC**A**AACU

図1　株A〜Dの遺伝子配列（太字の箇所以外は，株間で同一）

(1)　図2の系統樹の①〜③に入る株名を，A，B，Dからそれぞれ1つ選べ。

(2)　ウイルスの進化速度が一定であるとして，株Cと株Dの最も近い共通祖先が4か月前に分岐したとすると，株Aと株Cの最も近い共通祖先が分岐したのは何か月前か。なお，この系統樹の線の長さは塩基置換数の違いを正確には反映していない。　　　（21. 熊本大改題）

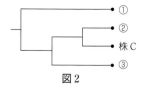

図2

解答

問1．1…分子時計　2…自然選択　3…浮動　4…中立

問2．(1)①…株A　②…株D　③…株B　(2)10か月

解説

問2．(1)　系統樹に示されている株Cを基準として，株A，B，Dは塩基がいくつ異なるかを，図3から読み取る。結果，株Dは2個，株Bは3個，株Aは4個異なっており，この順に類縁関係が近いと判断できる。

(2)　株Cと株Dが共通の祖先から分岐した後，塩基はそれぞれ2÷2＝1個ずつ置換しているので，1個の置換にかかる期間は4か月。株Aと株B，C，Dの塩基の違いは，それぞれ，5，4，6なので，平均して(5+4+6)÷3＝5個である。したがって，塩基が5÷2＝2.5個ずつ置換していることになるので，2.5×4か月＝10か月となる。

発展問題

思考

☑ **32. 分子系統樹** ■生物の進化と系統に関する次の文章を読み，下の各問いに答えよ。

　小笠原諸島は日本列島から南に約 1000 km 離れた太平洋上に位置する海洋島である。多くの陸上生物にとって海は移動の障壁となるため，海洋島では海を渡ってきた少数の祖先種に由来する構成種のかたよった生物相が形成される。たとえば小笠原諸島では，日本列島の照葉樹林を構成する　ア　や　イ　などのブナ科植物は自生せず，動物では　ウ　や　エ　などの両生類も自然分布しない。その一方で，海洋島には空白のニッチ（生態的地位）が多く存在するため，1 つの系統がさまざまな生息環境に適応して多数の系統に分岐する進化が起こりやすい。また，海洋島では(a)自然選択とは関係なく偶然による遺伝子頻度の変動による進化が起こりやすいことが知られている。

　小笠原諸島では，陸産貝類（カタツムリ）のなかまがさまざまな環境に適応することで，多数の種に分化している。ある陸産貝類のグループでは同じような環境に生息する種の殻の形態はよく似る。しかし，(b)DNA の塩基配列にもとづく分子系統学的研究の結果，殻の形態は系統を反映していないことが明らかにされた。

問1．文章中の　ア　～　エ　にあてはまる最も適切な語を以下の①～⑬から1つずつ選び，番号で答えよ。

① イモリ類　　② カエデ類　　③ カエル類　　④ カシ類　　⑤ カメ類
⑥ シイ類　　⑦ トウヒ類　　⑧ トカゲ類　　⑨ マングローブ　　⑩ ヘビ類
⑪ マツ類　　⑫ モミ類　　⑬ ヤモリ類

問2．下線部(a)の現象を何と呼ぶか，その名称を答えよ。

問3．下線部(b)について，次の(1)と(2)に答えよ

(1)　下表はある分類群（種ア～種オ）について，ある遺伝子の DNA 塩基配列を決定し，整列させたものである。種アと同じ塩基の場合は「・」で示されている。種間の塩基配列の違いが少ないほど近縁であるという考えにもとづいて，下表のデータを使って種ア～種オの系統関係を推定し，系統樹（右図）を作成した。図の①～③にあてはまるものを種イ～種エから1つずつ選べ。

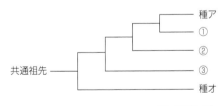

種	塩基配列番号																			
	1	2	3	4	5	6	7	8	9	10	11	12	13	14	15	16	17	18	19	20
ア	A	T	C	C	G	T	A	G	C	T	A	A	G	C	T	A	C	C	T	A
イ	·	·	G	G	·	·	·	·	·	·	T	·	·	A	T	·	·	A	·	·
ウ	·	·	G	·	·	·	·	·	·	·	·	C	·	·	·	·	·	·	·	·
エ	·	A	·	G	·	T	·	·	·	·	·	·	·	·	·	T	·	·	·	T
オ	T	·	·	G	A	·	A	·	·	G	·	T	T	·	·	T	·	·	·	T

(2) 生物の系統関係の推定には，DNA の塩基配列の比較が適しているのはなぜか。その理由として誤りを含むものを次の①〜④から 1 つ選び，番号で答えよ。

① すべての生物は DNA をもつため，形や大きさが非常に異なる分類群間においても系統関係の推定が可能である。

② 化石記録の乏しい分類群においても系統関係の推定が可能である。

③ DNA のもつ情報量は非常に多いため，精度のよい系統関係の推定が可能である。

④ 遺伝子が異なっていても塩基配列の変化速度に違いはないため，どの遺伝子領域を用いても生物界全体の系統から近縁種間の系統まで広範囲の系統の推定が可能である。

(21. 広島大改題)

💡**ヒント**
問 3 . (1)表から，系統樹に示されている種アを基準として，各種において異なる塩基の数を読み取る。

知識 作図

☐ **33. 生物の系統と分類** ■次の(1)と(2)の文章を読み，下の各問いに答えよ。

(1)古代ギリシャの時代から生物は動物と植物に大別されていた。18世紀，生物はその共通性をもとにしてまとめるにあたり，（ ア ）名と種小名の 2 つを並べて種名を表す（ イ ）法が（ ウ ）により考え出された。その後，生物は長い間に多様な生物へと進化してきたと考えられるようになり，これらの生物どうしの類縁関係や進化の道筋を明らかにした図が，（ エ ）によって提出された。彼の図は，動物，植物，（ オ ）の 3 つの大きな分類群からなっていたが，現在ではホイッタカーが1969年に提唱し，その後マーグリスなどによって発展した説が広く認められている。

問 1 . 文中の（ ア ）〜（ オ ）に適切な用語を入れよ。

問 2 . 下線部の説を何と呼ぶか。

問 3 . 下線部の説による生物の分類を，それぞれ大きな分類群の名称と系統関係を正しく表した図として示せ。

問 4 . 下線部の説にも研究者によって多少の違いがある。たとえば，コンブはホイッタカーによって植物に分類されたが，その後マーグリスらによって別の群に分類された。現在ではコンブはどこに分類されるか。その分類群を答えよ。

問 5 . 動物のなかには約30の分類群があり，門と呼ばれている。以下の A 〜 E の動物について，その属する動物門の名前を答えよ。また，それぞれの動物門の特徴を記述した文として最も適切なものを(a)〜(e)のなかからそれぞれ 1 つ選んで答えよ。

　　[A ．ウニ　　　B ．サンゴ　　　C ．ミジンコ　　　D ．タコ　　　E ．ホヤ]

(a) からだは体節で構成され，丈夫なキチン質でおおわれている。

(b) 口と肛門は分化し，五放射相称の体制をもっている。

(c) 幼生時期に脊索をもつが，成体では消失し，神経系も変化するものが多い。

(d) 口と肛門は分化せず，中枢神経系も発達していない。

(e) 体節のない柔らかいからだで，石灰質を分泌するものが多い。

(2)メタン菌を研究していたアメリカのウーズは，リボソームに含まれる（　カ　）の（　キ　）を解析し，新しい分類体系を提唱した。彼は，生物を3つのドメインに分け，問2の下線部の分類群より上位においた。1つはヒトが属する（　ク　）ドメインである。残るもののうち（　ク　）ドメインに近いものは（　ケ　）ドメインと呼ばれ，他方の大腸菌や乳酸菌を含む分類群は（　コ　）ドメインと呼ばれている。

問6．文中の（　カ　）～（　コ　）に適切な用語を入れよ。

問7．（　ケ　）ドメインに属する生物が生息する，特殊な生息環境の特徴を説明せよ。

（岩手大改題）

ヒント
問7．㈱ドメインに属する生物には，メタン菌・高度好塩菌・超好熱菌などがみられる。

知識
34．動物の系統と各分類群の特徴 ■次の文章を読み，下の各問いに答えよ。

　地球上には多様な生物が存在し，さまざまな環境に適応して生活している。昔から人々は生物の分類を試みてきた。人間にとっての有用さなど，便宜的な基準にもとづく分類を（　1　）という。一方，生物が本来もつ特徴を総合し，そこから予測される類縁関係を基準に生物の進化の過程に反映させる分類を（　2　）という。

　図は現存する代表的な動物門の分岐関係を示したもので，特定の遺伝子の塩基配列を異なる種間で比較することで推定されたものである。図の枝上にあるAの記号は，動物の進化過程で生じた重要な事象を示している。

問1．（　1　），（　2　）に適する語を答えよ。

問2．下線部について，このような図を何と呼ぶか。

問3．図のア～エに入る動物門の名称を答えよ。

問4．新口動物と旧口動物の違いについて発生過程に着目して説明せよ。

問5．図のAは，発生過程で生じるある器官の出現を示している。ある器官とは何か。また，それはどの胚葉に由来するか。図のアの動物門では，この器官は発生が進むと最終的にどうなるか。

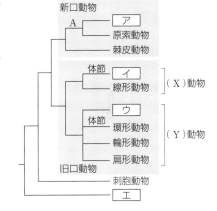

問6．(1)　旧口動物について，図の（　X　），（　Y　）に適切な語を入れよ。

　　　(2)　（　Y　）動物に共通する幼生（輪形動物では成体）の形態を何というか。

（大阪医科薬科大改題）

ヒント
問5．胚葉には，外胚葉，中胚葉，内胚葉がある。

3 細胞と分子

1 生体物質と細胞

❶細胞を構成する物質

(a) **水**　さまざまな物質を溶かし、化学反応や物質の輸送に関与する。また、比熱が大きいので、細胞の温度を安定させる。

(b) **タンパク質**　20種類のアミノ酸の組み合わせからなる多種多様な高分子化合物で、生命活動において重要な役割をもつ。

(c) **炭水化物(糖質)**　エネルギー源となっている。単糖(グルコースなど)、二糖(マルトースなど)、多糖(グリコーゲンなど)に分類される。セルロースは細胞壁の主成分である。

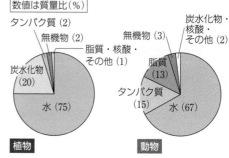

数値は質量比(%)

植物：タンパク質(2)、無機物(2)、脂質・核酸・その他(1)、炭水化物(20)、水(75)

動物：炭水化物・核酸・その他(2)、無機物(3)、脂質(13)、タンパク質(15)、水(67)

◀細胞を構成する物質▶

(d) **核酸**　DNAとRNAの2種類がある。どちらもヌクレオチドを基本単位とする。
- DNA(デオキシリボ核酸)…遺伝子の本体である。
- RNA(リボ核酸)……………タンパク質合成に関与する。

(e) **無機物**　Na^+・K^+・Ca^{2+}(細胞の働きや情報伝達の調節)、$Ca_3(PO_4)_2$(骨の主成分)、Fe^{2+}(ヘモグロビンに含まれ、酸素の運搬に関与)などがある。

(f) **脂質**　脂肪は、エネルギーの貯蔵に関与する。リン脂質は、細胞膜などの生体膜の主成分である。ステロイドは、糖質コルチコイドなどのホルモンの構成成分である。

❷生命活動を支える細胞構造

(a) **細胞の構成要素とその働き**

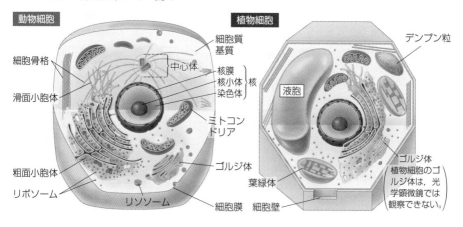

動物細胞：細胞骨格、滑面小胞体、粗面小胞体、リボソーム、リソソーム、中心体、細胞質基質、核膜・核小体・染色体(核)、ミトコンドリア、ゴルジ体、細胞膜

植物細胞：デンプン粒、液胞、葉緑体、ゴルジ体、植物細胞のゴルジ体は、光学顕微鏡では観察できない。、細胞壁

核 二重	核　膜	二重の生体膜で，核膜孔と呼ばれる多数の孔がある。核膜孔は，核と細胞質間での物質の通路となる。
	染色体	**DNA** と，ヒストンなどのタンパク質の複合体で，酢酸カーミン溶液や酢酸オルセイン溶液などの塩基性色素によってよく染まる。
	核小体	核内に1～数個あり，リボソーム **RNA (rRNA)** などが合成される。
細胞膜 一重		リン脂質二重層にタンパク質がモザイク状に分布する。受動輸送や能動輸送によって，細胞内外への物質の出入りを調節する。
細胞質基質(サイトゾル)		細胞小器官の間を満たす液状の物質。さまざまな代謝の場となる。
ミトコンドリア 二重		細胞内における呼吸の場で，**ATP** を生産する。内外二重の生体膜からなる。内膜に囲まれた部分をマトリックスという。また，内膜はクリステという多数のひだをつくる。核に含まれるものとは異なる独自の環状の DNA をもつ。また，細胞分裂とは別に分裂・増殖する。
葉緑体 * 二重		細胞内における光合成の場となる。クロロフィルなどの光合成色素を含む。チラコイドで光エネルギーを吸収し，ストロマで有機物が合成される。核に含まれるものとは異なる独自の環状の DNA をもつ。また，細胞分裂とは別に分裂・増殖する。
リボソーム ★		**rRNA** とタンパク質の複合体で，タンパク質合成の場となる。
小胞体 ★ 一重		リボソームが付着し，合成されたタンパク質の移動経路となる粗面小胞体と，リボソームが付着せず，脂質の合成，解毒，Ca^{2+} の濃度調節を行う滑面小胞体がある。
ゴルジ体 一重		物質の輸送や分泌に関与する。
リソソーム ★ 一重		内部に消化酵素を含む。不要な物質を分解したり，自己の細胞質の一部を分解したりする自食作用(オートファジー)に関与する。
細胞骨格		**微小管**…チューブリンというタンパク質が構成単位。細胞内で物質が輸送される際，レールの役割を果たす。伸長・短縮が起こる方の末端を＋端，比較的安定した反対側を－端という。鞭毛・繊毛を構成する。 **中間径フィラメント**…タンパク質が集合した強固な構造。細胞や核の形を保持する働きをもつ。 **アクチンフィラメント**…アクチンというタンパク質が構成単位。細胞の形を保持する。筋細胞では，筋繊維の伸縮にも関与する。
中心体		動物細胞および一部の植物細胞でみられ，微小管の形成中心となる。細胞分裂時には，ここから伸長した微小管が染色体の分配に関与する。
液胞 一重		植物細胞の成長と物質の貯蔵に関わる。内部を満たす細胞液には，無機塩類・炭水化物・有機酸およびアントシアンなどが含まれる。
細胞壁 *		細胞の強度を高める働きをもつ。植物細胞ではセルロースが主成分である。隣り合う細胞の細胞質基質がつながる原形質連絡という構造をもつ。

* ：動物細胞にはない。　　**★**：光学顕微鏡ではみえない。
一重：一重の生体膜をもつ構造体。　　二重：二重の生体膜をもつ構造体。

(b) **細胞分画法** 細胞の破砕液を遠心分離機にかけ，主に大きさの違いによって，種々の構造体を分別する方法。植物細胞の場合，ふつう遠心力が大きくなるにつれて，核と細胞片→葉緑体→ミトコンドリア→リボソームなどの微小な構造体の順に沈殿する。

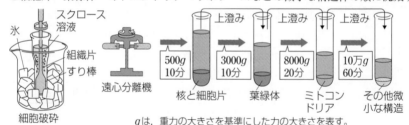

*g*は，重力の大きさを基準にした力の大きさを表す。

❸生体膜の構造

(a) **生体膜** 細胞膜や核，ミトコンドリアなどを構成する膜。リン脂質の疎水性部分が向き合った二重層になっており，さまざまなタンパク質がモザイク状に分布している。リン脂質とタンパク質は，生体膜中を水平方向に自由に移動・回転できる。

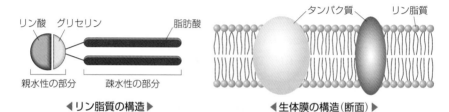

◀リン脂質の構造▶　　　　　◀生体膜の構造(断面)▶

2 タンパク質の構造と性質

❶タンパク質の構造

(a) **アミノ酸とペプチド結合** アミノ酸は，1個の炭素原子にアミノ基($-NH_2$)，カルボキシ基($-COOH$)，水素原子および側鎖(R)が結合したもので，側鎖の違いによってアミノ酸の種類が決まる。タンパク質を構成するアミノ酸どうしは，1分子の水が取り除かれて結合する。この $-\underset{O}{\overset{}{C}}-\underset{H}{\overset{}{N}}-$ の結合をペプチド結合という。

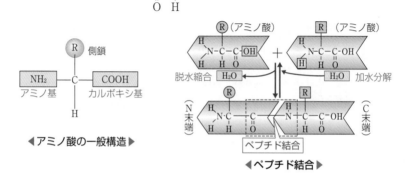

◀アミノ酸の一般構造▶　　　　　◀ペプチド結合▶

(b) **タンパク質のアミノ酸配列と立体構造** アミノ酸がペプチド結合によってつながった分子をペプチドといい，多数のアミノ酸からなるものをポリペプチドという。タンパク質は，1本のポリペプチドからなるものや，複数のポリペプチドが組み合わさってできているものがある。また，タンパク質は，種類ごとに特定の働きをもっている。これは，それぞれのタンパク質が特有の立体構造をもっており，その立体構造に依存して他の物質と相互作用するためである。

ⅰ）**一次構造** ポリペプチドのアミノ酸の配列を一次構造という。一次構造は，タンパク質によって異なり，その基本的な性質を決めている。

ⅱ）**二次構造** 1本のポリペプチド中で，水素結合によってαヘリックスやβシートと呼ばれる構造をとることがある。こうした立体構造を二次構造という。

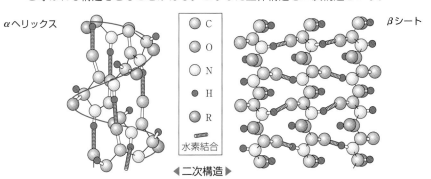

αヘリックス

◯	C
◯	O
◯	N
●	H
◯	R

水素結合

βシート

◀二次構造▶

ⅲ）**三次構造** 二次構造などをもつポリペプチドがさらに折りたたまれた立体構造を三次構造といい，溶液中のpHや塩濃度，温度などに依存して決定される。

ⅳ）**四次構造** 三次構造を形成したポリペプチドが組み合わさってできた立体構造を，四次構造という。たとえば，赤血球に含まれるヘモグロビンは，2種類のポリペプチドが2個ずつ集まって，四次構造をつくっている。

ヘム

アミノ酸

ミオグロビン分子

◀三次構造▶

• **ジスルフィド結合** ポリペプチド中のシステインどうしは，側鎖のSH基の間で2つの水素が取れて結合することがある。この結合をジスルフィド結合（S-S結合）といい，タンパク質の立体構造の形成に関与する。

❷タンパク質の立体構造と機能

(a) **タンパク質の変性** タンパク質を加熱したり，強い酸やアルカリを加えたりすると，一次構造は変化しないが，立体構造がくずれて本来の性質が失われる（変性）。

(b) **シャペロン** タンパク質は，一次構造が決まると自動的に折りたたまれ，特定の立体構造をつくる。これをフォールディングという。このとき，正常な折りたたみを補助するタンパク質が存在し，これを総称してシャペロンという。シャペロンには，フォールディングを補助するほか，変性したタンパク質を正常なタンパク質に回復させたり，古くなったタンパク質の分解を促進したりするものがある。

3 生命現象とタンパク質

❶酵素

(a) **活性化エネルギーと酵素**　反応物を，化学反応の起こりやすい状態（遷移状態）にするのに必要なエネルギーを活性化エネルギーという。酵素は，より小さな活性化エネルギーで反応物を遷移状態に移行させる。このため，生体内の条件でも，酵素が関わる化学反応はスムーズに進行する。

(b) **酵素の基質特異性**　酵素がその作用を及ぼす物質を基質という。酵素の立体構造の一部には，基質と結合して触媒作用を示す活性部位がある。酵素が活性部位の形に合致する特定の物質だけに作用する性質を，酵素の基質特異性という。酵素は，次のように化学反応を促進する。

(1)　酵素と特定の基質が結合して酵素－基質複合体をつくる。

(2)　小さな活性化エネルギーで反応物が遷移状態に移行する。

(3)　反応生成物が生じる。反応の前後で酵素は変化せず，くり返し作用する。

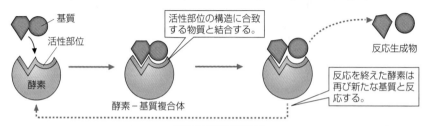

基質　活性部位　酵素　活性部位の構造に合致する物質と結合する。　酵素－基質複合体　反応を終えた酵素は再び新たな基質と反応する。　反応生成物

◀酵素の基質特異性▶

(c) **補酵素**　酵素には，主成分であるタンパク質のほかに，補酵素と呼ばれる分子量の小さな物質を必要とするものもある。補酵素は比較的熱に強いものが多く，透析するとタンパク質から容易に解離する。

〔例〕　脱水素酵素 ｛タンパク質＋補酵素(NAD^+)｝
　　　　カタラーゼ ｛タンパク質＋補欠分子属（ヘム）｝
　　　　炭酸脱水素酵素 ｛タンパク質＋金属(Zn^{2+})｝

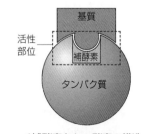

基質　活性部位　補酵素　タンパク質

◀補酵素をもつ酵素の構造▶

(d) **酵素反応**

ⅰ）**酵素反応と温度**　一般に化学反応の速度は，温度上昇に伴って大きくなる。しかし，酵素反応の場合，一般に約60℃以上になると，酵素を構成しているタンパク質が変性し，多くの酵素は働きを失う。このため，反応速度は急激に低下する。酵素の反応速度が最大となる温度を最適温度という。

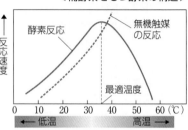

酵素反応　無機触媒の反応　反応速度　最適温度　低温　高温

ⅱ）**酵素反応とpH** 酵素は，それぞ
れ特定の範囲のpHのもとで作用す
る。酵素反応が最も盛んになるとき
のpHを**最適pH**という。

ⅲ）**失活** 高温や酸・アルカリなどに
よって，酵素が働きを失うこと。

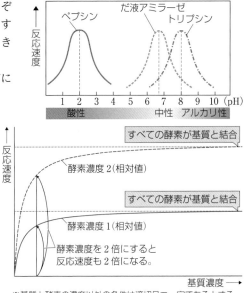

(e) **酵素反応の速度**

ⅰ）**基質濃度と反応速度** 酵素濃
度は一定で基質濃度が変化する
とき，反応速度は基質濃度が高
くなるにつれて大きくなるが，
ある濃度を超えると変わらなく
なる。これは，すべての酵素が
基質と結合して酵素―基質複合
体となり，基質が反応して活性
部位を離れるまで新たな基質と
結合できないためである。

※基質と酵素の濃度以外の条件は適切且つ一定であるとする。

ⅱ）**酵素濃度と反応速度** 基質濃度が十分な場合，反応速度は酵素の濃度に応じて変
化し，酵素濃度が2倍になると反応速度も2倍になる。

(f) **酵素反応と阻害物質** 酵素の反応速度は，阻害物質によって低下する。

ⅰ）**競争的阻害** 基質と構造の似た物質が，酵素の活性部位を基質と奪い合うために
起こる。阻害物質に比べて基質濃度が十分に高いと，奪い合いが緩和され，阻害効
果が現れにくい。

ⅱ）**非競争的阻害** 阻害物質が活性部位以外の部分に結合して，酵素の構造を変化さ
せる。この場合，ふつう，基質濃度に関わらず一定の割合で阻害効果が現れる。

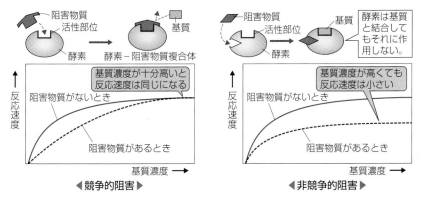

(g) **酵素反応の調節** 一連の酵素反応の生成物が，前段階の酵素の作用を阻害・促進す
るフィードバック調節がみられることがある。

(h) **アロステリック酵素**　ある種の酵素は，活性部位とは異なる場所に，調節物質が結合する部位（アロステリック部位）をもつ。そこに調節物質が結合して立体構造が変化することで，基質と結合しにくくなる。このような酵素をアロステリック酵素という。

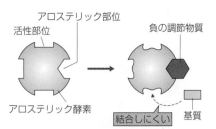

❷膜輸送タンパク質

(a) **細胞膜の性質と物質の透過**　細胞膜が特定の物質を選択的に透過させる性質を，選択的透過性という。物質は，一般に分子の大きさが小さなものほど細胞膜を透過しやすい。また，細胞膜を構成するリン脂質二重層には疎水性の領域があり，そこになじみやすい（脂質に溶けやすい）物質ほど透過しやすい。水溶性の分子は，細胞膜に存在するチャネルや輸送体などの膜タンパク質を介して細胞を出入りする。

(b) **受動輸送**　物質の濃度勾配にもとづく輸送で，物質は高濃度側から低濃度側に移動する。このとき，エネルギーを必要としない。イオンチャネル，輸送体，アクアポリンといった膜タンパク質を介したものや，リン脂質二重層を透過する拡散がある。

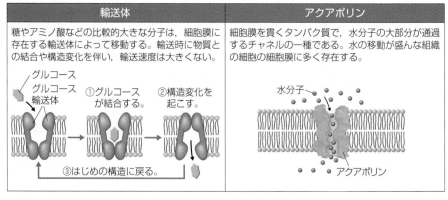

拡　散	チャネル
酸素や二酸化炭素などの分子は，細胞膜の脂質二重層を自由に透過する。分子の透過性には，大きさや脂質への溶けやすさなどが影響する。	イオンは電荷をもち，細胞膜の脂質二重層を透過できないため，イオンチャネルを通して移動する。チャネルによって，通過できるイオンの種類は決まっている。

輸送体	アクアポリン
糖やアミノ酸などの比較的大きな分子は，細胞膜に存在する輸送体によって移動する。輸送時に物質との結合や構造変化を伴い，輸送速度は大きくない。	細胞膜を貫くタンパク質で，水分子の大部分が通過するチャネルの一種である。水の移動が盛んな組織の細胞の細胞膜に多く存在する。

(c) **能動輸送** 濃度勾配に逆らって起こる物質輸送で，エネルギーを必要とする。

　ⅰ）**Na⁺−K⁺−ATP アーゼ** ATP の分解によって生じるエネルギーを用いて，Na^+を細胞外へ，K^+を細胞内へ輸送する輸送体。この膜輸送タンパク質はナトリウムポンプとも呼ばれる。

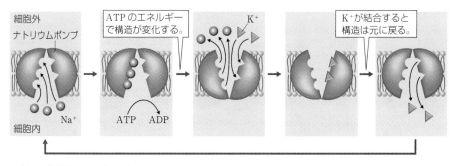

(d) **膜輸送タンパク質によらない輸送**

　ⅰ）**細胞膜の分離や融合を伴う輸送（エンドサイトーシスとエキソサイトーシス）**

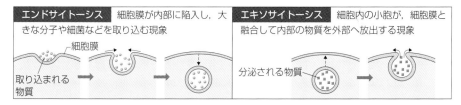

　ⅱ）**細胞小器官間での輸送** リボソームで合成されたタンパク質の多くは，粗面小胞体の膜を通過して，内部に取り込まれる。その後，小胞体から小胞を介してゴルジ体へと運ばれる。

❸受容体

　多細胞生物では，細胞間で情報の受け渡しが行われ，受容体がその仲立ちをしている。

(a) **シグナル分子の膜透過性と受容体** タンパク質からなるホルモンは，親水性で細胞膜を透過できず，細胞膜に存在する受容体と結合する。一方，ステロイドという脂質で構成されるステロイドホルモンは，疎水性で細胞膜を透過でき，細胞内の受容体と結合する。

(b) **受容体の分類**

　ⅰ）**イオンチャネル型受容体** シグナル分子を受容すると立体構造が変化して，特定のイオンを通す。興奮の伝達に関わるものが多い。

　ⅱ）**酵素型受容体** シグナル分子を受容すると，細胞内部に突き出た部分が活性化し，細胞内のタンパク質のリン酸化を促進する酵素などとして働く。

　ⅲ）**Gタンパク質共役型受容体** Gタンパク質と共役して働く受容体を，Gタンパク質共役型受容体という。受容体に結合するGタンパク質を活性化することによって，細胞内に情報を伝達する。

(c) **細胞内における情報の伝達** 　細胞がシグナル分子を受容したのち，細胞内では，酵素反応や Ca^{2+} 濃度の上昇など，さまざまな変化が連鎖的に起こって情報が伝えられる。シグナル分子を受容することによって細胞内で新たに生じ，細胞内での情報の伝達を担う物質を，セカンドメッセンジャーという。セカンドメッセンジャーには，cAMP や Ca^{2+}，イノシトール三リン酸（IP_3）などがある。

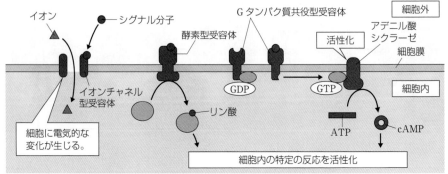

◀各種受容体の概要とセカンドメッセンジャー生成の例▶

参考 　**さまざまなタンパク質**

モータータンパク質 　ATP のエネルギーを用いて細胞骨格上を移動するタンパク質。細胞内での，物質や細胞小器官の輸送に関与している。

種　類	働　き	関係する細胞骨格
ミオシン	筋収縮，原形質流動	アクチンフィラメント
ダイニン	鞭毛運動 神経細胞の軸索輸送（微小管の＋端から－端へ輸送）	微小管
キネシン	神経細胞の軸索輸送（微小管の－端から＋端へ輸送）	微小管

免疫グロブリン 　抗体の成分である免疫グロブリンには，さまざまな構造をとり，抗原と結合する可変部と，それ以外の領域である定常部がある。造血幹細胞からB細胞に分化する過程で，免疫グロブリンをつくる遺伝子集団から，さまざまな組み合わせで可変部の遺伝子が選択・再構成され，異なる抗原に特異的に結合する多様な免疫グロブリンがつくられる。

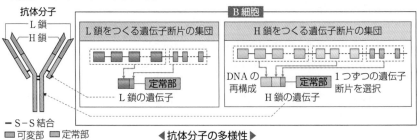

◀抗体分子の多様性▶

1 生物体を構成する物質のうち，次の文章は何について述べたものか答えよ。
 (1) グリセリンと脂肪酸からなるものや，ホルモンの構成成分となるものなどがある。
 (2) ヌクレオチドを基本単位としている。遺伝情報を担うものもある。
 (3) 細胞の質量の60％以上を占めている。比熱が大きく，細胞の温度を保つのに役立つ。
 (4) アミノ酸を基本単位とし，生物体の構造を支える構成成分になったり，酵素などの主成分となったりする。
 (5) 生体内においてエネルギー源になっている。細胞壁の成分となっているものもある。

2 細胞膜について，次の文中の（　　）に適切な語を答えよ。
　細胞膜や核，ミトコンドリア，葉緑体などの細胞小器官を構成する膜は（　ア　）と呼ばれる。（　ア　）の主成分である（　イ　）は，1分子のグリセリンと2分子の（　ウ　）と1分子のリン酸が結合してできている。（　イ　）には，水になじまない（　エ　）性の部分と，水となじみやすい（　オ　）性の部分がある。

3 下図は，電子顕微鏡で観察したある生物の細胞を模式的に示したものである。これについて，次の各問いに答えよ。
 (1) 図中のア～クの名称を答えよ。
 (2) 次の①～⑤の文は，図中のア～クのどれについて説明したものか。記号で答えよ。
　① 光合成の場となる。
　② リン脂質の層にタンパク質がモザイク状に分布している。
　③ 細胞の呼吸の場となる。
　④ 細胞の分泌活動に関係する。
　⑤ 物質の貯蔵に関わる。
 (3) この細胞は，植物細胞と動物細胞のどちらか。

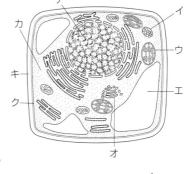

4 アミノ酸について，次の各問いに答えよ。
 (1) 右図はアミノ酸の構造を模式的に示したものである。図中のア～ウが示す部分の名称を答えよ。
 (2) 個々のアミノ酸の性質の違いは，主にどの部分で決まるか。図中のア～ウのなかから選べ。
 (3) 生体内でタンパク質を構成するアミノ酸は何種類あるか。
 (4) アミノ酸どうしが結合する際，ア～ウのどことどこの間で結合するか。

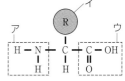

Answer
1(1)脂質　(2)核酸　(3)水　(4)タンパク質　(5)炭水化物　**2**ア…生体膜　イ…リン脂質　ウ…脂肪酸
エ…疎水　オ…親水　**3**(1)ア…核　イ…ミトコンドリア　ウ…葉緑体　エ…液胞　オ…ゴルジ体
カ…細胞質基質(サイトゾル)　キ…細胞壁　ク…細胞膜　(2)①…ウ　②…ク　③…イ　④…オ　⑤…エ
(3)植物細胞　**4**(1)ア…アミノ基　イ…側鎖　ウ…カルボキシ基　(2)イ　(3)20種類　(4)ア，ウ

☐ **5** 次の文中の下線部が正しい場合は○を，誤っている場合は正しい語を記せ。

(1) タンパク質を構成するアミノ酸どうしは，<u>水素結合</u>で結合している。

(2) 赤血球に含まれるヘモグロビンは，球状の<u>四次構造</u>を形成している。

(3) タンパク質の立体構造が熱などによって変化することを，<u>失活</u>という。

(4) ポリペプチド中のシステインどうしは，<u>ジスルフィド結合</u>で結合することがある。

(5) タンパク質の二次構造のうち，らせん状になった構造は<u>βシート</u>と呼ばれる。

☐ **6** 酵素の性質について，次の文中の（　　　）に適切な語を答えよ。

　酵素がその作用を及ぼす物質を（　ア　）という。たとえば，カタラーゼという酵素は，過酸化水素を（　ア　）とし，これを水と（　イ　）に分解する反応を促進する。酵素がどの物質に作用するかは，立体構造によって決まる。酵素には（　ウ　）と呼ばれる部分があり，酵素反応が起こるとき，酵素はこの部分で基質と結合して（　エ　）をつくる。（　ウ　）の立体構造は酵素の種類によって異なっており，この構造に適合する物質のみが結合できるため，酵素には（　オ　）という性質がみられる。

☐ **7** 酵素について，次の文中の（　　　）に適切な語を答えよ。

(1) 酵素の主成分は（　ア　）であるが，酵素のなかには（　イ　）を含むものがある。（　イ　）は熱に安定な低分子の有機物で，ニコチン酸やビタミン B_1 などを成分とする。

(2) 酵素の働きは（　ウ　），（　エ　）などの影響を受ける。酵素の働きが最も盛んになるときの（　ウ　）を（　オ　）といい，ふつう30〜40℃である。酵素反応が最も盛んになるときの（　エ　）を（　カ　）といい，多くの酵素は中性付近で最もよく働くが，胃液に含まれる（　キ　）のように，強い酸性のもとで働く酵素もある。

(3) 酵素の反応速度は阻害物質によって低下するが，基質濃度を上げるとその作用がほとんどみられなくなることがある。このような性質を示す阻害作用を（　ク　）という。

☐ **8** 細胞膜を介した物質の移動について，次の各問いに答えよ。

(1) 濃度勾配にもとづいて起こり，エネルギーを必要としない輸送を何というか。

(2) 濃度勾配に逆らって起こり，エネルギーを必要とする輸送を何というか。

(3) 細胞膜が，特定の物質を選択的に透過させる性質を何というか。

☐ **9** 次の(1)〜(4)に当てはまるタンパク質を，下の①〜⑦のなかからそれぞれ選べ。

(1) ATP のエネルギーを利用して細胞内での物質輸送に関与する。

(2) 抗体を構成するタンパク質。

(3) フォールディングを補助するほか，変性したタンパク質を正常なタンパク質に回復させたり，古くなったタンパク質の分解を促進したりするものがある。

(4) 微小管を形成しているタンパク質。

　　① ペプシン　　② チューブリン　　③ Gタンパク質　　④ シャペロン

　　⑤ ダイニン　　⑥ アクアポリン　　⑦ 免疫グロブリン

Answer ▶ ....

5(1)ペプチド結合　(2)○　(3)変性　(4)○　(5)αヘリックス　**6**ア…基質　イ…酸素　ウ…活性部位
エ…酵素－基質複合体　オ…基質特異性　**7**(1)ア…タンパク質　イ…補酵素　(2)ウ…温度　エ…pH
オ…最適温度　カ…最適pH　キ…ペプシン　(3)ク…競争的阻害　**8**(1)受動輸送　(2)能動輸送
(3)選択的透過性　**9**(1)⑤　(2)⑦　(3)④　(4)②

基本例題9　細胞の構造

⇒基本問題 38，39

下図は，動物細胞と植物細胞を上下に並べた模式図である。次の各問いに答えよ。

(1) 図中のア～クは何を示しているか。次の①～⑧のなかからそれぞれ選べ。

① 細胞膜　　② 細胞壁　　③ リボソーム

④ 小胞体　　⑤ 中心体　　⑥ ゴルジ体

⑦ 葉緑体　　⑧ ミトコンドリア

(2) 図で，植物細胞を示しているのは上半分と下半分のどちらか答えよ。

(3) 次の物質または働きと関係の深いものを，図のア～クのなかからそれぞれ選べ。

① セルロース　　② 細胞の分泌活動

③ 微小管　　④ 細胞の呼吸　　⑤ クロロフィル

考え方　(1)リボソームは，小胞体の表面や，細胞質基質中に存在する。リボソームが付着した小胞体を粗面小胞体，付着していない小胞体を滑面小胞体という。(2)葉緑体と細胞壁は，動物細胞にはみられない。(3)①植物細胞の細胞壁の主成分はセルロースである。④ミトコンドリアは，呼吸の場となる細胞小器官である。⑤クロロフィルは葉緑体に存在し，光エネルギーを吸収する光合成色素である。

解答
(1)ア…⑤　イ…⑥　ウ…⑧
エ…③　オ…④　カ…⑦
キ…①　ク…②　(2)下半分
(3)①…ク　②…イ　③…ア
④…ウ　⑤…カ

基本例題10　タンパク質にみられる構造

⇒基本問題 41

次の文中の(　　　)に適する語を，下の①～⑧のなかからそれぞれ選べ。

タンパク質は，多くのアミノ酸が(　ア　)によって鎖状につながった分子である(　イ　)から構成されている。(　イ　)のアミノ酸配列は，(　ウ　)と呼ばれる。また，(　イ　)は，部分的に特徴的な立体構造をとることがある。こうした構造は，(　エ　)と呼ばれる。たとえば，らせん状になった構造を(　オ　)といい，ジグザグに折れ曲がった平らな構造を(　カ　)という。どちらの場合にも，いくつかの隔たったアミノ酸の間に(　キ　)がみられる。さらに，(　イ　)は，決まった位置で折れ曲がって特定の立体構造をつくっている。この立体構造を(　ク　)といい，溶液の pH や温度などに依存して決定される。タンパク質の立体構造は，その生化学的な活性に重大な影響をもつ。

① βシート　　② ポリペプチド　　③ 一次構造　　④ 二次構造

⑤ 三次構造　　⑥ ペプチド結合　　⑦ 水素結合　　⑧ αヘリックス

考え方　タンパク質の構造には，アミノ酸配列(一次構造)，アミノ酸どうしの水素結合によってできる部分的な立体構造(二次構造)，ポリペプチドのねじれや折りたたみによってできる立体構造(三次構造)がみられる。また，三次構造を形成したポリペプチドが複数組み合わさった四次構造もみられる。

解答
ア…⑥　イ…②　ウ…③
エ…④　オ…⑧　カ…①
キ…⑦　ク…⑤

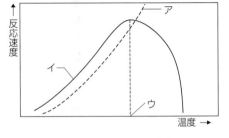

基本例題11　酵素反応と温度　　　　　　　　　　　　　　⇒基本問題 43

　右図は，２種類の触媒の反応速度と温
度の関係を表したものである。これについ
て，下の各問いに答えよ。

(1) 図中のア，イは，それぞれ「酵素」
「無機触媒」のいずれの反応速度を示
しているか。

(2) 図中のウのような，イの反応速度が
最大になる温度を何というか。

(3) イがヒトの体内で働く物質である場合，図中のウの温度として最も適当なものを
次の①～④のなかから選べ。

① 0～10℃　　② 10～20℃　　③ 20～30℃　　④ 30～40℃

(4) 高温になるとイの働きが極端に低下している。これは，イの主成分の性質による
が，その主成分とは何か。

考え方　化学反応は，温度が高いほど反応速度が上昇する。しかし，酵素反
応は一定温度を超えると急激に反応速度が低下する。これは，酵素の主成分であ
るタンパク質が変性し，酵素ー基質複合体が形成できなくなるからである。また，
酵素は pH によっても活性が変化する。酵素が働きを失うことを失活という。

解答
(1)ア…無機触媒
イ…酵素　(2)最適温度
(3)④　(4)タンパク質

基本例題12　細胞膜の透過性　　　　　　　　　　　　　⇒基本問題 48, 49

　細胞膜の性質について述べた次の文中の（　　）に適切な語を答えよ。

(1) 細胞膜は，主に（　ア　）という物質からなる二重層となっている。細胞膜を介し
て濃度勾配と逆方向に物質を取り込んだり，排出したりすることを（　イ　）という。
（　イ　）では，（　ウ　）を消費する。

(2) 右表は，細胞外液と赤血球内に含ま
れる Na^+ と K^+ の濃度（相対値）を比
較したものである。細胞は（　ウ　）を
消費して，濃度勾配に逆らって細胞外

	赤血球内	細胞外液
ナトリウムイオン(Na^+)	3.3	31.1
カリウムイオン(K^+)	31.1	1.0

の（　エ　）を取り込み，細胞内の（　オ　）を排出しており，その結果，表のような
イオン組成が生じる。この現象に関わるタンパク質は，（　カ　）と呼ばれる。

考え方　(1)細胞膜を介した輸送には，濃度勾配にもとづく拡散によ
って起こりエネルギーを必要としない受動輸送と，濃度勾配に逆らって
起こりエネルギーを必要とする能動輸送がある。(2)細胞膜にはナトリウ
ムポンプという膜輸送タンパク質がある。このタンパク質は，Na^+ を細
胞外にくみ出し，K^+ を細胞内に取り入れる働きをもつ。これは，能動
輸送の代表例の１つである。

解答
(1)ア…リン脂質　イ…能動輸送
ウ…エネルギー（ATP）
(2)エ…K^+　オ…Na^+
カ…ナトリウムポンプ
（Na^+ーK^+ーATP アーゼ）

基本問題

[知識]

☐ **35. 生物を構成する物質** ●次の文章を読み，下の各問いに答えよ。

ヒトは，自らのからだを構成する各成分の素材となる物質を，主に食物として経口摂取し，消化・吸収して利用している。下図は，人体を構成する各成分のおおよその質量の割合（%）を示したものである。

問1．図の成分アとイに当てはまる最も適当なものを，次の①～⑤のなかから1つずつ選べ。

① 無機物 ② タンパク質 ③ 核酸
④ ビタミン ⑤ グリコーゲン

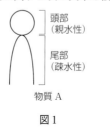

問2．アとイに関する記述として最も適当なものを，次の①～⑤のなかから1つずつ選べ。

① 髪の毛，つめ，酵素などの主成分である。
② 遺伝子の本体であり，主として核に存在する。
③ さまざまな物質を溶かすことができ，からだのあらゆる部分に含まれる。
④ 生命活動のエネルギー源として使われ，筋肉や肝臓に蓄えられる。
⑤ 神経や筋肉の働きの調節に関与し，骨や歯にも多量に含まれる。

問3．動物細胞では，水の次に多い物質はアであるが，植物細胞で水の次に多い物質は何か。また，その物質は，植物細胞のどの構造の構成成分となっているか。

[知識] [作図]

☐ **36. 細胞膜の構造** ●細胞膜の構造に関する次の文章を読み，下の各問いに答えよ。

細胞膜は，物質Aとさまざまな種類のタンパク質からなる。物質Aは，親水性の頭部と疎水性の尾部からなる分子である（図1）。一方，細胞膜を構成するタンパク質の中には，水分子の通路（水チャネル）を形成するタンパク質Bがある。

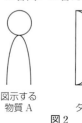

問1．物質Aとタンパク質Bの名称をそれぞれ記せ。

問2．図2に示す模式図のみを用いて，細胞膜の断面にみられる物質Aとタンパク質Bの配置を，右の解答欄に示された2本の破線間に図示せよ。ただし，図示する物質Aとタンパク質Bの数や大きさは変えてもよい。

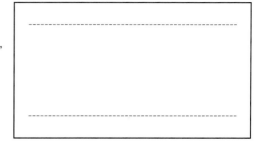

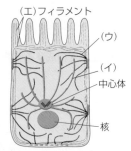

（エ）フィラメント

（ウ）

（イ）

中心体

核

37. 細胞骨格 ●右図は，動物の上皮細胞の細胞内を模式的に
示したものである。次の文中の（　　　　）に適切な語を答えよ。

　真核細胞の細胞質基質には，タンパク質の繊維状構造が張り
めぐらされ，形状の保持などに関与している。この構造を
（　ア　）という。（　ア　）には，（　イ　），（　ウ　），
（　エ　）フィラメントなどがある。（　イ　）は，チューブリン
と呼ばれるタンパク質からできており，鞭毛や繊毛を構成する。
（　ウ　）はケラチンなどのタンパク質が集合してできており，
細胞固有の形の保持などに機能している。（　エ　）フィラメントは（　エ　）と呼ばれるタ
ンパク質が構成単位となっており，特に筋繊維では主成分として発達している。

38. 細胞の構造と働き ●次の文A～Eの下線部①～⑩には，明らかな誤りが4つある。
①～⑩のなかから誤っている番号を選び，適切な表現に改めよ。

A．炭水化物を構成している元素は，炭素，水素，①窒素である。

B．植物細胞では，細胞膜の外側に②細胞壁という構造体がある。植物の細胞壁の主な成
　　分は，炭水化物の一種である③ステロイドである。細胞壁は，細胞を保護し，その構造
　　を保つのに重要な働きをしている。

C．液胞は④植物細胞で発達する構造体である。液胞は⑤二重の生体膜でおおわれた構造
　　をしており，内部は⑥細胞液で満たされている。

D．ゴルジ体は，膜に囲まれた⑦扁平な袋状の構造体であり，細胞内でつくられた物質の
　　⑧細胞内外への輸送を調節する働きがある。

E．核の内部には，核酸とタンパク質からなる⑨紡錘糸や，核小体が含まれる。核膜には
　　多数の⑩核膜孔と呼ばれる小孔があり，核と細胞質基質との連絡を担っている。

39. 細胞内の構造体 ●次の各問いに答えよ。

問1．電子顕微鏡の発達にともない，細胞内のさまざまな構造が明らかとなってきた。次
　　の図A～Fは，真核細胞の内部にみられる微細な構造体の模式図である。図A～Fが示
　　す構造体の名称を答えよ。

A

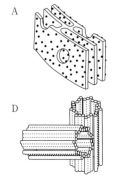

B

C

D

E

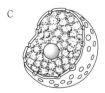

F

問２．問１の図Ａ～Ｆが示す構造体の機能について説明した記述として最も適切なものを，次の①～⑥のなかから１つずつ選び，番号で答えよ。

①　ひだ状に発達する内部の膜には，ATP 合成に働く酵素が存在する。

②　光エネルギーを用いて，有機物を生産する。

③　細胞分裂時に紡錘体形成の中心になる。

④　一重の生体膜からなる扁平な構造が並んでいる。細胞外へのタンパク質の輸送に関与するため，分泌細胞などで発達している。

⑤　一重の生体膜からなり，表面にリボソームを付着させているものと，付着させていないものがある。

⑥　二重の生体膜からなり，DNA を含む。遺伝情報の複製などが行われる。

[知識]

☐**40．細胞分画法**●次の文章を読み，下の各問いに答えよ。

細胞内の構造体の働きを調べるため，下図のような実験を行った。スクロース水溶液のなかで，ホモジェナイザーを用いて植物の葉肉細胞をすりつぶした後，ろ過をして細胞の破片を取り除き，ホモジェネートを遠心分離機にかけて沈殿 a ～ d を得た。

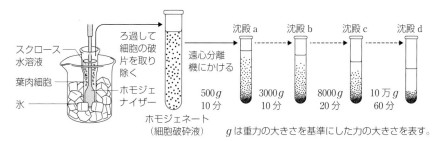

問１．沈殿 a ～ d は，何の違いによって分離されたか。最も適切なものを次の①～③のなかから１つ選べ。

①　大きさの違い　　②　溶解度の違い　　③　親水性の違い

問２．沈殿 a ～ d のうち，タンパク質合成の場となる構造体が多く含まれる沈殿はどれか。

問３．沈殿 a ～ d のうち，光合成の場となる構造体が多く含まれる沈殿はどれか。

[知識]

☐**41．タンパク質の構造**●タンパク質に関する次の文中の空欄１～６に適切な語を入れよ。

(1)　タンパク質は，多数のアミノ酸が　１　結合により鎖状に連結したポリペプチドからできている。この結合は，１つのアミノ酸の　２　基と他のアミノ酸の　３　基から，１分子の H_2O がとれて成立する。

(2)　タンパク質は，その一次構造に従ってさまざまな形をとる。１つのポリペプチド中の離れたアミノ酸間で　４　結合ができ，らせん状となった　５　構造をつくったり，じぐざぐに折れ曲がったシート状のβシート構造をつくったりする。

(3)　さらに，ポリペプチドは，一定の位置でS－S結合により結合し，それぞれのタンパク質に固有の立体構造をつくる。このS－S結合に関係するアミノ酸は　６　である。

42. 酵素の性質 ●酵素の性質に関する次の文中の空欄に適切な語を答えよ。

　　酵素は，さまざまな生命活動でみられる化学反応の　　1　　として働く。酵素がその作用を及ぼす物質を　　2　　という。酵素には，　　2　　に結合して直接作用を及ぼす部分があり，これを　　3　　と呼ぶ。それぞれの酵素の　　3　　は固有の立体構造をもっており，この構造に適合する　　2　　とのみ結合して　　4　　を形成する。特定の物質とのみ結合する酵素の性質を，　　5　　という。また，酵素は反応の前後で変化　　6　　ため，くり返し作用することができる。さらに，酵素には，その作用を現すために，　　7　　と呼ばれる分子量の小さな物質を必要とするものがある。　　7　　とは別に，活性部位に組み込まれた金属イオンが，触媒作用に重要な役割を果たしているものもある。

　　細胞内での物質の合成には，多くの場合，複数の酵素反応が関わっている。ある基質から一連の酵素反応を経て最終生成物がつくられる場合，最終生成物がその生成に関わる酵素の働きを調節することがある。このような調節は，　　8　　調節と呼ばれる。

思考 **論述**

43. 酵素とその働き ●酵素の働きに関する次の文章を読み，下の各問いに答えよ。

　　タンパク質は，アミノ酸の種類と数，および配列順序にもとづいて固有の _a立体構造を形成する。この立体構造は温度や pH などに大きな影響を受け，これらの要因でタンパク質の立体構造が変わると，その機能も変化する。ヒトの大部分の _b酵素は，反応溶液の温度の上昇とともに反応速度が上がり，ふつう _c30〜40℃あたりで最大値を示すが，温度がさらに高くなると反応速度は下がっていく。

問1．下線部 a に関して，タンパク質が立体構造を形成する過程を何と呼ぶか。また，この過程が正しく行なわれるように補助するタンパク質を一般に何と呼ぶか。

問2．下線部 b に関する記述として，誤っているものはどれか。次の①〜④のなかから1つ選び，番号で答えよ。

①　酵素は活性化エネルギーを低下させることで，化学反応を促進する。

②　酵素の反応速度は，基質濃度に比例して大きくなるが，やがて一定となる。

③　酵素には，活性部位に鉄や銅などの金属イオンが組み込まれていて，これが触媒作用に重要な役割を果たしているものもある。

④　酵素の活性部位以外の部分に阻害物質が結合することによる酵素反応の阻害を，競争的阻害という。

問3．下線部 c に関して，酵素の反応速度が最も大きくなる温度を何と呼ぶか。

問4．右図は，さまざまな温度におけるある反応の反応速度を，酵素または無機触媒を用いて測定した結果を示している。この図から，酵素を用いた場合は，無機触媒を用いた場合とは異なり，ある温度を超えると反応速度が急激に低下することがわかる。このような違いが生じる理由を述べよ。

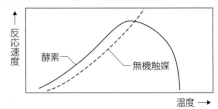

思考 **論述**

☐**44. 酵素と補酵素** ●次の文章を読み，下の各問いに答えよ。

　酵母をすりつぶして抽出液を取り，それにグルコースを加えるとアルコール発酵が起こる。このアルコール発酵には，脱水素酵素が関係している。この酵素について調べるため，酵母の抽出液から以下のA～C液を用意し，それぞれにグルコース溶液を加えた。

　　A液…抽出液を<u>セロハンの袋に入れ，一定時間流水中に浸した</u>後に，袋に残った液

　　B液…抽出液をセロハンの袋に入れ，一定時間水中に浸した後に，袋の外にある液を濃縮した液

　　C液…A液とB液の混合液

問1．下線部のような操作を何と呼ぶか。

問2．グルコース溶液を加えた結果，A液とB液では反応が起こらなかったが，C液では起きた。その理由を簡潔に説明せよ。

問3．次のⅠ液とⅡ液にグルコース溶液を加えた。反応が起こるのはどちらか。

　　Ⅰ液…A液を10分間煮沸した液とB液を混ぜた溶液

　　Ⅱ液…B液を10分間煮沸した液とA液を混ぜた溶液

思考

☐**45. 酵素反応の調節** ●次の文章を読み，下の各問いに答えよ。

　図1は，細胞内で物質Aが各酵素の作用によって他の物質に変化する過程を示した模式図である。たとえば，物質Aは酵素1により物質Bに，物質Bは酵素2により物質Cに変えられることを示す。

　図2は，pH7において温度を変えたときの，酵素1～4の反応速度を示したグラフで，横軸は反応温度を，縦軸は1分子の酵素によって1分間に触媒された基質分子数の相対値を表している。なお，1分子の基質から酵素反応によって生成される物質B～Eの分子数はすべて1であるとする。

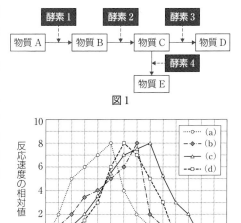

図1

図2

問1．それぞれ同じ分子数の酵素1～4と一定量の物質Aを含むpH 7の反応液を準備し，一定の温度で1時間反応させたところ，その生成物は下のⅰ）およびⅱ）のようになった。これらの結果から判断して，グラフ(a)～(d)は，それぞれ酵素1～4のいずれの反応速度を表すと考えられるか。

　ⅰ）55℃で反応させた後の反応液には，物質Bのみが生じていた。

　ⅱ）30℃で反応させた後の反応液には，物質Dと物質Eが2：1の割合で含まれていた。

問2．細胞内には，物質Dの生成量を調節するため，過剰な物質Dが酵素1の働きを抑制するしくみがある。このような生成量調節のしくみを一般に何というか。

46. 酵素反応 ●次の文章を読み，下の各問いに答えよ。

生体内では，主にタンパク質である酵素によって，さまざまな化学反応が起こっている。ある酵素反応の反応時間と生成物量との関係を図に示す。図の太線Aで示した反応は，最適温度かつ最適pHの条件で行われ，基質濃度は酵素濃度に対して十分に高く，酵素活性も安定であった。

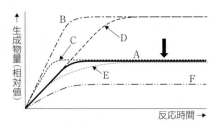

問1．Aが得られる条件から，他の条件は変えずに反応開始時の基質濃度のみを2倍にしたときに得られる結果として最も適切なものを，図のA～Fのなかから選べ。

問2．Aが得られる条件から，他の条件は変えずに反応開始時の酵素濃度のみを2倍にしたときに得られる結果として最も適切なものを，図のA～Fのなかから選べ。

問3．Aに示すように，ある程度の時間が経過すると，生成物量は増加しなくなる。この理由を簡潔に述べよ。

問4．Aが得られる条件で，図に示す矢印の反応時間の段階で，酵素濃度のみを増加させたとき，反応時間と生成物量の関係を示す曲線は，その後どのようになるか。最も適切なものを次の①～③のなかから1つ選べ。

① 生成物量が増加する　　② 生成物量が減少する　　③ 変化しない

47. 酵素反応と阻害物質 ●酵素に関する下の各問いに答えよ。

右図は，ある酵素の基質濃度と反応速度の関係を表したものである。一定の酵素濃度のもとで，基質濃度と酵素反応速度との関係を測定したところ，aが得られた（実験1）。なお，基質濃度は酵素濃度を下回ることはなく，酵素活性は安定であった。

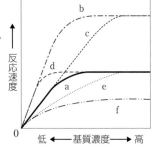

問1．基質濃度が高くなると反応速度は一定になるが，このときの反応速度を何というか。

問2．問1のとき，酵素と基質はどのような状態になっていると考えられるか，簡潔に説明せよ。

問3．実験1の条件から酵素濃度を2倍にした条件では，反応速度と基質濃度の関係はb～fのどれになるか。

問4．実験1の条件に加えて，反応液に，基質と化学構造が似ており，活性部位と結合する物質を加えた条件では，得られるグラフはb～fのどれになるか。また，このような阻害の名称を答えよ。

問5．実験1の条件に加えて，反応液に，酵素の活性部位とは異なる場所に結合し，酵素活性を低下させる物質を加えた条件では，得られるグラフはb～fのどれになるか。また，このような阻害の名称を答えよ。

[知識]

☐ **48. 細胞膜を介した物質の移動** ●物質の移動に関する下の各問いに答えよ。

問1. 細胞膜を最も透過しやすいものを，次の①～④のなかから選べ。

① タンパク質　　② グルコース　　③ 酸素　　④ ナトリウムイオン

問2. 次のア～カが表すものとして最も適当なものを，下の①～⑥のなかからそれぞれ選べ。

ア. 細胞膜の内外をつなぐ小孔を形成する膜輸送タンパク質であり，多くのイオンを通過させる。特定のイオンのみを通過させるものも多い。

イ. 細胞の内外での Na^+ と K^+ の輸送を行う。輸送には，ATP を分解して得られるエネルギーを必要とする。

ウ. ゴルジ体から分離した小胞などを使って，細胞内で不要になった物質や，ホルモン・消化酵素などを細胞外に放出する。

エ. 細胞外部から物質を取り込む働きで，白血球の食作用などの際にみられる。

オ. 特定の物質が結合すると自身の構造を変化させ，結合した物質を通過させる。赤血球の細胞膜などで，濃度勾配にしたがってグルコースを輸送するものがみられる。

カ. 細胞膜に水分子が通過する小孔を形成するタンパク質である。水分子の移動が盛んな組織の細胞に多く存在する。

① エンドサイトーシス　　② イオンチャネル　　③ 輸送体

④ エキソサイトーシス　　⑤ アクアポリン　　⑥ ナトリウムポンプ

[知識]

☐ **49. ナトリウムポンプ** ●下図は，ナトリウムポンプのしくみについて左から順番に反応過程を並べて示した模式図である。これについて，下の各問いに答えよ。

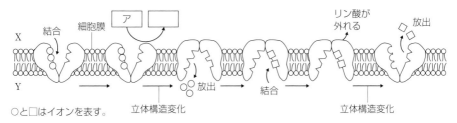

○と□はイオンを表す。

問1. 図中の○，□は，それぞれ何イオンか答えよ。

問2. 細胞の内側は，図中のXとYのどちらか答えよ。

問3. 図中の ア の物質は何か答えよ。

問4. エネルギーを消費して物質を移動させる輸送を何というか答えよ。

[知識]

☐ **50. 細胞間の情報伝達とタンパク質** ●次の文中の空欄に当てはまる語を答えよ。

細胞膜に存在する受容体は，細胞間の情報伝達にとって重要なタンパク質である。受容体は，その作用のしかたから3つに大別される。シグナル分子が結合したときに，特定のイオンを通過させる（ 1 ）受容体や，細胞内部に突き出た部分が酵素活性を示す（ 2 ）受容体がある。また，細胞内部の（ 3 ）とともに働く（ 4 ）受容体がある。

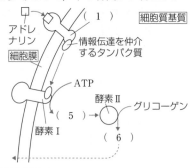

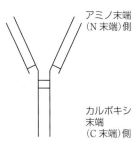

51. 内分泌系による情報伝達とタンパク質 ●下図を参考として，下の各問いに答えよ。

知識

アドレナリンの（　1　）は，細胞膜に存在する。アドレナリンが，その（　2　）の1つである筋肉の細胞や（　3　）の細胞の細胞膜にある（　1　）に結合すると，（　1　）の（　4　）が変化して，細胞膜にある酵素Ⅰを活性化する。その後，この酵素によってATPからつくられた（　5　）が，グリコーゲンを（　6　）に分解する酵素Ⅱを活性化し，その結果つくられた（　6　）が細胞外に運ばれたり，呼吸に使われたりする。

問1．上の文中の（　1　）～（　6　）に当てはまる語を答えよ。

問2．文中の（　5　）のように，細胞外の情報を間接的に細胞内へと伝える物質を一般に何というか。

問3．問2の物質の例として最も適当なものを，次の①～④のなかから選べ。
①　ATP　　②　リン酸　　③　カルシウムイオン　　④　ステロイドホルモン

52. 抗体の構造 ●右図を参考として，下の各問いに答えよ。

知識　計算

抗体は免疫（　1　）と呼ばれるタンパク質に分類され，H鎖(重鎖)と呼ばれる大きな（　2　）と，L鎖(軽鎖)と呼ばれる小さな（　2　）からなる。L鎖はH鎖のアミノ末端側に位置し，2本の（　2　）は（　3　）で連結されている。各H鎖も，中央付近で（　3　）により連結しており，抗体分子はY字型をしている。H鎖・L鎖対の（　4　）末端側は，抗原と結合する部位であり，そのアミノ酸配列は多様であることから，（　5　）と呼ばれている。一方，H鎖・L鎖対の（　6　）末端側のアミノ酸配列は，抗体間で差異がないことから，（　7　）と呼ばれている。

問1．文中の（　　）に適する語を次のア～クのなかからそれぞれ選び，記号で答えよ。
ア．グロブリン　　イ．アミノ　　ウ．カルボキシ　　エ．ポリペプチド
オ．S-S結合　　カ．定常部　　キ．可変部　　ク．ペプチド結合

問2．未分化なB細胞には，抗体の可変部をつくる遺伝子の断片が多数あり，V，D，Jの領域に分かれて存在する。B細胞に分化する間に，H鎖の遺伝子ではV，D，J領域のそれぞれから，L鎖の遺伝子ではH鎖とは異なるV，J領域のそれぞれから断片が1つずつ選ばれて連結，再構成される。右表は，

遺伝子の領域		遺伝子の断片数	
		H鎖	L鎖
可変部	V	51	40
	D	27	0
	J	6	5

未分化なB細胞における，抗体の可変部をコードする遺伝子の断片数を示している。B細胞に分化したとき，遺伝子の再構成によって何通りの抗体が産生されるか。

思考例題 ❸ 阻害物質の作用をグラフから読み取る

課題

　酵素反応は特定の物質によって阻害されることがある。これらの阻害効果には，基質とよく似た構造をもち，酵素の活性部位を奪い合うことで酵素反応を阻害する「競争的阻害」や，活性部位以外の領域に結合して阻害作用をもたらす「非競争的阻害」がある。競争的阻害および非競争的阻害を起こす物質を加えたときに生じる酵素反応速度の変化を表すグラフを，下図よりそれぞれ選べ。

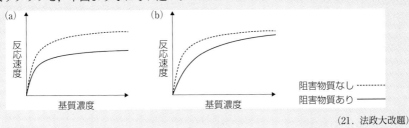

(21. 法政大改題)

指針 基質濃度が異なる2点において，それぞれの阻害物質が酵素に与える影響の違いを考える。

次の Step 1 ～ 3 は，課題を解く手順の例である。空欄を埋めてその手順を確認しなさい。

Step 1 競争的阻害について整理する

　基質濃度が低い状態…基質濃度が高いときと比べると，
　　阻害物質が酵素に結合する確率が（　1　）いため，
　　阻害物質の影響は（　2　）。
　基質濃度が高い状態…阻害物質が結合する確率が
　　（　3　）く，阻害物質の影響は（　4　）。

Step 2 非競争的阻害について整理する

　基質濃度が低い状態でも基質濃度が高い状態でも，
阻害物質に反応を阻害される酵素は一定の割合で存在
するため，一定の割合で反応速度が低下する。

**Step 3 基質濃度の違いによる反応速度の変化を比較
する**

　(a)と(b)のグラフで，基質濃度が低濃度の場合と高濃
度の場合の特徴を読み取り，競争的阻害・非競争的阻
害の特徴に合致するものを選ぶ。

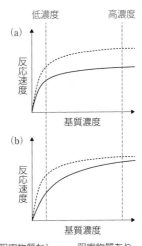

阻害物質なし ---- 阻害物質あり ——

Stepの解答 1…高　2…大きい　3…低　4…小さい
課題の解答 「競争的阻害」…(b)　「非競争的阻害」…(a)

細胞における生命活動は，さまざまな物質の働きによって営まれている。細胞を構成する物質には，水，有機物，無機塩類などがあるが，最も多く含まれているのは (a) 水である。また有機物にはタンパク質，炭水化物，脂質，核酸などがあるが，タンパク質は，生体に含まれる物質のなかで最も種類が多く，生体の構造と機能のすべてに関わっている。生体の化学反応を触媒する (b) 酵素，生体膜に存在するチャネルやポンプ，免疫反応で働く抗体などもタンパク質である。

問1．下線部(a)の水に関する説明で誤りのあるものを次の①～④のなかから1つ選べ。

① 溶媒としていろいろな物質を溶かす。

② 液胞内には含まれるが，葉緑体内には含まれない。

③ 血しょうの大部分は水である。

④ 比熱が大きいため，動物体内の急激な温度変化を抑える。

問2．下線部(b)の酵素について，次の(1)～(3)に答えよ。

(1) 酵素には，特定の物質にしか作用しない基質特異性がある。酵素と基質の組み合わせとして最も適当なものを次の①～⑥のなかから1つ選べ。

① マルターゼ：デンプン　　　　② 制限酵素：DNA

③ β－ガラクトシダーゼ：グルコース　　④ リパーゼ：タンパク質

⑤ カタラーゼ：水素　　　　　　⑥ アミラーゼ：グルコース

(2) 図1は，ある酵素反応（酵素濃度一定）における基質濃度と反応速度の関係を示したグラフである。図中のア～ウにおいて，酵素－基質複合体が形成される頻度の関係を示すものとして最も適当なものを次の①～⑥のなかから選べ。

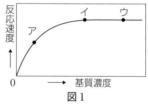
図1

① ア＝イ＝ウ　　② ア＝イ＞ウ

③ ア＞イ＝ウ　　④ ア＞イ＞ウ

⑤ ア＜イ＝ウ　　⑥ ア＜イ＜ウ

(3) 図2は，ある酵素反応（酵素濃度一定）における基質濃度と反応速度の関係を示したもの（エ）と，その反応において特定の物質を一定量加えたときのもの（オ）を示したグラフである。オで加えた物質はどのような特徴をもつと考えられるか。

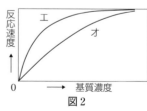
図2

問3．細胞膜には多くのタンパク質が存在し，いろいろな機能をもつ。細胞膜中に存在するタンパク質として最も適当なものを，次の①～⑤のなかから1つ選べ。

① 糖質コルチコイド受容体　　② アクチンとミオシン

③ アセチルコリン受容体　　④ ヘモグロビン　　⑤ ケラチン

（姫路獨協大改題）

■ 解 答 ■

問1．②

問2．(1)　②

　　　(2)　⑤

　　　(3)　基質と構造が類似した部位があり，酵素の活性部位に結合する。

問3．③

■ 解 説 ■

問1．葉緑体内にも多くの水が含まれており，さまざまな物質を溶かすとともに，光合成の反応(光化学系Ⅱにおけるクロロフィルの還元やカルビン回路の反応)に利用されている。

問2．(1)　マルターゼはマルトース(麦芽糖)，β－ガラクトシダーゼはラクトース(乳糖)，リパーゼは脂肪，カタラーゼは過酸化水素，アミラーゼはアミロース(デンプン)をそれぞれ基質とする酵素である。

(2)　酵素は，基質と結合して酵素－基質複合体を形成し，反応を終えると生成物から離れる，という動きをくり返している。最大反応速度のとき(図1のイとウ)では，酵素に対して基質が十分に多く，基質と結合していない酵素は即座に基質と結合するとみなせるため，酵素－基質複合体が形成される頻度は酵素濃度によって決まる。イとウの酵素濃度は同じであるため，両者で酵素－基質複合体が形成される頻度も同じである。

　　　　最大反応速度より低い反応速度のとき(図1のア)では，酵素に対して基質が相対的に少ないため，酵素と基質が出会って結合し，酵素－基質複合体を形成する頻度は最大反応速度のときより小さい。

(3)　特定の物質を加えると(図2のオ)，基質濃度が小さい場合は，特定の物質を加えない条件(図2のエ)よりも大幅に反応速度が小さくなっている。しかし，基質濃度が高くなるに従って，特定の物質を加えていない条件との反応速度の差が小さくなっている。このことから，加えた特定の物質は，酵素の活性部位に結合して競争的阻害をする物質であると推測できる。

問3．①　糖質コルチコイドなどのステロイドホルモンは細胞膜を透過することができ，その受容体は，一般に，細胞質基質や核内に存在する。

②　アクチンとミオシンは細胞内に存在する。筋繊維内では筋原繊維を構成する。またアクチンは細胞骨格としてアメーバ運動や細胞質分裂などに，ミオシンはモータータンパク質として原形質流動などにも関与している。

④　ヘモグロビンは赤血球の細胞内に含まれるタンパク質であり，酸素の運搬に関与する。

⑤　ケラチンは細胞内で細胞骨格の一種である中間径フィラメントを構成する。

☐ **53. 細胞骨格とモータータンパク質** ■真核細胞の細胞質基質にあって，細胞に一定の形態を与えている繊維状の構造物を「細胞骨格」という。細胞骨格は，微小管，アクチンフィラメント，中間径フィラメントの3つに分けられる。細胞骨格は細胞の構造を支えるだけでなく，さまざまな細胞機能に関わっている。微小管およびアクチンフィラメントは，細胞分裂のときにそれぞれ重要な役割を果たしており，①チューブリンやアクチンの重合を阻害すると，正常な細胞分裂が起こらない。②アクチンフィラメントは，細胞の外形が変化するアメーバ運動にも深く関与している。また，③細胞内の物質や細胞小器官は，微小管の上を移動するモータータンパク質によって運ばれる。

　細胞骨格について調べるため，ヒト由来の培養細胞Xを用いて以下の実験を行った。

〔実験1〕細胞X（染色体数は2n）の細胞周期は24時間である。下線部①について調べるため，以下のような培養液の入った3つの培養皿A～Cの中で細胞Xを48時間培養した。

　　　　培養皿A：チューブリンの重合を阻害する薬剤を加えた培養液
　　　　培養皿B：アクチンの重合を阻害する薬剤を加えた培養液
　　　　培養皿C：培養液のみ

〔実験2〕細胞Xは化学物質Yに向かって移動する。下線部②について調べるため，細胞Xのアクチンフィラメントを蛍光物質で標識した（図1）。この標識された細胞Xを培養液の入った培養皿に入れ，端においた細い ガラスのピペットの先端から静かに化学物質Yを出して細胞のようすを顕微鏡で観察した。

蛍光標識されたアクチンフィラメント

図1　アクチンフィラメントを蛍光標識した細胞X

問1．実験1の結果について，培養皿Cと比較して，培養皿AおよびBの中に正常でない細胞が観察された。それぞれどのような細胞か述べよ。また，そのような細胞ができた理由について説明せよ。

問2．実験2を始めてしばらくすると，細胞Xの形が変わり，化学物質Yの方へ移動し始めた。移動中の細胞とアクチンフィラメントのようすを表す最も適切なスケッチを右のa～cから選べ。また，その理由について説明せよ。

a　　　　　　　　b　　　　　　　　c

問3．下線部③に関連して，メダカのうろこに存在する色素胞と呼ばれる細胞では，色素顆粒がモータータンパク質によって輸送されており，色素顆粒の分布状態によって体色が明るくなったり暗くなったりする。色素胞内における色素顆粒の輸送とそれに伴う体色変化について，「キネシン」，「ダイニン」，「中心体」という語句を用いて説明せよ。

(滋賀医科大改題)

💡**ヒント** ┈┈

問3．色素胞内で色素顆粒が全体に広がると体色が暗くなり，中央部に集まると明るくなる。

思考 実験・観察 計算

☐ **54. 酵素反応と最適 pH** ■ さまざまな物質の脱リン酸化反応を触媒する酵素を，フォスファターゼと呼ぶ。最適 pH が5.6のコムギ酸性フォスファターゼの反応速度を以下の実験1〜3で調べたところ，図1，2の結果を得た。いずれの実験も，脱リン酸化反応は酵素液と基質の pNPP（p−ニトロフェニルリン酸）溶液をすばやく混合して，各 pH で正確に25℃，5分間行い，水酸化ナトリウム溶液を加えて反応を停止し，生成した pNP（p−ニトロフェノール）の量を反応時間で割って反応速度を求めた。下の各問いに答えよ。

【実験1】 反応時の濃度が 0.2mg/mL あるいは6.4 mg/mL の pNPP と，反応時の濃度が 0.8mg/mL の酵素原液（相対酵素濃度1）および2，4，8，16 倍希釈の酵素液を pH5.6（最適 pH）で5分間反応させた。相対酵素濃度を横軸，反応速度を縦軸に図1のグラフを得た。

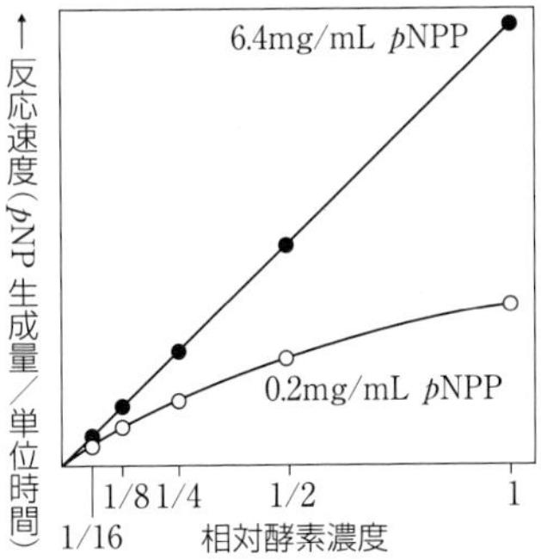

【実験2】 酵素活性の pH 依存性を検証するため，反応時の濃度が 6.4mg/mL の pNPP と，反応時の濃度が 0.2mg/mL の酵素液を異なる pH（2.0，3.0，4.0，5.0，5.6，6.0，7.0，8.0）で5分間反応させた。反応時の pH を横軸，反応速度を縦軸に図2のグラフを得た。

【実験3】 酵素液を25℃で1時間，異なる pH（2.0，3.0，4.0，5.0，5.6，6.0，7.0，8.0）で前処理したあと，すみやかに pH5.6 に戻して，反応時の濃度が 6.4mg/mL の pNPP と，反応時の濃度が 0.2 mg/mL の前処理を行った酵素液を5分間反応させた。前処理の pH を横軸，反応速度を縦軸に図2のグラフを得た。

図1

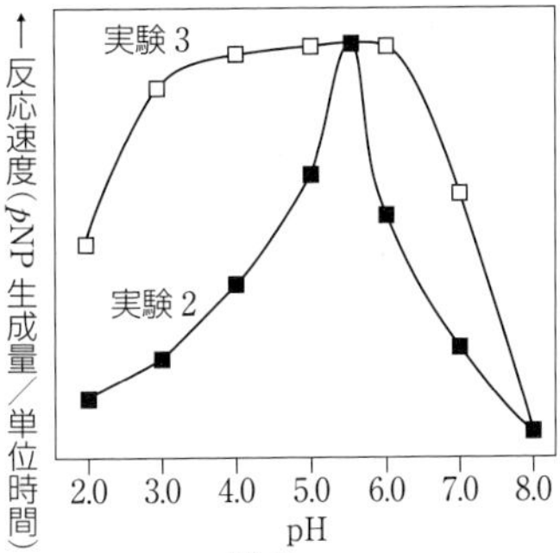

図2

問1．実験1で，反応時の pNPP 濃度が 6.4mg/mL のとき，調べた酵素濃度範囲においてグラフは原点を通る直線になった。一方，反応時の pNPP 濃度が 0.2mg/mL のときは，酵素濃度が低い一定範囲で原点を通る直線上にあったが，やがてゆるやかな曲線となった。このように，原点を通る直線上から下側に外れた理由を「基質」と「酵素」の両方の語を用いて，30字以内で説明せよ。

問2．実験2のように各酵素には最適 pH がある。ヒトのペプシンを例に，どの器官で働き，どのような活性をもち，最適 pH がどのあたりの酵素かを40字以内で説明せよ。ただし，「pH」は1文字とする。

問3．実験2の結果と実験3の結果とを比較し，この酵素の構造と活性の関係について「構造変化」，「変性」，「可逆的」の語をすべて用いて，40字以内で説明せよ。ただし，「pH」は1文字とする。

(20. 神戸大改題)

💡 **ヒント**
問3．実験3は最適 pH で反応させているが，前処理の pH によって反応速度に違いがみられる。

☐**55. 細胞膜を介した情報伝達** ■次の文章を読み，下の各問いに答えよ。

タンパク質には，細胞膜に存在して受容体の役目を果たすものがある。図1のように細胞外に存在する化学物質Aが受容体Rに結合すると，その情報が細胞内で起こる一連の化学反応によって伝達される。その化学反応の流れをシグナル伝達という。また，化学物質Aの他に，化学物質Bと化学物質Cもこの受容体の同じ部位に結合することがわかっている。1つの受容体には化学物質A，BまたはCのうちの1つの物質のみが結合でき，化学物質Aが結合したときのみシグナル伝達が起こる。また，化学物質Aと結合している受容体が多いほど，伝達されるシグナルの強度は強くなる。受容体と化学物質の結合には，化学物質が一度結合したら受容体から解離することがない非可逆的結合と，結合した化学物質が受容体から解離する可逆的結合とがある。受容体Rと化学物質A，BおよびCの結合様式について調べるために，次の実験1～3を行った。

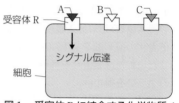

図1　受容体Rに結合する化学物質A，BおよびCとシグナル伝達（模式図）

〔実験1〕細胞外の化学物質Aの濃度をさまざまに変化させ，受容体と反応させた。その時，細胞内で伝達されるシグナルの強度を測定し，結果を図2の①に示した。

〔実験2〕細胞外に一定濃度の化学物質Bが存在する条件下で，実験1と同様の実験を行った。その結果を図2の②に示した。

〔実験3〕細胞外に一定濃度の化学物質Cが存在する条件下で，実験1と同様の実験を行った。その結果を図2の③に示した。

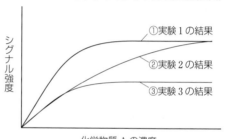

図2　実験1～3の測定結果

問1．実験1の結果から，一定以上の化学物質Aの濃度では，シグナル強度に変化がみられなくなることがわかる。その理由を答えよ。

問2．実験2と実験3の結果から，化学物質BおよびCと受容体の結合様式は，可逆的結合か非可逆的結合か，それぞれ答えよ。また，そのように考えた理由も答えよ。

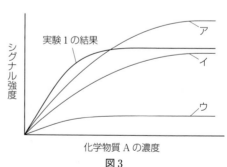

図3

問3．実験3において，化学物質Cの濃度を高くして実験を行うと，どのような結果が得られると考えられるか。図3のア～ウから最も適切なグラフを選べ。

（東京都立大改題）

💡ヒント
問2．実験2と実験3とでは，最終的なシグナル強度が異なっている。

思考 論述

☑ **56. タンパク質による情報伝達** ■次の文章を読み，下の各問いに答えよ。

　ある受容体Aには，細胞外の領域に増殖因子Xが結合する部位があり，細胞内の領域に基質Bをリン酸化する部位がある。受容体Aに増殖因子Xが結合すると，受容体どうしが結合して2分子になり，基質Bをリン酸化することができるようになる（図1）。基質Bがリン酸化されると細胞の増殖が促進されるため，通常は増殖因子Xが存在する場合のみ，細胞増殖が促進される。しかし，ある種のがん細胞では，受容体Aの遺伝子の細胞外の領域と細胞膜を貫通する部位に対応する部分が，他の遺伝子と入れ替わる。一方で，細胞内の基質Bをリン酸化する部位は入れ替わらない。このように，部分的に他の遺伝子と入れ替わった受容体Aを受容体aと呼ぶことにする。受容体aの他の遺伝子に由来する部位の一部には，互いに結合する部位があることが判明した。また受容体aは細胞膜を貫通する部位がないため，細胞内に存在する（図2）。

問1．受容体Aが受容体aに変化した細胞では，常に細胞増殖が促進されている。細胞内では受容体aによってどのようなことが起きて細胞増殖が促進されるか。「増殖因子X」，「受容体a」，「基質B」の語をすべて用いて75字以内で答えよ。

問2．受容体a内の基質Bをリン酸化する部位は，基質が結合する部位とATPが結合する部位という各々独立の部位から構成され，受容体aに基質BとATPの両方が結合することが，基質Bのリン酸化に必要である。ATPが結合する部位はくぼんでおり，ATPはそのくぼみの一部に入り込んで結合する。このがん細胞の増殖を抑える薬物Cも，ATPが入り込むくぼみに入り込んで結合する（図3）。薬物Cはどのように機能して細胞増殖を抑えると考えられるか。「ATP」，「リン酸化」，「基質B」，「薬物C」の語をすべて用いて90字以内で答えよ。

(21．大阪大改題)

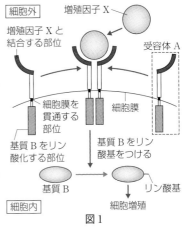

図1

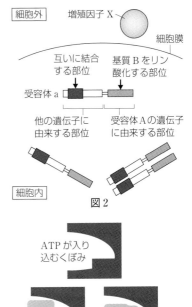

図2

図3　受容体a内のATPが結合する部位を拡大したところ（黒い部位）

💡ヒント
問2．薬物Cと結合している受容体aは，ATPとは結合できない。

4 | 代謝

1 代謝

❶代謝とエネルギー

(a) **代謝** 生体内で起こる化学反応の総称で，単純な物質から複雑な物質を合成する同化と，複雑な物質を単純な物質に分解する異化に分けられる。

(b) **ATP** 生命活動においてエネルギーの受け渡しを担う物質。高エネルギーリン酸結合が切れて ADP になるときに，多量のエネルギーを放出する。ADP は，光合成や呼吸で得られたエネルギーによってリン酸と結合し，再び ATP となる。

(c) **NADP⁺, NAD⁺, FAD** 代謝における物質の酸化や還元の反応に伴うエネルギーの移動に関わる物質。$NADP^+$は光合成に，NAD^+と FAD は呼吸に関わる。

2 炭酸同化

❶炭酸同化

生物が二酸化炭素を取り入れ，有機物を合成する働きを炭酸同化という。炭酸同化には，光エネルギーを利用する光合成と，化学エネルギーを利用する化学合成がある。

❷光合成と葉緑体

(a) **光合成** 植物やシアノバクテリアの光合成では，水と二酸化炭素から有機物が合成される。この反応では，光エネルギーが有機物の化学エネルギーに変換される。

		光エネルギー			
	$6CO_2$ + $12H_2O$	$\longrightarrow$	$(C_6H_{12}O_6)$ +	$6H_2O$ +	$6O_2$
物 質 量	6 mol 12 mol		1 mol	6 mol	6 mol
質 量	$6×44$ g $12×18$ g		180 g	$6×18$ g	$6×32$ g
気体の体積	$6×22.4$ L				$6×22.4$ L
(0 ℃, $1.013×10^5$ Pa)					

- グルコース($C_6H_{12}O_6$) 1 mol(180 g)が合成されるためには，CO_2 6 mol($6×44$ g)と H_2O 12mol($12×18$ g)が必要である。
- 光エネルギーは $C_6H_{12}O_6$ の分子内に化学エネルギーとして貯えられる。

(b) **葉緑体の構造** 植物の葉緑体は，ふつう直径約 5〜10 μm，厚さ 2〜3 μm の凸レンズ型で，二重の生体膜からなっており，内部には多数のチラコイドと呼ばれる扁平な袋状の膜構造がある。チラコイド膜にはクロロフィルなどの光合成色素が含まれ，ここで光エネルギーが吸収されて ATP などを合成している。

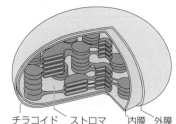

チラコイド　ストロマ　　内膜　外膜

内膜で囲まれた部分のうち，チラコイド以外の基質の部分はストロマと呼ばれ，ATPなどを利用して二酸化炭素から有機物が合成されている。

(c) **光合成色素**　植物の光合成色素はチラコイドに含まれ，光エネルギーを吸収する。主なものはクロロフィルで，植物と緑藻類はaとbの2種類をもち，いずれもMgを含む色素である。

主な光合成色素		色
クロロフィルa		青緑色
クロロフィルb		黄緑色
カロテノイド	カロテン	橙色
	キサントフィル	黄色

(d) **光合成に有効な波長の光**
- 吸収スペクトル…光合成色素の光の吸収率と光の波長との関係を示すグラフ
- 作用スペクトル…光合成の効率と光の波長との関係を示すグラフ

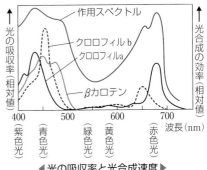

◀光の吸収率と光合成速度▶

■**エンゲルマンの実験**　1882年，エンゲルマンは，糸状の緑藻類と好気性細菌を密封して顕微鏡下に置き，プリズムで分光した光を緑藻類に当てて，細菌がどの部分に集まるかを調べた。その結果，細菌は赤色と青紫色の部分に多く集まった。このことから，特定の波長の光で光合成による酸素の発生が盛んに起こることがわかった。

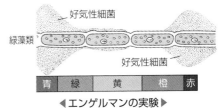

◀エンゲルマンの実験▶

❸**光合成の過程**

光合成の反応は，葉緑体のチラコイドで起こる反応とストロマで起こる反応に区分できる。

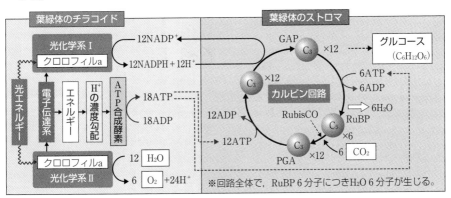

◀光合成のしくみ▶

(a) **チラコイドで起こる反応**　葉緑体のチラコイド膜には，クロロフィル a などの光合成色素とタンパク質などからなる光化学系 I，II と，電子の受け渡しをするタンパク質からなる電子伝達系，膜輸送タンパク質である ATP 合成酵素が存在する。

ⅰ）光化学反応
- ごく短時間に起こる。光の強さや波長に影響される。
- 光合成色素のクロロフィルやカロテノイドによって光エネルギーが吸収される。
- 吸収されたエネルギーは，光化学系の反応中心クロロフィルに伝達される。
- エネルギーを受け取った反応中心クロロフィルは活性化し，電子（e^-）を放出する。

ⅱ）水の分解，**NADPH の生成・移動**

【光化学系 II】
- 水が H^+ と O_2，e^- に分解される。このとき生じた e^- によって光化学系 II の反応中心クロロフィルは還元され，元の状態に戻る。
- 光化学反応によって光化学系 II の反応中心クロロフィルが放出した e^- は，電子伝達系を構成するタンパク質に次々と受け渡され，これに伴って H^+ がストロマ側からチラコイド内腔に輸送される。

【光化学系 I】
- 放出された e^- と H^+ によって $NADP^+$ は還元され，NADPH と H^+ が生じる。
- NADPH はストロマで起こる反応に利用される。

ⅲ）**ATP の合成**
- チラコイド膜にある**ATP 合成酵素**によって合成される。
- 光化学系 II での水の分解や，電子伝達系における H^+ の輸送によってチラコイド内腔に蓄積した H^+ が，ATP 合成酵素を通ってストロマに拡散する際に，ADP とリン酸から ATP が合成される。この過程は光リン酸化と呼ばれる。

$$ADP + ⓅP \longrightarrow ATP \qquad (ⓅP：リン酸)$$

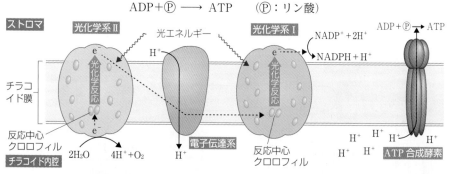

(b) **ストロマで起こる反応**　ストロマには，二酸化炭素の固定と有機物の合成に関与する多くの酵素が存在する。

ⅰ）カルビン回路
- 多くの酵素が関与し，温度や CO_2 濃度の影響を受ける。

- CO_2 1 分子当たり，C_5 化合物であるリブロースビスリン酸(RuBP) 1 分子と反応し，C_3 化合物であるホスホグリセリン酸(PGA) 2 分子となる。この反応を促進する酵素は，RuBP カルボキシラーゼ／オキシゲナーゼ(RubisCO：ルビスコ)と呼ばれる。PGA は，ATP によってリン酸化された後，NADPH によって還元され，C_3 化合物であるグリセルアルデヒドリン酸(GAP)となる。GAP の多くは，いくつかの反応過程を経て RuBP に戻る。この過程の途中で GAP の一部が糖などに変えられ，栄養分として利用される。

(c) 光合成の反応過程・反応式

水の分解	$12H_2O + 12\,NADP^+ \longrightarrow 6O_2 + 12NADPH + 12H^+$
ATP の合成	$18ADP + 18Ⓟ \longrightarrow 18ATP$
カルビン回路	$6CO_2 + 12\,NADPH + 12H^+ + 18ATP$
	$\longrightarrow (C_6H_{12}O_6) + 6H_2O + 12NADP^+ + 18ADP + 18Ⓟ$
(光合成の全体)	$6CO_2 + 12H_2O \longrightarrow (C_6H_{12}O_6) + 6H_2O + 6O_2$

(d) C_4 植物と CAM 植物

CO_2 を葉肉細胞で C_4 化合物として取り込み(C_4 回路)，維管束鞘細胞のカルビン回路へ送る植物を C_4 植物という。C_4 回路は，カルビン回路に比べて速く進むため，細胞内の CO_2 濃度を高い状態で保つ働きがある。また，C_4 植物は，CO_2 を直接カルビン回路に取り込む C_3 植物と

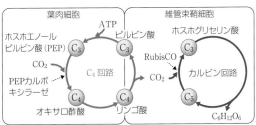

リンゴ酸は葉肉細胞から維管束鞘細胞へ移動してピルビン酸になり，ピルビン酸は葉肉細胞へ移動して PEP の再生に使われる。

◀ C_4 植物の炭素固定 ▶

比べて，熱帯などの強光や高温下で効率よく光合成を行うことができる。C_4 植物にはトウモロコシ，サトウキビなどがある。一方，CAM 植物は，砂漠などの乾燥した気候に適応した光合成のしくみをもつ植物で，気孔からの水分の蒸散が小さい夜間に CO_2 を取り込み，高温・乾燥にさらされる日中には気孔を閉じ，カルビン回路において有機物の合成を行う。CAM 植物にはベンケイソウやサボテンなどがある。

❹細菌による炭酸同化

(a) 細菌の光合成

シアノバクテリアの光合成…植物と同じクロロフィル a をもつ。また，光化学系Ⅰ，Ⅱや電子伝達系も備えており，植物の葉緑体と同じしくみで光合成を行う。

光合成細菌(緑色硫黄細菌，紅色硫黄細菌など)の光合成…光合成色素としてバクテリオクロロフィルをもつ。また，光化学系Ⅰ，Ⅱに似た反応系の一方のみをもち，水の代わりに硫化水素(H_2S)や水素(H_2)などから e^- を得る。光合成による酸素の放出はなく，代わりに硫黄(S)などが生じる。

紅色硫黄細菌：$6CO_2 + 12H_2S + 光エネルギー \longrightarrow (C_6H_{12}O_6) + 6H_2O + 12S$

(b) **細菌の化学合成**　無機物の酸化によって得られる化学エネルギーを利用した炭酸同化を化学合成という。

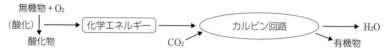

硫黄細菌の化学合成…化学合成を行う硫黄細菌は，海底の熱水噴出孔付近でみられる。熱水中の硫化水素(H_2S)などを酸化し，その際に生じる化学エネルギーを利用して炭酸同化を行う。

硫黄細菌：$2H_2S + O_2 \longrightarrow 2S + 2H_2O + 化学エネルギー$

$\qquad 2S + 3O_2 + 2H_2O \longrightarrow 2H_2SO_4 + 化学エネルギー$

硝化菌の化学合成…土壌中に生息する亜硝酸菌と硝酸菌は硝化菌と呼ばれる。亜硝酸菌はアンモニウムイオン(NH_4^+)を亜硝酸イオン(NO_2^-)に，硝酸菌は亜硝酸イオン(NO_2^-)を硝酸イオン(NO_3^-)にそれぞれ酸化し，そのときに生じる化学エネルギーを利用して炭酸同化を行う。

亜硝酸菌：$2NH_4^+ + 3O_2 \longrightarrow 2NO_2^- + 4H^+ + 2H_2O + 化学エネルギー$

硝酸菌：$2NO_2^- + O_2 \longrightarrow 2NO_3^- + 化学エネルギー$

❺光合成のしくみを解明した研究

(a) **ヒルの研究(1939〜)**　緑葉をすりつぶした液にシュウ酸鉄(Ⅲ)を加えて光を当てると，O_2 が発生することを確認した(ヒル反応)。これは，光合成によって水が分解されて O_2 を生じるとき，Fe^{3+} のような電子受容体が必要であることを示している。その後，植物体内における電子受容体は $NADP^+$(補酵素)であることが証明された。

(b) **ルーベンの研究(1941)**　緑藻(クロレラ)の培養液に，酸素の同位体の ^{18}O を含む水($H_2^{18}O$)と ^{18}O を含む二酸化炭素($C^{18}O_2$)を別々に与えた後，光を当てて光合成を行わせ，発生する酸素を調べた。その結果，$H_2^{18}O$ を与えたクロレラからは $^{18}O_2$ が発生したが，$C^{18}O_2$ を与えたクロレラからは $^{18}O_2$ は発生しなかった。このことから，光合成で発生する酸素は，すべて水に由来することが明らかとなった。

(c) **カルビンとベンソンらの研究(1947〜57)**　緑藻(クロレラ)に炭素の同位体の ^{14}C を含む二酸化炭素($^{14}CO_2$)を吸収させて光合成を行わせ，^{14}C がどのような物質に移動していくかを追跡した。その結果から，カルビン回路の反応過程が明らかになった。

・二次元クロマトグラフィーによる分離・検出

(1) 光合成反応を止めたクロレラから細胞内の物質を抽出し，二次元クロマトグラフィーで分離・検出する。

(2) 乾燥後にX線フィルムを密着させ，これを現像すると ^{14}C を含む物質の位置に黒いスポットが現れる。

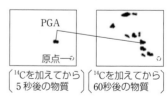

（^{14}Cを加えてから5秒後の物質）（^{14}Cを加えてから60秒後の物質）

(3) ^{14}C は PGA(C_3化合物)に取り込まれ，時間の経過に伴ってさまざまな物質に移る。

薄層クロマトグラフィーによる光合成色素の分離

〔準備〕 緑葉の色素抽出液，薄層プレート，細いガ
ラス管，大型試験管，展開液（体積比　石油エーテ
ル：アセトン＝7：3）

〔方法〕 緑葉の色素抽出液をつくる。薄層プレート
に色素抽出液を細いガラス管でスポットする。展
開液の入った大型試験管に薄層プレートを入れ，
展開させる。色素が薄層プレート上に分離するの
で，薄層プレートを乾燥させたのち，分離した色
素の色や移動率（Rf 値）を調べる。

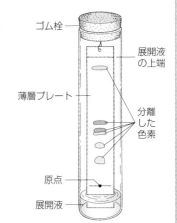

ゴム栓

展開液
の上端

薄層プレート

分離
した
色素

原点

展開液

$$Rf 値＝\frac{原点から分離した色素の中心までの距離}{原点から展開液の上端までの距離}$$

（明らかに分離した色素は，薄層プレートの上から順に**カロテン**，**クロロフィル a**，**ク
ロロフィル b**，**キサントフィル**である。）

❸ 異化

❶呼吸とミトコンドリア

(a) **呼吸**　酸素を用いて有機物を分解し，ATP を合成する過程。

- グルコースを分解する場合の例

	$C_6H_{12}O_6$	＋	$6O_2$	＋	$6H_2O$	→	$6CO_2$	＋	$12H_2O$	＋	エネルギー(最大38ATP)
物質量	1 mol		6 mol		6 mol		6 mol		12 mol		
質　量	180 g		6×32 g		6×18 g		6×44 g		12×18 g		
気体の体積			6×22.4 L				6×22.4 L				

（0 ℃，1.013×10⁵ Pa）

- 理論上は，グルコース 1 mol（180 g）が完全に酸化分解されたとき，2,867 kJ の熱量に
相当するエネルギーを生じる。これによって，最大 38 mol の ATP を合成する。

- エネルギー利用の効率（ATP 1 mol 当たり 41.8 kJ とした場合）
（41.8×38／2,867）×100≒55％→残り約45％は熱として失われる。

(b) **ミトコンドリアとその構造**　ミトコンド
リアは，呼吸の場となる細胞小器官である。
内外 2 枚の膜からなり，内膜は内側に折れ
曲がりクリステというひだを多数つくる。
内膜に囲まれた基質部分をマトリックスと
いう。内膜には**電子伝達系**や **ATP 合成酵
素**が，マトリックスには脱水素酵素などク
エン酸回路に関与する酵素が含まれている。

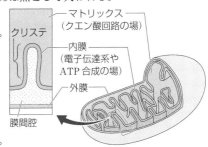

マトリックス
（クエン酸回路の場）

クリステ

内膜
（電子伝達系や
ATP 合成の場）

外膜

膜間腔

❷呼吸の過程

呼吸の反応は，解糖系，クエン酸回路，電子伝達系の 3 つの反応に区分できる。

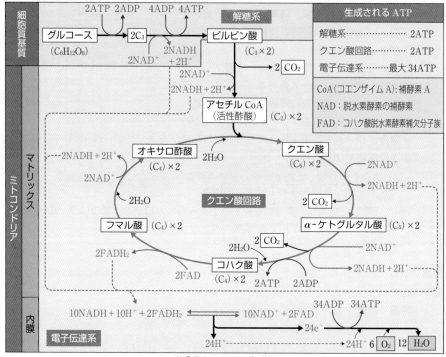

◀呼吸と ATP の生成▶

(a) **解糖系** 酸素を用いない反応。**細胞質基質**で起こる。(発酵の一部と共通する反応)

〔過程〕 ATP のエネルギーを用いてグルコース 1 分子から 2 分子のグリセルアルデヒドリン酸(GAP)が生じる。脱水素酵素の働きで，2 分子の GAP から H^+ と e^- が NAD^+ に渡されて，2 分子の NADH と 2 個の H^+ が生じる。さらにいくつかの反応を経て，最終的にグルコース 1 分子当たり 2 分子のピルビン酸が生じる。また，2 分子の ATP を消費し，4 分子の ATP が生じるため，結果として，差し引き 2 分子の ATP が生じる(基質レベルのリン酸化)。

(b) **クエン酸回路** ミトコンドリア内の**マトリックス**で起こる。

〔過程〕 ピルビン酸は，CoA と結合してアセチル CoA になる。この反応における脱炭酸反応で二酸化炭素が生じ，また，脱水素反応で NADH と H^+ が生じる。アセチル CoA は，オキサロ酢酸と反応してクエン酸となり，クエン酸回路に入る。クエン酸回路では複数の反応が次々に起こって，クエン酸は再びオキサロ酢酸となる。この過程で二酸化炭素や，H^+，e^- が生じる。H^+ と e^- は，NAD^+ や FAD に渡され，NADH と $FADH_2$ が生じ，電子伝達系に運ばれる。クエン酸回路では，グルコース 1 分子につき 2 分子の ATP が生成される(基質レベルのリン酸化)。

(c) **電子伝達系**　ミトコンドリアの**内膜**にあり，シトクロム(鉄原子を含むタンパク質)などで構成される。

〔過程〕　解糖系とクエン酸回路で生じた NADH と $FADH_2$ から H^+ と e^- が放出され，e^- はシトクロムなどの間を次々に伝達される。e^- の移動の際に，NADH と $FADH_2$ の酸化に伴って放出されたエネルギーを用いてマトリックス内の H^+ が膜間腔へ輸送され，H^+ の濃度勾配が生じる。膜間腔へ輸送された H^+ は，内膜の ATP 合成酵素を通ってマトリックスに移動し，グルコース 1 分子当たり最大34分子の ATP が合成される(酸化的リン酸化)。e^- は最終的に酸素に受け渡され，H^+ と結合して H_2O を生じる。

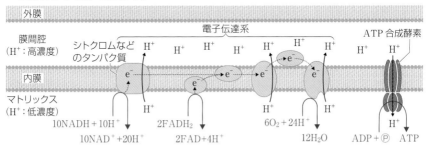

(d) **呼吸の反応過程・反応式**

解糖系	$C_6H_{12}O_6 + 2NAD^+$ グルコース 　　　　$\rightarrow 2C_3H_4O_3 + 2NADH + 2H^+ + $**エネルギー**　(2ATP) 　　　　ピルビン酸
クエン酸回路	$2C_3H_4O_3 + 6H_2O + 8NAD^+ + 2FAD$ ピルビン酸 　　　　$\rightarrow 6CO_2 + 8NADH + 8H^+ + 2FADH_2 + $**エネルギー**　(2ATP)
電子伝達系	$10NADH + 10H^+ + 2FADH_2 + 6O_2$ 　　　　$\rightarrow 12H_2O + 10NAD^+ + 2FAD + $**エネルギー**　(最大34ATP)
(呼吸全体)	$C_6H_{12}O_6 + 6O_2 + 6H_2O \rightarrow 6CO_2 + 12H_2O + $**エネルギー**　(最大38ATP)

❸各呼吸基質の分解経路

(a) **呼吸基質**　呼吸によって分解される物質。炭水化物のほか，脂肪やタンパク質も呼吸基質となる。

(b) **脂肪**　加水分解されて脂肪酸とグリセリンとなる。脂肪酸はミトコンドリアのマトリックスで β 酸化(脂肪酸の一方の端から，炭素 2 個分の部分が CoA と結合して外れる)がくり返され，**アセチル CoA** となってクエン酸回路に入る。グリセリンは解糖系に入り分解される。

(c) **タンパク質**　加水分解されてアミノ酸となり，脱アミノ反応でアンモニアと有機酸に分解される。有機酸はクエン酸回路などに入り分解される。アンモニアは血液によって肝臓に運ばれ，尿素回路(オルニチン回路)で ATP を消費して尿素に変換される。

(d) 炭水化物・脂肪・タンパク質の分解経路

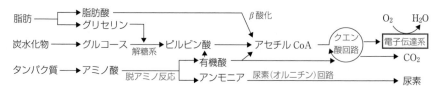

❹呼吸商(RQ)

生物が放出する二酸化炭素と，外界から吸収する酸素との体積比。呼吸基質の種類によって異なり，動物ではその食性によって異なる呼吸商(**RQ**)が検出される。

(a) 気体量を測定し，その値から呼吸商を計算し，呼吸基質の種類を調べる。

$$呼吸商(RQ) = \frac{放出するCO_2量(体積)}{吸収するO_2量(体積)}$$

〔例〕 ウマ(植食性)…0.96，イヌ(肉食性)…0.79，ヒト(雑食性)…0.89

(b) 化学反応式の O_2 と CO_2 の係数から計算する。

炭 水 化 物…$C_6H_{12}O_6 + 6O_2 + 6H_2O \longrightarrow 6CO_2 + 12H_2O$
 　　(グルコース)　　　　　　　　　　　　⇒6/6＝1.0

脂 　 　 肪…$2C_{57}H_{110}O_6 + 163O_2 \longrightarrow 114CO_2 + 110H_2O$
 　　(トリステアリン)　　　　　　　　　　⇒114/163≒0.7

タンパク質…$2C_6H_{13}O_2N + 15O_2 \longrightarrow 12CO_2 + 10H_2O + 2NH_3$
(アミノ酸)　(ロイシン)　　　　　　　　　⇒12/15＝0.8

> **呼吸基質と呼吸商**
> 炭 水 化 物…1.0
> 脂 　 　 肪…0.7
> タンパク質…0.8

実験・観察のまとめ

1．呼吸商の測定　右図の装置で，気体の量を測定する。
〔実験A〕フラスコ内の容器に KOH 溶液を入れておくと，発生した CO_2 は KOH 溶液に吸収され，消費した O_2 量の分だけ，ガラス管内の水が上昇する(測定値A)。
〔実験B〕フラスコ内の容器に水を入れておくと，CO_2 は吸収されないため，(消費したO_2)−(発生したCO_2)の量の分だけ，ガラス管内の水が上昇する(測定値B)。

この実験における呼吸商(RQ) $= \dfrac{A-B}{A}$

◀O_2 の吸収を調べる装置▶

2．脱水素酵素の実験　ツンベルク管の主室に酵素液(脱水素酵素)を入れる。副室に基質(コハク酸ナトリウム)とメチレンブルー(Mb)を入れ，アスピレーターで空気を抜いた後混合すると，青色の Mb は無色になる。これは，脱水素酵素が基質から水素を奪い，その水素で Mb が還元されるからである。

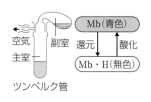

ツンベルク管

❺発酵

細胞質基質で酸素を用いずに有機物を分解して ATP を生成する過程を発酵という。

(a) 発酵の種類

種　類	生物	反　応　式	利　用
アルコール発酵	酵母	$C_6H_{12}O_6 \longrightarrow 2C_2H_5OH + 2CO_2 +$ エネルギー グルコース　　　エタノール　　　　　(2ATP)	酒, パン
乳酸発酵	乳酸菌	$C_6H_{12}O_6 \longrightarrow 2C_3H_6O_3 +$ エネルギー グルコース　　　乳酸　　(2ATP)	ヨーグルト, チーズ

※酵母は培養するときに酸素を与えると，細胞内でミトコンドリアが発達して呼吸を
　主に行い，アルコール発酵は抑制される。この現象をパスツール効果という。

(b) 解糖

動物の組織（特に筋肉）において，無酸素状態でグリコーゲンやグルコースが
ピルビン酸を経て乳酸に分解され，ATP を生成する働き。反応過程は乳酸発酵と同じ。
激しい運動時など酸素が不足した状態でも，ATP を得ることができる。

❻発酵の過程

どの種類の発酵にも，共通して解糖系が存在する。

解糖系…1 分子のグルコースから，解糖系全体で 2 分子のピルビン酸と 2 分子の ATP
が生じる。

$$C_6H_{12}O_6 + 2NAD^+ \longrightarrow 2C_3H_4O_3 + 2NADH + 2H^+ + \text{エネルギー}$$
グルコース　　　　　　　　　　ピルビン酸　　　　　　　　　　　　　(2ATP)

アルコール発酵…ピルビン酸は脱炭酸酵素により二酸化炭素を奪われ，NADH によっ
　て還元されてエタノールになる。

乳酸発酵…ピルビン酸は NADH によって還元されて乳酸になる。

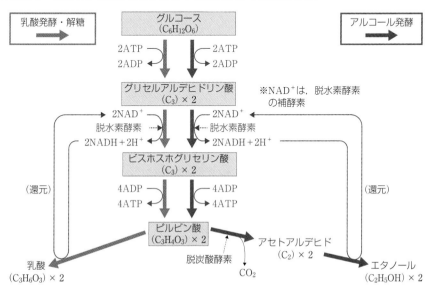

1 次の文中の（　　　）に適当な語を答えよ。

　　生体内での化学反応全体を（　1　）と呼ぶ。（　1　）のうち，（　2　）ではエネルギーが吸収され，（　3　）では放出される。細胞内でのエネルギーのやりとりは（　4　）が仲介する。また，（　1　）は（　5　）の触媒作用によって円滑に進行する。

2 次の文中の（　　　）に適当な語を答えよ。

　　生物が二酸化炭素を炭素源として有機物をつくる働きを（　1　）という。（　1　）は光エネルギーを利用する（　2　）と，無機物の酸化で生じる化学エネルギーを用いる（　3　）に分けられる。植物の（　2　）は（　4　）という細胞小器官で行われる。

3 右図は，光合成の反応経路を示したものである。ア～キの物質名を，①～⑦のなかからそれぞれ選べ。なお，ウは還元型補酵素である。

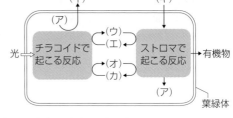

① ADP　　② NADPH　　③ O_2
④ H_2O　　⑤ $NADP^+$
⑥ ATP　　⑦ CO_2

4 光合成のしくみについて，次の文中の（　　　）内に適当な語を答えよ。

　　（　1　）の膜には，（　2　）ⅠとⅡ，（　3　）伝達系，（　4　）合成酵素が存在する。光エネルギーにより活性化された（　2　）Ⅱでは，（　5　）が水素イオン（H^+）と電子（e^-）および（　6　）に分解される。ストロマには，（　7　）を固定し，最終的にグルコースを生成する（　8　）回路が存在する。

5 次の文中の（　　　）に適当な語を答えよ。

　　（　1　）植物は，CO_2 を（　2　）細胞で C_4 化合物として取り込み，（　3　）細胞の（　4　）回路へ送り，強光・高温下で効率よく光合成を行う。（　5　）植物は砂漠などの乾燥した気候に適応しており，夜間に（　6　）から CO_2 を取り込み，日中は（　6　）を閉じて（　4　）回路で有機物の合成を行う。

6 次の文中の（　　　）に適当な語を答えよ。

(1) ヒルは，緑葉をすりつぶした液にシュウ酸鉄（Ⅲ）を加えて光を当てると（　1　）が発生することを確認し，（　2　）の分解で（　1　）が生じるときに電子受容体が必要であることを示した。

(2) カルビンとベンソンらは，$^{14}CO_2$ をクロレラに吸収させて光合成を行わせ，^{14}C がどのような物質に移動していくかを追跡し，（　3　）の反応過程を明らかにした。

Answer

1 1…代謝　2…同化　3…異化　4…ATP　5…酵素　**2** 1…炭酸同化　2…光合成　3…化学合成　4…葉緑体　**3** ア…④　イ…③　ウ…②　エ…⑤　オ…⑥　カ…①　キ…⑦　**4** 1…チラコイド　2…光化学系　3…電子　4…ATP　5…水（H_2O）　6…酸素（O_2）　7…二酸化炭素（CO_2）　8…カルビン　**5** 1…C_4　2…葉肉　3…維管束鞘　4…カルビン　5…CAM　6…気孔　**6** 1…酸素（O_2）　2…水（H_2O）　3…カルビン回路

☐ **7** 下図は，呼吸の反応経路を簡単に示したものである。

(1) ①～③の各経路を何というか。

(2) 次のア～ウの各反応は，①～③
のどの経路のものか。

　ア．脱炭酸反応が行われている。

　イ．細胞質基質で行われている。

　ウ．ATPが最も多く生成される。

(3) ミトコンドリア内で，②と③の経路が行われる場所の名称をそれぞれ答えよ。

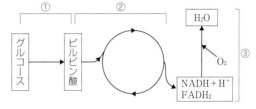

☐ **8** タンパク質の分解経路に関する次の文中の（　　）内に適する語を答えよ。

　タンパク質は（　1　）に分解された後，（　2　）が取り除かれて，有機酸と（　3　）
となる。有機酸は（　4　）回路などに入る一方で，（　3　）は（　5　）で毒性の低い
（　6　）となる。

☐ **9** 次の文中の（　　）内に適当な語または数値を答えよ。

　生物が，呼吸によって放出する（　1　）と吸収する（　2　）の体積比を呼吸商という。
この値は呼吸基質の種類によって異なり，グルコースでは約（　3　），脂肪では約
（　4　），タンパク質では約（　5　）となる。

☐ **10** 次の図は，さまざまな生物にみられる代謝の過程を示したものである。

(1) 次の過程は何と呼ばれるか。

　ア．ⓐ→ⓑ→ⓒ

　イ．ⓐ→ⓑ→ⓓ

　ウ．ⓐ→ⓑ→ⓔ

(2) 下の①～④に当てはまる変化は，
(1)のア～ウのうちどれか。すべて
選べ。

　① エネルギーが最も多く放出される。　　② 酸素を必要としない。

　③ クエン酸回路を経て行われる。　　　　④ ミトコンドリアが関係している。

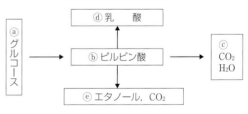

☐ **11** 発酵について，次の文中の（　　）に適当な語を答えよ。

　（　1　）は，グルコースが細胞内の（　2　）において段階的に分解されて C_3 化合物で
ある（　3　）を生じる過程で，呼吸と発酵に共通して存在する。（　1　）では，グルコー
ス1分子当たり（　4　）分子のATPが消費された後，（　5　）分子のATPが生成され
るため，差し引き（　4　）分子のATPが生じる。その後，アルコール発酵では，（　3　）
が（　6　）の働きで CO_2 を奪われた後，NADHによって（　7　）されてエタノールに
なる。乳酸発酵では，（　3　）がNADHによって直接（　7　）されて乳酸になる。

Answer ▷ ....

7(1)①…解糖系　②…クエン酸回路　③…電子伝達系　(2)ア…②　イ…①　ウ…③　(3)②…マトリックス
③…内膜　**8** 1…アミノ酸　2…アミノ基　3…アンモニア　4…クエン酸　5…肝臓　6…尿素
9 1…二酸化炭素　2…酸素　3…1.0　4…0.7　5…0.8　**10**(1)ア…呼吸　イ…乳酸発酵(解糖)
ウ…アルコール発酵　(2)①…ア　②…イ，ウ　③…ア　④…ア　**11** 1…解糖系　2…細胞質基質
3…ピルビン酸　4…2　5…4　6…脱炭酸酵素　7…還元

基本例題13　葉緑体と光合成　　➡基本問題57

生物が二酸化炭素を取り込み，これを炭素源として有機物を合成する働きを（　1　）という。（　1　）のうち，光エネルギーを利用するものは（　2　）と呼ばれ，植物では二重膜で包まれた細胞小器官である（　3　）で行われる。（　3　）には扁平な袋状の構造の（　4　）が存在し，（　4　）の間を満たす部分は（　5　）と呼ばれる。

(1) 文中の（　1　）〜（　5　）に適当な語を答えよ。

(2) 光合成の効率が特に高い光の色を2つ答えよ。

(3) 下のア〜エでは，①光合成色素の活性化，②水の分解，③ATPの合成，④二酸化炭素の固定，のうちのどれが起こるか。当てはまるものをそれぞれすべて選び，①〜④の番号で答えよ。

ア．（　4　）で起こる反応　　　イ．（　5　）で起こる反応

ウ．光の影響を直接受ける反応　　エ．二酸化炭素濃度の影響を受ける反応

考え方 (1)光合成では，二酸化炭素と水から有機物（グルコースなど）と酸素が生じる。葉緑体内の袋状の膜構造はチラコイド，その間を満たす部分はストロマと呼ばれる。(2)クロロフィルaは青紫色光と赤色光をよく吸収する。緑色光はあまり吸収しないため，葉は緑色にみえる。(3)チラコイド膜には，光合成色素を含む光化学系Ⅰ，Ⅱや，ATP合成酵素が存在する。ストロマでは，CO_2を固定するカルビン回路の反応が起こる。

解答
(1)1…炭酸同化　2…光合成　3…葉緑体　4…チラコイド　5…ストロマ　(2)青紫色，赤色　(3)ア…①，②，③　イ…④　ウ…①　エ…④

基本例題14　光合成色素の分離　　➡基本問題58

薄層プレートを用いて，光合成色素を分離する実験を行った。緑葉から色素の抽出液をつくり，原点につけて緑葉の各色素を展開した。

(1) 薄層プレートを用いた物質の分離法を何というか。

(2) 図の色素Xは青緑色であった。この色素の名称を答えよ。

(3) 図の数値を用いて色素XのRf値を求めよ。

(4) 次のア〜エのうち，誤っているものをすべて選べ。

ア．原点の位置は黒の油性ボールペンで印をつける。

イ．展開液として3％食塩水を使用する。

ウ．抽出液は，緑葉に有機溶媒を加えてつくる。

エ．原点から，移動した色素の中心までを測定する。

考え方 (1)薄層クロマトグラフィーでは，物質は移動速度の差によって分離される。(2)青緑色を示す光合成色素はクロロフィルaである。なお，クロロフィルbは黄緑色を示す。(3)「Rf値＝原点から色素の中心までの距離÷原点から溶媒前線までの距離」なので，$3.6÷7.5＝0.48$。(4)展開液には有機溶媒を使用するため，油性インクは展開液に溶解して薄層プレートに分離し，光合成色素と区別できなくなってしまう。原点の記録には，ふつう鉛筆を用いる。

解答
(1)薄層クロマトグラフィー
(2)クロロフィルa
(3)0.48
(4)ア，イ

基本例題15　光合成のしくみ　　　　　　　　　　　　　　➡基本問題59

下図は，葉緑体で行われる光合成の反応過程を示した模式図である。

(1) 図のA，Bの部位の名称と，Cの反応回路の名称を答えよ。

(2) 図のa，bに適する語を答えよ。

(3) 図のア～オに適する物質名を答えよ。

(4) 光合成で放出される酸素は，何に由来するか答えよ。

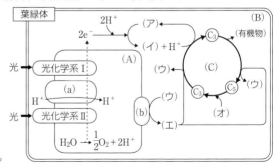

■ **考え方**　(1)～(3)光化学系Ⅰから放出された2個のe⁻と2個のH⁺によってNADP⁺が還元され，NADPHとH⁺が生じる。また，ATP合成酵素ではADPからATPが合成される。カルビン回路ではCO₂が固定され，NADPHとATPを用いて有機物が合成される。カルビン回路において，CO₂はC₅化合物のリブロースビスリン酸と反応してC₃化合物のホスホグリセリン酸として固定される。(4)光合成で放出される酸素は光化学系Ⅱでの水の分解により生じる。

■ **解 答**　(1)A…チラコイド
B…ストロマ　C…カルビン回路
(2)a…電子伝達系
b…ATP合成酵素
(3)ア…NADP⁺　イ…NADPH
ウ…ADP　エ…ATP　オ…CO₂
(4)水

基本例題16　呼吸のしくみ　　　　　　　　　　　　　　➡基本問題70

右図は，呼吸の反応過程を示した模式図である。

(1) ア～オに物質名を答えよ。

(2) X，Yの反応名とその反応が行われる細胞内の場所を記せ。

(3) 発酵と共通の過程はX，Yのどちらか。

(4) グルコース90gが呼吸で完全に分解されたとき，消費された酸素と生成された二酸化炭素はそれぞれ何gか。原子量は，H＝1，C＝12，O＝16とする。

■ **考え方**　(1)～(3)呼吸は，解糖系，クエン酸回路，電子伝達系の3段階の反応からなる。このうち，解糖系は発酵と共通している。(4)呼吸でグルコースが完全に分解されるときの反応式は，$C_6H_{12}O_6 + 6O_2 + 6H_2O \rightarrow 6CO_2 + 12H_2O$ である。したがって，グルコース90g(0.5mol)が完全に分解される際，3molの酸素が消費され，3molの二酸化炭素が生成される。

■ **解 答**　(1)ア…ピルビン酸
イ…二酸化炭素　ウ…アセチルCoA
エ…ADP　オ…ATP
(2)X…解糖系，細胞質基質
Y…クエン酸回路，
（ミトコンドリアの）マトリックス
(3)X　(4)酸素…96g　二酸化炭素…132g

基本例題17　呼吸基質の推定　　　　　　　　　　　　　　→基本問題 77

　　ある植物の発芽種子をフラスコAとフラスコB
に入れ，フラスコAの副室には水酸化カリウム水
溶液を，フラスコBの副室には水を入れ，着色液
の移動距離からフラスコ内の気体の変化量を一定
時間後に測定した。するとフラスコAでは着色液
が左に10目盛り移動し，フラスコBでは左に2目
盛り移動した。

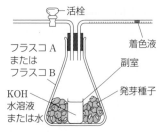

(1)　フラスコA，Bの気体の減少量は，それぞれ何を示すか。
(2)　実験に用いた発芽種子の呼吸商を求めよ。
(3)　(2)の呼吸商から，この植物の発芽種子の主な呼吸基質は何と考えられるか。

考え方　(1)発芽種子の呼吸により，フラスコ内の O_2 が吸収され，CO_2
が放出される。CO_2 は水酸化カリウム水溶液に吸収されるため，フラスコ
Aでは，O_2 の吸収量の分だけ目盛りが変化する。(2)CO_2 の放出量は，
$10-2=8$ 目盛り分である。呼吸商＝CO_2 の放出量÷O_2 の吸収量なので，
$8÷10=0.8$。(3)各呼吸基質の呼吸商はそれぞれ，炭水化物：約1.0，タンパ
ク質：約0.8，脂質：約0.7である。

解答
(1)フラスコA…O_2 の吸収量
フラスコB…O_2 の吸収量と
CO_2 の放出量の差
(2)0.8
(3)タンパク質

基本例題18　発酵のしくみ　　　　　　　　　　　　　　→基本問題 80

　　下図は，発酵の反応過程を示した模式図である。
(1)　図の a ～ c の物質名を答えよ。
(2)　図の酵母と乳酸菌がもつ反応経
　　路の名称を，それぞれ答えよ。
(3)　激しい運動で酸素の供給が間に
　　合わなくなった筋肉では，乳酸菌
　　と同じ反応が起こる。筋肉で行わ
　　れるこの反応は何と呼ばれるか。
(4)　グルコース 1 分子の分解により，
　　図の c は最大で何分子生じるか。

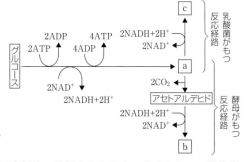

(5)　グルコース 45 g が，酵母がもつ反応経路で分解されたとき，生成される二酸化炭
　　素の質量(g)を求めよ。原子量は，$H=1$，$C=12$，$O=16$ とする。

考え方　(1)・(2)解糖系は異化(呼吸，発酵)に共通の反応経路で，
細胞質基質で行われる。(4)乳酸発酵では，グルコース 1 分子から乳
酸が 2 分子生じる。(5)グルコースを用いたアルコール発酵の反応式
は，$C_6H_{12}O_6 → 2C_2H_5OH + 2CO_2$ となる。よって，グルコース 45 g
(0.25mol)が分解されると，二酸化炭素は 0.5mol 生成される。

解答
(1)a…ピルビン酸　b…エタノール
　c…乳酸　(2)酵母…アルコール発酵
乳酸菌…乳酸発酵　(3)解糖
(4)2 分子　(5)22g

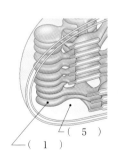

57. 葉緑体の構造 ●次の文章を読み，空欄に適する語を答えよ。

種子植物の緑葉の細胞には，光合成を行う葉緑体がみられる。葉緑体は，細胞内にある直径 5～10 μm ほどの，だ円形または凸レンズ形の細胞小器官であり，二重の生体膜からなる。内部には（　1　）と呼ばれる扁平な袋状の構造がある。この構造が多数重なっている部分を，特にグラナという。（　1　）の膜には，青緑色を示す（　2　）やカロテノイドといった（　3　）などが含まれ，ここで（　4　）が吸収される。葉緑体内部のうち，（　1　）を除いた領域を（　5　）と呼ぶ。この領域には，（　6　）の合成に必要な，各種の酵素が含まれている。

58. 薄層クロマトグラフィー ●次の①～④に示す実験を行い，下のような結果を得た。以下の各問いに答えよ。

①ある被子植物の緑色の葉を乳鉢に入れ，硫酸ナトリウムを加えてすりつぶし，ジエチルエーテルを加えて抽出液をつくった。

②薄層クロマトグラフィー用プレートの下端から 2 cm の位置に鉛筆で線を引き，細いガラス管を用いて抽出液を線の中央につけ，抽出液が乾くとさらに抽出液をつける操作を 5 回くり返した。

③5 mm の深さになるように展開液を入れた試験管の中に，プレートの下部が浸かるように入れ，栓をして静置した。

④展開液がプレートの上端近くまで上がってきたらプレートを取り出し，分離した各色素の輪郭と展開液の上端を鉛筆でなぞった。

【結果】 抽出液を展開したプレートには，上から a（橙色），b（青緑色），c（黄緑色），d（黄色），e（黄色）の色素が分離した。図 1 は，プレートと鉛筆でなぞった色素の輪郭を示したものである。

問1．図 1 の c の色素の Rf 値を，小数第 3 位を四捨五入して小数第 2 位まで求めよ。

問2．図 1 の a～c は何の色素だと推測されるか。色素の名称をそれぞれ答えよ。

問3．図 2 は，この植物の作用スペクトルと，a～c の色素の吸収スペクトルを示している。c の色素の吸収スペクトルは，A～D のうちどれか。

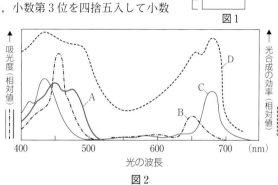

図2

知識

☑ **59. 光合成の反応段階** ●次の文章を読み，下の各問いに答えよ。

光合成の過程は複雑であるが，以下の4つの段階に整理できる。

第1段階 葉緑体に光が当たると光合成色素に光エネルギーが吸収され，クロロフィル
は活性化された状態になる。この反応を（ 1 ）という。

第2段階 光化学系Ⅱでは，活性化されたクロロフィルによって水が分解され，H^+，e^-，
酸素を生じる。H^+ と e^- は最終的に光化学系Ⅰで（ 2 ）である補酵素 $NADP^+$ に渡
され，（ 3 ）と H^+ が生成される。

第3段階 e^- が（ 4 ）伝達系を移動するとき，ストロマの H^+ が（ 5 ）内に輸送さ
れる。その H^+ が葉緑体の（ 5 ）膜に存在する（ 6 ）を通ってストロマに拡散する
際に，ATP が合成される。この反応は（ 7 ）と呼ばれる。

第4段階 外界から取り入れられた二酸化炭素は，二酸化炭素1分子当たり，炭素原子
（ 8 ）個からなる化合物1分子と結びついた後，<u>炭素原子3個からなる物質</u>
（ 9 ）分子となる。この化合物は第2段階の過程でできた（ 3 ）や H^+ を受け取り，
第3段階の過程でできた ATP を使っていくつかの反応を経た後，その一部は，反応系
に関わる炭素原子を5個もつ有機物を再生し，反応経路が循環する。

以上の光合成の全過程は，次のように表される。

6（ 10 ）+12（ 11 ）+光エネルギー ⟶ （$C_6H_{12}O_6$）+6O_2+6H_2O ……①

問1．文中の（　　）に最も適当な語，数字または化学式を答えよ。
問2．第4段階の下線部について，この物質の名称を答えよ。
問3．光合成の全過程反応式①で生じる O_2 は，文中の4段階のどこで発生したものか。

知識

☑ **60. チラコイドで起こる反応** ●次の文章を読み，空欄に適する語を英数字で答えよ。

光合成は，チラコイド膜上に存在する光合成色素によって，光エネルギーが吸収される
ことで開始される。光化学系において光合成色素により吸収された光エネルギーは，反応
中心クロロフィルに集められる。光エネルギーを受け取った反応中心クロロフィルは，活
性化して（ 1 ）を放出する。このようにして酸化された反応中心クロロフィルは，
（ 2 ）の分解により生じた（ 1 ）を受け取って，活性化する前の状態に戻る。また，
（ 2 ）の分解に伴い，H^+ と（ 3 ）が生じる。

光化学系Ⅰにおいても反応中心ク
ロロフィルは活性化し，（ 1 ）を
放出する。この（ 1 ）と H^+ によ
って，酸化型補酵素である（ 4 ）
が還元され，（ 5 ）が生じる。こう
した反応の結果，チラコイド膜をは
さんで H^+ の濃度勾配が形成される。
この濃度勾配を利用して（ 6 ）が
合成されることで，光エネルギーが
化学エネルギーに変換される。

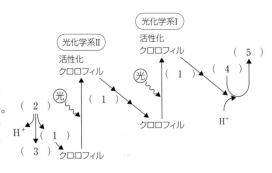

思考 **実験・観察**

☑ **61. 光リン酸化** ●次の文章を読み，下の各問いに答えよ。

　チラコイド内外の水素イオンの濃度勾配によって ATP が合成されることを証明するため，操作1〜操作4の手順で実験を行った。

操作1　植物の葉を破砕して葉緑体のチラコイドを単離した。

操作2　単離チラコイドを pH4 の緩衝液に加えてしばらく静置し，チラコイド内部をpH4 にした。

操作3　暗中で単離チラコイドを（　　　　）。

操作4　緩衝液中の ATP の量を測定して，ATP が合成されたことを確認した。

問1．光合成を行っている植物細胞において，水素イオン濃度が高いのは，チラコイドの内側と外側のどちらか。

問2．操作3の（　　　）に入る操作として最も適当なものを，次の①〜⑥のなかから1つ選べ。

① pH2 の緩衝液に移し，ADP とリン酸を加えた。

② pH4 の緩衝液に移し，ADP とリン酸を加えた。

③ pH8 の緩衝液に移し，ADP とリン酸を加えた。

④ pH2 の緩衝液に移し，AMP とリン酸を加えた。

⑤ pH4 の緩衝液に移し，AMP とリン酸を加えた。

⑥ pH8 の緩衝液に移し，AMP とリン酸を加えた。

思考 **実験・観察**

☑ **62. カルビン回路と外的条件** ●次の文章を読み，下の各問いに答えよ。

　放射性同位体の ^{14}C で標識した $^{14}CO_2$ を緑藻に与えると，光合成で取り込んだ CO_2 がどのような物質に変換されていくかを調べることができる。カルビン回路では，CO_2 は物質Aと結合して，物質Bになる。緑藻に $^{14}CO_2$ を与え，物質Aと物質Bの濃度について，CO_2 濃度を1％から0.003％に変化させたときのグラフを図1に，十分な強さの光を当ててから暗黒状態にしたときのグラフを図2に示す。

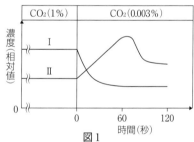

図1

問1．物質Aと物質Bの名称をそれぞれ答えよ。

問2．物質Aを示すグラフは，図1のI，Ⅱおよび図2のⅢ，Ⅳのそれぞれどれか。最も適する組み合わせを次の①〜④のなかから1つ選べ。

① 図1：I　　図2：Ⅲ

② 図1：I　　図2：Ⅳ

③ 図1：Ⅱ　　図2：Ⅲ

④ 図1：Ⅱ　　図2：Ⅳ

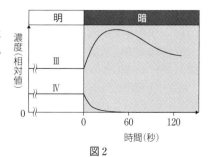

図2

思考 **実験・観察**

☐ 63. カルビン回路 ●次の文章を読み，下の各問いに答えよ。

炭素の放射性同位体 ^{14}C を含む二酸化炭素を緑藻類のクロレラに与えると，光合成の結果，さまざまな物質に ^{14}C が取り込まれた。このうち，^{14}C がカルビン回路に取り込まれてつくられる ア初期の産物，イ初期の産物からつくられる回路中の産物，ウ回路反応の結果生じる有機物のいずれかを代表する物質Ａ，ＢおよびＣについて，光合成の時間経過に対する ^{14}C の取り込みの割合の推移は，右図のようになった。

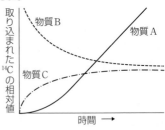

問１．図中に示した物質Ａ〜Ｃは，それぞれ下線部ア〜ウのうちどれに相当するか。

問２．物質ＡおよびＢはどのような物質であると考えられるか。最も適切なものを次の①〜⑤のなかからそれぞれ選べ。

① スクロース ② グリコーゲン ③ ピルビン酸
④ 炭素原子を３個もつ有機物 ⑤ 炭素原子を５個もつ有機物

問３．初期の産物は，ある物質と二酸化炭素が反応することで生成される。ある物質として最も適切なものを，次の①〜⑤のなかから選べ。

① スクロース ② グリコーゲン ③ ピルビン酸
④ 炭素原子を３個もつ有機物 ⑤ 炭素原子を５個もつ有機物

問４．問３の反応において働く酵素の名称を答えよ。

知識 **計算**

☐ 64. 光合成の計算 ●次の文章を読み，下の各問いに答えよ。

下の反応式は，光合成全体の反応式であり，図は二酸化炭素と温度が一定の条件下において，ある植物の葉が受ける光の強さと二酸化炭素の吸収量の関係を示している。光合成による生産物はすべてグルコースであるとし，原子量はＨ＝１，Ｃ＝12，Ｏ＝16とする。解答は小数第２位を四捨五入し，小数第１位まで答えよ。

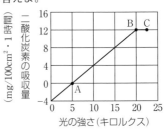

$$6CO_2 + 12H_2O + 光エネルギー \longrightarrow C_6H_{12}O_6 + 6O_2 + 6H_2O$$

問１．上の反応式を利用して次の①，②を計算せよ。

① グルコースが 45 g 生産されるときに吸収される二酸化炭素の質量(g)
② 酸素が 50 g 放出されるときに生産されるグルコースの質量(g)

問２．図の点Ａ，Ｂの光の強さをそれぞれ何と呼ぶか。また，点Ａにおいて光合成速度を限定する要因は何か。

問３．図の点Ｃにおいて，葉面積 100 cm² であるこの植物の葉が行う光合成の速度を，１時間当たりに吸収される二酸化炭素の質量(mg)で示せ。

問４．図で，光の強さが20キロルクスのとき，葉面積 100 cm² であるこの植物の葉が２時間のうちに光合成によって生産するグルコースの質量(mg)を求めよ。

98　　2編　生命現象と物質

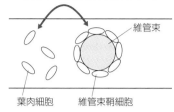

C₄植物では代謝産物を交換している

知識

☐ **65. C₄植物** ●次の文章を読み，下の各問いに答えよ。

　高温で光が強い環境に適応した C_4 植物は，特殊な
しくみで CO_2 を固定する。これらの植物では葉肉細
胞にホスホエノールピルビン酸カルボキシラーゼ
（PEP カルボキシラーゼ）という酵素があり，この酵素
により CO_2 と ₐホスホエノールピルビン酸（PEP）か
ら ᵦオキサロ酢酸がつくられる。PEP カルボキシラ
ーゼはルビスコよりも CO_2 を固定する効率が高く，CO_2 濃度が低くても高い速度で CO_2
を固定できる。葉肉細胞のオキサロ酢酸はリンゴ酸に変換されて維管束鞘細胞へ運ばれる。
その後，リンゴ酸は分解され，CO_2 と ᵧピルビン酸になる。これにより維管束鞘細胞内の
CO_2 濃度が高く保たれるので，ルビスコによる CO_2 固定反応の速度が上昇する。

問1．下線部 a，b，c の化合物1分子に含まれる炭素原子の数はそれぞれいくつか。

問2．C₄植物に対して，ある植物では，1つの細胞内において，夜間に CO_2 を固定して C_4
　　化合物とし，固定した C_4 化合物を気孔の閉じた日中に分解し，CO_2 を取り出している。
　　このような植物を何植物というか。

問3．C₄植物にはどのようなものがあるか。また，問2の植物にはどのようなものがあるか。①〜⑤より，それぞれ1つずつ選べ。

　①　ダイズ　　②　トウモロコシ　　③　コムギ　　④　サボテン　　⑤　ツバキ

知識

☐ **66. 細菌の同化** ●次の文章を読み，下の各問いに答えよ。

　二酸化炭素から有機物を合成する反応は（　1　）と呼ばれる。このうち，光エネルギー
を利用する反応を，光合成という。多くの細菌は（　2　）栄養生物であるが，一部の細菌
は光合成を行うことが知られている。 ₐこうした光合成細菌の一種である紅色硫黄細菌は
（　3　）という色素で光を吸収し，水を用いずに光合成を行う。一方，ᵦある種の細菌は，
無機物を（　4　）したときに生じる化学エネルギーを使って有機物を合成することができ
る。この反応を（　5　）という。

問1．文中の（　）に適切な語を入れよ。

問2．下線部 a の細菌が行う反応を示した下の反応式中の空欄に適する化学式を答えよ。

　　$6CO_2 + 12$（　ア　）$+$光エネルギー $\longrightarrow C_6H_{12}O_6 + 6$（　イ　）$+ 12$（　ウ　）

問3．下線部 a について，紅色硫黄細菌以外の光合成細菌の名称を1つ答えよ。

問4．下線部 b について，細菌名を2つ答えよ。

問5．光合成細菌のほかに光合成を行う細菌として，シアノバクテリアがいる。シアノバク
　　テリアと光合成細菌の共通点として正しいものを，次の①〜⑤のなかからすべて選べ。

　①　葉緑体をもたない。

　②　反応物として硫化水素を利用している。

　③　光合成による有機物合成の過程で水が生じる。

　④　光化学系Ⅰと光化学系Ⅱの両方をもっている。

　⑤　単細胞生物である。

[知識]

☑ **67. 同化の反応式** ●同化に関する反応式について，次の各問いに答えよ。

問1．次に示す反応式a，bについて，下の(ア)，(イ)に答えよ。

a．$6CO_2 + 12H_2O + 光エネルギー \longrightarrow (C_6H_{12}O_6) + 6H_2O + 6O_2$

b．$6CO_2 + 12H_2S + 光エネルギー \longrightarrow (C_6H_{12}O_6) + 6H_2O + 12S$

(ア)　a，bの各反応式に関係する生物を，次の①〜⑤からすべて選べ。

　　① クロレラ　　② 緑色硫黄細菌　　③ イシクラゲ　　④ 酵母

　　⑤ シロツメクサ

(イ)　aの反応は下記のような反応式から成り立つ。（　1　）〜（　4　）に適する語または化学式を答えよ。

　　① 水の分解：$12H_2O + 12NADP^+ \longrightarrow 6(　1　) + 12NADPH + 12H^+$

　　② ATPの合成：$18(　2　) + 18リン酸 \longrightarrow 18ATP$

　　③ （　3　）回路：$6CO_2 + 12NADPH + 12H^+ + 18ATP$
　　　　　　　　　　　$\longrightarrow (C_6H_{12}O_6) + 6(　4　) + 12NADP^+ + 18(　2　) + 18リン酸$

問2．次のc〜eの各酸化反応によって生じた化学エネルギーを用いて炭酸同化を行う生物を，下の①〜④より1つずつ選べ。

c．$2NO_2^- + O_2 \longrightarrow 2NO_3^- + 化学エネルギー$

d．$2NH_4^+ + 3O_2 \longrightarrow 2NO_2^- + 4H^+ + 2H_2O + 化学エネルギー$

e．$2H_2S + O_2 \longrightarrow 2S + 2H_2O + 化学エネルギー$

① 亜硝酸菌　　② 硝酸菌　　③ 水素細菌　　④ 硫黄細菌

[知識]

☑ **68. 光合成と呼吸** ●次の図は植物の光合成と動物の呼吸の過程を示した模式図である。

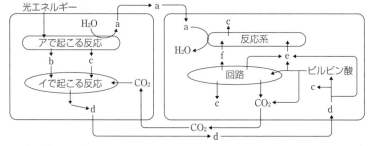

問1．次の①〜⑤の物質に適するものを，図のa〜fのなかからそれぞれ1つずつ選べ。

① ATP　　② NADPH　　③ NADH　　④ 酸素　　⑤ グルコース

問2．図のア，イの部位の名称を答えよ。

[知識]

☑ **69. ミトコンドリアの構造とその働き** ●右図は，ミトコンドリアの断面を模式的に示したものである。

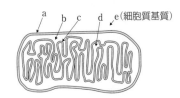

問1．図中のa，c，dの名称をそれぞれ答えよ。

問2．次の(1)〜(4)の解答として最も適切な部位を図中のa〜eから選び，それぞれ記号で答えよ。

(1) ピルビン酸の代謝で生じた H^+ と e^- は，電子受容体により電子伝達系に渡される。この電子伝達系の反応を行う酵素はどこに存在するか。

(2) 電子伝達系では，H^+ はその濃度差に逆らって膜を透過して能動的に輸送されるが，このとき，どの膜を透過するか。

(3) (2)で輸送された H^+ の濃度が上昇するところはどこか。

(4) クエン酸回路の反応はどこで行われるか。

[知識]
☐ **70. 呼吸の過程** ●呼吸の反応過程について下の文章を読み，次の各問いに答えよ。

[過程Ⅰ] グルコースがピルビン酸に分解される過程。この過程では酸素は使われず，脱水素酵素など多くの酵素によって反応が進む。生じた H^+ と e^- は，NAD^+ に渡されて（ 1 ）と H^+ となり，過程Ⅲに運ばれる。

[過程Ⅱ] ミトコンドリアの（ 2 ）で起こる反応。ピルビン酸は脱水素酵素と脱炭酸酵素などによって完全に分解され，H^+ と e^-，二酸化炭素を生じる。H^+ と e^- は NAD^+ や FAD に渡されて，（ 1 ）と H^+，$FADH_2$ となり，過程Ⅲに運ばれる。

[過程Ⅲ] ミトコンドリアの内膜にあり，金属元素の（ 3 ）原子を含むシトクロムや，（ 4 ）酵素などで構成されている。過程Ⅰや過程Ⅱで生じた（ 1 ）と $FADH_2$ は H^+ と e^- を放出し，e^- はシトクロムなどの間を次々に伝達される。このとき，H^+ がマトリックスから膜間区画(または膜間腔，外膜と内膜の間)にくみ出されるため，マトリックスよりも膜間区画の H^+ の濃度が高くなる。この H^+ が濃度勾配に従ってマトリックスに戻るとき，（ 4 ）酵素は ATP を合成する。最終的に e^- は，酸化酵素のシトクロムオキシダーゼによって，酸素および H^+ と結合し H_2O となる。

問1．文章中の（　　　）に適する語を答えよ。

問2．過程Ⅰ～Ⅲは，一般にそれぞれ何と呼ばれるか。

[知識] [計算]
☐ **71. 呼吸と ATP 合成** ●次の各問いに答えよ。問3・4は小数第1位まで答えよ。

問1．呼吸によるグルコースの分解過程は解糖系（A），クエン酸回路（B），電子伝達系（C）の3つの反応に分けることができる。A～Cそれぞれの内容を示す反応式を下から選べ。

(1) $2C_3H_4O_3 + 6H_2O + 8NAD^+ + 2FAD \longrightarrow 6CO_2 + 8NADH + 8H^+ + 2FADH_2 + エネルギー$

(2) $10NADH + 10H^+ + 2FADH_2 + 6O_2 \longrightarrow 12H_2O + 10NAD^+ + 2FAD + エネルギー$

(3) $C_6H_{12}O_6 + 2NAD^+ \longrightarrow 2C_3H_4O_3 + 2NADH + 2H^+ + エネルギー$

問2．A～Cでは，グルコース 1 mol からそれぞれ最大何 mol の ATP がつくられるか。

問3．呼吸によってグルコースを用いて ATP がつくられるとき，そのエネルギー効率は何%か。ただし，グルコース 1 mol が呼吸によって分解されると 2,867 kJ のエネルギーが放出され，ATP 1 mol が生成されるときに必要なエネルギーは 41.8 kJ である。また，ATP の生成量は問2で答えた量であるとする。

問4．呼吸において ATP が 2 mol つくられるとき，グルコースは何 g 消費されるか。ただし，1 mol のグルコースから生成される ATP の量は問2で答えた量であるとし，原子量を H=1，C=12，O=16 として計算せよ。

知識

□72. 呼吸の反応が起こる場 ●

右の図1は動物細胞の模式図、図2は図1のイの電子顕微鏡写真である。解糖系、クエン酸回路、電子伝達系の各反応は、図1と図2のア～キのどこで行われているか。該当するものをすべて答えよ。

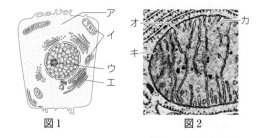

図1　　　　図2

思考 **論述**

□73. ミトコンドリアでのATP合成のしくみ ● 右図は、ミトコンドリアの内膜の断面を模式的に示したものである。

問1．マトリックスは図のアとイのどちらか。

問2．物質Xの名称を答えよ。

問3．物質YとZの名称を答えよ。

問4．以下の語をすべて用いて、ATPを合成するしくみを60字以内で説明せよ。

〔濃度差、ATP合成酵素、水素イオン、エネルギー〕

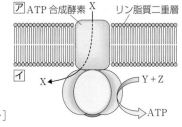

問5．ミトコンドリアでは、物質が酸化される過程で放出されるエネルギーを用いて、ATPが合成される。この反応は何と呼ばれるか答えよ。

思考 **実験・観察** **論述**

□74. 脱水素酵素の実験 ● ツンベルク管の主室および副室に、下表に示した内容物を入れ、減圧して密閉した。副室の液を主室の液に移して混合し、40℃で10分間反応させたのち、反応液の色の変化を調べた。酵素液はニワトリの胸筋をすりつぶしてろ過したもので、脱水素酵素が含まれている。また、マロン酸はコハク酸と構造がよく似た物質である。

副室

主室

反応	主室	副室	反応結果
a	酵素液	2％コハク酸ナトリウム ＋0.8％メチレンブルー	メチレンブルーの青色が完全に消えた。
b	熱処理した酵素液	2％コハク酸ナトリウム ＋0.8％メチレンブルー	青色のままであった。
c	酵素液	2％コハク酸ナトリウム ＋2％マロン酸ナトリウム ＋0.8％メチレンブルー	反応aよりも青色がゆっくりと消えた。
d	酵素液	蒸留水＋0.8％メチレンブルー	青色は少し薄くなった。

問1．実験を減圧・密閉せずに反応aを行うとどうなるか。理由とともに説明せよ。

問2．反応bで反応結果が青色のままであったのはなぜか説明せよ。

問3．反応cで、青色がゆっくりと消えた理由を、次の語をすべて用いて説明せよ。

〔語句〕　コハク酸、マロン酸、競争的阻害、活性部位

問4．反応dでは、副室の液にコハク酸ナトリウムを入れていないが、反応液の青色が少しだけ薄くなった。このような結果が得られた理由として考えられることを答えよ。

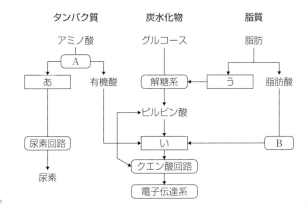

知識

☐ **75. さまざまな呼吸基質** ●

右図は，さまざまな呼吸基質が分解される過程を示した模式図である。これについて，次の各問いに答えよ。

問1．図中のあ～うの物質名，およびA，Bの反応名をそれぞれ答えよ。

問2． あ が尿素に変えられる尿素回路の反応が起こる器官の名称を答えよ。

知識 **計算**

☐ **76. 呼吸商** ●呼吸商に関する次の各問いに答えよ。

問1．次に示すのは，グルコースとバリンが呼吸によって酸化される際の化学反応式である。それぞれの呼吸商を，小数第3位を四捨五入して小数第2位まで求めよ。

グルコース：$C_6H_{12}O_6 + 6O_2 + 6H_2O \longrightarrow 6CO_2 + 12H_2O$

バ リ ン：$C_5H_{11}O_2N + 6O_2 \longrightarrow 5CO_2 + 4H_2O + NH_3$

問2．次に示すのは，トリステアリン($C_{57}H_{110}O_6$)が酸素で分解される際の化学反応式である。トリステアリンは炭水化物，脂肪，タンパク質のうち，どれであると考えられるか。

$2C_{57}H_{110}O_6 + 163O_2 \longrightarrow 114CO_2 + 110H_2O$

思考 **計算**

☐ **77. 発芽種子の呼吸** ●発芽種子の呼吸に関する次の文章を読み，下の各問いに答えよ。

一定量の発芽種子を酸素濃度0～30%の条件下に置き，二酸化炭素発生量(体積)と酸素吸収量(体積)の変化を測定したところ，右図のような結果が得られた。なお，二酸化炭素発生量と酸素吸収量は，酸素濃度20%(空気中の濃度)のときの酸素吸収量を1.00とした相対値で示している。

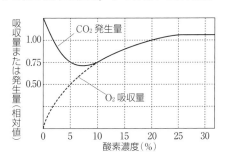

問1．酸素濃度0%，5%，15%のとき，発芽種子中で起きている反応を次から選べ。

① 呼吸 ② アルコール発酵 ③ 呼吸+アルコール発酵

問2．酸素濃度0%のとき，発芽種子中に増加する物質は何か。次から選べ。

① デンプン ② クエン酸 ③ エタノール

問3．酸素濃度5%，20%のときの呼吸商(RQ)を，それぞれ小数第1位まで答えよ。

問4．酸素濃度20%のとき，呼吸基質は何であると考えられるか。次から選べ。

① 炭水化物 ② タンパク質 ③ 脂肪 ④ 炭水化物+脂肪

□ **78. 発酵と呼吸** ●次の異化の反応過程A～Dについて，下の各問いに答えよ。

【知識】

反応過程A：酸素は消費されず，二酸化炭素と最終産物の_a有機物が生体外に放出される。

反応過程B：₍₁₎酸素が消費され，₍₂₎二酸化炭素が生成されて生体外に放出される。

反応過程C：酸素の消費も二酸化炭素の生成もみられず，最終産物の_b有機物が生体外に放出される。

反応過程D：酸素の消費も二酸化炭素の生成もみられず，最終産物の_c有機物は，再び呼吸基質に利用されたり，グリコーゲンに合成されたりする。

問1．A～Dの反応過程の名称を，ア～エから1つずつ選べ。

　ア．解糖　　イ．呼吸　　ウ．乳酸発酵　　エ．アルコール発酵

問2．A～Dの反応過程に関係の深い図を，①～④から1つずつ選べ。

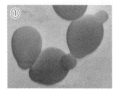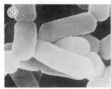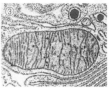

問3．下線部a～cに相当する物質名をそれぞれ下から選べ。

　ア．エタノール　　イ．乳酸　　ウ．ATP　　エ．クエン酸

問4．Bの下線部(1)，(2)の現象に関係の深い語をそれぞれ下から選べ。

　ア．解糖系　　イ．クエン酸回路　　ウ．電子伝達系　　エ．アルコール発酵

□ **79. パスツール効果** ●次の文章を読み，下の各問いに答えよ。

【思考】【論述】【計算】

　19世紀中頃にパスツールが，アルコール発酵は酵母が（　①　）のない状態で行う反応であることを明らかにし，反応には生きた酵母が必要であると主張した。その後，1897年には，ブフナーが細胞を含まない酵母のしぼり汁だけで発酵が起こることを証明し，パスツールの説をくつがえして，酵母内の（　②　）があれば発酵が起こることを明らかにした。

問1．上の文中の空欄①，②に当てはまる語を答えよ。

問2．アルコール発酵で1分子のグルコースが分解されたときに発生する気体の名称と，その分子数を答えよ。また，このときにエタノールを何分子生じるか答えよ。

問3．アルコール発酵によって，90gのグルコースから何gのエタノールが生じるか。ただし，原子量はC＝12，H＝1，O＝16として計算せよ。

問4．アルコール発酵で1分子のグルコースが分解されると，何分子のATPが生じるか。また，呼吸で1分子のグルコースが分解されると，最大何分子のATPが生じるか。

問5．酵母は，酸素がないときにはアルコール発酵のみを行うが，酸素があるときにはアルコール発酵が抑えられて主に呼吸を行う。この現象は何と呼ばれるか。

問6．酵母が酸素のないときにはアルコール発酵を行う利点と，酸素があるときには主に呼吸を行う利点として考えられることを，それぞれ30字以内で述べよ。

問7．酸素が存在する条件で酵母を培養すると，酸素がない条件で培養した酵母と比較して，細胞内のある細胞小器官が発達していた。ある細胞小器官とは何か。

知識

80. 発酵の過程 ●グルコースを呼吸基質とした微生物の発酵の過程を右図に示した。次の各問いに答えよ。

問1. 図中の白矢印と黒矢印の発酵の名称をそれぞれ答えよ。

問2. 図中の空欄①～④に当てはまる数字を答えよ。

問3. 図中のア，ウの反応に作用する酵素の名称を答えよ。

問4. 物質イ，エ，オの名称を答えよ。

問5. グルコースから物質イまでの反応を何というか。

問6. 発酵は，ふつう微生物によって有機物が分解される働きを指すが，グルコースから乳酸が生成される反応は人体でもみられる。この反応の名称を答えよ。

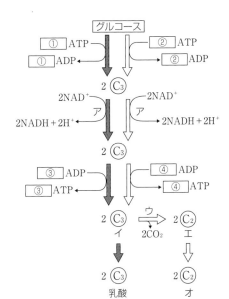

知識

81. 酵母の実験 ●10% グルコース水溶液 50 mL をビーカーにとり，その中に乾燥酵母 5 g を加えてよくかき混ぜ，これを発酵液とする。下図の器具を傾げ，盲管部に空気が入らないように注意して発酵液を注ぎ込む。この器具を30℃に保つと，やがて盲管部に気体がたまってくる。次の各問いに答えよ。

問1. 右図に示す器具の名称を答えよ。

問2. 盲管部にたまった気体の名称を答えよ。

問3. 発生した気体以外に生成された物質の名称を答えよ。

問4. 発酵液で起きている主な反応の化学反応式を答えよ。

問5. 管内にある薬品を加えたところ，盲管部にたまった気体が発酵液に溶けた。加えた薬品の名称を答えよ。

知識 **計算**

82. 酵母の呼吸と発酵 ●酵母をグルコース溶液の中で，異なる条件A・Bで培養して気体の出入りを調べ，右表の結果を得た。次の各問いに答えよ。

条件	O₂吸収量(mL)	CO₂放出量(mL)
A	0	30
B	10	40

問1. 酸素がない条件で培養したものは，条件A・Bのどちらか。

問2. 条件Bで，呼吸で放出された CO_2 と発酵で放出された CO_2 はそれぞれ何 mL か。

問3. 条件Bで，呼吸と発酵で生成した ATP の割合を整数比で答えよ。ただし，生成する ATP 数は最大数で答えること。

問4. 別のある条件で培養すると，O_2 吸収量が 3.2 g，CO_2 放出量が 13.2 g であった。合計何 g のグルコースが分解されたか，計算せよ。ただし，原子量は H=1, C=12, O=16 とする。解答は小数第2位を四捨五入して小数第1位まで答えよ。

思考例題 ④　C₃植物とC₄植物の違いを整理して生物現象を考察する‥‥‥

課題

大気中のCO_2を直接ホスホグリセリン酸（C₃化合物）に固定する植物をC₃植物と呼ぶ。CO_2の固定反応を触媒する酵素であるルビスコは，CO_2の代わりにO_2の取り込みも触媒し，光合成の効率を低下させる。一方，C₄植物は，図1に示すような代謝経路をもつことにより，維管束鞘細胞でのCO_2濃度を高くして，ルビスコによるO_2の取り込み反応を防いでいる。図2の曲線(a)〜(d)は，光飽和点を超える光強度のもとでの二酸化炭素固定速度の二酸化炭素濃度依存性を示している。(a)〜(d)より，C₃植物とC₄植物の関係を表す2つの曲線として適切なものを，C₃植物，C₄植物のそれぞれで1つずつ選べ。　　　　　（京都大改題）

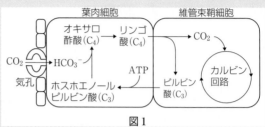

図1

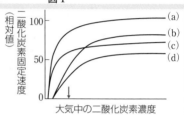

図中の矢印は，現在の大気中の二酸化炭素濃度を示す。ただし，葉面積当たりのタンパク質含量は，それぞれの植物で同一とする。

図2

指針　二酸化炭素の固定の仕方の違いを整理して，適切な曲線を選択する。

次の Step 1 〜 2 は，課題を解く手順の例である。空欄を埋めてその手順を確認しなさい。

Step 1　**二酸化炭素濃度が低い環境での二酸化炭素固定速度の違いを考える**

（　1　）植物はC₄化合物を合成し，これを分解してCO_2を得る。これにより，ルビスコによるO_2の取り込み反応が防がれて，CO_2の固定が効率よく行われる。一方，（　2　）植物にはこの代謝経路がないため，ルビスコによるO_2の取り込み反応が起こり，二酸化炭素固定速度は（　1　）植物より（　3　）くなる。

Step 2　**二酸化炭素濃度が高い環境での二酸化炭素固定速度について考える**

（　2　）植物でも細胞内の二酸化炭素濃度が十分に高くなると，酸素の取り込み反応は起こらなくなる。その結果，ルビスコ当たりの二酸化炭素固定速度は，（　1　）植物，（　2　）植物ともに最大となる。ここで，葉面積当たりのタンパク質含量がそれぞれの植物で同一とあるため，葉面積当たりのルビスコの総量は，C₄回路に関与する酵素タンパク質をもたない（　2　）植物の方が（　1　）植物よりも（　4　）いと考えられる。したがって，大気中の二酸化炭素濃度が十分に高い環境では，葉面積当たりの二酸化炭素固定速度は（　1　）植物よりも（　2　）植物の方が（　5　）くなると考えられる。Step 1 を踏まえると，二酸化炭素濃度によってC₃植物とC₄植物の二酸化炭素固定速度の関係性が入れ替わることがわかり，答えは(b)と(c)に絞られる。

Stepの解答　1…C₄　2…C₃　3…小さ　4…多　5…大き　　　**課題の解答**　C₃植物…(b)　C₄植物…(c)

思考例題 ⑤ 酵母が行った反応を判断して物質の量的関係を考える ‥‥

課題

三角フラスコにグルコース溶液 30 mL と酵母 1 g を入れ，実験容器内の気体を窒素ガスに置き換え，発生した二酸化炭素の体積を計測した。表は 0 ～100 g/L のグルコース溶液を用いて実験 1 ～ 6 を行い，発生した二酸化炭素の体積を実験開始から30

	グルコース濃度(g/L)	二酸化炭素発生量(mL)	
		0 ～30分	0 ～60分
実験 1	0	0	0
実験 2	20	160	160
実験 3	40	180	320
実験 4	60	180	360
実験 5	80	180	360
実験 6	100	180	360

分後および60分後に計測した結果である。実験 4 ～ 6 の結果から，グルコース濃度が 60～100 g/L の範囲においては，酵母が 1 時間につくる二酸化炭素の量は変わらないことがわかった。実験 5 の条件において，フラスコに入れる酵母の量を 2 g にした場合，1 時間でつくられる二酸化炭素は何 mL か。この実験では温度と気圧は一定で，1 モルの気体の体積は 24 L であるとし，原子量は C＝12，H＝1，O＝16 とする。 (関西大改題)

指針 酵母がどのような反応を行ったのかを考え，1 g の酵母が 1 時間で消費したグルコース量を求める。それをもとにして酵母が 2 g になった場合について考える。

次の Step 1 ～ 3 は，課題を解く手順の例である。空欄を埋めてその手順を確認しなさい。

Step 1 酵母 1 g が 1 時間に消費できるグルコースの質量を求める

実験容器内を窒素ガスに置き換えているため，酵母は(1)を行わず，(2)発酵を行った。実験 4 ～ 6 で発生する二酸化炭素量が変わらなかったことから，酵母 1 g では，360 mL の二酸化炭素に相当する量のグルコースしか消費できないことがわかる。(2)発酵で二酸化炭素 360 mL を発生させるのに必要なグルコースの質量は，

$$[(2)発酵の反応式] \quad C_6H_{12}O_6 \longrightarrow 2C_2H_5OH + 2CO_2$$
$$180 \text{ g} \qquad\qquad 2 \times 24 \times 1000 \text{ mL}$$
$$x \text{ g} \qquad\qquad 360 \text{ mL}$$

$180 : (2 \times 24 \times 1000) = x : 360$

$x = (180 \times 360) \div (2 \times 24 \times 1000) = (3)$ g である。

Step 2 実験 5 におけるフラスコ内のグルコースの質量を求める

実験 5 におけるグルコースの質量は，$30 \text{ mL} \times (80 \div 1000) \text{ g/mL} = (4)$ g である。

Step 3 酵母の量を 2 g にしたときの実験 5 における二酸化炭素の発生量を求める

Step 1 から酵母の量を 2 g にすれば，1 時間で最大(5)のグルコースを消費できることがわかる。しかし，実験 5 のフラスコ内のグルコースはこれより少ないため，1 時間ですべて消費され，(4) g のグルコースに相当する量の二酸化炭素しか発生しない。これを踏まえて，Step 1 と同様に比を用いて $180 : (2 \times 24 \times 1000) = (4) : x$ を計算すればよい。

Stepの解答 1…呼吸　2…アルコール　3…1.35　4…2.4　5…2.7　**課題の解答** 640 mL

例題
解説動画

発展例題4　植物の CO_2 固定

➡発展問題85

トウモロコシなどの C_4 植物は，乾燥による CO_2 固定効率の低下を防ぐしくみをもっている。C_4 植物では，葉肉細胞において CO_2 がホスホエノールピルビン酸（PEP）カルボキシラーゼの働きによって C_4 化合物として固定され，維管束鞘細胞に送り込まれる。そこで C_4 化合物から CO_2 が取り出され，CO_2 濃度が高く保たれることで，カルビン回路での CO_2 固定が効率よく行われる。PEP カルボキシラーゼは，低い CO_2 濃度でも極めて高い活性を示すことから，C_4 植物では葉肉細胞内の CO_2 濃度が低下しても，CO_2 固定効率が低下しにくい。

問1．C_4 植物についての記述として適切なものを，(a)〜(d)のなかからすべて選べ。

(a) 蒸散速度に対する光合成速度の比（光合成速度／蒸散速度）を，C_3 植物よりも高くできる。

(b) 乾燥状態で気孔を閉じないため，C_3 植物よりも光合成速度を高く維持できる。

(c) PEP カルボキシラーゼが，カルビン回路において CO_2 の取り込みをルビスコよりも高効率で行う。

(d) 「CO_2 の C_4 化合物への固定」と「CO_2 の C_3 化合物への固定」が異なる細胞で行われる。

問2．光合成に関する(1)〜(3)の各問いに答えよ。

(1) チラコイドについての記述として適切なものを，(a)〜(d)のなかからすべて選べ。

(a) ルビスコを含んでいる。　　　(b) 光合成色素を含んでいる。

(c) ATP 合成酵素を含んでいる。

(d) 光エネルギーを受け取ると内腔の H^+ 濃度が上昇する。

(2) ストロマでの反応の記述として適切なものを，(a)〜(d)のなかからすべて選べ。

(a) 反応速度は温度の影響を受ける。　(b) ホスホグリセリン酸が還元される。

(c) クエン酸が生成される。　　　　　(d) 光リン酸化と呼ばれる反応が起こる。

(3) ある植物の環境条件を，「①光も CO_2 もない条件」，「②光はないが CO_2 は十分にある条件」，「③光は十分にあるが CO_2 はない条件」，「④光はないが CO_2 は十分にある条件」の順に十分に時間をかけながら変化させたところ，下図のように④で CO_2 の吸収がみられ，やがて CO_2 吸収速度は減少してゼロになった。この実験において，「④で光がないにもかかわらず CO_2 吸収がみられた理由」と「やがて CO_2 吸収速度が減少してゼロになった理由」をそれぞれ40字以内で述べよ。

注）呼吸による CO_2 放出分は，CO_2 吸収速度に含めない。

(21．大阪府立大改題)

┃ 解答 ┃ ·····

問1. (a), (d)

問2. (1) (b), (c), (d)　(2) (a), (b)

(3)「④で光がないにもかかわらず CO_2 吸収がみられた理由」

　　③の条件下で生成された NADPH と ATP を利用して，CO_2 が固定されたから。

(36字)

「やがて CO_2 吸収速度が減少してゼロになった理由」

　　③で生じた NADPH と ATP がカルビン回路ですべて消費されたから。(33字)

┃ 解説 ┃ ·····

問1. (a), (b)　C_4 植物であっても，乾燥状態では気孔を閉じて過度の蒸散を防ぐ。また，気孔が閉じると CO_2 の取り込みが起こらなくなるが，C_4 植物では，C_4 回路によって取り出された CO_2 が維管束鞘細胞に蓄積する。その結果，ルビスコ周辺で CO_2 濃度の高い状態が維持され，カルビン回路が効率よく進む。したがって，気孔が閉じて蒸散速度が小さくなっても，C_4 植物は C_3 植物に比べて光合成速度は低下しにくい。

(c)　PEP カルボキシラーゼは，C_4 回路で CO_2 を C_4 化合物に固定する反応で働く。

(d)　C_4 回路は葉肉細胞で，カルビン回路は維管束鞘細胞でそれぞれ起こる。

問2. (3)　光合成は，光エネルギーを化学エネルギーに変えるチラコイドで起こる反応と，CO_2 の固定を行うストロマで起こる反応に分かれることに着目する。

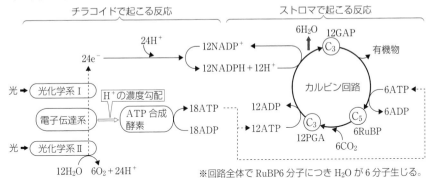

条件①…光がなく NADPH と ATP は生成されない。また，CO_2 もないので CO_2 は固定されない。

条件②…光がなく NADPH と ATP は生成されない。したがって，CO_2 があってもカルビン回路に NADPH と ATP が供給されないため，CO_2 は固定されない。

条件③…光により NADPH と ATP が生成されるが，CO_2 がないため，CO_2 は固定されない。

条件④…光がなく NADPH と ATP は新たに生成されないが，③で生成した NADPH と ATP が蓄積している。これを用いてカルビン回路で CO_2 が固定されるが，NADPH と ATP が枯渇すると CO_2 固定は止まる。

発 展 問 題

思考
□**83.** 光合成の反応過程 ■光合成の第一の反応は，光が直接に関与する光化学反応とそれに続く電子伝達である。クロロフィルなどの光合成色素に吸収された光エネルギーにより（　A　）と（　B　）の反応中心にあるクロロフィルが活性化され，電子が放出される。（　A　）の反応中心のクロロフィルから飛び出した電子は（　B　）へ伝達される。このとき，電子を放出して酸化された状態の（　A　）の反応中心のクロロフィルは，H_2O から引き抜かれた電子によって還元され，もとの状態に戻る。電子が引き抜かれた H_2O は分解され，（　C　）と H^+ が生じる。電子は，最終的に（　D　）に渡され，還元力をもつ（　E　）が生産される。また，電子が伝達される際に形成されるチラコイド内外の H^+ の濃度勾配を利用して（　F　）がリン酸化されて（　G　）が合成される。

　第二の反応は，CO_2 が固定される反応である。この反応では，CO_2 と炭素数 5 個のリブロースビスリン酸（RuBP）それぞれ 1 分子から炭素数 3 個のホスホグリセリン酸（PGA）が（　X　）分子つくられる。続いて，第一の反応でつくられた（　E　）と（　G　）を利用して，PGA からグリセルアルデヒドリン酸（GAP）がつくられる。3 分子の CO_2 を用いて 6 分子の GAP がつくられ，そのうち 5 分子が RuBP の再生に，1 分子が光合成産物として細胞質基質でスクロースの合成に用いられる。

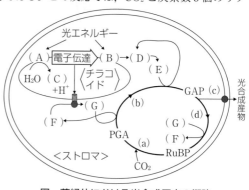

図　葉緑体における光合成反応の概略

問 1．文中の空欄（　A　）～（　G　）に当てはまる語を答えよ。ただし，（　D　）～（　G　）はアルファベットを用いた略称で答えよ。文中の（　A　）～（　G　）は，図中の記号と対応している。

問 2．文中の空欄（　X　）に当てはまる適当な数字を入れよ。

問 3．図の(a)，(b)，(d)の反応を含む反応回路を何というか。回路の名称を記せ。

問 4．下線部で何分子のリブロースビスリン酸が再生されるか。数字で答えよ。

問 5．光合成反応の速度は環境要因の影響を受ける。次の(1)および(2)では，図の(a)～(d)のうち，どの反応が制限していると考えられるか。記号で答えよ。

(1) 弱光下で，温度を変化させても，CO_2 濃度を高めても，ともに光合成速度は一定のままであった。

(2) 光合成に最適な水分量や温度条件において，弱光下で光の強さに比例して増加していた光合成速度が，ある強さ以上の光強度になると増加しなくなった。　　　　　　　　　（信州大改題）

💡ヒント ⋯⋯
問 5．図中の(a)～(d)のうち最も反応速度の遅い反応が，光合成反応の速度を限定する。

☑ **84. 光合成における原子の移動と C₄ 回路** ■下の各問いに答えよ。

光合成では，ア次式のような反応によって O_2 が放出される。

$$6CO_2 + 12H_2O \xrightarrow{\text{光エネルギー}} C_6H_{12}O_6（有機物）+ 6H_2O + 6O_2$$

光合成は光エネルギーにより ATP が生成される第一段階と，カルビン回路により炭水化物が生産される第二段階から構成される。この回路反応は，カルビンらにより ィ自然界にほとんど存在しない炭素の同位体 ^{14}C を用いた実験で明らかにされた。CO_2 の炭素が直接ホスホグリセリン酸に取り込まれる植物は，C_3 植物と呼ばれる。ゥ一方 C_4 植物は，炭素が 4 つ含まれる化合物にいったん炭素を取り込むことで CO_2 を濃縮できる経路を余分にもっている。

問 1．下線部アに関して，光合成で発生する O_2 の由来を調べるために，緑藻の一種のクロレラを用いた実験を考えてみる。そこで自然界にほとんど存在しない酸素の同位体 ^{18}O を含む H_2O，^{18}O を含まない H_2O，^{18}O を含む CO_2，^{18}O を含まない CO_2 を準備した。次の(1)，(2)について，それぞれ100字以内で記せ。

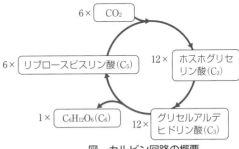

図　カルビン回路の概要

(1) 発生する O_2 が H_2O と CO_2 のどちらか一方，または両方に由来するかを判定するには，どのような実験を行うべきか。

(2) (1)で考えた実験を実際に行うと，どのような結果が得られ，どう判定できるか。

問 2．下線部イに関して，カルビンらは ^{14}C を含んだ CO_2 を用いてクロレラに光合成を行わせ，どの物質が ^{14}C を含むかを調べ，反応の進行について研究した。これについて勉強をはじめたAさんは，次のように考えた。

　　［Aさんの考え］「光合成の反応式を見ると，左辺の 6 個の CO_2 から右辺の 1 個の $C_6H_{12}O_6$ ができる。それぞれ炭素の総数が 6 個だから，^{14}C は全部 $C_6H_{12}O_6$ に含まれてしまい，リブロースビスリン酸には含まれないだろう」

　　このAさんの考えは正しいか，誤っているか。理由をつけて140字以内で記せ。なお，^{14}C を含む物質と含まない物質は，反応において同様にふるまうものとする。

問 3．下線部ウに関して，この経路をもっていることの有利性は，下記の環境変化①，② によって，増強するか，減弱するか。理由をつけてそれぞれ75字以内で記せ。

　　環境変化①：大気中の CO_2 の濃度が上昇した。

　　環境変化②：気温が上昇した。

(21. 九州工業大改題)

💡**ヒント**

問 1．H_2O と CO_2 の両方に ^{18}O が含まれない，もしくは両方に含むと，O_2 の由来が判別できない。

問 3．C_4 回路では，PEP と CO_2 が反応して C_4 化合物がつくられる。維管束鞘細胞で C_4 化合物から CO_2 が取り出され，残った C_3 化合物は ATP を消費して PEP の再生に利用される。

思考 **実験・観察** **論述**

85. 光合成のしくみと環境要因 ■次の文章を読み，下の各問いに答えよ。

植物の光合成は葉緑体と呼ばれる細胞小器官で行われる。光合成の反応は，(ア)光エネルギーを利用して ATP や NADPH を合成する過程と，(イ)ATP や NADPH を利用して CO_2 から有機物を合成する過程の2つに分けられる。

問1．以下は下線部(ア)に関する文章である。空欄に入る適切な語を語群から選べ。

葉緑体の（ 1 ）膜には（ 2 ）と（ 3 ）という2種類の光化学反応系が存在する。このうち（ 2 ）では（ 4 ）が光エネルギーを吸収して活性型（ 4 ）となり，その過程で（ 5 ）が分解されて酸素，電子，（ 6 ）イオンが生じる。（ 2 ）と（ 3 ）の間には電子伝達系が存在し，（ 5 ）の分解によって生じた電子が電子伝達系を流れる間に，（ 6 ）イオンが（ 7 ）から（ 1 ）内部に運ばれ，（ 6 ）イオンの濃度勾配が形成される。（ 6 ）イオンは濃度勾配に従って（ 1 ）膜にある（ 8 ）を通って（ 1 ）の内部から（ 7 ）側へ移動する。このとき，（ 8 ）によって ADP とリン酸から ATP が合成される。電子伝達系を流れる電子は，（ 3 ）で吸収された光エネルギーの働きによって，最終的に（ 6 ）イオンや $NADP^+$ と結合して NADPH を生じる。

[語群]　水素，水，二酸化炭素，窒素，酸素，水酸化物，ストロマ，クリステ，
　　　　マトリックス，チラコイド，クロロフィル，キサントフィル，
　　　　フィコシアニン，デンプン，グルタミン，クエン酸，光化学系Ⅰ，
　　　　光化学系Ⅱ，ヒル反応，ATP 合成酵素，脱リン酸化反応，カタラーゼ

問2．図1は下線部(イ)に関わる反応を示したものである。この反応の名称を答えよ。

問3．植物にさまざまな条件のもとで光合成を行わせ，図1に示した反応の中間生成物であるホスホグリセリン酸とリブロースビスリン酸の増減を観察した。図2はホスホグリセリン酸(実線)およびリブロースビスリン酸(破線)の変動を示している。

(1) 図2のAにおいて，ホスホグリセリン酸が増加する一方でリブロースビスリン酸が減少するのはなぜか。その理由を述べよ。

(2) 図2のBにおいて，リブロースビスリン酸が増加する一方でホスホグリセリン酸が減少するのはなぜか。その理由を述べよ。

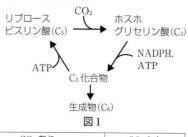

図1

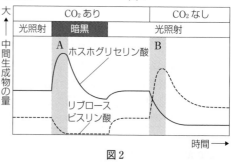

図2

(新潟大改題)

💡**ヒント**

問3．(1)暗黒下や(2)光照射下で，それぞれ不足する物質を考える。

[思考] [論述]

☑ **86. クエン酸回路** ■次の文章を読み、以下の各問いに答えよ。

　図1に示したクエン酸回路は、1937年にクレブスによって最終的に明らかにされた。クレブスは、ハトの胸筋をすりつぶしたものを密封した容器に入れて、炭素化合物を基質とした呼吸の実験を行い、酸素の消費量や二酸化炭素の発生量を測定した。この実験で、すりつぶしたハトの胸筋に少量のクエン酸を加えたときには、酸素の消費量が大きく増大し、同様にコハク酸、フマル酸、リンゴ酸をそれぞれ加えたときも酸素の消費量が増大した。また、(ア)すりつぶしたハトの胸筋に、コハク酸と似た構造をもつマロン酸（図2）を加えたときには、コハク酸の蓄積が起こった。これらとは別に、(イ)すりつぶしたハトの胸筋にピルビン酸を加えておき、これにさらにオキサロ酢酸を加えて酸素を完全に取り除いたときには、クエン酸およびイソクエン酸の蓄積が起こった。しかし、同様にリンゴ酸やコハク酸を加えて酸素を完全に取り除いても、クエン酸やイソクエン酸の蓄積は起こらなかった。

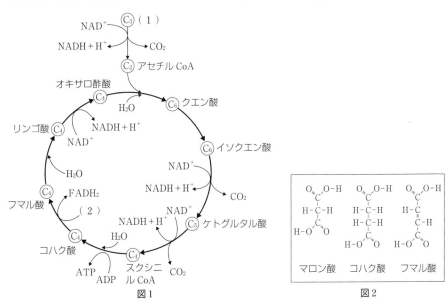

図1　　　　　　　　　　図2

問1．図1の（　1　）と（　2　）に適する語を答えよ。

問2．文章中の下線部(ア)が起こった理由について、60字以内で説明せよ。

問3．クエン酸回路で生成された還元型補酵素が電子伝達系において放出した電子は、最終的に何を還元するか答えよ。

問4．文章中の下線部(イ)が起こった理由について、70字以内で説明せよ。

(宮城大改題)

💡 **ヒント** ┄┄┄

問4．酸素を完全に取り除くと、電子伝達系で NAD^+ が生成されなくなる。
┄┄┄

思考 **論述**

☐ **87. 呼吸のしくみ** ■呼吸のしくみに関する次の文章を読み，下の各問いに答えよ。

　グルコースを分解してエネルギーを得る呼吸の過程は，（　ア　），（　イ　），電子伝達系という３つの段階に分けられる。

　（　ア　）はグルコースを（　ウ　）にまで分解する経路で，$_A$酸素を用いずに ATP と還元型補酵素を産生することができる。この経路は細胞の（　エ　）で起こる。

　（　ア　）で生じた（　ウ　）はミトコンドリアに取り込まれ，（　イ　）で徐々に分解される。その過程で，ATP と $_B$還元型補酵素が産生されるとともに，（　ウ　）に含まれていた炭素原子は（　オ　）として放出される。この過程はミトコンドリアの（　カ　）で起こる。

　（　ア　）と（　イ　）で生じた還元型補酵素は，ミトコンドリアの（　キ　）にある電子伝達系で利用される。還元型補酵素から電子伝達系へと受け渡された電子は，複数のタンパク質複合体の間を次々と伝達され，最終的に酸素を還元して（　ク　）ができる。この電子の移動に伴って放出されるエネルギーによって，水素イオン（H^+）がミトコンドリアの（　カ　）から（　ケ　）へと輸送される。$_C$ミトコンドリアの（　キ　）は H^+ を通さないため，（　ケ　）に H^+ が蓄積されることになる。この蓄積された H^+ が，濃度勾配にしたがって ATP 合成酵素を通って（　カ　）へと移動するとき，そのエネルギーを利用して ATP 合成酵素は ADP とリン酸から ATP を合成する。この ATP 合成は，還元型補酵素が酸化される過程で放出されるエネルギーを用いて行われる反応であることから，（　コ　）と呼ばれる。

問１．（　ア　）〜（　コ　）に入る最も適当な語を答えよ。ただし，（　エ　），（　カ　），（　キ　），（　ケ　）については以下の語のなかから選んで答えよ。

　【語群】　ストロマ　　マトリックス　　チラコイド　　クリステ　　内膜　　外膜
　　　　　　膜間腔　　　細胞質基質

問２．下線部Aについて，激しい運動をしている筋肉では ATP が急速に消費され，酸素の供給が追いつかなくなるため（　ア　）によって ATP が合成されるが，この ATP 合成を続けるために，（　ア　）で生じた還元型補酵素はどのように使われるか，説明せよ。

問３．下線部Bについて，（　イ　）と電子伝達系の間で電子を運ぶ還元型補酵素を２つ答えよ。

問４．下線部Cについて，生体膜に作用して H^+ を通すようにする DNP（2,4-ジニトロフェノール）という薬剤がある。ミトコンドリアに対しては，DNP は ATP 合成を阻害する働きをもつ。DNP が ATP 合成を阻害する理由を説明せよ。

(24. 浜松医科大改題)

💡**ヒント** ....
問４．DNP によってミトコンドリア内における H^+ の濃度勾配はどのように変化するのかを考える。
....

☐ **88. さまざまな呼吸基質の代謝** ■次の文章を読み，下の各問いに答えよ。

　炭水化物が呼吸基質として通常用いられるが，脂肪やタンパク質も呼吸基質となる（下図）。脂肪は脂肪酸とグリセリンに分解されたのち，脂肪酸は　ア　回路に，グリセリンは　イ　系に入る。タンパク質の分解によって生じたアミノ酸は　ウ　反応によって，有機酸と　エ　に分解される。有機酸は　ア　回路に入り，有毒な　エ　は尿素回路（オルニチン回路）と呼ばれる回路に入り，毒性の弱い尿素となる。尿素は血流に乗り，腎臓でろ過されて尿中へ排泄される。

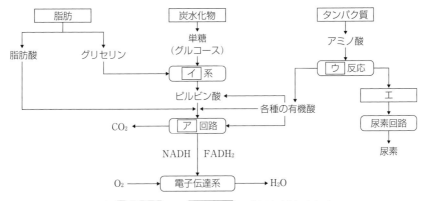

問１．文中，図中の空欄　ア　から　エ　に適切な語を入れよ。

問２．炭水化物・脂肪・タンパク質は呼吸基質となり，呼吸に伴い酸素を吸入し，二酸化炭素を放出する。この際の酸素と二酸化炭素の体積比（CO_2/O_2）を呼吸商（RQ）と呼ぶ。炭水化物であるグルコースの反応式を例に示す。グルコースのRQは1である。

例）　$C_6H_{12}O_6 + 6O_2 + 6H_2O \longrightarrow 6CO_2 + 12H_2O$　　　$RQ = 6 \div 6 = 1$

(1)　脂肪酸である(i)オレイン酸（$C_{18}H_{34}O_2$），アミノ酸である(ii)バリン（$C_5H_{11}NO_2$）の反応式を，例にならって係数が整数になる反応式で示せ。

(2)　(i)オレイン酸，(ii)バリンのRQを計算せよ。値は四捨五入して小数第2位までの数で答えよ。

問３．炭水化物はグリコーゲンとして肝臓をはじめ，筋肉などの組織に貯留されていく。貯留できるグリコーゲン量はヒトの場合，約数百グラムである。過剰に摂取した炭水化物は脂肪に合成され，脂肪組織に貯留されていく。中程度の強度の有酸素運動を行うことは，強い強度の無酸素運動を行うよりも効率がよい脂肪の減量が期待できる。

(1)　有酸素運動の方が無酸素運動よりも効率がよい脂肪の減量が期待できる理由について，呼吸基質の違いを含めて125字以内で説明せよ。

(2)　無酸素運動時に比べ，有酸素運動を行った際に想定されるRQの変化を簡潔に説明せよ。

(22.大阪大改題)

💡**ヒント**
問３．(1)酸素が供給されない状況ではクエン酸回路や電子伝達系は停止する。
(2)炭水化物と脂肪の呼吸における代謝経路に着目する。

5 遺伝情報とその発現

1 DNA の構造と複製

❶核酸の構造

(a) **ヌクレオチド** 核酸には DNA と RNA があり、どちらもヌクレオチドが多数つながってできた高分子化合物である。ヌクレオチドの糖に含まれる5つの炭素は、1′から5′までの番号で呼ばれ、塩基は1′の、リン酸は5′の炭素に結合している。

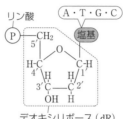

◀DNA のヌクレオチド▶

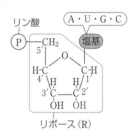

◀RNA のヌクレオチド▶

◀**DNA と RNA の比較**▶

	DNA	RNA		
糖	デオキシリボース	リボース		
塩 基	アデニン(A) グアニン(G) シトシン(C) チミン(T)	アデニン(A) グアニン(G) シトシン(C) ウラシル(U)		
分子構造	2本鎖の二重らせん構造	1本鎖		
種 類		m(伝令)RNA	t(転移)RNA	rRNA
所 在	核(染色体)，葉緑体，ミトコンドリア	核，細胞質基質		リボソーム
働 き	遺伝子の本体(遺伝情報の担体)	遺伝情報の 転写	アミノ酸の 運搬	タンパク質 合成の場

(b) **DNA の分子構造** ヌクレオチド鎖におけるヌクレオチドどうしの結合は、一方の3′の炭素と、他方のリン酸との間に形成されるため、ヌクレオチド鎖には方向性がある(リン酸側は5′末端、糖側は3′末端と呼ばれる)。DNA は、互いに逆向きの2本のヌクレオチド鎖が平行に並び、中央部で塩基どうしが水素結合で相補的につながっている。A−T 間は2か所、G−C 間は3か所で水素結合を形成している。

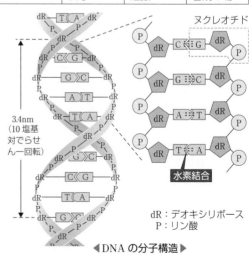

3.4nm
(10塩基対でらせん一回転)

dR：デオキシリボース
P：リン酸

◀**DNA の分子構造**▶

❷DNA の複製と酵素

DNA の複製では，一方のヌクレオチド鎖をもとの DNA からそのまま受け継ぎ，もう一方のヌクレオチド鎖のみが新しく合成される（半保存的複製）。

(a) DNA の複製のしくみ

(1) 複製起点の塩基間の水素結合が，DNA ヘリカーゼによって切断され，二重らせん構造の一部がほどける。

(2) 各ヌクレオチド鎖に，相補的な塩基配列をもつ RNA の短いヌクレオチド鎖（プライマー）が結合する。

(3) プライマーを起点に DNA ポリメラーゼ（DNA 合成酵素）によってヌクレオチド鎖が伸長する。DNA ポリメラーゼは，伸長中のヌクレオチド鎖の 3′ 末端に，新たにヌクレオチドを付加する。このため，新生鎖は 5′→3′ 方向に伸長する。この性質から，2 本の新生鎖のうち，一方は DNA の開裂方向に連続的に合成されるが，他方は開裂方向とは逆向きに不連続に合成される。連続的に合成されるものをリーディング鎖，不連続に合成されるものをラギング鎖という。

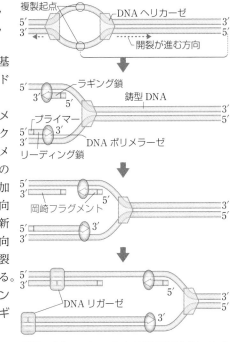

- **岡崎フラグメント**　ラギング鎖では，複数の短いヌクレオチド鎖が断続的に合成される。これらの断片的な短いヌクレオチド鎖を岡崎フラグメントという。

(4) プライマーは最終的に除去されて DNA のヌクレオチド鎖に置き換わる。そして，DNA リガーゼによってヌクレオチド鎖間の切れ目が連結される。

2 遺伝子の発現

❶遺伝子の発現

遺伝子の DNA の塩基配列が転写されたり，タンパク質に翻訳されたりすることを遺伝子の発現という。DNA の 2 本鎖のうちどちらが転写されるかは遺伝子ごとに決まっており，鋳型となる鎖をアンチセンス鎖（鋳型鎖），もう一方をセンス鎖（非鋳型鎖）という。

(a) 真核生物における転写のしくみ　真核生物の転写は，核内で起こる。

(1) プロモーター（転写の開始を決定する領域）に，基本転写因子（タンパク質の複合体）と RNA ポリメラーゼ（RNA 合成酵素）が結合する。

(2) アンチセンス鎖に相補的な塩基をもつ RNA のヌクレオチドが結合する。

(3) RNA ポリメラーゼによって，RNA のヌクレオチド鎖が 5′→3′ の方向に伸長する。

ⅰ) **スプライシング** 真核生物では，ふつう，転写された RNA（mRNA 前駆体）の一部が取り除かれて mRNA がつくられる。この過程をスプライシングと呼ぶ。
- **イントロン** スプライシングで取り除かれる部分に対応する DNA の領域。
- **エキソン** イントロン以外の DNA の領域。

ⅱ) **選択的スプライシング** mRNA 前駆体から mRNA がつくられるとき，取り除かれる部位の違いによって異なる mRNA がつくられる現象を，選択的スプライシングという。この現象により，遺伝子の種類よりも多くの種類のタンパク質が合成される。

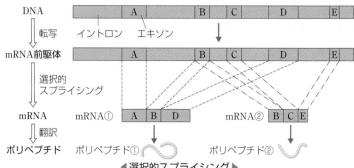

◀選択的スプライシング▶

(b) **翻訳のしくみ** タンパク質が合成される過程を翻訳という。
- **トリプレット** 連続する塩基3つの並び。塩基は4種類あるため，その組み合わせは $4^3 = 64$ 通りある。
- **コドン** mRNA のトリプレットを特にコドンと呼ぶ。
- **アンチコドン** tRNA がもつ mRNA のコドンと相補的なトリプレット。
- **リボソーム** 翻訳が行われる場。**rRNA（リボソーム RNA）** とタンパク質からなる。
- **遺伝暗号表** 64種類のコドンとタンパク質を構成する20種類のアミノ酸との対応を示した表。

◀遺伝暗号表▶

		コドンの2番目の塩基				
		U	C	A	G	
コドンの1番目の塩基	U	UUU フェニルアラニン UUC	UCU セリン UCC UCA UCG	UAU チロシン UAC	UGU システイン UGC	U C
		UUA ロイシン UUG		UAA 終止 UAG	UGA 終止 UGG トリプトファン	A G
	C	CUU ロイシン CUC CUA CUG	CCU プロリン CCC CCA CCG	CAU ヒスチジン CAC	CGU アルギニン CGC CGA CGG	U C A G
				CAA グルタミン CAG		
	A	AUU イソロイシン AUC AUA	ACU トレオニン ACC ACA ACG	AAU アスパラギン AAC	AGU セリン AGC	U C A G
		AUG メチオニン(開始)		AAA リシン AAG	AGA アルギニン AGG	
	G	GUU バリン GUC GUA GUG	GCU アラニン GCC GCA GCG	GAU アスパラギン酸 GAC	GGU グリシン GGC GGA GGG	U C A G
				GAA グルタミン酸 GAG		コドンの3番目の塩基

ⅰ）真核生物における翻訳の過程

(1) 合成された mRNA は，核膜孔を通って細胞質基質へ移動し，タンパク質合成の場であるリボソームと結合して複合体を形成する。

(2) 細胞質基質中で，tRNA は特定のアミノ酸と結合し，これをリボソームと結合した mRNA に運ぶ。

(3) コドンに対応したアンチコドンをもつ tRNA が，mRNA に結合する。運ばれてきたアミノ酸どうしは，ペプチド結合によって連結される。

(4) リボソームは mRNA 上をコドン1個分ずつ移動し続け，tRNA は次々とアミノ酸を運び，ポリペプチドが合成される。

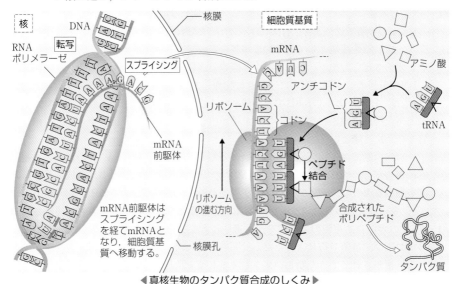

◀真核生物のタンパク質合成のしくみ▶

(c) 原核生物の転写と翻訳 原核細胞は核膜をもたず，DNA は細胞質基質中に存在する。また，ふつう遺伝子にはイントロンが存在せず，スプライシングは起こらない。したがって，転写がはじまると，ただちに翻訳がはじまる。合成中の mRNA にはリボソームが次々に付着し，それらが mRNA 上を移動してポリペプチドが合成される。

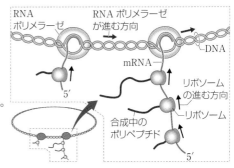

発展 **逆転写**

　RNA を鋳型として DNA を合成することを逆転写という。ウイルスのなかには，RNA を遺伝物質としてもつものがあり，このようなウイルスのなかには逆転写によって合成した DNA を宿主の DNA に挿入し，宿主の細胞とともに増殖するものがある。

1 右の図は，DNA のヌクレオチドを構成するデオキシリボース
を模式的に示している。C は炭素を表し，炭素には 1′〜5′ までの
番号がつけられている。次の各問いに答えよ。
(1) あるヌクレオチドにおいて，塩基が結合している炭素と，リ
ン酸が結合している炭素を，それぞれ番号で答えよ。
(2) 他のヌクレオチドのリン酸が結合する炭素を番号で答えよ。
(3) DNA の 2 本のヌクレオチド鎖間に形成される結合は何という結合か。

2 DNA の複製について，次の文中の（　　　）に適当な語を答えよ。
① DNA の複製では，まず，DNA の（　ア　）と呼ばれる領域が開裂し，それぞれのヌ
クレオチド鎖を鋳型として相補的な塩基をもつヌクレオチドが結合する。これらのヌ
クレオチドどうしを，（　イ　）という酵素が連結する。
② DNA 分子の 2 本鎖は互いに逆向きに配列している。また，DNA のヌクレオチド鎖
は（　ウ　）→（　エ　）方向にのみ合成されるので，連続的に合成されるヌクレオチド
鎖と不連続に合成されるヌクレオチド鎖が生じる。このとき，前者を（　オ　）鎖，後
者を（　カ　）鎖という。
③ （　オ　）鎖では，複製開始部に結合する短い RNA である（　キ　）の合成後，連続
的に複製が行われる。一方（　カ　）鎖では，一定の間隔で（　キ　）が合成され，この
間を埋めるように，短いヌクレオチド鎖である（　ク　）がつくられる。
④ （　キ　）は，DNA のヌクレオチド鎖に置き換わり，（　ケ　）の働きで連結される。

3 DNA の半保存的複製のようすを最も適切に表しているものを，下の図①〜③のなか
から 1 つ選び，番号で答えよ。ただし，図中の太い線は鋳型となったヌクレオチド鎖を，
細い線は複製されてできた新しいヌクレオチド鎖を示している。

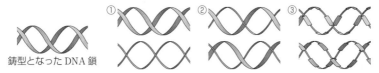

鋳型となった DNA 鎖

4 次の文①〜⑤を，真核生物の翻訳の過程の順となるように並べ替えよ。
① ペプチド結合によってアミノ酸どうしが結合し，ポリペプチドが合成される。
② 核内の DNA のもつ遺伝情報が，転写される。
③ 特定のアミノ酸と結合した tRNA が，アミノ酸をリボソームに運ぶ。
④ RNA のイントロンに対応する領域が取り除かれ，mRNA がつくられる。
⑤ mRNA が，タンパク質合成の場であるリボソームに付着する。

Answer
1(1)塩基が結合している炭素…1′　リン酸が結合している炭素…5′　(2)3′　(3)水素結合　**2**ア…複製起点
イ…DNA ポリメラーゼ(DNA 合成酵素)　ウ…5′　エ…3′　オ…リーディング　カ…ラギング
キ…プライマー　ク…岡崎フラグメント　ケ…DNA リガーゼ　**3**②　**4**②→④→⑤→③→①

基本例題19　DNA のヌクレオチド　　　　　　　　　　⇒基本問題 89

DNA について，次の各問いに答えよ。

(1) 右図は DNA のヌクレオチドの構造を示している。
図中の ［　ア　］ ～ ［　エ　］ に適する語を次の①～④
のなかから選び，番号で答えよ。

① H　　② OH　　③ 塩基　　④ リン酸

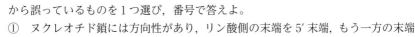

(2) DNA の構造について説明した次の文①～③のなか
から誤っているものを1つ選び，番号で答えよ。

① ヌクレオチド鎖には方向性があり，リン酸側の末端を 5′ 末端，もう一方の末端
を 3′ 末端と呼ぶ。

② 2本鎖の一方が 5′→3′ の向きなら，他方は逆向きになって結合している。

③ シトシンとグアニンの間には水素結合が 4 か所存在する。

■ **考え方**　(1)DNA のデオキシリボースは，RNA や ATP を構成する糖であるリ
ボースよりも O が 1 つ少ない。リボースでは，図のイ，ウはともに OH であるが，
デオキシリボースの場合，ウの位置は OH ではなく H である。(2)シトシンとグアニ
ンの間の水素結合は 3 か所，アデニンとチミンは 2 か所である。

■ **解 答**
(1)ア…④　イ…②
ウ…①　エ…③
(2)③

基本例題20　DNA の複製　　　　　　　　　　　　　⇒基本問題 90，91

DNA の複製は，まず部分的に 2 本鎖がほどけて開裂する。この開裂の起点となる
領域を（　a　）と呼ぶ。開裂した部分では，（　b　）と呼ばれる RNA の短いヌクレ
オチド鎖が合成され，これを起点として，（　c　）(DNA 合成酵素)がヌクレオチド
どうしを結合してヌクレオチド鎖を伸長させる。（　b　）は，最終的に DNA のヌク
レオチドに置き換えられ，（　d　）によってヌクレオチド鎖の切れ目が連結される。

(1) 文中の（　　　）に適切な語を答えよ。

(2) 下図①～④のなかからリーディング鎖が合成されているようすを正しく表したも
のを1つ選び，番号で答えよ。

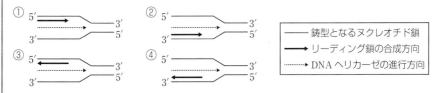

──── 鋳型となるヌクレオチド鎖
───▶ リーディング鎖の合成方向
┄┄┄▶ DNA ヘリカーゼの進行方向

■ **考え方**　DNA ポリメラーゼは，伸長中のヌクレオチド鎖の 3′ 末端に
ヌクレオチドを付加していく。そのため，新しいヌクレオチド鎖は 5′→3′
方向へのみ伸長する。開裂の方向と同じ向きに連続的に合成されるヌクレ
オチド鎖をリーディング鎖，逆方向に不連続に合成されるものをラギング
鎖という。

■ **解 答**　(1)a…複製起点
b…プライマー
c…DNA ポリメラーゼ
d…DNA リガーゼ
(2)②

基本例題21　転写と翻訳

⇒基本問題98

右図は，真核生物においてタンパク質が合成される過程を模式的に示したものである。次の各問いに答えよ。

(1) 図中ア，イの物質を何というか。

(2) DNAの情報にもとづいてウの分子がつくられる過程を何と呼ぶか。

(3) タンパク質は，多数のアミノ酸がつながってできたものである。このアミノ酸どうしの結合を何というか。

(4) Aは，ある構造を示している。その名称と働きを答えよ。

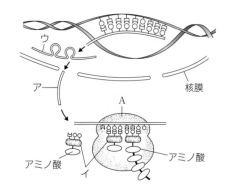

▌考え方▐　(2)遺伝情報の流れは，[DNA→(転写)→(スプライシング)→mRNA→(翻訳)→タンパク質]の順である。転写は核内で，翻訳はリボソームで行われる。(4)リボソームは粒状の構造で，遺伝情報が翻訳され，アミノ酸どうしが結合してタンパク質が合成される場となる。

▌解答▐　(1)ア…mRNA　イ…tRNA　(2)転写　(3)ペプチド結合　(4)リボソーム，タンパク質の合成

基本例題22　原核生物の遺伝子の発現

⇒基本問題99

右図は，原核生物の1つの遺伝子が発現しているようすを模式的に示したものである。

(1) 図に関する記述として最も適当なものを，次の①～④のなかから1つ選べ。

　① アはDNAポリメラーゼである。

　② アはDNAヘリカーゼである。

　③ 転写は矢印Xの方向に進行している。

　④ 転写は矢印Yの方向に進行している。

(2) 図のa～cのなかから，合成中の最も長いポリペプチドがつながっているリボソームを選べ。

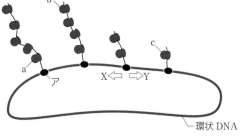

▌考え方▐　RNAポリメラーゼ(図のア)から伸びたひも状のものは，mRNAである。より長いmRNAがつながっているRNAポリメラーゼほど，転写が進んでいる。また，リボソームは，合成途中のmRNAの端(図の上側)から次々に付着し，mRNA上を移動してポリペプチドが合成される。より長くmRNA上を移動したリボソームほど，より長いポリペプチドがつながっている。

▌解答▐
(1)③
(2)a

知識
☑**89. DNAの構造** ●次の文章を読み，以下の各問いに答えよ。

　DNAは，主に核内に存在する核酸の一種であり，（　ア　）と呼ばれる構造単位のくり返された分子である。（　ア　）は，糖，リン酸および塩基からなり，DNAの（　ア　）を構成する糖は（　イ　）である。（　イ　）に含まれる5つの炭素は，1′から5′までの番号で呼ばれ，塩基は（　ウ　）番の，リン酸は（　エ　）番の炭素に結合している。（　ア　）どうしは，リン酸と他の（　ア　）の糖の（　オ　）番の炭素との間で結合が生じて鎖状となる。

問1．文中の（　　）に適切な語または番号を答えよ。

問2．DNAの（　ア　）の構造を示したものを，次の①～③のなかから1つ選び，番号で答えよ。なお，図中の⑫はリン酸を表す。

①

(P)—CH$_2$ 　塩基

H-C　　　C-H
　　H　H
　　C—C
　OH　H

②

$(P)(P)(P)$—CH$_2$ 　塩基

H-C　　　C-H
　　H　H
　　C—C
　OH　H

③

(P)—CH$_2$ 　塩基

H-C　　　C-H
　　H　H
　　C—C
　OH　OH

問3．あるDNAでは，グアニンとシトシンの合計が全塩基数の42%を占めていた。また，このDNAの2本鎖のうち一方の鎖αについて調べたところ，αの全塩基数の30%がアデニンであった。αと対をなす鎖βについて，アデニンがβの全塩基数に占める割合は何%か。

知識
☑**90. DNAの複製と酵素** ●次の文章を読み，以下の各問いに答えよ。

　DNAが複製される際には，複製起点に酵素Aが作用して塩基間の（　ア　）結合が切断され，二重らせん構造が開裂される。次に，複製開始部のヌクレオチド鎖に相補的な短い（　イ　）が合成される。この短い（　イ　）は（　ウ　）と呼ばれる。酵素Bの働きによって（　ウ　）に続けて次々とヌクレオチドが結合し，新しい鎖が伸長する。

　DNAの2本のヌクレオチド鎖どうしは，方向性が逆向きになって結合している。このため，複製時の開裂部分で新たに合成されるヌクレオチド鎖のうち，一方は開裂が進む方向と同じ向きに連続的に合成され，他方は開裂が進む方向と逆向きに不連続に合成される。このとき，連続的に合成される鎖を（　エ　）鎖といい，不連続に合成される鎖を（　オ　）鎖という。（　オ　）鎖において，不連続に合成された短いヌクレオチド鎖は，酵素Cの働きによって連結される。

問1．文中の（　　）に適切な語を答えよ。

問2．文中の酵素A～Cとして最も適切なものを次の①～⑤のなかから1つずつ選び，それぞれ番号で答えよ。

　①　DNAホスファターゼ　　②　DNAキナーゼ　　③　DNAヘリカーゼ
　④　DNAポリメラーゼ　　　⑤　DNAリガーゼ

☑ **91.** DNA の複製のしくみ ●DNA の複製のしくみについて，以下の各問いに答えよ。

問１．DNA の複製がはじまるとき，DNA の特定の領域の二重らせん構造が開裂する。この領域を何というか。

問２．DNA の複製において，ヌクレオチド鎖が合成されている領域の一部を示した模式図として，適切なものを次の①～⑧のなかからすべて選び，番号で答えよ。なお，矢印の向きは，新しく合成されるヌクレオチド鎖の合成方向を示している。

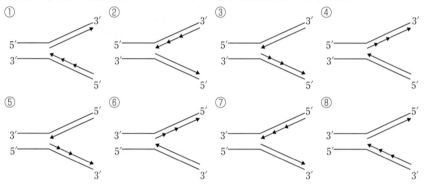

☑ **92.** 半保存的複製 ●DNA の複製に関する次の文章を読み，以下の各問いに答えよ。

大腸菌を ^{15}N が含まれる塩化アンモニウムを窒素源とする培地で何世代も培養し，大腸菌の DNA に含まれる窒素を ^{15}N に置き換えた。この菌をふつうの窒素 ^{14}N を含む培地に移し，何回か細胞分裂を行わせた。(1)^{14}N を含む培地に移す前の大腸菌，(2)移してから１回目の分裂をした大腸菌，(3)２回目の分裂をした大腸菌，(4)３回目の分裂をした大腸菌，(5)４回目の分裂をした大腸菌から，それぞれ DNA を取り出して塩化セシウム溶液に混ぜ，遠心分離した。下図 A ～ G は，予想される DNA の分離パターンを示したものである。ただし，各層の DNA の量は等しく示されている。

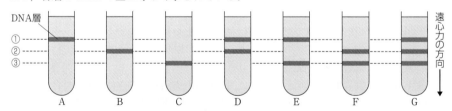

問１．上の図に示された①～③の各層の DNA には，どの種類の N が含まれるか。次のア～ウのなかからそれぞれ選べ。

ア．^{14}N のみ　　イ．^{15}N のみ　　ウ．^{14}N と ^{15}N の両方

問２．下線部(1)～(5)の大腸菌から得られる DNA 層を示す図はどれか。A ～ G のなかからそれぞれ選べ。ただし，同じものを何度選んでもよい。

問３．下線部(3)～(5)の大腸菌から得られる DNA 層の量の比はどうなるか。それぞれについて①：②：③＝1：1：1のように，最も簡単な整数比で答えよ。

知識

☐ **93. 転写のしくみ** ●転写のしくみに関する次の文章を読み，以下の各問いに答えよ。

転写では，DNA の 2 本のヌクレオチド鎖のうち，一方の鎖のみが鋳型となる。どちらのヌクレオチド鎖が鋳型となるかは遺伝子ごとに異なっている。したがって，1 本のヌクレオチド鎖全体では，鋳型となる部分とならない部分の両方が存在する。次の図は，転写のようすを表した模式図である。

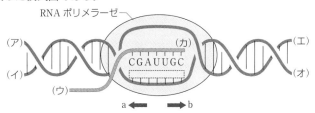

問1．鋳型となる鎖の 5′ 末端と RNA の 5′ 末端を，図中のア〜カのなかからそれぞれ選べ。

問2．転写の進行方向は図中の矢印 a，b のうちどちらか答えよ。

問3．転写された RNA の一部の配列を図中に表記した。この部分を転写するときに鋳型となった鎖の塩基配列を，5′ 末端を左として順に A，T，G，C を用いて答えよ。

思考

☐ **94. 真核生物の mRNA 合成** ●動物細胞では，DNA から転写された RNA はある過程を経て mRNA となり，核膜孔を通過した後，細胞質基質のリボソームで翻訳される。転写された RNA は，(ア)塩基配列がアミノ酸に翻訳される部分をもつ。しかし，mRNA の鋳型となる DNA には，mRNA に相補的な DNA 配列がそのまま存在しているのではなく，下図のように(イ)いくつかの翻訳されない DNA 配列が余分に入り込んでいる。下図は，鋳型となる DNA における，mRNA に写し取られる遺伝子の構造を模式的に示したものである。

いま，図に示される 2 本鎖 DNA と，そこから転写された mRNA を試験管の中で混合し，高温で 2 本鎖 DNA を解離した後，(ウ)徐々に冷やして mRNA とその相補的な DNA 配列を結合させた。

☐ ：翻訳される DNA 配列

▬▬▬ ：翻訳されない DNA 配列

問1．下線部(ア)に対応する DNA の領域を何というか。

問2．下線部(イ)の名称を何というか。

問3．転写された RNA から下線部(イ)が取り除かれていく過程を何というか。

問4．下線部(ウ)の構造物は，下の①〜⑥のうちどれが最も適当か。番号で答えよ。

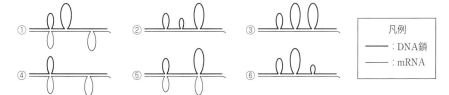

凡例
── ：DNA鎖
── ：mRNA

思考 論述

☑**95. 真核生物の転写とスプライシング** ●次の文章を読み，以下の各問いに答えよ。

　真核生物の転写では，まず，ₐ転写の開始に関与するDNA上の領域に，ᵦ転写に必須のタンパク質複合体と꜀RNAのヌクレオチド鎖を合成する酵素とが結合する。遺伝子をもとに転写されたRNAはmRNA前駆体と呼ばれ，₍ₔ₎スプライシングの過程を経て完成したmRNAとなる。

問1．下線部a，b，およびcの名称をそれぞれ答えよ。

問2．下線部dに関して，スプライシングとはどのような過程か。50字以内で説明せよ。

問3．下線部dに関して，選択的スプライシングが起こると，1つの遺伝子から複数の種類のmRNAが合成される。下の図に示すある遺伝子には，4つのエキソンA～Dが含まれる。この遺伝子からは，最大で何種類のmRNAが合成されるか答えよ。ただし，エキソンの重複および逆転は起こらないとする(合成されないmRNAの例：A−A−C，B−A−C−D)。

エキソン

DNA | A | | B | | C | | D |

イントロン

知識

☑**96. 翻訳のしくみ** ●次の文章を読み，以下の各問いに答えよ。

　ポリペプチドは，mRNAの塩基配列にもとづいて，タンパク質と(ア)からなる粒状の構造である(イ)で合成される。mRNAの塩基配列がどのようなアミノ酸配列に変換されるかは，遺伝暗号表から知ることができる。遺伝暗号表は，(ウ)と呼ばれるmRNAの3つの塩基の並びと，1つのアミノ酸との対応を示すものである。3つの塩基の組み合わせは(エ)通りであり，タンパク質の成分となる(オ)種類のアミノ酸をすべて指定することができる。

問1．文中の( )に適切な語または数字を答えよ。

問2．あるmRNAの塩基配列の一部を下に示す。この部分の配列が端からすべて翻訳されると，何個のアミノ酸がつながったものになるか。

$$5'-AUGGGGAGGAGAUUUGCG-3'$$

問3．問2で示したmRNAのもとになったDNAの塩基配列を答えよ。ただし，5′末端を左にして解答すること。

知識 計算

☑**97. DNAからの転写・翻訳** ●次の文中の空欄に適語または数字を入れよ。

　ある生物を構成する1つの細胞の核内に存在するDNAには，$5.1×10^7$個の塩基対が含まれている。また，DNAの2本鎖のうち，一方の鎖がもつ遺伝情報がすべてタンパク質合成に使用されるとする。このとき，DNAの遺伝情報にもとづき，(ア)個のアミノ酸が相互に(イ)結合する。(イ)結合した後のアミノ酸の平均分子量を120とし，この生物の1遺伝子が平均1,500塩基対であるとすると，タンパク質の平均分子量は(ウ)となり，(エ)種類のタンパク質がつくられることになる。また，DNAの塩基対10個分の長さを3.4nmとすると，このDNAの全長は(オ)mとなる。

98. DNA の転写と翻訳 ●次の文章を読み，以下の各問いに答えよ。

DNA がもつ遺伝情報は mRNA に伝えられ，その情報にもとづいて特定のアミノ酸と結合した tRNA が運ばれ，情報どおりの順序にアミノ酸がペプチド結合でつながれて特定のタンパク質ができる。右図は，このような遺伝情報の流れを模式的に示している。

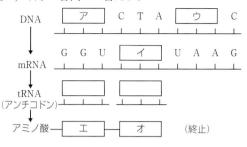

問1．図中のア，イ，ウに相当する塩基配列を示せ。

問2．下の遺伝暗号表を参考に，エとオに相当するアミノ酸名を答えよ。

問3．転写された遺伝情報が翻訳される場となる粒状の構造を答えよ。

問4．図の DNA で，終止コドンに対応するトリプレットの1つの塩基が失われ，その部分で翻訳は終わらなくなった。失われた DNA の塩基の名称，およびそのことによってオに続いて指定されるアミノ酸を答えよ。

1番目の塩基	2番目の塩基				3番目の塩基
	U	C	A	G	
U	フェニルアラニン	セ リ ン	チ ロ シ ン	システイン	U
	フェニルアラニン	セ リ ン	チ ロ シ ン	システイン	C
	ロ イ シ ン	セ リ ン	（終 止）	（終 止）	A
	ロ イ シ ン	セ リ ン	（終 止）	トリプトファン	G
C	ロ イ シ ン	プ ロ リ ン	ヒ ス チ ジ ン	アルギニン	U
	ロ イ シ ン	プ ロ リ ン	ヒ ス チ ジ ン	アルギニン	C
	ロ イ シ ン	プ ロ リ ン	グルタミン	アルギニン	A
	ロ イ シ ン	プ ロ リ ン	グルタミン	アルギニン	G
A	イソロイシン	ト レ オ ニ ン	アスパラギン	セ リ ン	U
	イソロイシン	ト レ オ ニ ン	アスパラギン	セ リ ン	C
	イソロイシン	ト レ オ ニ ン	リ シ ン	アルギニン	A
	メチオニン（開始）	ト レ オ ニ ン	リ シ ン	アルギニン	G
G	バ リ ン	ア ラ ニ ン	アスパラギン酸	グ リ シ ン	U
	バ リ ン	ア ラ ニ ン	アスパラギン酸	グ リ シ ン	C
	バ リ ン	ア ラ ニ ン	グルタミン酸	グ リ シ ン	A
	バ リ ン	ア ラ ニ ン	グルタミン酸	グ リ シ ン	G

99. 原核生物の転写と翻訳 ●下図は，原核生物のある遺伝子から DNA の塩基配列に従ってタンパク質が合成されるようすを示している。これについて，次の各問いに答えよ。

問1．プロモーターの位置，DNA のセンス鎖の 5′ 末端側，mRNA の 3′ 末端側を，図の(A)〜(D)のなかから選び，記号で答えよ。同じ記号を何度用いてもよい。

問2．転写開始からタンパク質が合成されるまでの時間は，一般に真核生物より原核生物のほうが短いとされている。このことの根拠として考えられる原核生物における転写と翻訳の特徴を20字以内で答えよ。

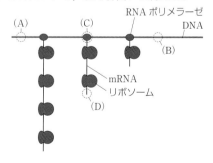

思考例題 ⑥ DNA 複製のしくみを整理する ………………………

課題

　DNA は，細胞分裂の際に複製される。右の図は，中央の複製起点から左右に向かって DNA が複製されるときの鋳型となる鎖のようすのみを模式的に示したものである。図において，RNA プライマーが合成される可能性のある場所はどこか。図中の a ～ h のなかからすべて選び，記号で答えよ。

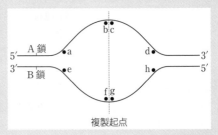

複製起点

(19. 松山大改題)

指針 ▶ DNA が複製の際には両方向に開裂していくことに注意して DNA の複製のしくみを整理し，結論を導く。

次の Step 1 ～ 4 は，課題を解く手順の例である。空欄を埋めてその手順を確認しなさい。

Step 1 DNA ポリメラーゼの働きを確認する

　DNA ポリメラーゼは，プライマーを起点に次々とヌクレオチドを付加し，ヌクレオチド鎖を合成する。このとき，ヌクレオチドは（　1　）末端に付加されるため，DNA ポリメラーゼは新生鎖を（　2　）末端から（　1　）末端の方向に伸長させることになる。

Step 2 鋳型となる鎖の方向性を確認する

　DNA の開裂は複製起点を境に両方向に進行する。したがって，図を複製起点の左右に分けて考える。複製起点の左側では，A 鎖は，図の左側が（　3　）末端側，右側が（　4　）末端側である。B 鎖は，図の左側が（　5　）末端側，右側が（　6　）末端側である。また，複製起点の右側における A 鎖と B 鎖の方向性は，左側と同じである。

Step 3 リーディング鎖とラギング鎖を考える

　DNA の開裂方向と同じ向きに合成されるものがリーディング鎖，逆向きに合成されるものがラギング鎖である。したがって，複製起点の左側では，A 鎖を鋳型として合成されるものが（　7　）鎖，B 鎖を鋳型として合成されるものが（　8　）鎖である。右側ではこの逆となるため，A 鎖を鋳型として合成されるものが（　9　）鎖で，B 鎖を鋳型として合成されるものが（　10　）鎖となる。

Step 4 リーディング鎖とラギング鎖のプライマーの位置を考える

　DNA の 2 本のヌクレオチド鎖は逆平行に結合していること，DNA ポリメラーゼが（　2　）末端から（　1　）末端の方向に伸長させることに注意する。リーディング鎖は連続的に合成されるため，5′ 末端に 1 つプライマーがあればよい。一方，ラギング鎖は不連続に合成されるため，各岡崎フラグメントの 5′ 末端にプライマーが必要となる。

Stepの解答　1…3′　2…5′　3…5′　4…3′　5…3′　6…5′　7…リーディング　8…ラギング　9…ラギング　10…リーディング

課題の解答　b, d, e, g

発展例題5　原核生物のタンパク質合成

➡発展問題104

　生物のもつ遺伝情報は，ほとんどの場合，DNAの塩基配列として存在する。生物がもつ必要最小限の遺伝情報の一組を（　ア　）と呼ぶが，その情報量は膨大で，ヒトは細胞当たり2mの長さのDNAをもつ。真核生物のDNAは，（　イ　）というタンパク質に巻き付き，ビーズ状のヌクレオソームを構成し，凝集して存在する。DNAの塩基配列は，転写，翻訳の過程を経て，タンパク質のアミノ酸配列を決定する。転写はDNAを鋳型としてRNAを合成する反応で，RNAポリメラーゼが行う。(a)原核生物では，転写された伝令RNA(mRNA)は，その場で直ちに翻訳されるが，真核生物では，転写と翻訳は細胞内の異なった部位で行われる。真核生物の遺伝子の多くは，タンパク質をコードする（　ウ　）とタンパク質をコードしない（　エ　）からなり，転写後，（　エ　）に対応する領域が除去されて（　ウ　）に対応する領域どうしが結合することで最終的なmRNAとなる。この過程をスプライシングと呼ぶ。

　(b)DNAの塩基配列に突然変異が生じるとさまざまな影響が現れる。一方，(c)転写領域の塩基配列の変異でも，タンパク質のアミノ酸配列に影響を与えない場合もある。

問1．文中の（　ア　）～（　エ　）に適切な語を入れよ。

問2．下の図1は，下線部(a)のようすを模式的に示したものである。次の①～④の物質や酵素が図のどこに相当するかを，DNAの例示に従って，線を用いて図に示せ。

　　さらに，転写が進行する方向，および翻訳の進行する方向を矢印で示し，"転写の方向"および"翻訳の方向"と明記せよ。

① 翻訳中のタンパク質　　② mRNA

③ RNAポリメラーゼ　　④ リボソーム

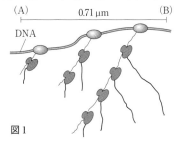

図1

問3．図1の(A)－(B)は，この遺伝子の転写領域の長さを示している。この遺伝子から合成されるタンパク質の分子量を求め，有効数字3桁で答えよ。計算式も示すこと。ただし，(A)－(B)間がすべてタンパク質に翻訳されるものとする。DNAの10ヌクレオチドで構成される鎖の長さを34Å（オングストローム，10^{-10} m），アミノ酸の平均分子量を118とする。

問4．下線部(b)について，突然変異の結果，ある遺伝子Aに下記の変異が起こったとする。その結果，遺伝子AのmRNA量が減少する可能性がある場合は○，可能性がない場合は×を記せ。また，その理由をそれぞれ30字以内で述べよ。

　　遺伝子Aの翻訳開始コドンの変異

問5．下線部(c)のようにタンパク質のアミノ酸配列に影響しない1塩基の突然変異について，①mRNAに関連する場合と，②翻訳に関連する場合に分けて，それぞれ60字以内で説明せよ。

(京都府立大改題)

第5章 遺伝情報とその発現

問1．ア…ゲノム　イ…ヒストン　ウ…エキソン
　　　エ…イントロン

問2．右図

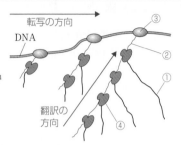

転写の方向
DNA
③
②
①
翻訳の方向
④

問3．$\dfrac{7.1\times10^{-7}}{3.4\times10^{-10}}\times\dfrac{1}{3}\times(118-18)+18=6.96\times10^{4}$

問4．×

　　　（理由）翻訳開始コドンが変異しても，転写に
　　　　　　影響はないため。（25字）

問5．①DNAのイントロン領域に起こった突然変異は，転写後，mRNAが合成される際
　　　に，スプライシングによって除去されるため。（56字）
　　　②DNAのエキソン領域に変異が起こり，翻訳がなされても，変化したコドンは元
　　　のコドンと同じアミノ酸を指定する場合があるため。（59字）

問2．原核生物では，合成途中のmRNAにリボソームが次々に付着し，それらがmRNA
　　　上を移動してポリペプチドが合成される。また，合成途中のmRNAの長さから転写の
　　　方向が，翻訳中のポリペプチドの長さから翻訳の方向がわかる。

問3．A－B間の距離をヌクレオチド1つ分の長さで割ると，A－B間のヌクレオチド対
　　　の数が求められる。A－B間の距離は7.1×10^{-7}(m)，また，ヌクレオチド1個分の長さ
　　　は，$34\times10^{-10}\div10=3.4\times10^{-10}$(m/個)となる。したがって，A－B間のヌクレオチド対
　　　の数は，7.1×10^{-7}(m)$\div(3.4\times10^{-10})$(m/個)となる。3塩基で1つのアミノ酸が指定さ
　　　れるので，アミノ酸の数はヌクレオチド対の数を3で割れば求められる。

　　　　タンパク質の分子量は，アミノ酸の分子量の総和から，ペプチド結合によって脱離し
　　　た水分子の分子量を引いたものになる。ここで，アミノ酸の数をnとすると，ペプチド
　　　結合の数は(n−1)となる。したがって，タンパク質の分子量を，nを用いて表すと，
　　　$118n-18(n-1)=(118-18)n+18$となる。nにアミノ酸の数を代入すると，
　　　$(118-18)\times\{7.1\times10^{-7}\div(3.4\times10^{-10})\div3\}+18=69625.8\cdots\fallingdotseq6.96\times10^{4}$となる。

問4．翻訳開始コドンは翻訳の開始を決定しており，この部位に変異が起こっても，翻訳
　　　以前の過程までは行われると考えられる。そのため，それまでに合成されるmRNAの
　　　量は減少しない。

問5．①DNAのイントロン領域に起こった塩基配列の変化は，転写後，mRNAが合成さ
　　　れる際にスプライシングによって除去される。したがって，この変化は翻訳されず，ア
　　　ミノ酸配列に影響しない。②1つのアミノ酸は3塩基の配列で指定されており，塩基が
　　　1つ置換しても，同じアミノ酸が指定される場合がある。この場合は，DNAのエキソ
　　　ン領域に変化が起こり，その翻訳がなされても，指定されるアミノ酸配列は変化しない。

思考 計算

☑**100. DNA と遺伝子情報** ■次の文を読み，下の各問いに答えよ。

　遺伝情報は，DNA の塩基配列をもとに mRNA が転写され，コドンに従ってアミノ酸が指定されてタンパク質が合成されることによって発現する。この遺伝情報発現の流れを（　ア　）といい，遺伝情報発現の大原則と考えられている。

　ウイルスには，RNA を遺伝子としてもち，これを鋳型として相補的な DNA を合成する（　イ　）を経てつくられた 2 本鎖 DNA を，感染細胞の DNA に入り込ませるものがある。このようなウイルスは，（　ウ　）と呼ばれる。

発展 問 1．（　ア　）〜（　ウ　）に適切な語を答えよ。

　　問 2．ある細菌の 1 個の 2 本鎖 DNA の総ヌクレオチドの分子量は 3.6×10^9 である。1 個のヌクレオチドの平均分子量は 3.0×10^2 とし，また，この DNA よりつくられる複数のタンパク質の平均分子量は 4.8×10^4，タンパク質中のアミノ酸の平均分子量は 1.2×10^2 とする。以下の問い(1)と(2)について，それぞれ有効数字 2 桁で答えよ。

　　　(1)　この DNA がタンパク質をつくる情報をもっている領域のみでできているとすると，この DNA が指定できるアミノ酸の総数はいくつになるか。

　　　(2)　この DNA は，何種類のタンパク質の遺伝情報をもつことになるか。

　　　　　　　　　　　　　　　　　　　　　　　　　　　　　　　　（九州歯科大改題）

💡**ヒント**
問 2．アミノ酸の平均分子量はタンパク質中のものであり，ペプチド結合が形成されるときに脱離する水の影響は考えない。

思考 作図 計算

☑**101. 環状 DNA の複製** ■DNA の複製に関する次の各問いに答えよ。

　　問 1．右図は大腸菌の環状ゲノムの模式図で，2 本の実線はそれぞれ DNA のヌクレオチド鎖を示しており，外側の実線（DNA のヌクレオチド鎖）が時計回りに $5' \to 3'$ の方向を向いていることとする。複製の開始から終了までの間で，全体の 4 分の 1 まで DNA 合成が進んだときの状態を示す模式図を描け。なお，新生鎖のリーディング鎖は実線，ラギング鎖は点線で書くこと。模式図では DNA のらせん構造や塩基対形成は省略してよい。

複製起点

外側の実線（DNA のヌクレオチド鎖）が時計回りに $5' \to 3'$ の方向

$5'$

$3'$

　　問 2．大腸菌のゲノムサイズは 4.5×10^6 塩基対である。大腸菌の DNA ポリメラーゼは毎秒 1000 塩基の速度で DNA を合成できるとして，複製の開始後，1 回の複製が完了するまでにかかる時間は何分何秒か答えよ。　　　　　　　（20．学習院大改題）

💡**ヒント**
問 1，2．DNA の複製では，複製起点から両方向にリーディング鎖とラギング鎖が合成されていく。

☐ **102. mRNA の合成** ■次の文章を読み，下の各問いに答えよ。

　1つの遺伝子から複数種の mRNA をつくるスプライシングにより，図１のように遺伝子Xから mRNA（X−1）と mRNA（X−2）の２種類の mRNA がつくられ，それぞれが翻訳されることによりタンパク質 X−1 とタンパク質 X−2 がつくられる。

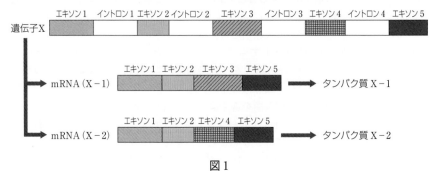

図１

問１．図１のようなスプライシングの名称を答えよ。

問２．図１のエキソン３，４の長さがそれぞれ79，72ヌクレオチドであり，エキソン２とイントロン２の境界領域，イントロン４とエキソン５の境界領域が，図２のような配列であるとする。タンパク質 X−1 とタンパク質 X−2 のアミノ酸の数を比較したとき，どちらのタンパク質のアミノ酸数が何個多いか答えよ。ただし，タンパク質 X−1 とタンパク質 X−2 のどちらもエキソン５に存在する終止コドンまで翻訳されたものとする。また，終止コドンは UAA，UAG，UGA の３種類が存在する。

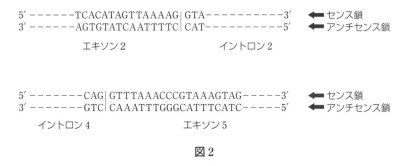

図２

（20. 富山大改題）

💡ヒント

問２．「エキソン５に存在する終止コドンまで翻訳された」とあるので，エキソン２で終止コドンが出現するようなコドンの読み方は排除して考える。また，mRNA（X−1）と mRNA（X−2）では，エキソン３とエキソン４の塩基数が異なるため，エキソン５のどの終止コドンで翻訳が停止するかに注意する。

思考 計算

☐ **103. 真核生物の転写** ■右図は，DNA が転写さ
れて，mRNA 前駆体が合成されるようすを表し
たものである。図中の(ア)~(ウ)は各鎖の末端を示し
ている。下の各問いに答えよ。

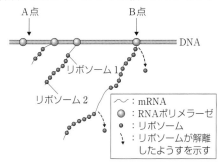

問1．転写の過程で，RNA ポリメラーゼが最初
に結合する DNA の領域を何というか。

問2．図中の(ア)~(ウ)は，5′ 末端，3′ 末端のいずれか。それぞれ答えよ。

問3．図のような過程で合成された mRNA 前駆体の塩基組成を調べたところ，全塩基に
占めるグアニンの割合が20%だった。また，この mRNA 前駆体の元となった2本鎖
DNA の転写領域における塩基組成を調べたところ，2本鎖 DNA を構成する全塩基に
占めるグアニンの割合は24%だった。このとき，この mRNA 前駆体を構成するシト
シンの割合（%）を求めよ。

問4．真核生物において，成熟した3種類の RNA である mRNA, rRNA, tRNA のなかか
ら，以下の記述(1)~(5)に当てはまる RNA として，適切なものをそれぞれすべて答えよ。
なお，該当するものがない場合には，「なし」と答えよ。

(1) 核のなかで合成される。　　(2) 細胞質基質で合成される。

(3) アンチコドンをもつ。　　(4) イントロンに相当する塩基配列を含む。

(5) 翻訳される領域と翻訳されない領域の両方を含む。　　(20. 北里大改題)

💡**ヒント**
問3．DNA のセンス鎖におけるグアニンとシトシンの割合について考える。

思考 論述

☐ **104. 原核生物のタンパク質合成** ■原核細胞における遺伝情報の転写と翻訳の過程を，模
式的に下図に示した。ただし，リボソームで合成されたポリペプチドは描かれていない。

問1．リボソーム1，2が図に示した位置関
係にあるとき，合成されたポリペプチドの
分子量はどちらが大きいか。

問2．図中のA点とB点の間に，いくつのポ
リペプチドに相当する遺伝情報があると考
えられるか，答えよ。

問3．ある酵素の遺伝子の塩基配列が1か所
だけ変化した。その結果，正常な酵素とア
ミノ酸の数は等しいが，配列は異なるタン
パク質が合成された。また，そのタンパク質は酵素活性をもっていなかった。酵素活性
が失われた理由として，どのようなことが考えられるか。1つあげて説明せよ。

（群馬大改題）

💡**ヒント**
問2．リボソームは，1つのポリペプチドを翻訳すると解離する。

思考

☐ **105. 真核生物の遺伝子発現** ■遺伝子の発現に関する文章を読み，下の各問いに答えよ。

DNA には（　ア　）と呼ばれる特別な機能をもつ塩基配列の領域が存在する。原核生物では，そこに（　イ　）という酵素が結合して RNA の合成がはじまる。（　イ　）が（　ア　）に結合すると DNA の（　ウ　）がほどけて塩基どうしの結合が切れた状態になる。鋳型の鎖の塩基に（　エ　）的な塩基をもつ（　オ　）が結合すると，（　イ　）の働きによって先に結合していた（　オ　）に連結される。この過程がくり返され，最終的に DNA の塩基配列を写し取った新しい RNA 分子ができる。このように DNA の鋳型となる鎖の塩基配列に対応した RNA を合成することを（　カ　）という。真核生物の（　イ　）は，（　キ　）とともに複合体をつくって（　ア　）に結合して（　カ　）が開始される。真核生物の遺伝子では，多くの場合，RNA が合成された後に核内でその一部分が取り除かれることが知られている。このとき取り除かれる部分に対応する DNA 領域を（　ク　），それ以外の取り除かれない部分に対応する DNA 領域を（　ケ　）という。（　カ　）によってつくられた RNA から（　ク　）に対応する部分が除かれ，隣り合う（　ケ　）に対応する部分が結合して（　コ　）がつくられる。この過程は，（　サ　）と呼ばれる。

問1．文章中の（　ア　）~（　サ　）に最も適切な語句を入れよ。

問2．文章中の DNA と RNA について，構成要素における違いをあげよ。

問3．ある酵素(185個のアミノ酸からなる)の遺伝子 z は，上記の（　ケ　）を5つもつ。つくられる（　コ　）は，5つの（　ケ　）に由来する1種類のみで長さは731塩基である。3番目の（　ケ　）の配列の一部を上に示した。この配列は（　コ　）の 5′ 末端から数えて311~325番目の塩基に相当する。

$$5'-ACTGAGCGTTAACAC-3'$$
$$3'-TGACTCGCAATTGTG-5'$$

(1) 下側の鎖をもとに合成される RNA の配列を 5′→3′ の方向で記せ。

(2) 下表を参考に，遺伝子 z に由来する(1)の RNA 配列から推定されるアミノ酸配列を記せ。また，そのように推定した理由を簡潔に述べよ。

(岡山大改題)

		コドンの2番目の塩基								
		U		C		A		G		
コドンの1番目の塩基	U	UUU UUC	フェニルアラニン	UCU UCC	セリン	UAU UAC	チロシン	UGU UGC	システイン	U C	コドンの3番目の塩基
		UUA UUG	ロイシン	UCA UCG		UAA UAG	終止	UGA UGG	終止 トリプトファン	A G	
	C	CUU CUC	ロイシン	CCU CCC	プロリン	CAU CAC	ヒスチジン	CGU CGC	アルギニン	U C	
		CUA CUG		CCA CCG		CAA CAG	グルタミン	CGA CGG		A G	
	A	AUU AUC	イソロイシン	ACU ACC	トレオニン	AAU AAC	アスパラギン	AGU AGC	セリン	U C	
		AUA AUG	メチオニン	ACA ACG		AAA AAG	リシン	AGA AGG	アルギニン	A G	
	G	GUU GUC	バリン	GCU GCC	アラニン	GAU GAC	アスパラギン酸	GGU GGC	グリシン	U C	
		GUA GUG		GCA GCG		GAA GAG	グルタミン酸	GGA GGG		A G	

💡**ヒント**

問3．(2)311番目の塩基がコドンの1番目の塩基になるとは限らない。

思考 論述

☑ **106. 遺伝暗号の変異** ■下の塩基配列は，ある遺伝子のはじめの部分で，最初の 5 つのアミノ酸に関する遺伝情報を示している。次の各問いに答えよ。

```
1  2  3  4  5  6  7  8  9 10 11 12 13 14 15 …
T  A  C  T  T  A  G  T  C  C  G  A  G  C  A …
```

コドン表

					コドンの 2 番目の塩基						
		U		C		A		G			
コドンの1番目の塩基	U	UUU UUC	フェニルアラニン	UCU UCC	セリン	UAU UAC	チロシン	UGU UGC	システイン	U C	コドンの3番目の塩基
		UUA UUG	ロイシン	UCA UCG		UAA UAG	終止	UGA UGG	終止 トリプトファン	A G	
	C	CUU CUC CUA CUG	ロイシン	CCU CCC CCA CCG	プロリン	CAU CAC	ヒスチジン	CGU CGC	アルギニン	U C	
						CAA CAG	グルタミン	CGA CGG		A G	
	A	AUU AUC AUA	イソロイシン	ACU ACC ACA	トレオニン	AAU AAC	アスパラギン	AGU AGC	セリン	U C	
		AUG	メチオニン	ACG		AAA AAG	リシン	AGA AGG	アルギニン	A G	
	G	GUU GUC GUA GUG	バリン	GCU GCC GCA GCG	アラニン	GAU GAC	アスパラギン酸	GGU GGC	グリシン	U C	
						GAA GAG	グルタミン酸	GGA GGG		A G	

問1．mRNA は図の左から右へ合成される。合成される mRNA と，アミノ酸のこの部分の配列をそれぞれ答えよ。

問2．染色体異常が起こり，左から 4 番目と 5 番目の塩基間，および左から 10 番目と 11 番目の塩基間で DNA 鎖が切断され，回転して逆向きに再び結合した。新しくできた DNA 鎖の 5 番目から 10 番目までの塩基配列を，2 本鎖の状態で答えよ。

問3．問2で新しくできた DNA に関して，TACT ではじまる上の鎖を鋳型として転写されてできる mRNA を答えよ。

問4．あるタンパク質は，進化の過程で，アミノ酸配列の 1 か所がアラニン→グリシン→アルギニン→メチオニンの順に置き換わったことがわかっている。突然変異が 1 回起こるたびに 1 つの塩基の置換が起こり，その結果アミノ酸が変化したとすると，はじめのアラニンのコドンは何であったと考えられるか。mRNA の塩基配列で答えよ。

問5．DNA の塩基配列は，アミノ酸の配列順序を指定することによりタンパク質の一次構造の暗号となっている。しかし，生体を構成する物質はタンパク質以外にも糖や脂質などがあり，これらの物質の構造に関する遺伝情報はない。タンパク質以外の物質はどのように合成されるか。

（京都府立医大改題）

 ヒント

問2．DNA のヌクレオチド鎖には方向性があり，同方向でなければ再結合できない。

6 | 遺伝子の発現調節と発生

1 遺伝子の発現調節

❶遺伝子の発現調節

(a) **遺伝子発現と分化** 多細胞生物のからだを構成するすべての細胞は，基本的に同一のゲノムをもつ。それにもかかわらず，異なる形態や機能をもつ細胞が存在するのは，細胞の種類に応じて遺伝子の発現が調節され，細胞の分化が起こるためである。

(b) **調節タンパク質による遺伝子の発現調節** 遺伝子の発現調節には，転写調節領域と総称される DNA の塩基配列が関わる。転写調節領域に結合し，遺伝子の発現を調節するタンパク質は調節タンパク質と呼ばれ，その合成に関与する遺伝子は調節遺伝子と呼ばれる。調節タンパク質のうち，転写を促進するものをアクチベーター，転写を抑制するものをリプレッサーという。

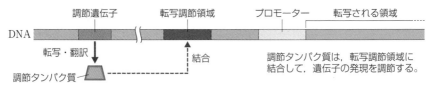

◀調節タンパク質による遺伝子の発現調節▶

> **参考** 　一遺伝子一酵素説
>
> 「1つの遺伝子が1つの酵素の合成に関与する」という説を，一遺伝子一酵素説という。アカパンカビの野生株は，糖や無機塩類など成長に必要な最少の栄養素を含む培地（最少培地）で生育できる。この胞子にX線を当て，突然変異を生じさせると，最少培地では生育できないが，特定のアミノ酸を与えると生育できる栄養要求株が得られる。このうち，アルギニンを与えると生育できるものをアルギニン要求株といい，Ⅰ型，Ⅱ型，Ⅲ型の3種類がある。3種類の株に異なる栄養素を与える実験の結果から，アルギニンの合成過程は下図のようであることがわかった。
>
> | 最少培地に加えたアミノ酸 | | なし | オルニチン | シトルリン | アルギニン |
> |---|---|---|---|---|---|
> | 野生株 | | ＋ | ＋ | ＋ | ＋ |
> | アルギニン要求株 | Ⅰ型 | － | ＋ | ＋ | ＋ |
> | | Ⅱ型 | － | － | ＋ | ＋ |
> | | Ⅲ型 | － | － | － | ＋ |
>
> ＋：生育する　－：生育しない
>
> 前駆物質 → オルニチン → シトルリン → アルギニン
> 酵素A　　　酵素B　　　酵素C
> 遺伝子A　　遺伝子B　　遺伝子C
>
> | | Ⅰ型 | ✕ | ○ | ○ |
> | | Ⅱ型 | ○ | ✕ | ○ |
> | | Ⅲ型 | ○ | ○ | ✕ |
>
> ○：正常な遺伝子　✕：異常な遺伝子
>
> ◀アルギニン要求株と遺伝子▶

❷原核生物における遺伝子発現の調節

　原核生物では，機能的に関連のある遺伝子が隣接して存在し，まとめて転写されることが多い。このような遺伝子群をオペロンという。オペロンの転写調節領域にはオペレーターと呼ばれる領域などがある。オペレーターには調節タンパク質が結合し，オペロンの発現を調節する。

(a)　ラクトースオペロン

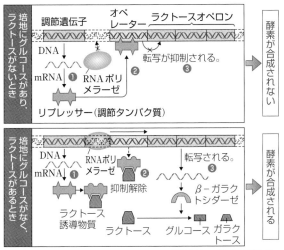

❶調節遺伝子によって，リプレッサーが合成される。
❷リプレッサーがオペレーターに結合する。
❸その結合によって，RNAポリメラーゼが結合できず，β−ガラクトシダーゼ遺伝子などが転写されない。

❶調節遺伝子によって，リプレッサーが合成される。
❷リプレッサーは，ラクトース誘導物質と結合してオペレーターから離れ，オペレーターの抑制が解除される。
❸RNAポリメラーゼがDNAに結合し，β−ガラクトシダーゼ遺伝子などが転写される。

◀ラクトースオペロン▶

(b)　トリプトファンオペロン

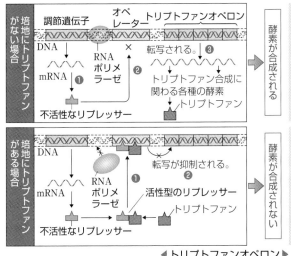

❶調節遺伝子が転写され，不活性なリプレッサーが合成される。
❷不活性なリプレッサーはオペレーターに結合しない。
❸RNAポリメラーゼがプロモーターに結合し，トリプトファン合成に関わる各種の酵素の遺伝子が発現する。

❶不活性なリプレッサーがトリプトファンと結合して活性型のリプレッサーとなり，オペレーターに結合する。
❷RNAポリメラーゼはプロモーターと結合できず，転写が起こらないため，トリプトファン合成酵素は合成されない。

◀トリプトファンオペロン▶

❸真核生物における遺伝子の発現調節

(a) **染色体の構造と転写**　真核生物では，DNA がヒストンに巻きついてできたヌクレオソームが，基本構造となっている。これが数珠状につながった繊維状の構造はさらに折りたたまれて，クロマチン繊維と呼ばれる構造を形成する。クロマチン繊維の構造が緩んでいる部分には，転写に必要なタンパク質が DNA に結合でき，転写が起こる。一方，高次構造が緩んでいない部分では，転写が起こらない。

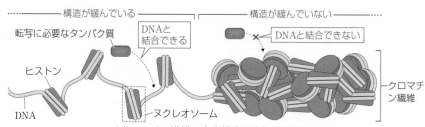

◀クロマチン繊維の高次構造と遺伝子の発現▶

(b) **真核生物における遺伝子の発現調節**　真核生物では，調節タンパク質の多くは転写調節領域に結合したあと，基本転写因子に作用して RNA ポリメラーゼの DNA への結合を促進または抑制する。ふつう，1 つの遺伝子に複数の転写調節領域が存在し，それぞれに特定の調節タンパク質が結合することで，遺伝子の発現が調節される。発現調節の程度は，調節タンパク質の種類や組み合わせにより異なる。また，発現調節作用は，各種の調節タンパク質が基本転写因子に作用することで統合される。

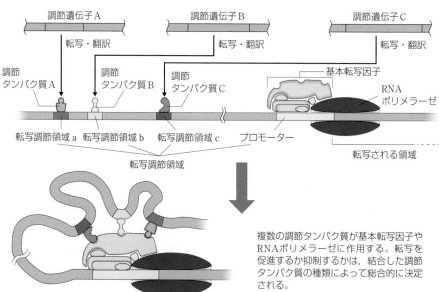

複数の調節タンパク質が基本転写因子や RNAポリメラーゼに作用する。転写を促進するか抑制するかは，結合した調節タンパク質の種類によって総合的に決定される。

◀調節タンパク質による遺伝子の発現調節▶

❷ 発生と遺伝子発現

❶動物の配偶子形成と受精

(a) **配偶子形成**　1個の一次母細胞から，卵は1個，精子は4個できる。

 i)**卵形成**　卵原細胞が体細胞分裂をくり返して増殖したのち，一部が一次卵母細胞となり，減数分裂を開始する。減数分裂では不均等な細胞質分裂が起こり，第一分裂では二次卵母細胞と第一極体が，第二分裂では卵と第二極体が生じる。

 ii)**精子形成**　体細胞分裂をくり返して増殖した精原細胞の一部が体細胞分裂を停止して成長し，一次精母細胞となる。一次精母細胞は減数分裂を行い，二次精母細胞を経て精細胞となる。さらに，精細胞は変形して精子となる。

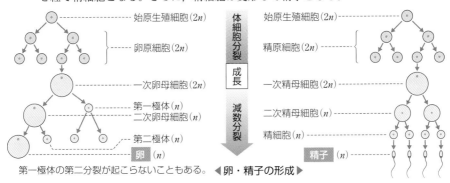

第一極体の第二分裂が起こらないこともある。　◀卵・精子の形成▶

(b) **動物の受精**　精子が卵に進入し，卵の核(n)と精核(n)が融合して受精卵($2n$)ができる。

 i)**ウニの受精過程**　精子はタンパク質分解酵素などを放出し，ゼリー層に進入して先体突起と呼ばれる構造体を伸ばす。先体突起が卵の細胞膜と融合すると，細胞膜の直下にある表層粒の内容物が放出され，卵黄膜が硬化する。硬化した卵黄膜は細胞膜から離れて受精膜となる。進入した精子から放出された精核が，卵の核と融合することで受精が完了する。

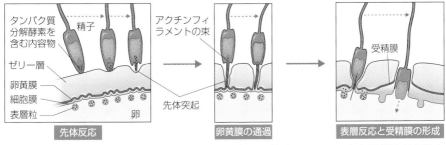

 ii)**ヒトの受精過程**　ヒトでは，第二分裂中期で休止していた二次卵母細胞が卵巣から排卵され，精子の進入で減数分裂を再開し，第二極体を放出して卵となる。その後，輸卵管を進む過程で受精が完了する。

(c) **卵割**　発生初期の胚で起こる連続した体細胞分裂のことを卵割と呼び，卵割によって生じる細胞を割球という。各割球は成長せずに分裂するため，卵割の進行に伴い，各割球は小さくなっていく。また，初期の卵割では，各割球はほぼ同時に分裂する。

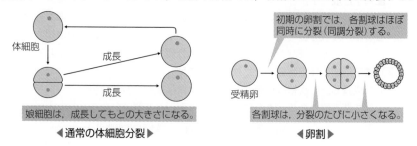

◀通常の体細胞分裂▶　　　　　　◀卵割▶

❷ショウジョウバエの発生における遺伝子の発現調節

受精卵から多細胞生物のからだが形成される過程を発生と呼ぶ。節足動物の発生は，体軸の決定，胚の区画化，各区画における分化の方向の決定という過程を経て進み，各段階で遺伝子の発現調節が関与している。

◀節足動物の発生の流れ▶

(a) **母性因子**　母体の細胞で合成されて卵に貯えられる物質のうち，発生過程に影響を及ぼすものを母性因子と呼ぶ。ショウジョウバエの未受精卵では，母性因子として前端部にビコイド mRNA が，後端部にナノス mRNA が局在している。

ⅰ）**母性因子による体軸の決定**　受精後にビコイド mRNA とナノス mRNA から翻訳されたタンパク質は，受精卵の細胞質中を拡散し，前後軸に沿った濃度勾配を形成する。これらのタンパク質は調節タンパク質として作用し，それぞれの濃度に応じて，分節遺伝子の発現を制御する。このように，母性因子の濃度に応じて，からだの前後軸に沿った胚の区画化が進行する。

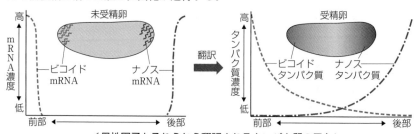

◀母性因子とそれらから翻訳されるタンパク質の局在▶

(b) **分節遺伝子** 分節遺伝子とは，からだを区画化し，体節の形成を促す調節遺伝子の総称である。分節遺伝子は，発現のはじまる時期などによって，ギャップ遺伝子群，ペアルール遺伝子群，セグメントポラリティー遺伝子群に分けられる。

  ⅰ）**ギャップ遺伝子群** 母性因子により発現領域が決定され，太い帯状に発現し，胚をおおまかに区画化する。

  ⅱ）**ペアルール遺伝子群** ギャップ遺伝子群により発現が活性化される。前後軸に沿って7本の帯状に発現し，胚をさらに細かく区分する。

  ⅲ）**セグメントポラリティー遺伝子群** ペアルール遺伝子群により発現が活性化される。前後軸に沿って14本の帯状に発現し，各体節の境界と方向性を決定する。

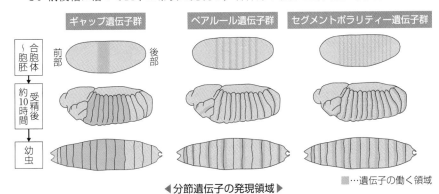

◀**分節遺伝子の発現領域**▶

■…遺伝子の働く領域

(c) **ホメオティック遺伝子群** ショウジョウバエでは，体節の形成後に，ホメオティック遺伝子群と総称される調節遺伝子の働きにより，各体節から触角，眼，脚，翅などの器官が形成される。ホメオティック遺伝子群の発現は，ギャップ遺伝子群とペアルール遺伝子群により促進される。また，ショウジョウバエのホメオティック遺伝子群は，アンテナペディア複合体とバイソラックス複合体の2つの集合を形成している。

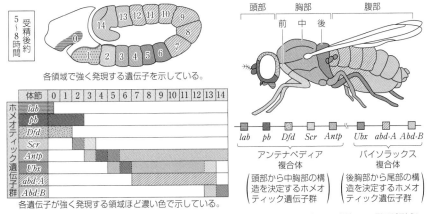

◀**各体節のホメオティック遺伝子群の発現領域**▶　◀**ショウジョウバエの成体での発現領域**▶

ⅰ）ホメオボックス　各ホメオティック遺伝子には，180塩基対からなる相同性の高いホメオボックスと呼ばれる塩基配列が存在する。この配列にもとづいてつくられたタンパク質の特定の領域をホメオドメインという。ホメオドメインをもつタンパク質は，この領域でDNAと結合し，調節タンパク質として働く。

(d)　**ホメオティック突然変異体**　ホメオティック遺伝子群は，からだの構造が本来形成されるべき位置に形成されず，別の構造に置き換わったホメオティック突然変異体の解析を通じて同定された。

［例］　アンテナペディア突然変異体…触角の位置に脚が形成された突然変異体。
　　　　バイソラックス突然変異体……2対の翅が生じた突然変異体。

❸両生類の発生

(a)　カエルの発生

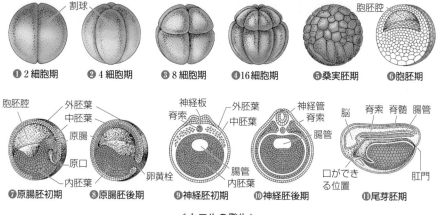

◀カエルの発生▶

(1)　**受精卵～胞胚期**　精子進入点の反対側の表面に灰色の部分（灰色三日月）を生じる。第一卵割は動物極側から起こり，第一卵割と直交する面で第二卵割が起こる。第三卵割は動物極側に偏った水平な面で起こり，胚の内部に卵割腔と呼ばれる空所が生じる。さらに卵割が進むと卵割腔はしだいに大きくなり，胞胚腔になる。

(2)　**原腸胚期**　灰色三日月の植物極側に原口ができ，原口の上側にある原口背唇の細胞群などが胚の内部に陥入する。これにより胚の内部に形成される，胞胚腔とは異なる空所を原腸と呼ぶ。原腸胚期には，胚を構成する細胞群は，胚表面の外胚葉，胚内部の内胚葉，その中間に位置する中胚葉の3つに区別できる。

(3)　**神経胚期**　胚の背部の外胚葉がしだいに厚く平たくなり，神経板が形成される。やがて，神経板の両側の縁が隆起してつながり，神経管と呼ばれる1本の管が形成される。神経胚期には，外胚葉は胚表面を覆う表皮にも分化する。

　　神経管の下側に沿う中胚葉は脊索となり，その両側の中胚葉から体節，腎節，側板などが分化する。また，内胚葉は脊索の下側に管状の腸管を形成する。

(b) 胚葉からの器官形成

外胚葉・中胚葉・内胚葉の各胚葉からは、それぞれ特定の器官が形成される。脊索は中胚葉から生じ、途中で退化する。神経胚期には、神経管と表皮の間に神経堤細胞と呼ばれる細胞が存在する。神経堤細胞は、神経管から遊離してさまざまな場所に移動して分化し、多くの末梢神経系の神経細胞などになる。

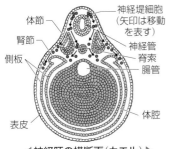

◀ 神経胚の横断面（カエル）▶

外胚葉	表 皮	皮膚の表皮，眼の水晶体，角膜，嗅上皮，内耳
	神経管	脳，脊髄，網膜
中胚葉	体 節	骨格，骨格筋，皮膚の真皮
	腎 節	腎臓，輸尿管
	側 板	心臓，血管，平滑筋，腸間膜，腹膜，結合組織
内胚葉	腸 管	胃，腸，肝臓，すい臓，中耳，肺，気管，えら，ぼうこう

(c) 胚葉の誘導

ある胚の領域が、隣接するほかの領域に働きかけて分化の方向を決定する現象を誘導という。原口背唇のように誘導作用をもつ領域を、オーガナイザー（形成体）と呼ぶ。

ⅰ）中胚葉誘導 胞胚期において、予定内胚葉から分泌される誘導物質が動物極側の予定外胚葉域の細胞に作用することによって、中胚葉が誘導される現象を中胚葉誘導という。

ⅱ）神経誘導 原口背唇の細胞群は、原腸形成時に胚の内部に移動し、予定外胚葉域を裏打ちするようになる。その結果、中胚葉に裏打ちされた背側の外胚葉から、神経組織が誘導される。この現象を神経誘導という。神経誘導には、胞胚期の胚全体に存在する BMP と、原口背唇から分泌され、胚の背側に局在するノギンとコーディンが関与する。

- **表皮になるしくみ** BMP が外胚葉の細胞の細胞膜にある BMP 受容体と結合することで、表皮が分化する。

- **神経になるしくみ** ノギンとコーディンが BMP と結合することで、BMP の受容体への結合が阻害される。その結果、表皮への分化が抑制され、神経の形成に関する遺伝子が発現し、神経が分化する。

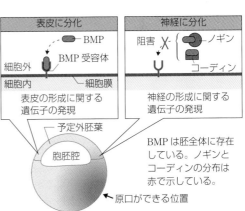

予定表皮域と予定神経域の交換移植実験（1921年）　シュペーマンは，異なる2種のイモリの胚を用いて，下図のような交換移植実験を行った。その結果，各部分の発生運命は原腸胚後期から徐々に決められていき，神経胚初期には変更できなくなることがわかった。

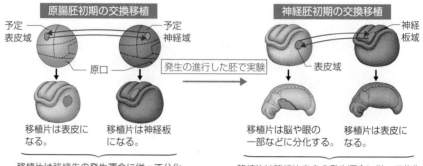

◀予定表皮域と予定神経域の交換移植実験▶

原口背唇の移植実験（1924年）　シュペーマンとマンゴルドは，イモリの原腸胚初期の原口背唇を，別の胚の将来腹側になる部分に移植する実験を行った。その結果，移植片は脊索に分化し，神経管などをもつ二次胚が形成された。この実験結果から，原口背唇がオーガナイザーとして働くことが明らかになった。

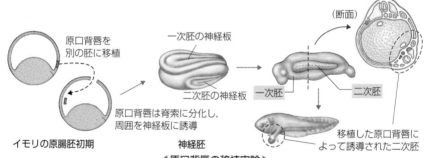

◀原口背唇の移植実験▶

局所生体染色と原基分布図（1929年）　フォークトは，イモリの胚の各部を，無害な色素で染め分ける局所生体染色を行った。そして，染色された胚の各部を発生に沿って追跡することで，それらが将来どのような組織や器官に分化するか（発生運命）を明らかにした。胚の発生運命を示したものは，原基分布図と呼ばれる。

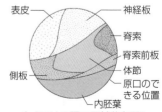

◀イモリの胚の原基分布図▶

中胚葉誘導に関する実験(1969年)　ニューコープは，メキシコサンショウウオの胞胚期のアニマルキャップ(動物極周辺の予定外胚葉域)と予定内胚葉域を切り出し，別々に培養した。その結果，それぞれ外胚葉性，内胚葉性の組織に分化することがわかった。一方，両者を接着させて培養すると，アニマルキャップ側の細胞から，中胚葉性の組織が形成された。これらのことから，予定内胚葉域が，動物極側の胚域を中胚葉性の組織に誘導することが明らかになった。

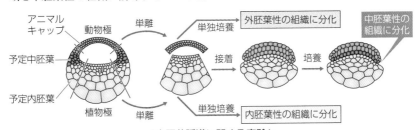

◀中胚葉誘導に関する実験▶

(d)　**誘導の連鎖による器官形成**　胚発生において，発生段階に応じて胚の各部分が周囲の細胞に作用し，誘導が連鎖的に起こることで器官形成が進行する。たとえば，イモリの眼が形成されるとき，下図のような誘導の連鎖が起こる。

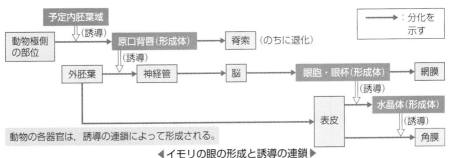

◀イモリの眼の形成と誘導の連鎖▶

(e)　**器官形成と遺伝子の発現調節**　カエルにおいて眼の分化を決定する *Pax6* 遺伝子は，別の3種類の調節遺伝子の発現を促進する。一方，これらの調節遺伝子には，*Pax6* 遺伝子の発現を促進する正のフィードバックの働きがある。このため，*Pax6* 遺伝子が発現した細胞では，これらの調節遺伝子を含む眼の形成に必要な遺伝子群が連鎖的・恒常的に働くようになり，眼が形成される。

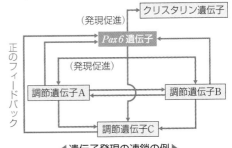

◀遺伝子発現の連鎖の例▶

❹発生過程にみられる多様性と共通性

(a) ボディプランの多様性と共通性 脊椎動物と節足動物では，からだの全体的な構造（ボディプラン）が大きく異なる。たとえば，脊椎動物では背側に神経系，腹側に消化管などがつくられる。一方，節足動物ではこれらの構造の位置関係が逆になっている。しかし，神経誘導のしくみには共通性がある。節足動物では，Dpp と Sog というタンパク質が，それぞれ脊椎動物における BMP とコーディンと相同な働きをする。脊椎動物では，背側で発現するコーディンの働きで BMP の作用が阻害され，背側に神経系が形成される。これに対し，節足動物では Dpp は背側で，Sog は腹側で発現して働くため，腹側に神経系が形成される。

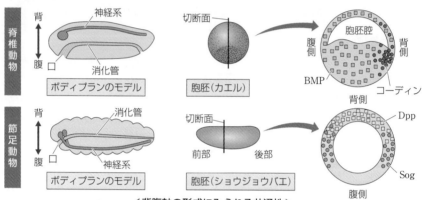

◀背腹軸の形成にみられる共通性▶

(b) *Hox* 遺伝子群 ショウジョウバエのホメオティック遺伝子群と相同な遺伝子群は動物に広く存在しており，これらを総称して*Hox* 遺伝子群という。これらの遺伝子は，ショウジョウバエと同様に，調節遺伝子として前後軸に沿った形態形成に中心的な役割を果たすものが多い。

参考　プログラム細胞死とアポトーシス

プログラム細胞死 発生過程において，あらかじめ死ぬようにプログラムされている細胞の死をプログラム細胞死という。

アポトーシス プログラム細胞死の多くは，アポトーシスという細胞死を引き起こす。アポトーシスでは，DNA や核の断片化が起こり，細胞全体もアポトーシス小体と呼ばれる構造に断片化される。アポトーシスを起こした細胞は食細胞によって速やかに除去される。また，炎症は起こらない。一方，火傷や外傷などではネクローシスと呼ばれる細胞死が起こる。ネクローシスでは細胞が崩壊し，内容物の放出によって周囲に炎症などの影響が現れる。

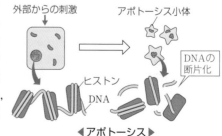

◀アポトーシス▶

1 次の文中の（　　　）に適当な語を記入せよ。

多細胞生物を構成する細胞は，1個の（　1　）が細胞分裂をくり返して生じたものである。したがって，基本的に同じ（　2　）をもっている。しかし，多細胞生物のからだにはさまざまな種類の細胞が存在している。これは，細胞の種類ごとに（　3　）している（　4　）が異なっているためである。すなわち，細胞が特定の形や機能をもつようになる（　5　）は，（　3　）する（　4　）の違いによって起こる。

2 以下の(1)～(5)の文に適切な語を答えよ。

(1) 遺伝子の発現の有無や，転写される mRNA の量の調節に関与する DNA 上の領域。

(2) (1)に結合して，遺伝子の発現を調節するタンパク質。

(3) (2)の合成に関与する遺伝子。

(4) (2)のうち，転写を促進するもの。

(5) (2)のうち，転写を抑制するもの。

3 原核生物の遺伝子発現の調節について，次の①～④の文のうち，誤っているものを1つ選び，番号で答えよ。

① 調節遺伝子が転写・翻訳されて，調節タンパク質が合成される。

② オペレーターと呼ばれる DNA の領域に，調節タンパク質が結合したり，離れたりすることで，機能的に関連のある複数の遺伝子の発現が調節される。

③ RNA ポリメラーゼがオペレーターに結合することで転写が開始される。

④ 機能的に関連があり，まとめて転写される遺伝子群をオペロンという。

4 次の①～⑥は，動物の精子形成の過程を順に示したものである。

①始原生殖細胞→②（　ア　）細胞→③一次精母細胞→④（　イ　）細胞→⑤（　ウ　）細胞→⑥精子

(1) （　ア　）～（　ウ　）に適する語を答えよ。

(2) ①～⑥の核相を，それぞれ n または $2n$ で示せ。

(3) ①～⑥の過程で，減数分裂が行われるのはどこからどこまでか。番号で答えよ。

5 ショウジョウバエの形態形成に関係する遺伝子について，次の各問いに答えよ。

(1) 前後軸の決定に関与する母性因子について，未受精卵の前部に局在するものと後部に局在するものをそれぞれ答えよ。

(2) (1)の濃度によって発現領域が決定され，胚の区画化に関わる遺伝子の総称を答えよ。

(3) 発生過程で体節が形成されたのち，各体節に触角，眼，脚，翅などの器官を形成させる遺伝子群の名称を答えよ。

Answer

1 1…受精卵　2…ゲノム　3…発現　4…遺伝子　5…分化　**2**(1)転写調節領域　(2)調節タンパク質 (3)調節遺伝子　(4)アクチベーター　(5)リプレッサー　**3**③　**4**(1)ア…精原　イ…二次精母　ウ…精 (2)①…$2n$　②…$2n$　③…$2n$　④…n　⑤…n　⑥…n　(3)③～⑤　**5**(1)前部…ビコイド mRNA 後部…ナノス mRNA　(2)分節遺伝子　(3)ホメオティック遺伝子群

6 下図 a ～ e はカエルの発生過程を模式的に示したものである。

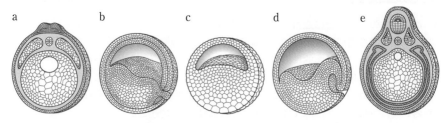

a   b   c   d   e

(1) 図の a ～ e を発生の初期のものから順に並びかえ，記号で答えよ。

(2) 図の a ～ e の発生段階の名称を以下の①～⑥から１つずつ選び記号で答えよ。

    ① 原腸胚初期   ② 原腸胚後期   ③ 神経胚初期   ④ 神経胚後期

    ⑤ 胞胚期   ⑥ 尾芽胚期

7 右図は，カエルの神経胚の断面を模式的に示している。

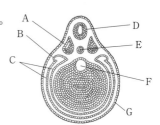

(1) 図のA～Gの名称を答えよ。

(2) 図のA～Gは，(ア)外胚葉，(イ)中胚葉，(ウ)内胚葉のいずれから形成されたものか。記号で答えよ。

(3) 次の(エ)～(コ)の器官は，図のA～Gのどの部分から発生したものか。記号で答えよ。

    (エ) 肺   (オ) 脳   (カ) 小腸

    (キ) 骨格筋   (ク) 心臓   (ケ) 網膜   (コ) 角膜

8 以下の(1)～(4)の文に適切な語を答えよ。

(1) 胚のある領域が隣接するほかの領域に働きかけて，分化の方向を決定する現象を何というか。

(2) (1)の働きをもつ領域を何と呼ぶか。

(3) 胞胚期において，予定内胚葉域からの働きかけによって，動物極側の領域で分化の方向性が決まる現象は何と呼ばれるか。

(4) 中胚葉に裏打ちされた背側外胚葉から神経組織が分化する現象を何と呼ぶか。

9 以下の①～③の文について，下線部の記述が正しいものをすべて選び，番号で答えよ。

    ① マウスの *Pax6* 遺伝子をショウジョウバエの胚で発現させても<u>眼ができることはない</u>。

    ② 神経系の形成で働くタンパク質を脊椎動物と節足動物で比べると，<u>アミノ酸配列がよく似ており，同じ機能をもつ</u>。

    ③ *Hox* 遺伝子群は<u>動物に広く存在する</u>。

Answer
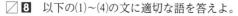

6(1) c → d → b → a → e (2) a…③ b…② c…⑤ d…① e…④ **7**(1)A…体節 B…腎節
C…側板 D…神経管 E…脊索 F…腸管 G…表皮 (2)A…イ B…イ C…イ D…ア E…イ
F…ウ G…ア (3)エ…F オ…D カ…F キ…A ク…C ケ…D コ…G **8**(1)誘導
(2)オーガナイザー(形成体) (3)中胚葉誘導 (4)神経誘導 **9**②，③

基本例題23　原核生物における遺伝子の発現調節　　➡基本問題 109, 110

　原核生物における酵素合成の誘導に関する次の文章を読み，文中の空欄に適する語をそれぞれ答えよ。

　原核生物では，機能的に関連のある遺伝子が隣接して存在し，まとめて転写される。このような遺伝子群を（　1　）という。（　1　）の転写調節領域には（　2　）と呼ばれる領域があり，ここに（　3　）が結合して（　1　）の発現を調節する。

　大腸菌は呼吸基質としてグルコースを用いるが，環境によってラクトースを利用することもある。培地にグルコースがあってラクトースがない場合，（　3　）がDNAと（　4　）の結合を妨げ，ラクトース分解酵素遺伝子の転写が起こらず，ラクトース分解酵素が合成されない。培地にグルコースがなく，ラクトースがあると，ラクトース誘導物質が（　3　）と結合し，（　3　）は（　2　）から離れる。その結果，（　4　）はDNAと結合して転写が起こり，ラクトース分解酵素が合成される。

考え方　ラクトースオペロンでは，調節タンパク質（リプレッサー）がオペレーターに結合することで，ラクトース分解酵素などの遺伝子が発現しなくなる。一方，調節タンパク質にラクトース誘導物質が結合すると，オペレーターからリプレッサーが離れて発現するようになる。

解答　1…オペロン
2…オペレーター
3…調節タンパク質
4…RNA ポリメラーゼ

基本例題24　真核生物における遺伝子の発現調節　　➡基本問題 112

　下図は，真核生物で起こる遺伝子の発現調節のようすを模式的に示したものである。次の文章を読み，以下の各問いに答えよ。

　真核生物の DNA は核内で（　1　）と結合し，密に折りたたまれた繊維状の構造を形成しており，遺伝子が発現する際にはこれがほどける。繊維状の構造がほどけると，転写開始に関与する領域である（　2　）に（　3　）が結合し，さらに（　3　）を認識して（　4　）が結合する。また，（　5　）が（　6　）に結合して（　3　）に作用することで，転写が調節される。ふつう，1つの遺伝子に対して（　5　）は複数種類あり，これらの調節作用が統合されて，細胞の種類や状態に応じた遺伝子発現が起こる。

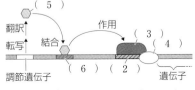

(1)　文中の空欄に適切な語を答えよ。
(2)　下線部が示す繊維状の構造を何というか。

考え方　真核生物において，DNA がヒストンに巻き付き，これが折りたたまれてできる繊維状の構造をクロマチン繊維という。転写の際にはクロマチン繊維がほどかれて，調節タンパク質などの遺伝子発現に必要なさまざまなタンパク質が DNA に結合する。

解答　(1)1…ヒストン　2…プロモーター
3…基本転写因子　4…RNA ポリメラーゼ
5…調節タンパク質　6…転写調節領域
(2)クロマチン繊維

基本例題25　動物の配偶子形成

→基本問題 113

動物の配偶子形成に関する次の文章を読み，以下の各問いに答えよ。

有性生殖を行う動物で，卵や精子などの（　1　）をつくるもとになる細胞は（　2　）と呼ばれ，発生の比較的早い時期に分化する。（　2　）は分裂後，雌では（　3　）に，雄では（　4　）になる。卵巣内でつくられた（　3　）は，細胞分裂をくり返して増殖し，やがて成長して（　5　）となる。（　5　）は減数分裂第一分裂を経て，大きな（　6　）と小さな（　7　）に分裂し，さらに減数分裂第二分裂で卵が形成されるとともに（　8　）が放出される。

(1) 文中の空欄に適切な語を答えよ。

(2) 1個の（　5　）から何個の卵が生じるか。

(3) 卵の（　7　）や（　8　）が生じる側のことを何と呼ぶか。

考え方 (1)生殖細胞のうち，接合によって新個体をつくるものを配偶子と呼ぶ。(2)減数分裂では4個の娘細胞が生じるが，卵形成では不均等な細胞質分裂の結果，極体が放出され，卵は1個のみ生じる。(3)カエルなどの卵黄に偏りがある卵（端黄卵）では，卵黄が少ない側に極体を生じる。反対側を植物極，中央部を赤道面，動物極を含む側を動物半球，植物極を含む側を植物半球と呼ぶ。

解答 (1)1…配偶子
2…始原生殖細胞　3…卵原細胞
4…精原細胞　5…一次卵母細胞
6…二次卵母細胞　7…第一極体
8…第二極体　(2)1個
(3)動物極

基本例題26　母性因子の働き

→基本問題 115，116

右図は，ショウジョウバエの未受精卵に含まれる物質の分布を模式的に示している。以下の各問いに答えよ。

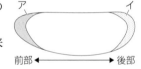

ア　　　　　イ

前部 ←→ 後部

(1) 受精卵の段階において体軸の決定に関与する，母由来の物質を何というか。

(2) (1)の物質のうち，からだの前部の決定に関与する物質（図中ア）と，からだの後部の決定に関与する物質（図中イ）の名称をそれぞれ答えよ。

(3) (2)のアやイの情報によってつくられるタンパク質は，他の遺伝子の発現を調節する。このようなタンパク質を何というか。

(4) 体節が形成されたのち，それぞれの体節に働きかけて，触角や脚などの器官を形成させる遺伝子群を何というか。

(5) (4)の遺伝子の突然変異によって，本来形成される構造が別のものに置き換わった個体を何というか。

考え方　ショウジョウバエの胚の前後軸決定には，未受精卵の段階から貯えられている母性因子であるビコイドmRNAやナノスmRNAなどが関与しており，これらから合成される調節タンパク質が分節遺伝子からつくられる下流の調節タンパク質の発現を調節している。

解答 (1)母性因子
(2)ア…ビコイドmRNA　イ…ナノスmRNA
(3)調節タンパク質
(4)ホメオティック遺伝子群
(5)ホメオティック突然変異体

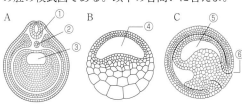

基本例題27　カエルの発生

➡基本問題118

下図は，発生段階が異なるカエルの胚の模式図である。以下の各問いに答えよ。

(1) A〜Cの時期の胚を何という
か。ア〜エからそれぞれ選べ。
　ア．原腸胚　　イ．桑実胚
　ウ．神経胚　　エ．胞胚

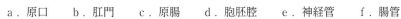

(2) 図中①〜⑥の名称を，a〜h
からそれぞれ選べ。
　a．原口　　　b．肛門　　　c．原腸　　　d．胞胚腔　　　e．神経管　　　f．腸管
　g．体節　　　h．脊索

(3) Aの①〜③のうち，中胚葉に由来する部分はどれか。

考え方　(1)カエルの発生は卵割が進むと，桑実胚→胞胚→原腸
胚→神経胚→尾芽胚と進行する。(2)原腸胚の時期には⑤の原腸が形
成されることで，④の胞胚腔はしだいに小さくなる。(3)①は外胚葉，
③は内胚葉由来である。

解答
(1)A…ウ　B…エ　C…ア
(2)①…e　②…h　③…f　④…d
⑤…c　⑥…a　(3)②

基本例題28　発生運命の決定時期

➡基本問題119

右図はカエルの原腸胚初期の断面の模式図である。以下の
各問いに答えよ。

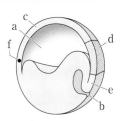

(1) 図中のaとbの名称を答えよ。

(2) 図中のcの部分の一部を切り取って，別の原腸胚初期の
dの部分に移植すると，その移植片はどのようになるか。
以下の①〜③から適切なものを1つ選べ。
　①　神経管に分化する　　②　表皮に分化する　　③　脊索に分化する

(3) 図中のdの部分の一部を切り取って，別の原腸胚初期のcの部分に移植すると，
その移植片はどのようになるか。(2)の選択肢①〜③から適切なものを1つ選べ。

(4) 図中のeの部分を切り取って，別の原腸胚初期のfの位置に移植したところ，二
次胚が形成された。移植片は二次胚のなかで主にどの組織に分化するか。

(5) (4)で起こった現象を何というか。また，eのような働きをする胚域を何と呼ぶか。

考え方　(2)(3)シュペーマンが行った交換移植実験の結果から，初期原腸胚
では発生運命は決定されておらず，移植片は移植先の発生運命に従って分化す
る。外胚葉の発生運命は神経胚初期までに決定され，以降は自身の発生運命に
従って分化する。(4)(5)原口背唇の発生運命は原腸胚初期には決定されており，
自らは脊索に分化し，隣接する外胚葉を神経管に誘導するオーガナイザーとし
て働く。

解答
(1)a…胞胚腔　b…原口
(2)①　(3)②　(4)脊索
(5)現象…誘導
胚域…オーガナイザー
（形成体）

【知識】

☑107. 遺伝子の発現調節と分化 ●以下のア～オのうち，正しいものをすべて選べ。

ア．多細胞生物における細胞の分化は，細胞種ごとにゲノムが異なることによって起こる。

イ．眼の水晶体の細胞と肝細胞で，ともに発現している遺伝子が存在する。

ウ．遺伝子の発現を制御するタンパク質を調節タンパク質という。

エ．調節タンパク質は DNA の特定の領域に結合することができる。

オ．真核生物では，アクチベーターが存在すれば基本転写因子がなくても転写が起こる。

【思考】

☑108. 一遺伝子一酵素説 ●表を参考に，文中の空欄 1 ～ 6 に適する語や記号を答えよ。

生育が可能な最低限の栄養分のみで構成される培地を（ 1 ）という。アカパンカビの野生株に紫外線を照射するなどして突然変異を起こすと，野生株が生育できた（ 1 ）では生育できないものが出現する。そこで，得られた突然変異体のなかから，（ 1 ）にアミノ酸Wを加えないと生育できない株を複数分離し，これらの株について，アミノ酸Wの合成経路の中間生成物である物質X，物質Y，物質Zを（ 1 ）に加えた培地での生育を調べた。すると，表のようにA～Dの4つのグループに分かれることが明らかになった。この結果から，アミノ酸Wは，アカパンカビの細胞内で物質（ 2 ）→物質（ 3 ）→物質（ 4 ）→アミノ酸Wの経路で合成されることが考えられた。以上のことは，細胞内にはアミノ酸Wの合成経路の各段階で働く（ 5 ）があり，それをコードしている（ 6 ）に突然変異が起こったため，そこで合成が停止したことを示している。

株の	（ 1 ）に加えた物質			
グループ	アミノ酸W	物質X	物質Y	物質Z
A	＋	－	－	＋
B	＋	＋	＋	＋
C	＋	－	－	－
D	＋	＋	－	＋

＋は生育，－は生育できなかったことを示す

【思考】【論述】

☑109. ラクトースオペロン

右図は大腸菌のラクトースオペロンの発現調節を示した模式図である。図を参考にして以下の各問いに答えよ。

問1．培地にグルコースがあってラクトースがないときに，ラクトース分解酵素の合成が抑制される機構を説明した次の文の空欄に適する語を答えよ。

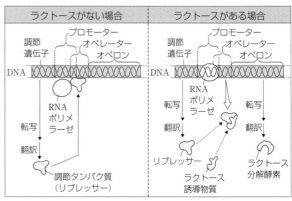

調節遺伝子が転写・翻訳された（ 1 ）が（ 2 ）に結合し，（ 3 ）のプロモーターへの結合が妨げられるため転写が（ 4 ）され，ラクトース分解酵素が合成されない。

問2．培地にグルコースがなく，ラクトースがあるときに，ラクトース分解酵素の遺伝子の発現が誘導される機構を説明した次の文の空欄に適する語を答えよ。

　　リプレッサーに（　1　）が結合すると，リプレッサーが（　2　）から離れるため，RNAポリメラーゼが（　3　）に結合してオペロン内の遺伝子が（　4　）して，ラクトース分解酵素が合成される。

問3．問1のような機構は大腸菌にとってどのような利点があるか，簡潔に答えよ。

☑**110．トリプトファンオペロン** ●下図は，トリプトファンオペロンの発現が抑制されているようすを示した模式図である。図を参考にして以下の各問いに答えよ。

大腸菌はアミノ酸の1種であるトリプトファンの合成酵素の発現調節を行う。培地にトリプトファンがない場合，（　1　）から転写・翻訳される調節タンパク質は不活性で，（　2　）に結合できず，RNAポリメラーゼが（　3　）に結合するため転写が起こり，トリプトファン合成に関わる各種酵素が合成{4：される　されない}。

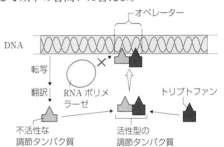

一方，培地にトリプトファンがある場合，不活性な調節タンパク質が（　5　）と結合して活性型の調節タンパク質となり，（　2　）に結合するため，RNAポリメラーゼが（　3　）に結合できず，転写が起こらないため，トリプトファン合成に関わる各種酵素が合成{6：される　されない}。

問1．文中の空欄に適する語を答えよ。ただし，4と6については{　}内に示されたもののうち，正しい方を選べ。

問2．トリプトファンを含まない培地にトリプトファンを添加したとき，トリプトファン合成酵素の合成速度はどのように変化すると考えられるか，縦軸に合成速度，横軸に時間をとったグラフの概形として考えられるものを下のア〜ウより1つ選べ。

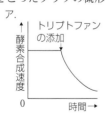

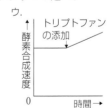

☑**111．染色体の構造** ●下図は染色体の構造を模式的に示したものである。以下の各問いに答えよ。

問1．図中a〜cの名称を答えよ。

問2．図中①，②のうち転写が行われているのはどちらであると考えられるか。

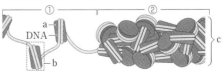

知識

□ **112. 真核生物の遺伝子発現の調節** ● 下図を参考にして、以下の各問いに答えよ。

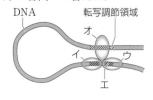

真核生物のDNAは、<u>ヒストンに巻きついた（ ア ）を形成し、さらにこれが数珠状に連なって、核内で何重にも折りたたまれた状態で存在している。</u>また、転写には（ イ ）が必要である。（ イ ）は、転写を行う酵素である（ ウ ）と同様に、遺伝子の（ エ ）領域に結合し、転写を開始させる。

真核生物では、遺伝子の多くは細胞の種類や発生の段階に応じて、また、外界からの刺激に応じて、発現が促進されたり抑制されたりする。そのため、（ イ ）に加えて、転写を制御する（ オ ）が必要である。（ オ ）は遺伝子の（ エ ）領域とは異なる領域に結合し、（ イ ）や（ ウ ）と複合体を形成することで遺伝子の転写を制御する。（ オ ）をコードしている遺伝子は（ カ ）と呼ばれ、（ カ ）の発現も別の（ オ ）によって制御されている。

問1．文中の空欄（ ア ）～（ カ ）に適切な用語を答えよ。

問2．下線部について、この状態では転写は起こりにくい。その理由を簡潔に記せ。

問3．問2の状態から転写が起こりやすくなるためにはどのような変化が必要になるか。簡潔に記せ。

知識

□ **113. ヒトの生殖細胞の形成** ● 右図は、ヒトの配偶子形成を示している。A～Cは精原細胞を、Gは精子を、H～Jは卵原細胞を、Mは卵をそれぞれ示す。なお、図中の矢印は細胞分裂の過程を表しており、実線は成長を、破線は変形を表す。この図について、以下の各問いに答えよ。

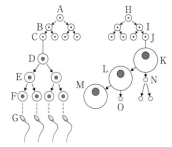

問1．A～Gで、減数分裂あるいは体細胞分裂を行うのはそれぞれどの段階か。A→Eのように示せ。

問2．D～FおよびK～O（Mを除く）の、それぞれの細胞の名称を記せ。

問3．ヒトの場合、減数分裂によって理論上何通りの染色体の組み合わせができるか。ただし、染色体の乗換えはないものとする。

問4．卵巣から排卵されたときの細胞は、卵の形成過程を示すH～Mのどの細胞に当たるか。記号で答えよ。

知識

□ **114. ウニの受精** ● ウニの受精に関する次の文章を読み、下の各問いに答えよ。

動物の受精過程は、精子が卵に接触することで始まり、卵内で［　　A　　］することで完了する。

ウニの受精過程では、精子が卵の（ 1 ）に触れると、精子頭部の（ 2 ）でエキソサイトーシスが起こり、（ 3 ）などを放出して（ 1 ）に進入する。このとき、（ 4 ）の束が精子頭部の細胞膜を押し伸ばして生じた（ 5 ）と呼ばれる構造体が伸びる。

（　5　）に導かれて精子が（　1　）を通過すると，（　5　）が卵の細胞膜と結合する。精子がさらに進入すると，卵の表層にある（　6　）から放出された内容物の作用などによって，卵の細胞膜から（　7　）が離れて硬化し，卵全体に押し広げられ，（　8　）が形成される。進入した精子の頭部からは，中心体を伴う（　9　）が放出され，中心体から精子星状体が形成される。（　9　）は卵の細胞質内に進入して膨潤し，やがて卵核と融合する。

問1．文中の　　A　　には，受精が完了するときの現象が当てはまる。文が完成するように，その現象を簡潔に答えよ。

問2．（　1　）〜（　9　）に当てはまる語を次のア〜ソから選び，記号で答えよ。
　　ア．精子細胞膜　　イ．精核　　ウ．受精丘　　エ．極体　　オ．受精膜
　　カ．卵黄膜（卵膜）　　キ．先体突起　　ク．樹状突起　　ケ．ゼリー層　　コ．先体
　　サ．微小管　　シ．アクチンフィラメント　　ス．中間径フィラメント　　セ．表層粒
　　ソ．タンパク質分解酵素

問3．（　8　）の役割を2つ答えよ。

知識

☐**115. ショウジョウバエの体節構造の形成** ●次の文章を読み，以下の各問いに答えよ。
　　ショウジョウバエの未受精卵には前端に（　1　），後端に（　2　）が局在しており，前後軸（頭尾軸）の決定には，（　1　）や（　2　）のような（　3　）の濃度勾配が重要な役割を果たしている。受精後，（　1　）や（　2　）から合成された（　4　）の濃度勾配によって，（　5　）遺伝子群と呼ばれる9種類の遺伝子が発現し，胚の大まかな領域が区画化される。さらに，（　5　）遺伝子群の発現によって合成される（　4　）の働きにより，（　6　）遺伝子群，次に（　7　）遺伝子群の発現が引き起こされ，ボディプランを構成する14体節が決定する。体節が形成されたのち，それぞれの体節に（　8　）と呼ばれる調節遺伝子が働くことによって触角，眼，脚，翅などの器官が形成される。ショウジョウバエの（　8　）は，頭部から中胸部の構造を決定する（　9　）複合体と後胸部から尾部の構造を決定する（　10　）複合体の2つに大別される。

問1．文中の（　1　）〜（　10　）に適する語をア〜コから1つずつ選び，記号で答えよ。
　　ア．ホメオティック遺伝子群　　イ．ナノス mRNA　　ウ．ペアルール
　　エ．調節タンパク質　　オ．セグメントポラリティー　　カ．ビコイド mRNA
　　キ．バイソラックス　　ク．ギャップ　　ケ．母性因子　　コ．アンテナペディア

問2．（　8　）の突然変異について，①，②に答えよ。
　①　本来，触角が形成される位置に脚が形成される突然変異体を何というか。
　②　2対の翅が生じた突然変異体を何というか。

問3．ショウジョウバエの（　8　）には，8つの遺伝子があり，それぞれに180塩基対からなる相同性の高い塩基配列がある。この配列を何というか。

問4．問3の塩基配列にもとづいてつくられるタンパク質の特定の領域を何というか。

問5．問4の領域はどのような働きをもつか簡潔に記せ。

問6．動物に広く存在する（　8　）と相同な遺伝子群を総称して何というか。

☑116. ショウジョウバエの発生と母性因子 ●次の文章を読み，以下の各問いに答えよ。

　ショウジョウバエの発生では，まず（　1　）分裂だけが進行して（　2　）と呼ばれる状態になる。その後，（　1　）は卵の{3：表層部　中心部}に移動し，（　4　）によって細胞が区切られ，細胞が胚の表面に一層に並んだ（　5　）となる。

　ショウジョウバエの未受精卵には，ビコイド mRNA が{6：前端　後端}に，ナノス mRNA が{7：前端　後端}に（　8　）として貯えられており，受精後に翻訳されたタンパク質が胚の前後軸に沿った濃度勾配を形成する。これらのタンパク質は（　9　）として働き，それぞれの濃度に応じて特定の遺伝子の発現を調節する。

問1．文中の（　1　）〜（　9　）に適する語を答えよ。ただし，3，6，7については{ }内に示されたもののうち，正しい方を選べ。

問2．下線部に関して，この濃度勾配ができるのは，（　2　）のある構造上の特徴が深く関わっている。その特徴を簡潔に述べよ。

問3．ビコイド遺伝子が欠損した突然変異体は頭部と胸部を欠き，中央部に腹部，前端・後端部に尾部の構造が生じた胚となる。また，ビコイド遺伝子のみが欠損した胚の前端に，適切な量のビコイド mRNA を注入すると正常な胚となる。さらに，同様のビコイド遺伝子欠損胚の中央部にビコイド mRNA を注入すると，中央部に頭部，その両側に胸部，後方に腹部が形成される。このことから，形成される構造は特にビコイドタンパク質の濃度に影響されることがわかる。ここで，野生型胚の後端に，前端と同濃度のビコイド mRNA を注入するとどのような胚になると考えられるか。最も適切なものを次のア〜カのなかから1つ選べ。

ア．（前端）頭部−胸部−腹部（後端）　　　イ．（前端）腹部−胸部−頭部（後端）

ウ．（前端）頭部−胸部−胸部（後端）　　　エ．（前端）胸部−胸部−頭部（後端）

オ．（前端）頭部−胸部−腹部−胸部−頭部（後端）

カ．（前端）腹部−胸部−腹部−胸部−頭部（後端）

☑117. ショウジョウバエの発生と分節遺伝子 ●次の文章を読み，以下の各問いに答えよ。

　ショウジョウバエの発生において，受精後は核からの転写も始まる。（　1　）遺伝子群は，母性因子由来のタンパク質によって遺伝子発現が調節され，その結果，胚のおおまかな領域が区画化される。次に（　2　）遺伝子群の発現が引き起こされる。これにより胚には前後軸に沿って7本の帯状のパターンが形成される。さらに（　3　）遺伝子群の発現が引き起こされる。これにより，胚の前後軸に沿って14本の帯状のパターンが形成される。

問1．文中の（　1　）〜（　3　）に適する語を答えよ。

問2．図のaは，正常なショウジョウバエの胚のある（　1　）遺伝子（遺伝子Ⅰ）の，bはある（　2　）遺伝子（遺伝子Ⅱ）の発現領域を示したものである。cは遺伝子Ⅰが発現しない突然変異体における遺伝子Ⅱの発現領域を示したものである。

a　正常な胚における
遺伝子Ⅰの発現領域

前　　　　　後

b　正常な胚における
遺伝子Ⅱの発現領域

前　　　　　後

c　遺伝子Ⅰが発現しない
胚における遺伝子Ⅱ
の発現領域

前　　　　　後

色が濃く示されている箇所で遺伝子が発現している。a～cを比べてわかることとして、最も適当なものを次のア～ウのなかから選べ。

ア．遺伝子Ⅰの発現は、遺伝子Ⅱの発現に必要不可欠である。

イ．遺伝子Ⅰが発現している領域で、遺伝子Ⅱの発現が調節される。

ウ．遺伝子Ⅰが発現していない領域で、遺伝子Ⅱの発現が調節されている。

☑ **118. 胚葉の分化と器官形成** 知識 ●図1は、カエルの発生途中の胚の縦断面であり、図2のa～eは、図1の胚を1～5の位置で切ったときの横断面を、大きさをそろえて示している。図1，2について以下の各問いに答えよ。

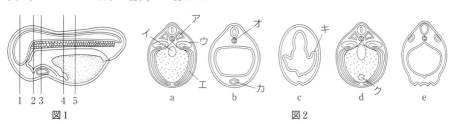

図1　　　　　　　　　　　　　　　図2

問1．図1の時期の胚は何と呼ばれているか。

問2．図1の1～5の各位置で切った横断面は、図2のa～eのどれに当たるか。

問3．図2のア～クの部分の名称を下の①～⑧から選び、それぞれ番号で答えよ。

① 眼胞　　② 脊索　　③ 体節　　④ 肝臓　　⑤ 心臓　　⑥ 腸管

⑦ 側板　　⑧ 腎節

問4．図2のア～クは、①外胚葉、②中胚葉、③内胚葉のどの胚葉から分化したものか。それぞれ番号で答えよ。

☑ **119. 原口背唇の移植実験** 思考 ●次の文章を読み、以下の各問いに答えよ。

ドイツのシュペーマンらは、イモリの初期原腸胚の原口背唇を切り取り、同じ発生段階の別の胚の、将来腹側になる部分に移植した。その結果、原口背唇は（　1　）に分化した。また、周囲の外胚葉から（　2　）管などが分化し、本来の胚とは別にほぼ完全な構造をもつ（　3　）が形成された。シュペーマンらは、移植した原口背唇が、（　4　）な胚の細胞に働きかけて（　2　）管や（　1　）の両側に存在する体節などの組織や器官がつくられ、調和の取れた胚を形成させたと結論づけた。

問1．文中の（　1　）～（　4　）に適する語を答えよ。

問2．下線部に関して、シュペーマンらは、移植片と移植先の胚には、互いに色が異なるイモリを用いてこの実験を行った。その理由として考えられることを簡潔に記せ。

問3．この実験における原口背唇のような働きをする胚域を何と呼ぶか。また、この働きのことを何と呼ぶか。

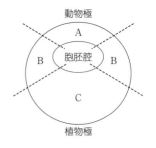

動物極

胞胚腔

植物極

思考

☐ **120. 中胚葉誘導** ●次の実験に関する問1〜3に答えよ。

〔実験1〕 右図に示すように，カエルの胞胚を点線の位置で切断し，動物極側A，植物極側C，AとCの中間Bの3つの領域に分け，適当な培養液中で各領域を単独で培養した。その結果，Aは主に表皮，Bは筋肉，脊索，血球などに分化した。Cを構成する細胞は，ほぼ未分化のままであったが，腸のような構造も観察された。

〔実験2〕 細胞増殖および細胞運動の阻害剤を含む培養液で，領域AとCを接着させて培養したところ，Aの一部（Cとの境界）において，筋肉細胞の分化が観察された。また，AとCの間に直径0.1μmの孔の開いたフィルターを挿入して培養しても，領域Aに筋肉細胞が観察された。

問1．実験1，2の結果から，AとCの細胞塊を切り取り，単に両者を接着させて培養すると，Aの細胞塊はどのような組織に分化すると考えられるか。ア〜ウからすべて選べ。

　ア．筋肉・脊索・血球　　イ．腸のような構造　　ウ．表皮

問2．領域A，B，Cは，その後の発生において，それぞれどのような胚葉の形成に関わるか。ア〜ウから選べ。

　ア．内胚葉　　イ．中胚葉　　ウ．外胚葉

問3．実験2の結果についていえることを，ア〜ウから選べ。

　ア．細胞の増殖や移動による働きかけがある。

　イ．細胞どうしの直接的な接触による働きかけがある。

　ウ．CからAに働きかける誘導物質が存在する。

知識

☐ **121. 神経誘導** ●両生類における神経誘導のしくみについて，次の文章を読み以下の各問いに答えよ。

　胞胚期の胚全体には（　1　）というタンパク質が分布しており，この物質は，外胚葉の細胞を（　2　）に分化させる働きがある。原口の上部にある（　3　）の細胞群は，（　4　）と（　5　）と呼ばれるタンパク質を分泌する。これらが（　1　）と結合することで外胚葉域が（　6　）組織に分化する。（　3　）は，胚の背側に位置するため，（　4　）と（　5　）は背側に局在する。このため，背側の外胚葉の細胞は（　6　）に分化する。

問1．文中の（　1　）〜（　6　）に適する語を答えよ。

問2．下線部に関して，この誘導のしくみの説明として誤っているものを，次のア〜エのなかから1つ選べ。

　ア．コーディンとBMPが結合することが，表皮を形成する遺伝子の発現の抑制に働く。

　イ．ノギンは，コーディンと結合し，核内で神経組織をつくる遺伝子の発現を促進する。

　ウ．BMPとノギンが結合すると，神経組織をつくる遺伝子の発現の抑制が解除される。

　エ．BMPは，神経組織をつくる遺伝子の発現を抑制しつつ，表皮への分化を促す。

知識

☐**122. 眼の形成における誘導の連鎖** ●脊椎動物の胚の発生では，形成体が重要な働きをするが，形成体の働きは原口背唇だけにみられるのではない。神経管が形成されると，神経管が二次形成体になり，誘導を起こしてさらに別の部分が三次形成体になるというように，誘導が連鎖して，さまざまな組織や器官が形成される。眼の形成過程もその例である。

問1．次の文章は脊椎動物の眼の形成について述べており，図はその過程を模式的に表したものである。文中の（　1　）～（　6　）に適語を記入せよ。

　　神経管が発達すると，前方は膨らんで（　1　）となり，後方は（　2　）となる。
（　1　）の左右から伸びだした眼胞がやがて（　3　）になるとともに，（　4　）に働きかけて（　4　）から（　5　）を誘導する。さらに，（　5　）の働きかけで（　6　）が誘導される。

眼胞

問2．眼胞はどの胚葉から発生するか。

問3．図の①～⑤の部分の名称を記せ。

思考

☐**123. 器官形成における遺伝子の発現調節と共通性** ●ショウジョウバエでは，*Ey*（アイレス）遺伝子が存在し，この遺伝子の機能が失われると眼が形成されなくなることが知られている。また，①正常なショウジョウバエにおいて，幼虫期に将来脚をつくる部位で*Ey*遺伝子を発現させると，脚にショウジョウバエの眼とよく似た構造ができることがわかっている。一方，マウスでは眼の形成に*Pax6*遺伝子が関わっている。②*Ey*遺伝子と*Pax6*遺伝子はいずれも調節遺伝子として働き，これらからつくられるタンパク質はアミノ酸配列がよく似ており，同じ特定のDNA配列に結合する性質がある。

問1．下線部①に関して，この実験からわかることをある生徒が考察した。次に示す考察は正しいか，誤っているか答えよ。誤っている場合は理由も答えよ。

　　本来眼が形成されない脚に眼が形成されたのは，*Ey*遺伝子が眼の形成に関する遺伝子群の発現を促進する働きと，脚の形成を抑制する働きの両方をもつためである。

問2．右図はショウジョウバエの眼の形成過程における遺伝子発現の調節機構を示したものである。太い矢印で示した*Eya*や*Dac*遺伝子産物が*Ey*遺伝子の発現をさらに促進するようなしくみを何と呼ぶか。

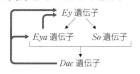

問3．*Eya*遺伝子が欠損すると眼の発生においてどのようなことが起こると考えられるか。

矢印は，発現を促進することを示す。*Dac*遺伝子は，*Eya*遺伝子と*So*遺伝子が協調して働くことで発現が促進される。

問4．下線部②に関して，ショウジョウバエの幼虫期に，将来脚をつくる部位でマウスの*Pax6*遺伝子を導入して発現させると，どうなると考えられるか。次のア～ウのなかから最も適当なものを1つ選べ。

　　ア．通常の脚が生じる。　　イ．脚にショウジョウバエの眼とよく似た構造ができる。
　　ウ．脚にマウスの眼とよく似た構造ができる。

思考例題 ❼ 実験結果をもとに遺伝子の発現調節について考える …

課題

遺伝子の転写は，複数の調節タンパク質によって制御されることがあり，結合する調節タンパク質の働きによって，転写を促進するDNA領域と抑制するDNA領域を区分できる。

遺伝子Xの転写開始点の上流領域に着目し，プロモーターを含む上流領域を蛍光タンパク質GFPの遺伝子とつないで，図1のDNA1を得た。さらに，遺伝子Xの上流領域の配列をⅠ～Ⅴに分け，図1のDNA2～DNA6のように徐々に短くしたDNAを作製した。これらのDNAを，あるヒト培養細胞Yに導入しGFPが発する蛍光量を測定することで，上流領域が遺伝子Xの転写に及ぼす影響を調べた。

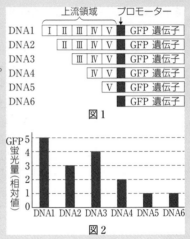

図1
図2

図2は，各DNAによるGFP蛍光量を比較した結果である。ただし，細胞に導入される各DNAの量は一定とし，翻訳される効率も同じとする。

問．上流領域Ⅰ～Ⅴを，(A)転写を促進するもの，(B)転写を抑制するもの，(C)転写に影響しないものに分けよ。

(21. 九州大改題)

指針 実験の意図していることを理解し，実験結果の見方を考える。

次の Step 1・2 は，課題を解く手順の例である。空欄を埋めてその手順を確認せよ。

Step 1 実験の目的と手法を整理する

プロモーター上流には，転写を促進する（ 1 ）や抑制する（ 2 ）が結合する転写調節領域がある。この実験は，上流領域に含まれる転写調節領域の組み合わせを変え，変化したタンパク質の発現量から，転写調節のしくみを調べている。

また，蛍光は（ 3 ）が発現することで観測されるようになる。したがって，グラフの蛍光量は，タンパク質の（ 4 ）を可視化して表したものと考えることができる。

Step 2 図2のデータを読み解く

図1より，DNA1に対し，DNA2では，上流領域（ 5 ）が含まれないことがわかる。図2より，GFP蛍光量の相対値を比較すると，上流領域（ 5 ）は遺伝子の転写を（ 6 ）していることがわかる。同様に，DNA2とDNA3の結果を比較すると，上流領域（ 7 ）は遺伝子の転写を（ 8 ）していることがわかる。その他の領域についても同様にして考えていく。

Stepの解答 1…アクチベーター　2…リプレッサー　3…GFP　4…発現量　5…Ⅰ　6…促進　7…Ⅱ　8…抑制

課題の解答 (A)…Ⅰ，Ⅲ，Ⅳ　(B)…Ⅱ　(C)…Ⅴ

　ゼブラフィッシュを用いた胚の腹側と背側の領域形成に関する実験について，以下の各問いに答えよ。

【実験1】　原腸胚において，コーディン遺伝子は，背側の領域で発現する（図A）。この遺伝子が変異したある突然変異体は機能するコーディンタンパク質を合成することができず，腹側の組織・器官の領域が拡大した胚となる。このことから，コーディンタンパク質は背側の組織・器官の形成に必要であることがわかった。

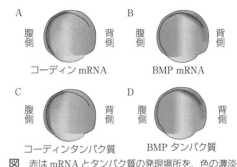

図　赤は mRNA とタンパク質の発現場所を，色の濃淡は発現の強弱を示す。

【実験2】　BMP 遺伝子は，原腸胚の腹側の領域で発現する（図B）。この遺伝子が変異したある突然変異体は機能する BMP タンパク質を合成することができず，背側の組織・器官の領域が拡大した胚となる。

【実験3】　コーディンタンパク質を原腸胚の胚全体で発現させたところ，からだの大部分が背側の組織・器官となり，腹側の組織・器官をほとんどもたない胚となった。

【実験4】　BMP タンパク質を原腸胚の胚全体で発現させたところ，からだの大部分が腹側の組織・器官となり，背側の組織・器官をほとんどもたない胚となった。

【実験5】　原腸胚において，コーディンタンパク質は背側の広い領域（図C）に，BMP タンパク質は腹側の広い領域（図D）に存在した。その後の実験で，それぞれのタンパク質は細胞から分泌された後に細胞間を拡散して移動することがわかった。

問1．実験1，2から，BMP タンパク質はどのような役割をもつことがわかるか。

問2．実験1～5の結果から考察される，コーディンタンパク質と BMP タンパク質の働きについて，最も適当なものを次のA～Dから選べ。

　A．コーディンタンパク質と BMP タンパク質は細胞の発生運命に影響を及ぼさない。

　B．コーディンタンパク質は神経組織の誘導を阻害し，BMP タンパク質は神経組織を誘導する。

　C．コーディンタンパク質は，BMP タンパク質による腹側組織・器官の誘導を阻害する。

　D．BMP タンパク質は，コーディンタンパク質による背側組織・器官の誘導を阻害することができない。

第6章　遺伝子の発現調節と発生

問3．胚の腹側と背側を形成するしくみを記述したA～Dのうち，実験1～5の結果から判断して，適切なものには○を，適切でないものには×を記せ。
　A．腹側と背側の組織・器官の形成は，腹側と背側の形成を担う遺伝子が発現する場所によって決定される。
　B．腹側と背側の組織・器官の形成は受精時に決定され，その後にそれぞれの領域の発生運命を変更することはできない。
　C．腹側と背側の組織・器官の形成は，背側に発現した1種類のタンパク質の発現量のみで決定される。
　D．腹側の細胞から分泌されるタンパク質と背側の細胞から分泌されるタンパク質が濃度勾配を形成し，腹側と背側を形成する位置情報を決定する。（北海道大改題）

解答

問1．コーディンタンパク質ときっ抗的に働き，腹側の組織・器官の形成を促進するとともに，背側の組織・器官の形成を抑制する。
問2．C　　問3．A…○　B…×　C…×　D…○

解説

問1．実験1より，コーディンタンパク質が背側の組織・器官の形成に必要であり，腹側の組織・器官の形成を抑制することがわかる。また，実験2よりBMPタンパク質が腹側の組織・器官の形成に必要であり，背側の組織・器官の形成を抑制することがわかる。
問2．A．コーディンタンパク質とBMPタンパク質は，明らかに発生運命に関与しているので誤り。
　B．実験1，2から，コーディンタンパク質が存在すると背側の組織・器官が形成され，BMPタンパク質が存在すると腹側の組織・器官が形成されることがわかる。神経組織は背側に形成されるので，コーディンタンパク質によって誘導されると考えられる。したがって誤りである。
　C，D．実験3より，コーディンタンパク質が腹側の組織・器官の形成を阻害することがわかる。実験4より，BMPタンパク質が背側の組織・器官の形成を阻害することがわかる。
問3．A．腹側はBMP遺伝子が発現したBMPタンパク質の働きで形成され，背側はコーディン遺伝子が発現したコーディンタンパク質の働きで形成されるので，正しい。
　B．これらの実験から，受精時には決定されているとは判断できない。発生の過程で2つのタンパク質の濃度勾配によって決定される。
　C．背側のコーディンタンパク質のみではなく，腹側のBMPタンパク質も決定に関与している。
　D．実験5より，2種類のタンパク質が拡散して移動することから，これらのタンパク質が濃度勾配を形成し，腹側と背側と形成する位置情報となっていることがわかる。

☑**124. 遺伝子の発現調節** ■真核生物では，遺伝子の転写が開始されるとき，転写開始部位の近くに存在する ☐ 1 ☐ と呼ばれる領域に，転写を行う ☐ 2 ☐ や転写の開始を助ける基本転写因子が結合する。そして，転写の時期や量は，遺伝子の周辺にある転写調節配列と，それに結合する転写調節タンパク質によって制御されている。

ある遺伝子Xの上流にある転写調節領域の働きを調べるために，以下のような実験を行った。まず，図1のように，遺伝子X上流のDNAをさまざまな長さに切断し，遺伝子Xの代わりに生物発光を触媒する酵素であるルシフェラーゼをコードする遺伝子（*Luc*）と結合して，DNA1〜DNA5を作製した。次に，これらのDNAを1種類ずつ，培養した表皮細胞と神経細胞に導入した。これらの細胞で，導入したDNAからルシフェラーゼがつくられると，ルシフェラーゼの基質を与えたときに発光が起こる。DNA1〜DNA5が導入された細胞の発光量をそれぞれ測定し，*Luc*の転写量を調べたところ，図2のような結果が得られた。

ただし，この実験では，表皮細胞と神経細胞へのDNA導入効率，およびDNA1〜DNA5がそれぞれ細胞に導入される効率は同じとする。

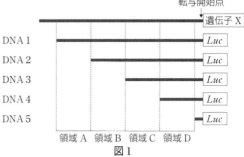

図1

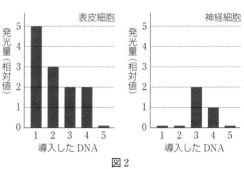

図2

問1．上の文章の ☐ 1 ☐ と ☐ 2 ☐ に入る適切な語句を答えよ。

問2．図2から，表皮細胞と神経細胞のそれぞれにおいて，遺伝子Xの上流領域A，B，C，Dは転写にどのような作用を及ぼすと考えられるか。a〜cから1つずつ選べ。

　a．促進する　　b．抑制する　　c．どちらでもない，あるいはどちらともいえない

問3．上記の実験から，遺伝子Xの転写調節領域の働きについてどのようなことが考えられるか，簡潔に答えよ。

(21. 新潟大)

💡ヒント

問2．特定の領域の有無による発光量の違いを，表皮細胞と神経細胞で個別に検討する。

問3．問2の結果から，表皮細胞と神経細胞のそれぞれでどのように働いているかがわかる。これをふまえて，特徴を取り出して簡潔にまとめる。

☑ **125. 原核生物の遺伝子発現の調節** ■遺伝子発現の調節に関する次の各問いに答えよ。

一般に，原核生物では機能的に関連のある遺伝子が隣接して存在し，まとめて転写されることが多い。このような遺伝子群は（ 1 ）と呼ばれる。大腸菌は，グルコースを含む培地で生育するが，グルコースの代わりにラクトース(乳糖)を含む培地に移すと，はじめは生育を停止しているが，やがて生育するようになる。これは，ラクトースの分解酵素を含む一連の酵素の合成が誘導され，ラクトースをグルコースと（ 2 ）に分解して，利用できるようになったためである。大腸菌がグルコースを利用しているときには，オペレーターに調節タンパク質が結合しており，（ 3 ）は転写反応を促進することができない。すなわち，ラクトース分解に関連する酵素の遺伝子群の mRNA は合成されない。しかし大腸菌を，グルコースは含まないがラクトースを含む培地に移すと，菌内でラクトースは誘導物質に変化し，結果としてラクトース分解に関連する酵素の遺伝子群の mRNA が合成される。

問1．文中の（ 1 ）〜（ 3 ）に適切な語句を記入せよ。ただし，（ 3 ）は酵素の名前を記せ。

問2．下線部の現象で，ラクトースから変化した誘導物質はどのように機能するか。次の記述A〜Eのなかから正しいものをすべて選べ。

A．プロモーターに結合して，ラクトース分解に関連する酵素の遺伝子群の転写を可能にする。

B．調節タンパク質を分解する。

C．調節タンパク質と結合して，このタンパク質を活性化する。

D．調節タンパク質と結合して，このタンパク質がオペレーターに結合できなくする。

E．ラクトース分解に関連する酵素の遺伝子に結合して，調節タンパク質の合成を阻害する。

問3．次のA〜Eのような表現型をもつ大腸菌に，グルコースを含まない培地でラクトースを与えた場合，それぞれの大腸菌のラクトース分解酵素の活性の変化は，下の模式図①〜④のどれに当たるか。適合する図を選べ。ただし，各図の縦軸は酵素活性，横軸は時間の経過を示しており，時間 t はラクトースを与えた時間を示す。

A．野生型（正常）

B．調節タンパク質が合成されない突然変異株

C．オペレーターに調節タンパク質が結合できない突然変異株

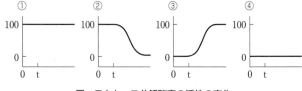

図　ラクトース分解酵素の活性の変化

D．ラクトース分解酵素が合成されない突然変異株

E．プロモーターが欠損している突然変異株

（日本女子大改題）

💡**ヒント**
問3．調節タンパク質がオペレーターに結合すると，転写が抑制される。

☑**126. ホメオティック遺伝子の働き** ■胚の前後軸の決定のしくみについては，ショウジョウバエを用いて多くの研究が行われてきた。未受精卵の中では，ビコイド遺伝子の mRNA が前方に高濃度で存在し，ナノス遺伝子の mRNA は後方に高濃度で存在している（図）。これらの mRNA は受精後すぐにタンパク質に翻訳されて，それぞれのタンパク質は図のような分布を示す。タンパク質の濃度差は，その後の多くの遺伝子の働きに影響を与えていく。たとえば，(a)コーダルという遺伝子の mRNA は胚の中に均一に分布しているが，ビコイドタンパク質が結合することでその翻訳が抑制される。また，(b)ハンチバックという遺伝子の mRNA も胚内に均一に分布しているが，ビコイドタンパク質によって転写が活性化されるものの，ナノスタンパク質によって翻訳が阻害される。こうして，前後軸に沿った複数の遺伝子発現が促されて，体節に固有の構造を決める(c)ホメオティック遺伝子が発現する。

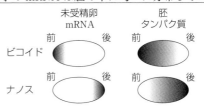

図　未受精卵の mRNA と胚中のタンパク質の分布
楕円で示した未受精卵および胚内の黒色が濃いほど，それぞれの物質の濃度が高いことを示す。

問1．下線部(b)のビコイドタンパク質のように他の遺伝子の転写に大きく影響を与えるタンパク質を何というか。

問2．下線部(a)，(b)から判断して，胚中のコーダルタンパク質およびハンチバックタンパク質の分布を示す最も適切な図を(ア)～(エ)のなかから1つずつ選び，記号で答えよ。

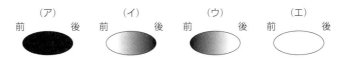

問3．受精卵の前方部分の細胞質を別の受精卵の後方部分に注入すると，注入された受精卵は両端が前側の性質をもつ胚となる。この実験から前後軸の決定に重要な遺伝子はどれであると考えられるか。ビコイド，ナノス，コーダル，ハンチバックから選べ。

問4．下線部(c)に関する説明として正しい文章をすべて選び，記号で答えよ。
(ア)　ホメオティック遺伝子の発現は，他の遺伝子の影響を受けるが，他の遺伝子の発現に影響を与えることはない。
(イ)　ホメオティック遺伝子は，触角の位置に脚を生じさせる。
(ウ)　ホメオティック遺伝子の突然変異は，胸部に2対の翅を生じさせる場合がある。
(エ)　ホメオティック遺伝子と相同な遺伝子は，脊椎動物にも存在する。
(オ)　ホメオティック遺伝子と相同な遺伝子は，昆虫や脊椎動物の共通の祖先が獲得したと考えられる。

問5．本文から判断して，ショウジョウバエの前後軸の決定過程のしくみを70字以内で説明せよ。
(同志社大改題)

💡ヒント
問5．未受精卵の mRNA の分布に注目する。

☐ **127. 体軸の形成** ■カエルの卵では，精子は動物極より入る。精子が入ると，黒く色素沈着した動物極の外側の細胞質が，精子が入った点に向かって，内側の細胞質に対して30°移動する。その結果，精子が入った点の反対側の赤道付近の部分は，黒の色素沈着が希釈されて灰色となる（図1）。この灰色模様は，（　1　）と呼ばれる。この細胞質の移動により，植物極の外側細胞質に発現していた Dsh という分子が赤道付近に移動する。その後の発生で，（　1　）の近くに（　2　）が生じ，（　3　）が形態形成を導く能力をもつ（　4　）となる。Dsh の移動は，これらの過程を導くために重要であると考えられている。原腸の陥入に際して，（　2　）の内側にある細胞の一部が，細長いびん型のびん細胞に変形し，胚の内側へともぐり込んでいく。原腸陥入は，（　3　）からはじまり，外胚葉が外側をおおうにつれて，側方と腹側の細胞も陥入していく（図2）。

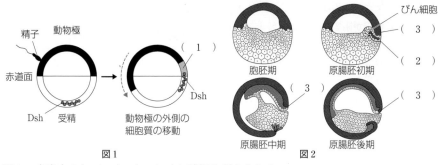

図1　図2

問1．文章中の（　1　）〜（　4　）に適切な語を入れよ。

問2．Dsh の移動は，その後の発生における体軸の確立に重要であると考えられている。Dsh が移動した部位は，下記の体軸のうちのどれになるかを1つ選び，記号で答えよ。
　(a)　頭側　　(b)　尾側　　(c)　背側　　(d)　腹側　　(e)　左側　　(f)　右側

問3．シュペーマンは，イモリの2細胞期の胚を髪の毛で強くしばって2つに分けた。（　1　）を2等分した場合どのような発生が起きたか，下記から1つ選び記号で答えよ。
　(a)　背側の構造をもつ胚が2つ形成された。
　(b)　腹側の構造をもつ胚が2つ形成された。
　(c)　正常な胚が2つ形成された。
　(d)　一方から頭側の構造をもつ胚が，他方から尾側の構造をもつ胚が形成された。
　(e)　一方から左側の構造をもつ胚が，他方から右側の構造をもつ胚が形成された。

問4．（　3　）から最初に陥入していく細胞は，頭部の中胚葉の形成に関わる。
　(1)　その次に陥入していく細胞は何を形成するか記せ。
　(2)　形成された上記(1)は，外胚葉から何の形成を誘導するか記せ。

問5．シュペーマンらは，どのような実験を行い，どういう結果を得て（　4　）の存在を明らかにしたか。130字以内で説明せよ。
　　　　　　　　　　　　　　　　　　　　　　　　　　　　　　　　　　　　（長崎大改題）

💡**ヒント** ⋯⋯
問3．強くしばることで，体軸の確立に重要な Dsh は分割され，両割球に存在するようになる。

☑ **128.** **発生と誘導** ■以下の文章［A］と［B］を読み，問 1 ～問 4 に答えよ。

［A］ 両生類の卵は受精後に細胞分裂を開始する。その際，卵細胞の極体が生じる部分を ［ ア ］，反対側を ［ イ ］ というが，［ ア ］ 側に ［ ウ ］，［ イ ］ 側に ［ エ ］ が形成され，［ エ ］ は帯域と呼ばれる赤道付近の領域を ［ オ ］ に分化させる。このように，ある領域が隣接する他の領域の分化を引き起こす働きを ［ カ ］ という。

この作用は臓器の発生中にしばしば連鎖し，たとえば眼の発生では，まず脳より生じた眼杯が表皮に作用し ［ キ ］ となり，次に ［ キ ］ が表皮に作用し ［ ク ］ となる。このような ［ カ ］ の作用をもつ領域を ［ ケ ］ という。また，器官が発生する過程では，決められた時期に決められた細胞が死ぬことで最終的な形態が形作られることが多い。このような，①一連の遺伝子により制御されたプログラム細胞死を ［ コ ］ と呼ぶ。

問 1 . 文中の空欄 ［ ア ］ ～ ［ コ ］ に適切な語句を入れよ。

問 2 . 下線①について，細胞で観察される形態的変化のようすを20字以内で述べよ。

［B］ 生体が細胞の増殖および分化を制御する方法のひとつとして，物質の濃度勾配により形態形成を支配する方法がある。ある両生類の胚より②自己増殖およびさまざまな細胞に分化する能力をもつ細胞（これを細胞Aと呼ぶ）を採取して，培養皿上で培養し，以下の実験を行った。

培養皿の中央に，ある物質Xを含み，それを放出するビーズを置いた。24時間後に培養皿を上から観察すると，物質Xの拡散に伴い，細胞Aが図1のように細胞BやCに分化したようすが観察された。なお，物質Xを含まないビーズを培養皿の中央に置いたところ，24時間後に細胞Aに分化は観察されなかった。

問 3 . 下線②のような性質をもつ細胞を何というか答えよ。

問 4 . 図2は，24時間後の培養皿上の細胞A，B，Cの分布と，ビーズからの距離と物質Xの濃度の関係を示している。物質Xの濃度が細胞Aの分化に与える影響について，以下の語をすべて用いて50字以内で述べよ。

（語句：濃度P，濃度Q）

（21. 大阪大改題）

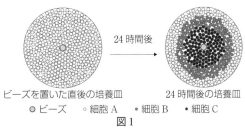

ビーズを置いた直後の培養皿　　24 時間後の培養皿
◎ ビーズ　○ 細胞 A　● 細胞 B　● 細胞 C
図 1

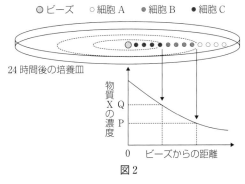

◎ ビーズ　○ 細胞 A　● 細胞 B　● 細胞 C

24 時間後の培養皿

物質Xの濃度
Q
P
0　ビーズからの距離
図 2

💡**ヒント**

問 4 . ビーズからの距離によって物質Xの濃度勾配が生じていることに着目する。

7 | 遺伝子を扱う技術とその応用

1 遺伝子を扱う技術

❶遺伝子の単離と増幅

(a) **クローニング** 遺伝子の働きを調べる際には，DNA のなかから目的の遺伝子部分を単離して増幅させる。この操作を**クローニング**という。

ⅰ) **制限酵素** DNA の特定の塩基配列を認識して切断する酵素を**制限酵素**という。目的の DNA 断片を切り出す際などに用いられる。

ⅱ) **ベクター** 生物に遺伝子を導入する際に，DNA を運搬する運び手として用いられる DNA などを**ベクター**という。ベクターには，導入された細胞内で独立して増殖するものがある。これを利用し，目的の遺伝子を増幅させることができる。

ベクターの例：細菌のもつプラスミド，ウイルスなど

ⅲ) **ベクターを利用した遺伝子のクローニング** DNA を制限酵素で切断して切り出した DNA 断片を，DNA リガーゼを用いてベクターに組み込む。このベクターを微生物に取り込ませると，微生物の増殖，および微生物体内でのベクターの増殖によって，DNA 断片が増幅する。

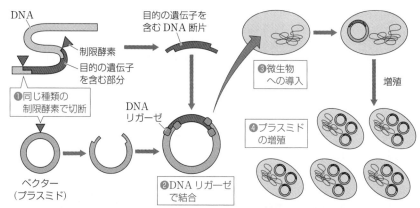

制限酵素は，回文配列となる特定の塩基配列を認識し，切断する。
さまざまな制限酵素を使い分けることで，目的の DNA 断片を切り出すことができる。
◀ベクターを利用した遺伝子のクローニング▶

参考 **薬剤耐性遺伝子を利用した選別**

　ベクターは，微生物に確実に取り込まれるとは限らない。ベクターを取り込んだ個体を選別するために，生育を阻害するアンピシリンなどの薬剤に対して耐性をもたらす薬剤耐性遺伝子などを組み込んだ，人工のプラスミドが用いられる。薬剤が存在する培地では，このプラスミドを取り込んだ微生物しか生育できないため，プラスミドを取り込んだ微生物のみを簡単に選別することができる。

(b) **PCR法（ポリメラーゼ連鎖反応法）**　微量の DNA から，目的の DNA 断片を多量に増幅する方法。この方法では，もととなる DNA と，好熱菌から単離された高温でも働きを失わない DNA ポリメラーゼ，人工的に合成した 2 種類の DNA プライマー，4 種類のヌクレオチドが必要となる。

　ⅰ）**PCR 法の 1 サイクルの流れ**　次の(1)～(3)のサイクルをくり返すことで，目的の DNA 断片を多量に増幅できる。1 分子の 2 本鎖 DNA をもとに PCR 法を行った場合，理論上，n サイクル後には 2^n 分子の 2 本鎖 DNA が生成される。

　(1)　2 本鎖 DNA を約95℃に加熱し，1 本ずつのヌクレオチド鎖に解離させる。

　(2)　約60℃まで冷やして，増幅したい領域の端にプライマーを結合させる。

　(3)　約72℃に加熱し，DNA ポリメラーゼの働きによって，プライマーに続くヌクレオチド鎖を合成させる。

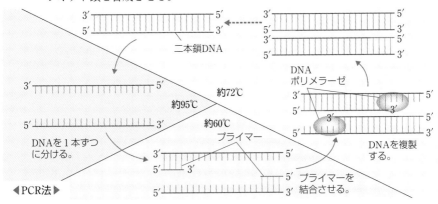

◀PCR法▶

❷遺伝子の構造や発現を解析する方法

(a) **電気泳動法**　帯電した物質に電圧をかけると，電極に向かって移動する。この性質を利用して物質を分離する方法を電気泳動法という。DNA は負に帯電しており，電気泳動で陽極に移動する。電気泳動を寒天ゲル中で行うと，大きな断片ほど移動しにくいため，長い DNA ほど遅く，短い DNA ほど速く移動する。したがって，長さに応じて移動距離に差が出るため，移動距離から DNA 断片の長さを推定できる。

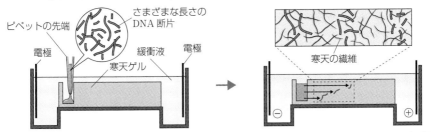

くぼみ（ウェル）にDNA断片を含む試料を入れる。

長い断片ほど寒天繊維の網目に移動を妨げられやすく，移動距離は短くなる。

◀電気泳動法▶

(b) **DNA の塩基配列の解析法**　ジデオキシヌクレオチド(2′炭素と3′炭素に OH ではなく，H が結合したヌクレオチド)を利用して解析する。

 (1) プライマーや 4 種類のヌクレオチドのほかに，DNA の伸長を止めるための 4 種類のジデオキシヌクレオチドを蛍光標識して少量加え，DNA を合成させる。

 (2) ジデオキシヌクレオチドを取り込んだ位置で伸長が停止した，さまざまな長さの DNA のヌクレオチド鎖ができる。

 (3) 合成された DNA のヌクレオチド鎖を分離して長さの順に並べ，シーケンサーと呼ばれる装置で蛍光を識別することで塩基配列を読み取る。

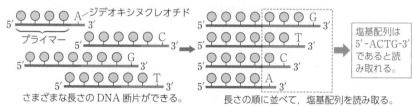

さまざまな長さの DNA 断片ができる。　　長さの順に並べて，塩基配列を読み取る。

◀DNA の塩基配列の解析法▶

(c)　**遺伝子の発現解析**

 ⅰ)　**RNA シーケンシング**　細胞や組織から抽出した mRNA の塩基配列を決定し，発現している遺伝子の mRNA の種類と量を調べる方法。この結果から，発現している遺伝子の種類や量の，細胞や組織ごとの違いがわかる。

 ⅱ)　**GFP の利用**　GFP(緑色蛍光タンパク質)は，下村脩によってオワンクラゲから単離された。GFP の遺伝子を目的のタンパク質の遺伝子につなげて発現させ，蛍光を測定することで，目的のタンパク質の発現の有無や存在場所，動きなどを生きた細胞でも調べることができる。GFP のように，目的の遺伝子につなげて，その発現の有無や程度を調べるために使われる遺伝子を，レポーター遺伝子という。

❸**遺伝子の機能を解析する方法**

(a)　**細胞への遺伝子導入**　動物細胞に対する遺伝子導入では，ウイルスや，脂質の小胞であるリポソームなどが用いられる。植物細胞に対する遺伝子導入では，アグロバクテリウムという細菌が用いられる。

(b)　**遺伝子の構造や発現の改変による解析**

 ⅰ)　**ノックイン**　外部から遺伝子断片を挿入したり，元の塩基配列と置換したりすることによって，目的の遺伝子を改変する技術。

 ⅱ)　**ノックアウト**　DNA の特定の部位を外部からの遺伝子断片と置き換えることで遺伝子の発現を失わせる技術。

 ⅲ)　**ノックダウン**　遺伝子の DNA は操作せずに，mRNA を壊したり翻訳を阻害したりすることで発現量を減少させること。

 ⅳ)　**ゲノム編集**　特定の塩基配列を特異的に認識して切断する酵素を用いて，目的の遺伝子を任意に改変する技術。この技術によって，遺伝子改変が多くの生物種で可能かつ容易となった。

2 遺伝子を扱う技術の応用

❶人間生活への応用

(a) **トランスジェニック生物**　外来遺伝子を人為的に導入した生物。食品として提供されるトランスジェニック生物は，一般に，遺伝子組換え食品と呼ばれる。

(b) **医療への応用**

　ⅰ）**医薬品の生産**　ヒトの遺伝子を大腸菌や酵母などに導入してこれらを培養することで，ヒトのタンパク質を大量に生産することが可能となった。ヒトのインスリンはこの方法によって産生され，糖尿病の治療薬として使用されている。

　ⅱ）**遺伝子治療**　病気の治療を目的として，遺伝子または遺伝子を導入した細胞をヒトの体内に投与したり，特定の塩基配列を改変したりすること。遺伝子治療は，次世代へ影響を及ぼさないよう，体細胞に対してのみ行われている。

　ⅲ）**遺伝子診断**　個人の遺伝子の違いを解析し，病気の原因やリスクを調べること。病気の原因を確定するために行われるほか，将来の発症の可能性や，病気の原因となる遺伝子の有無を調べるためにも行われる。

　ⅳ）**DNA型鑑定**　DNAの反復配列パターンなどの分析から個体を識別する方法。刑事捜査や農産物などの食品表示の偽装検査などに利用されている。

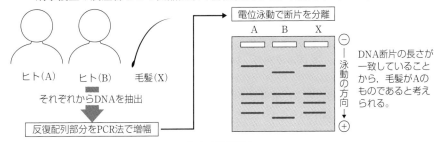

◀DNA型鑑定▶

　ⅴ）**ES細胞**　初期胚から将来胎児になる部分の細胞を取り出して，多能性を維持したまま培養したもの。胚を破壊して作製することから倫理的な問題点がある。

　ⅵ）**iPS細胞**　山中伸弥らが作製した，多能性をもつ細胞。体細胞に4種類の遺伝子を導入することでつくられるため，ES細胞のような倫理的な問題は生じない。

❷遺伝子を扱う際の課題

(a) **自然環境への影響**　トランスジェニック生物が自然界に拡散すると，本来の生態系を乱すような悪影響がもたらされる可能性がある。

(b) **カルタヘナ法**　遺伝子組換え生物による生態系への影響を防ぐことを目的とした，遺伝子組換え実験の方法などを規制する法律。

(c) **遺伝子組換え食品の安全性に関する課題**　遺伝子組換え食品を市場に出す際には，十分に審査を重ねて安全性を確保する必要がある。

(d) **ゲノム情報に関する倫理的な課題**　ゲノム情報は究極のプライバシーであり，本人のみならず親族も共有する可能性があり，慎重に取り扱う必要がある。

1 遺伝子の単離と増幅について述べた次のA～Dの文に最も関連する語を，下の①～⑦のなかからそれぞれ1つ選び，番号で答えよ。

A．目的のDNA断片を多量に増幅する。

B．DNAの特定の塩基配列を認識して切断する。

C．切り出したDNA断片を別のDNAに結合させる。

D．導入するDNAの運び手として利用する。

① ヒストン　　② リボソーム　　③ DNAリガーゼ　　④ PCR法

⑤ 制限酵素　　⑥ プラスミド　　⑦ RNAポリメラーゼ

2 PCR法を説明した次の文中の（　　）に当てはまる語や数字を，下の①～⑤のなかからそれぞれ1つ選び，番号で答えよ。

もととなるDNA，DNAポリメラーゼ，（　a　），4種類のヌクレオチドなどの混合液を約（　b　）℃に加熱して，2本鎖DNAを1本ずつのヌクレオチド鎖に解離させる。次に，約60℃に冷やすことで，（　a　）をヌクレオチド鎖に結合させる。そして，DNAポリメラーゼの最適温度である約（　c　）℃に加熱することで，新たなヌクレオチド鎖が合成される。

① 95　　② 80　　③ 72　　④ DNAプライマー　　⑤ DNAリガーゼ

3 右図は，電気泳動法でDNAを分離したようすを示している。ウェルは試料を入れるくぼみであり，DNAはここから移動する。以下の各問いに答えよ。

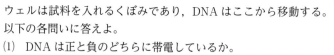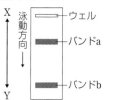

(1) DNAは正と負のどちらに帯電しているか。

(2) 陽極があるのは図中のXとYのどちら側か。

(3) 含まれるDNAの長さが短いのは，バンドaとbのどちらか。

4 次の文の下線部について，正しいものは○を，誤っているものは正しい語を答えよ。

(1) DNAの特定の部分を外来の遺伝子断片と置き換えることで遺伝子の発現を失わせる技術を，ノックダウンという。

(2) 特定の塩基配列を認識して切断するように設計した酵素を用いて，目的の遺伝子を任意に改変する技術をゲノム編集という。

(3) 外来遺伝子を人為的に導入した生物を，トランスジェニック生物という。

(4) 病気の治療を目的として，遺伝子の改変などを行うことを，遺伝子診断という。

5 次の文章が表す語を答えよ。

(1) DNAの反復配列パターンなどを分析することで，個体を識別する方法。

(2) 遺伝子組換え生物による生態系への影響を防ぐことを目的とした，遺伝子組換え実験の方法などを規制する法律。

Answer

1 A…④　B…⑤　C…③　D…⑥　**2** a…④　b…①　c…③　**3**(1)負　(2)Y　(3)バンドb

4(1)ノックアウト　(2)○　(3)○　(4)遺伝子治療　**5**(1)DNA型鑑定　(2)カルタヘナ法

基本例題29　制限酵素　　　　　　　　　　　　　　➡基本問題 129，130

BamHⅠは，図1に示す DNA の塩基配列を認識し，GとGの間
でヌクレオチド鎖を切断する性質をもつ。これに関して以下の各
問いに答えよ。

5′-GGATCC-3′
3′-CCTAGG-5′
図1

(1)　DNA の特定の塩基配列を認識して切断する酵素を何というか。

(2)　6塩基からなる DNA のヌクレオチド鎖のなかに，「GGATCC」という塩基配列
が出現する確率を分数で答えよ。

(3)　図2は，ある遺伝子Xとその近辺の塩基配列を示したものである。この配列のう
ち，BamHⅠによって切断される箇所として正しいものを2つ選べ。

5′-GTG|GATCCACG|GA　　　遺伝子 X　　　AG|GGATCCAGTTC-3′
3′-CACCTAG|GTGC|CT　　　　　　　　　　TCCCTAGGTCAAG-5′
　　　ア　　イ　　　　　図2　　　　　　　　　ウ　　エ

考え方　(2)DNA を構成する塩基は4種類であるため，6塩基の配列は，4⁶通
り存在する。(3)図2の塩基配列のなかから，図1に示した塩基配列を探す。また，
2本のヌクレオチド鎖の両方が，GとGの間で切断されている必要がある。

解答
(1)制限酵素
(2)1/4096　(3)ア，エ

基本例題30　PCR法　　　　　　　　　　　　　　➡基本問題 132

下表は，PCR 法の流れを示したものである。これに関して以下の各問いに答えよ。

(1)　①～③で起こっている反応として最も適当なものを，次
のア～カのなかからそれぞれ1つ選べ。

95℃　2分
↓
① 95℃　30秒
② 60℃　30秒　任意の回数だけくり返す
③ 72℃　60秒
↓
終了後 4℃で保管

ア．プライマーを合成させる。

イ．2つのプライマーどうしを結合させる。

ウ．プライマーをヌクレオチド鎖に結合させる。

エ．ヌクレオチド鎖を切断させる。

オ．2本鎖の DNA を1本ずつに解離させる。

カ．DNA ポリメラーゼによってヌクレオチド鎖を合成させる。

(2)　PCR 法で DNA を増幅させる場合，30サイクル後には，理論上，DNA 断片の数は
何倍になっているか。次の①～④のなかから1つ選べ。

①　30倍　　②　2³⁰倍　　③　4³⁰倍　　④　10³⁰倍

考え方　(1)95℃に加熱すると，2本鎖の DNA は1本鎖に解離する。これらにプライマ
ーを結合させ，プライマーに続く領域のヌクレオチド鎖を合成させる。72℃という温度は，
好熱菌由来の DNA ポリメラーゼの最適温度である。(2)解離したそれぞれの1本鎖から新た
なヌクレオチド鎖が合成されるため，DNA 分子は1サイクルで2倍に増加する。

解答
(1)①…オ
②…ウ
③…カ
(2)②

第7章　遺伝子を扱う技術とその応用

基本例題31　電気泳動法　　　　　　　　　　　　　　　　➡基本問題130

　右図は，電圧をかけて DNA 断片を分離したようす
を示している。レーンAでは1種類の直鎖状の DNA
を，レーンBではレーンAの直鎖状の DNA を3か所
で切断したものを分離した。

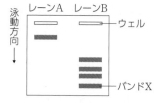

(1)　電圧をかけて，DNA などの帯電した物質を分離
　する方法を何というか。

(2)　図のレーンBの4本のバンドに含まれる DNA 断片の塩基対数はそれぞれ，600，
　400，300，200であった。バンドXに含まれる DNA の塩基対数を答えよ。

(3)　レーンBの結果から，レーンAのバンドに含まれる DNA の塩基対数を求めよ。

■ **考え方**　(2)塩基対数の少ない短い DNA 断片ほど，寒天の繊維の網目に引っかかりに
くく，移動速度が大きい。したがって，最も塩基対数が少ないものが，最も移動距離が長
くなる。(3)直鎖状の DNA を3か所で切断した結果，塩基対数の異なる4本の DNA 断片
が生じているので，これらの塩基対数を合計することで，切断前の DNA の塩基対数を求め
られる。

■ **解　答**
(1)電気泳動法
(2)200
(3)1500

基本例題32　遺伝子組換え技術　　　　　　　　　　　　　　➡基本問題137

　遺伝子を扱う技術に関する記述として正しいものを1つ選び，記号で答えよ。
①　交配によって新たな形質をもつようになった生物をトランスジェニック生物とい
　い，このうち食品として提供されるものを，遺伝子組換え食品という。
②　体細胞や生殖細胞への遺伝子治療は認められているが，胚への遺伝子治療は認め
　られていない。
③　遺伝子診断により多くの人が病気の原因やリスクを調べられるようにするため，
　個人の遺伝情報は広く公開される必要がある。
④　分化した細胞にいくつかの遺伝子を導入することで未分化な状態に戻し，多能性
　をもたせた細胞を ES 細胞という。
⑤　遺伝子診断を受ける際には，遺伝情報を知る権利だけでなく，知らないでいる権
　利も尊重される必要がある。
⑥　日本では，ゲノム編集を行った生物の食品としての利用が認められていない。

■ **考え方**　①交配によってではなく，人為的に外来の遺伝子が導入された生物をトランス
ジェニック生物という。②体細胞への遺伝子治療は認められているが，生殖細胞や胚への遺
伝子治療は認められていない。③個人のゲノム情報は究極のプライバシーであり，慎重な取
り扱いが求められている。④選択肢の文が示すのは iPS 細胞である。ES 細胞は，初期胚か
ら将来胎児になる部分の細胞を取り出して，多能性を維持したまま培養したものである。⑥
遺伝子の変化が，自然界，または，従来の品種改良でも起こる範囲内であれば，厚生労働省
への届出によって認められる。そうでないものについては，安全性の審査を経て認められる。

■ **解　答**
⑤

|基|本|問|題|

[知識]

☑129. 遺伝子の単離と増幅 ●次の文を読み，以下の各問いに答えよ。

　右図は，制限酵素X，Yが認識する塩基配列とその切断部位を示している。

$$5' - CTGCA|G - 3'$$
$$3' - G|ACGTC - 5'$$
制限酵素X

$$5' - AG|CT - 3'$$
$$3' - TC|GA - 5'$$
制限酵素Y

問1．制限酵素などを用いて，目的のDNA断片を単離して増幅させることを何というか。

問2．生物に遺伝子を導入する際，目的とする生物にDNAを運搬する運び手として用いられるものを何というか。

問3．問2の用途で用いられるものとして最も適当なものを，次の①～④のなかから1つ選べ。

① ウイルス　　② mRNA　　③ 大腸菌　　④ ゲノムDNA

問4．次の文中の空欄に当てはまる語を，下の語群からそれぞれ選べ。

　遺伝子を単離，増幅する際には，まず制限酵素で目的の遺伝子を含むDNA断片を切り出す必要がある。制限酵素XとYは，認識する塩基配列はそれぞれ異なるものの，どちらも（　a　）と（　b　）の間の結合を切断する。こうして切り出したDNA断片を増幅したのち，あらかじめ用意しておいた別のDNAに組み込む。この際，（　c　）という酵素が用いられる。

【語群】 炭素　　塩基　　　DNAリガーゼ　　　リン酸　　　DNAヘリカーゼ　　　糖

[思考]

☑130. 制限酵素と電気泳動法 ●次の文章を読み，以下の各問いに答えよ。

　制限酵素YおよびZを用いて，ある環状DNAを次の3通りのパターン（y，zおよびyz）で完全に切断した。

　y：制限酵素Yのみで切断

　z：制限酵素Zのみで切断

　yz：制限酵素YおよびZの両方で切断

それぞれ切断パターンy，zおよびyzによる切断で得られたDNA断片を電気泳動したところ，図のような結果が得られた。

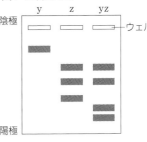

問1．細菌などの細胞内に，染色体とは別に存在する小型の環状DNAを何というか。

問2．DNAが陽極に移動する理由を簡潔に説明せよ。

問3．図の結果から考えられる制限酵素YおよびZによる環状DNAの切断箇所として適当なものを，次の①～⑥のなかから1つ選び，番号で答えよ。

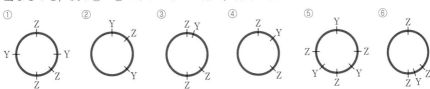

第7章　遺伝子を扱う技術とその応用

7. 遺伝子を扱う技術とその応用　　**175**

131. ブルーホワイトセレクション ●次の文章を読み，以下の各問いに答えよ。

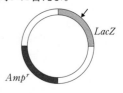

タンパク質Xの遺伝子を含むDNA断片を，図に示したプラスミドに組み込み，大腸菌に導入してタンパク質Xを合成させる実験を行った。DNA断片は，図の矢印で示す位置にのみ組み込まれる。DNA断片がプラスミドに組み込まれなかった場合には，大腸菌内で *LacZ* 遺伝子（β-ガラクトシダーゼの遺伝子）が発現する。β-ガラクトシダーゼは X-gal という物質を分解し，青色を呈する物質を生じさせる。これにより，β-ガラクトシダーゼを発現している大腸菌のコロニーは，本来の白色ではなく青色にみえるようになる。また，*Amp^r* は，アンピシリンという抗生物質に対する耐性をもたらす遺伝子であり，これを発現する大腸菌は，アンピシリンの作用を受けない。

問1．次の文中の①～④について，（　）で示した語のうち，適する語をそれぞれ選べ。

培地にアンピシリンを添加して大腸菌を培養した場合，図のプラスミドを取り込まなかった大腸菌は生育①（できる・できない）。また，図中の矢印の位置にDNA断片が組み込まれなかった場合は，β-ガラクトシダーゼが②（働く・働かない）ため，X-gal が③（分解され・分解されず），コロニーは④（青く・白く）なる。

問2．タンパク質Xを合成する大腸菌を選別するための手法として最も適当なものを次の①～④のなかから1つ選び，番号で答えよ。

① 培地に抗生物質を添加し，青いコロニーを選ぶ。
② 培地に抗生物質を添加し，白いコロニーを選ぶ。
③ 培地に抗生物質を添加せず，青いコロニーを選ぶ。
④ 培地に抗生物質を添加せず，白いコロニーを選ぶ。

132. PCR法によるDNAの増幅 ●次の文章を読み，以下の各問いに答えよ。

PCR法には，増幅させたいDNA領域の端と相補的な配列をもつ（　ア　），DNAのヌクレオチド鎖を伸長させる酵素である（　イ　），4種類のヌクレオチド，鋳型となるDNAが必要である。これらを混合した水溶液の温度を約95℃に加熱することで，2本鎖のDNAを（　ウ　）したのち，約60℃に冷却することで（　エ　）を結合させる。そして，約72℃に加熱することで（　オ　）を行っている。この3段階の温度変化（サイクル）をくり返すことで，DNAが多量に増幅される。

問1．文中の空欄に適する語を下の語群から選べ。同じ語をくり返し用いてもよい。

【語群】 解離　複製　転写　プライマー　DNAリガーゼ　DNAポリメラーゼ

問2．（　イ　）の酵素は哺乳類の細胞にも存在するが，これらの酵素はPCR法での使用に適していない。その理由を簡潔に説明せよ。

問3．2サイクル後で，DNAのヌクレオチド鎖は何倍に増幅されるか答えよ。

問4．1分子の2本鎖のDNAを鋳型とした場合，2サイクル後には，増幅したい領域のみからなるDNAのヌクレオチド鎖は何本存在するか答えよ。

問5．1分子の2本鎖のDNAを鋳型とした場合，5サイクル後には，増幅したい領域のみからなるDNAのヌクレオチド鎖は何本存在するか答えよ。

□ **133. プライマーの設計** ●次の文章を読み，以下の各問いに答えよ。

【知識】

　右図は，2本鎖のDNAを模式的に示した
ものである。図中の破線ではさまれた領域は，
PCR法によって増幅したい領域を示してい
る。また，図中のA～Dは，PCR法でDNA
を増幅する際に必要となる，2種類のプライマーを結合させる候補の領域を示している。

問1．PCR法で用いられるプライマーは，DNAとRNAのどちらか。

問2．PCR法で使用する2種類のプライマーを結合させる領域として適当なものを，A～
　　Dのなかから2つ選べ。

問3．「ATGCG」の5塩基からなるプライマーがあったとする。ランダムな配列の5塩基
　　からなるDNAのヌクレオチド鎖に対し，このプライマーが相補的に結合する確率を求
　　め，分数で答えよ。

問4．上図の破線ではさまれた領域における，1本のヌクレオチド鎖の塩基配列を以下に
　　示す。この領域をPCR法で増幅させるために必要な，2種類のプライマーの塩基配列
　　を答えよ。ただし，5′末端を左にし，5塩基のみを示すこと。

　　5′-ATGCTGAAGTCGATAGTGC……(中略)……ATGCCCCCGTGAGATTGGC-3′

□ **134. 塩基配列の解析法** ●次の文章を読み，以下の各問いに答えよ。

【思考】

　DNAの塩基配列を解析する方法として，ジデオキシ
ヌクレオチドという特殊なヌクレオチドを用いる方法が
ある。ジデオキシヌクレオチドは，（　ア　）の炭素に
（　イ　）が結合しているため，別のヌクレオチドの
（　ウ　）と結合できず，伸長が停止する。そのため，解
析したいDNAの相補鎖にプライマーを結合させ，通常
のヌクレオチドのほかにジデオキシヌクレオチドを少量
加えてDNAポリメラーゼによる複製を行うと，ジデオ
キシヌクレオチドをある一定の確率で取り込んだ箇所で
伸長が停止した，さまざまな長さのDNA断片が合成さ

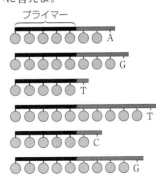

れる。さらに，ジデオキシヌクレオチドを，塩基の種類ごとに4種類の蛍光色素で標識し
ておくことで，DNA断片の長さと蛍光色素の種類にもとづいて，塩基配列を解析するこ
とができる。

問1．文中の空欄に当てはまる語を，以下の語群からそれぞれ選べ。

　【語群】　3′　　5′　　OH　　H　　糖　　リン酸　　塩基

問2．下線部のような原理で，塩基配列を解析する装置のことを何というか。

問3．図のDNA断片をもとに，プライマーに続くDNAの塩基配列を5′末端側から6塩
　　基分答えよ。

問4．ジデオキシヌクレオチドの添加量を減らした場合，合成されるDNA断片の長さの
　　平均値はどのように変化すると考えられるか。

☑ **135. 遺伝子の発現解析** ●次の文章を読み，以下の各問いに答えよ。

遺伝子の発現を解析する際には，DNA から転写された mRNA や翻訳されたタンパク質が調べられる。細胞内でのタンパク質の発現の有無などを解析する場合には，GFP というタンパク質が利用されることがある。目的の遺伝子を含む DNA 断片に GFP の遺伝子をつなげたものをベクターに組み込み，細胞に導入する。これにより，GFP と目的のタンパク質が一体化したタンパク質が産生され，緑色の蛍光を観察することで目的のタンパク質の存在場所がわかる。

問1．細胞や組織から抽出した mRNA の塩基配列を次世代シーケンサーで決定し，発現している遺伝子の mRNA の種類と量を調べる方法を何というか。

問2．GFP のように目的の遺伝子につなげて，その発現の有無や強さを調べるために使われる遺伝子を何というか。

問3．下線部に関連して，植物細胞へ遺伝子を導入する際に利用される，植物体に感染して自身のプラスミドを送り込む細菌を何というか。

問4．GFP の説明として誤っているものを次の①～③のなかから1つ選べ。
① オワンクラゲという生物から単離されたタンパク質である。
② 青色光の照射で緑色の蛍光を示す。
③ 細胞を固定する必要があり，生きた細胞で観察することはできない。

☑ **136. 遺伝子の改変** ●次の文章を読み，以下の各問いに答えよ。

DNA の特定の遺伝子座において，外部から遺伝子断片を挿入したり塩基配列を置換したりすることで，目的の遺伝子を改変する技術を（　ア　）という。一方，外部からの遺伝子断片と置き換えることで遺伝子の発現を失わせる技術を（　イ　）という。この技術で作製されたマウスは（　ウ　）と呼ばれ，さまざまな研究に役立てられている。遺伝子のDNA は操作せず，（　エ　）を壊したり，翻訳を阻害したりすることで目的の遺伝子の発現量を減少させることを，（　オ　）という。

問1．文中の空欄に当てはまる語を答えよ。

問2．染色体上の特定の塩基配列を認識して切断する酵素を用いて，目的の遺伝子を任意に改変する技術を何というか。

☑ **137. 遺伝子を扱う技術の応用** ●次の(1)～(3)の文の空欄に当てはまる語を答えよ。

(1) 病気の治療を目的として，遺伝子を改変したり導入したりすることを（　ア　）という。生殖細胞や胚への（　ア　）は次世代への影響が考えられるため，（　イ　）に対しての治療のみ認められている。

(2) 1塩基の違いである（　ウ　）などの個人の遺伝子の違いを解析し，病気の原因やリスクを調べることを（　エ　）という。

(3) 自己複製能をもち，さまざまな細胞に分化できる細胞を（　オ　）という。人工的に作製した（　オ　）のなかで，初期胚から内部細胞塊を取り出して作製したものを（　カ　）といい，体細胞に4種類の遺伝子を導入して作製したものを（　キ　）という。

☐**138. トランスジェニック生物** ●遺伝子組換え技術の応用例として正しいものの組み合わせをア〜サから1つ選び，記号で答えよ。

①　X線照射によって遺伝子に変異を導入し，冷害に耐性のある植物を作製する。

②　オワンクラゲから得られた緑色蛍光タンパク質の遺伝子を受精卵に導入することで，全身の細胞が緑色に光るマウスを作製する。

③　害虫耐性遺伝子を植物細胞に導入し，害虫の駆除に必要な農薬の量がより少なくて済む品種を作製する。

④　特定遺伝子の発現する確率が高い株どうしをかけ合わせ，より糖度の高い果実をつける品種を作製する。

⑤　受精卵の核を破壊して代わりに体細胞の核を導入し，クローンヒツジを作製する。

　　ア．①と②　　　イ．①と④　　　　ウ．②と③　　　エ．②と⑤　　　オ．③と④

　　カ．④と⑤　　キ．①と②と③　　ク．①と③と④　　ケ．②と③と⑤

　　コ．すべて当てはまる　　サ．いずれも当てはまらない

思考

☐**139. DNA 型鑑定** ●次の文章を読み，以下の各問いに答えよ。

　真核生物のゲノム中には塩基配列がくり返された部分(反復配列)があり，この領域を調べることで個体の識別を行うことができる。このようなことが可能なのは，反復配列のくり返し回数が，家系間や品種間で異なっており，生殖の際に変化することなく，親から子に遺伝するためである。

　ある哺乳類の親子関係を調査するために，3か所の反復配列1〜3を含む DNA 領域を PCR 法で増幅し，それぞれ電気泳動法で解析した際の結果を右図に示した。右端は子から採取した DNA の解析結果，1〜4および5〜8はそれぞれ父親候補および母親候補の個体から採取したDNA の解析結果である。ただし，子の解析において観察された2種類の DNA 断片は，それぞれ父親および母親に由来する DNA を増幅することによって得られたものであり，両親は1〜4および5〜8のなかに必ず存在するものとする。

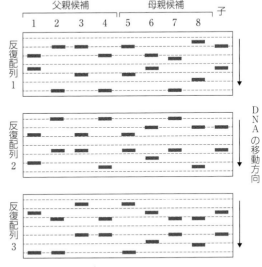

問1．ゲノムの個体差を利用して個体を識別する方法を何というか。

問2．図の右端に示された子の両親は，何番と何番の組合せだと考えられるか答えよ。

課題

　ある遺伝子Xが正常に働くマウ
ス(野生型マウスとする)と，異常
をきたしたマウス(変異型マウスと
する)を対象に，次の実験を行った。
遺伝子Xの野生型DNA配列(エキ
ソン領域)にもとづいて図に示すよ
うな3種類のプライマーA，Bお
よびCを作製した。続いて，野生

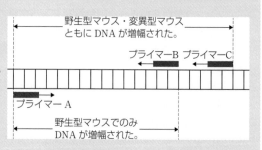

型マウスおよび変異型マウスのゲノムDNAを鋳型として，「AとB」または「AとC」
のプライマーの組み合わせでPCRを行った。その結果，「AとC」の組み合わせを用い
た際には，野生型マウスと変異型マウスで塩基数の等しいDNAが増幅された。しかし，
「AとB」の組み合わせを用いた際には，野生型マウスではDNAが増幅されたが，変異
型マウスでは増幅されなかった。

問．実験結果から，変異型マウスでは遺伝子Xにどのような変異が生じていると考えら
　　れるか，30字以内で記せ。 (21. 宮崎大改題)

指針 プライマーが相補的に結合する領域の有無と増幅されるDNAの塩基数から起
こった変異を考える。

次のStep 1〜3は，課題を解く手順の例である。空欄を埋めてその手順を確認せよ。

Step ❶ DNAが増幅された条件について考える

　「AとC」の組み合わせでは，野生型マウスも変異型マウスもDNAが増幅できたこと
から，野生型マウスと変異型マウスのゲノムDNAには，プライマーAおよびCが相補
的に結合する領域は存在(1)ことがわかる。

Step ❷ DNAが増幅されなかった条件について考える

　「AとB」の組み合わせでは，変異型マウスのDNAは増幅できなかったことから，変
異型マウスのゲノムDNAでは，プライマー(2)が相補的に結合する領域が変異し
ていることがわかる。

Step ❸ 増幅されるDNAの塩基数から変異の種類を判断する

　「AとC」の組み合わせでは，野生型マウスも変異型マウスも塩基数の等しいDNAが
増幅できたことから，プライマーAとCで挟まれた領域では，塩基の(3)や
(4)が起こっていないと考えられる。したがって，プライマー(2)が相補的に
結合する領域の変異は，(5)であることがわかる。

Stepの解答 1…する　2…B　3，4…挿入，欠失(順不同)　5…置換
課題の解答 プライマーBが相補的に結合する領域の塩基配列が置換している。(30字)

発展例題7　PCR法によるDNAの増幅量

→発展問題141

　理想的条件下において，PCR法でDNAを増幅させると，サイクルが1つ進むごとに2本鎖DNA断片は2倍ずつふえていく。また，反応開始時の1分子の鋳型2本鎖DNAから増幅される2本鎖DNA断片のうち，増幅したい領域のみで構成される2本鎖DNA断片は，3サイクル目の反応終了時には2分子が生じる。これ以降サイクルが進むごとに，この増幅したい領域のみで構成される2本鎖DNA断片が多量に増幅されていくと考えられる。

　反応開始時の1分子の鋳型2本鎖DNA断片から合成される2本鎖DNA断片のうち，増幅したい領域のみで構成される2本鎖DNA断片の数とサイクル数の関係について考える。

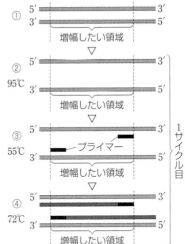

問1．4サイクル目の反応終了時における，増幅したい領域のみで構成される2本鎖DNA断片の数を答えよ。

問2．nサイクル目の反応終了時における，増幅したい領域のみで構成される2本鎖DNA断片の数を，nを用いて表せ。

(21. 名城大改題)

解答

問1．8分子　　問2．2^n-2n 分子

解説

　4サイクル後までに生じるDNA断片を描き出すと，右図のようになる。ここから，図のAは1サイクル後以降は常に0分子，BとCは1サイクル後以降は常に1分子であることが分かる。

　DとEは，1サイクルごとにそれぞれBとCから1分子生じるため，2サイクル後以降1分子ずつ増加していく。したがって，nサイクル後にはそれぞれ$(n-1)$分子となる。また，DNA断片の合計分子数は，1サイクルごとに2倍になるため，nサイクル後には2^n分子となる。

　以上のことから，nサイクル後の目的のDNA断片であるFの分子数は，合計分子数からA〜Eの分子数を引いて，$2^n-\{1+1+(n-1)+(n-1)\}$＝2^n-2n となる。

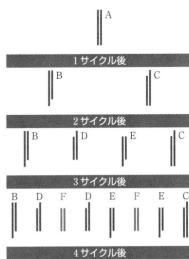

例題
解説動画

発展例題8 **塩基配列の解読と突然変異** →発展問題141

ある病気の患者のゲノムDNAから，その病気の原因となる遺伝子Xの一部を含む DNA断片Yを増幅した。次に，この患者の遺伝子Xから増幅したDNA断片Yの DNAの塩基配列を読む実験を行った。健康な人のDNA断片Yに相当する配列を図 1に示す。

```
 1 GATTTATTGG ATCATTCGTG TACATCAGGA AGTGGCTCTG GTCTTCCTTT
51 TCTGGTACAA AGAACAGTGG CTCGCCAGAT TACACTGTTG GAGTGTGTCG
```

図1 遺伝子XのDNA断片Yのセンス鎖の塩基配列。左から5′から3′の方向で示されている。
　　Yの配列の長さは，100塩基である。

A，T，G，Cとラベルした反応用チューブを4本用意し，各チューブには，DNA断片Yを含むプラスミドDNA，塩基配列解読用のプライマー1種類，4種類のヌクレオチド，DNA合成酵素を入れた。そして，A，T，G，Cのチューブには，それぞれA，T，G，CでDNA合成が停止する特殊なヌクレオチドも加えた。特殊なヌクレオチドはさまざまな場所で取り込まれるので，さまざまな長さのDNA断片が合成されることになる。反応終了後に，各チューブの反応液を電気泳動にかけ，合成されたさまざまな長さのDNAを長さによって分離した結果，図2のような電気泳動パターンが得られた。このパターンからDNAの配列を読み取り，図1の配列と比較したところ，この患者では，1塩基の突然変異が起きていることが判明した。

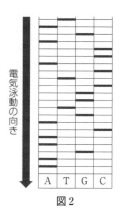
図2

問．この患者の遺伝子Xを含むDNAのセンス鎖に，どのような突然変異が起きているか説明せよ。ただし，本実験におけるDNAの合成過程で，塩基配列の変化は起きないものとする。

(21. 東京理科大改題)

解答

74番目のGがAに置換している。

解説

電気泳動では，短いDNA断片ほどより長く移動する。また，DNAポリメラーゼは，5′→3′方向にヌクレオチド鎖を伸長させる。したがって，図2の下側から塩基を読み取っていくと，合成されたヌクレオチド鎖の塩基配列を，5′末端側から解読することになる。実際に読み取ると，5′−AAGAACAGTGGCTCACCAGAT−3′であり，図1の60番目のAから80番目のTまでの部分に該当することがわかる。このうち，患者のDNAの塩基配列では，74番目のGがAに置換していることが読み取れる。なお，解読したヌクレオチド鎖がセンス鎖かアンチセンス鎖かはわからないため，仮に図1に該当する箇所がなかった場合は，相補的な塩基配列から一致する箇所を探す必要がある。

発展問題

思考 **論述**

☑ **140. 制限酵素と遺伝子組換え** ■遺伝子組換えに関する，次の各問いに答えよ。

問1．ある細菌のタンパク質Xをコードする遺伝子Xを制限酵素Aを用いて切り出し，プロモーター領域のすぐ後ろを制限酵素Aで切断したプラスミドBとつなぎ合わせて，大腸菌に取り込ませ増殖させた。大腸菌からプラスミドを回収すると，遺伝子Xが組み込まれたプラスミドの長さはすべて同じだった。しかし，遺伝子Xが組み込まれたプラスミドを大腸菌に取り込ませても，遺伝子Xからタンパク質Xが産生されるプラスミドもあれば，産生されないプラスミドもあった。タンパク質Xが産生されなかったプラスミドでは，なぜ産生されなかったのか，その理由を30字以内で述べよ。ただし，用いたプラスミドBに制限酵素Aが認識する塩基配列は1か所しかなかった。また，大腸菌内でプラスミドの塩基配列に変異は生じなかったものとする。

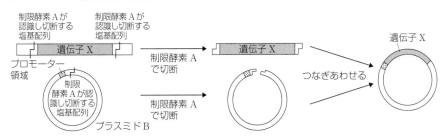

問2．遺伝子Yの後にGFPの遺伝子を組み込んでGFPが融合したタンパク質を産生させる場合，遺伝子Yの後およびGFPの遺伝子の前をそれぞれどの制限酵素を用いて切断し，つないだらよいか，適切な制限酵素を以下の制限酵素a～fのなかから1つずつ選び，記号で答えよ。遺伝子Yの後およびGFPの遺伝子の前の塩基配列，制限酵素a～fが認識する塩基配列とその切り口を以下に示す。なお，遺伝子Yの終止コドンは取り除いている。また，終止コドンの塩基配列は，UAA，UGA，UAGである。

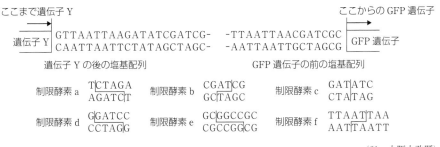

(21. 大阪大改題)

💡**ヒント**

問1．制限酵素の認識・切断部位は，回文になっていることが多い。
問2．終止コドンが出現しないことと，コドンの読み枠がずれないことに留意する。

□**141.** **バイオテクノロジー** ■次の文章を読み，下の各問いに答えよ。

　PCR法では，DNAポリメラーゼ，プライマーと呼ばれる短い1本鎖DNA，鋳型となる2本鎖DNA，4種類の塩基をもつヌクレオチドが必要である。DNAポリメラーゼは，プライマーの3′末端に鋳型DNAの塩基配列と相補的な塩基をもつヌクレオチドを付加する。ただし，(a)鋳型となる2本鎖DNAを1本鎖にする変性反応が必要である。サンガー法と呼ばれるDNA断片の塩基配列決定法はDNAポリメラーゼを用いるDNA複製反応であるが，通常の4種類のヌクレオチドに加えて，新たに合成されたDNAに取り込まれると以降のDNA合成を止める特殊なヌクレオチドを加える必要がある。たとえば，アデニンをもつ特殊なヌクレオチドを少量加えた反応液では，さまざまな箇所で特殊なヌクレオチドが取り込まれてDNA合成が停止する。同様に，他の3種の塩基についても特殊なヌクレオチドを加えて別々に反応させる。その後，(b)4種類の反応液を電気泳動し，DNA断片の泳動パターンから鋳型DNAの塩基配列を決定することができる。

問1．PCRで好熱菌のDNAポリメラーゼが使用される理由を30字以内で記せ。

問2．PCRにより，次に示したDNAが増幅された。PCRに使用した2種類のプライマーの塩基配列を5′側を左にして記せ。ただし，プライマーは10塩基からなるものとする。

5′－CATAAACCCGATGCACCCCGATGCACCCCAGTCCAACGGACGATCTCGAGGACTTCA－3′
3′－GTATTTGGGGCTACGTGGGGCTACGTGGGGTCAGGTTGCCTGCTAGAGCTCCTGAAGT－5′

問3．PCRで2本鎖DNAを1本鎖にする理由を30字以内で記せ。

問4．下線部(a)について，図1は，あるDNA断片を増幅する際の反応温度の時間変化の一部を示したものである。変性反応に相当する部分を図中のア～ウから選べ。

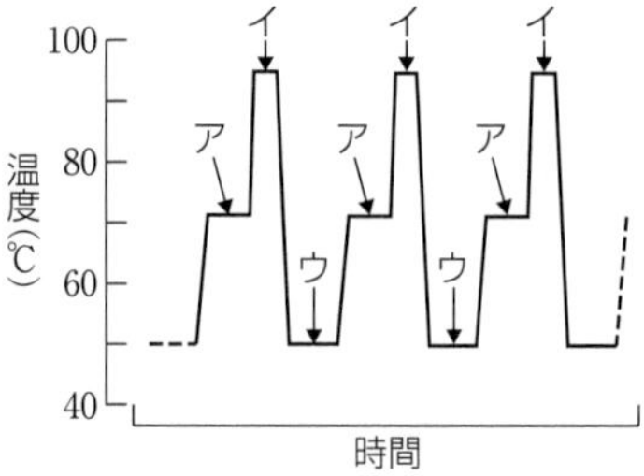

問5．下線部(b)について，図2は，4種類の反応液を異なるレーンで電気泳動した結果である。このDNA断片の泳動パターンから，泳動されたDNAの塩基配列を5′側を左にして記せ。

問6．図2と同じ塩基配列決定実験をくり返したが，ddCだけを加えるべき反応液に，誤ってddTも加えて反応を行った。この失敗に気づかず，電気泳動した場合，図2にはないDNAのバンドが現れた。2回目の実験で新たに現れるバンドを図2に描け。

（筑波大改題）

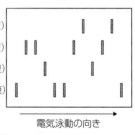
図1

レーン1(ddCを加えた反応液)
レーン2(ddGを加えた反応液)
レーン3(ddTを加えた反応液)
レーン4(ddAを加えた反応液)

電気泳動の向き

図2

💡**ヒント**
問5．ddA，ddC，ddT，ddGが取り込まれると，そこでDNAの合成が止まるので，付加された最後の塩基がそれぞれA，C，T，Gであるヌクレオチド鎖ができたことがわかる。

☑**142. DNA 型鑑定による品種の識別** ■次の文章を読み，以下の各問いに答えよ。

　イチゴの品種の特定には以下のような PCR 法と制限酵素切断を組み合わせた方法が確立している。第 1 段階として，まず抽出したイチゴの DNA を鋳型にして，特定のプライマーのセットを用いて PCR 法を行う。それにより 8 本の相同染色体のなかから品種によって配列が異なる部分を含む DNA 断片の増幅が可能になる。第 2 段階として，増幅された DNA 断片を特定の制限酵素で処理し，電気泳動により切断できたかどうかを確認する。ただし，ここでは増幅可能な DNA 配列が存在した場合には，PCR 法により必ず増幅されるものとし，適切な切断配列がある場合には制限酵素によって必ず切断されるものとする。これらの結果は下の 4 つのケースに分類することができる。

　ケース 0　PCR 法で DNA 断片が増幅されない場合
　ケース 1　PCR 法で増幅された DNA 断片のすべてに制限酵素の切断部位がある場合
　ケース 2　PCR 法で増幅された DNA 断片のなかに制限酵素の切断部位があるものとないものが混ざっている場合
　ケース 3　PCR 法で増幅された DNA 断片のすべてに制限酵素の切断部位がない場合

　このようなケース分類を複数の染色体部位で行う事で，調べたい品種の識別をすることができる。表は，品種 A ～ H のイチゴをプライマーセット I と II を用いた場合のケース分類を示している。PCR 法で DNA が増幅される場合には，それぞれ400塩基対（セット I）と500塩基対（セット II）の長さの断片が検出される。またそれらの断片が特定の制限酵素

品種	プライマーセット I	プライマーセット II
A	ケース 3	ケース 0
B	ケース 2	ケース 1
C	ケース 1	ケース 1
D	ケース 0	ケース 2
E	ケース 3	ケース 3
F	ケース 2	ケース 3
G	ケース 1	ケース 2
H	ケース 0	ケース 1

で切断される場合には 1 か所のみで切れ，200塩基対の長さの断片が生じる。これをもとに品種のわからないイチゴのサンプル 1 ～ 6 を識別することを試みた。それぞれのサンプルについて一連の操作の後，電気泳動を行い，DNA を検出した（下図）。

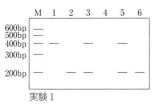

実験 1：プライマーセット I と制限酵素で処理したサンプル
実験 2：プライマーセット II と制限酵素で処理したサンプル

左端のレーン M は分子量マーカーで，bp は塩基対数を示す。

問 1 ．品種 B および品種 D に該当するサンプルを 1 ～ 6 のなかからそれぞれ選べ。

問 2 ．6 つのサンプルのなかには，この実験結果からは品種が特定できないものが含まれている。品種が特定できないサンプルをすべて選び，1 ～ 6 の番号で答えなさい。

(21. 関西医科大改題)

💡**ヒント**

問 1 ．DNA 断片のなかに制限酵素の切断部位があるものとないものが混ざっている場合，実験 1 では 2 本のバンド，実験 2 では 3 本のバンドがみられる。

8 動物の反応と行動

1 刺激の受容と反応

❶刺激の受容と反応

(a) **受容器**　外部からの刺激を受容する眼や耳などの器官。

(b) **効果器**　中枢神経系からの情報を運動神経や自律神経系を介して受け取り，反応を起こす筋肉などの器官。

❷神経系とニューロン

　ニューロンと，それを取り囲むシュワン細胞やオリゴデンドロサイトなどのグリア細胞などからなる器官系を，神経系という。

(a) **ニューロンの種類**　ニューロン（神経細胞）は，核がある細胞体と樹状突起，軸索からなり，機能的に次の3つに大別される。

　ⅰ）**感覚ニューロン**　受容器からの情報を中枢に伝える。

　ⅱ）**運動ニューロン**　中枢からの指令を効果器に伝える。

　ⅲ）**介在ニューロン**　ニューロンどうしをつなぐ。主に中枢神経系を構成する。

(b) **ニューロンの構造**

　ⅰ）**有髄神経繊維**　髄鞘をもつ神経繊維。感覚ニューロンと運動ニューロンにはシュワン細胞が，介在ニューロンにはオリゴデンドロサイトが何重にも巻きついて髄鞘を形成している。有髄神経繊維の髄鞘と髄鞘の間には，ランビエ絞輪と呼ばれるくびれがある。　〔例〕　脊椎動物の神経繊維（交感神経を除く）

　ⅱ）**無髄神経繊維**　髄鞘をもたない神経繊維。

　〔例〕　交感神経，無脊椎動物の神経繊維

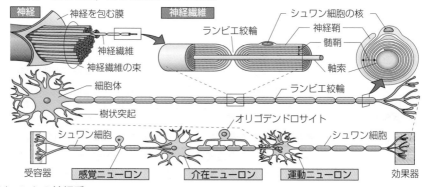

(c) **ヒトの神経系**

神経系 ┤ ├ 中枢神経系…脳・脊髄
　　　　└ 末梢神経系 ┤ ├ 体性神経系（感覚神経・運動神経）
　　　　　　　　　　　└ 自律神経系（交感神経・副交感神経）

❸ニューロンによる電気的な信号の生成と信号を伝えるしくみ

(a) **静止電位**　細胞膜を隔てた電位差を膜電位という。細胞が刺激されていない状態での膜電位を静止電位といい，細胞外の電位を基準（0 mV）としたとき，細胞内の電位は約 -70 mV となっている。静止電位は，常に開いている K^+ チャネルを通って K^+ が細胞外に拡散しようとする力と，引き戻そうとする力が釣り合って生じる。

　　ⅰ）**脱分極**　静止電位から正の方向へ電位が変化すること。

　　ⅱ）**過分極**　静止電位から負の方向へ電位が変化すること。

(b) **活動電位と興奮**　刺激を受けて，脱分極の大きさが閾値に達すると，電位依存性 Na^+ チャネルが一斉に開く。すると，Na^+ が細胞内に流入して，瞬間的に大きな脱分極性の電位変化が起こる（図の A）。Na^+ チャネルは直ちに閉じ，これにやや遅れて電位依存性 K^+ チャネルが開き，K^+ が流出して電位がもとに戻る（図の B）。このような一過性の膜電位の変化を活動電位といい，活動電位が生じることを興奮という。

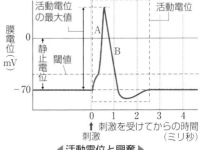

◀**活動電位と興奮**▶

　　ⅰ）**閾値**　興奮に必要な最小限の刺激の強さ，または，脱分極の大きさ。

　　ⅱ）**全か無かの法則**　刺激の強さが閾値に達しなければ活動電位が発生せず，閾値以上であれば，その強さに関係なく一定の大きさの活動電位を生じる。活動電位は，発生するかしないかの2つの状態しかとらない。

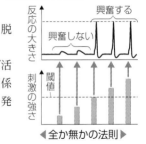

◀**全か無かの法則**▶

(c) **ニューロン内を情報が伝わるしくみ**

　　興奮が1個のニューロン内を伝わることを，興奮の伝導という。神経繊維に興奮が生じると，興奮部から隣接した静止部に向かって**局所電流**が流れ，興奮を引き起こす。髄鞘は電流を通しにくいため，有髄神経繊維では，興奮がランビエ絞輪を次々に跳躍して伝わる跳躍伝導が起こる。このため，有髄神経繊維の興奮の伝導速度は無髄神経繊維に比べて大きい。伝導速度は，神経繊維が太いほど大きく，温度にも影響される。

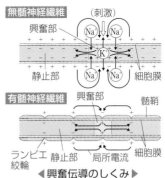

◀**興奮伝導のしくみ**▶

　　ⅰ）**不応期**　活動電位が発生した場所では，しばらく Na^+ チャネルが不活性化されるため興奮できない。さらに，不活性化が解除されたあとも，しばらくは過分極によって興奮しにくくなっている。これらの期間を合わせて**不応期**という。これによって，興奮直後の部位へ興奮が戻ることはない。

(d) **シナプスと興奮の伝達** 軸索の末端(神経終末)は，他のニューロンや効果器などと20〜50 nmの隙間をおいて接続している。この部分をシナプスといい，隙間をシナプス間隙という。神経終末には，神経伝達物質を含むシナプス小胞が存在し，シナプス後細胞へ神経伝達物質を放出することで興奮が伝わり，情報が伝達される。これを興奮の伝達という。シナプス小胞は神経終末にしかないため，細胞間で興奮は一方向にしか伝わらない。神経伝達物質にはアセチルコリン，ノルアドレナリン，GABA(γ-アミノ酪酸)，グルタミン酸などがある。興奮は，次のようなしくみで伝わる。

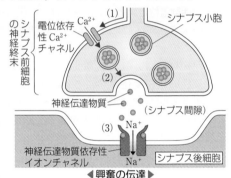

◀興奮の伝達▶

(1) 興奮が神経終末に伝わると，電位依存性 Ca^{2+} チャネルが開き，神経終末内に Ca^{2+} が流入する。

(2) 神経終末内で Ca^{2+} 濃度が上昇すると，シナプス小胞の**エキソサイトーシス**が誘発され，神経伝達物質がシナプス間隙に放出される。

(3) 神経伝達物質はシナプス後細胞にある受容体に結合し，神経伝達物質依存性イオンチャネルが開く。

これによって，Na^+ や Cl^- など特定のイオンが流入し，シナプス後細胞で膜電位が変化する。

ⅰ) **興奮性シナプス後電位(EPSP)** シナプス後細胞に Na^+ が流入することで生じる脱分極性の電位変化。EPSP が閾値を超えると活動電位が生じる。EPSP を発生させるシナプスは興奮性シナプスと呼ばれる。

ⅱ) **抑制性シナプス後電位(IPSP)** シナプス後細胞に Cl^- が流入することで生じる過分極性の電位変化。IPSP が生じると膜電位が閾値から遠ざかるため，活動電位が生じにくくなる。IPSP を発生させるシナプスは抑制性シナプスと呼ばれる。

ⅲ) **シナプス後電位の加重** ふつう，ニューロンは複数のニューロンとシナプスを形成しており，それぞれのニューロンから送られた情報は，シナプス後細胞で膜電位に変えられて加算される。これを空間的加重という。また，単一のニューロンから短時間のうちにくり返し刺激を受けた場合も膜電位は加算される。これを時間的加重という。

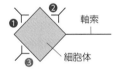

❶, ❷: 興奮性シナプス
❸ : 抑制性シナプス

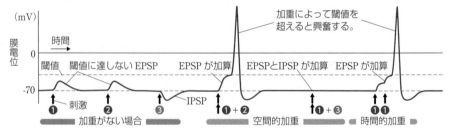

❹受容器と適刺激

(a) **適刺激** 感覚細胞を興奮させる刺激の種類は，受容器によってそれぞれ決まっている。ある受容器が受容することのできる特定の刺激の種類を適刺激という。

◀ヒトの受容器と適刺激▶

受 容 器		適 刺 激	感 覚
眼	網膜	光 (波長 400〜720 nm)	視覚
耳	うずまき管	音波 (20〜20000 Hz)	聴覚
	前庭	からだの傾き (重力の方向)	平衡覚
	半規管	回転運動 (リンパ液の流れ)	
鼻	嗅上皮	気体中の化学物質	嗅覚
舌	味蕾	液体中の化学物質	味覚
皮膚	圧点・痛点	接触による圧力・化学物質など	圧覚・痛覚
	温点・冷点	高い温度・低い温度	温覚・冷覚

❺ヒトの眼の構造と働き

(a) **視覚が生じるしくみと調節** 光刺激で生じる感覚を視覚といい，受容器として眼がある。眼球前部にある角膜と水晶体によって光は屈折し，網膜上に像を結ぶ。

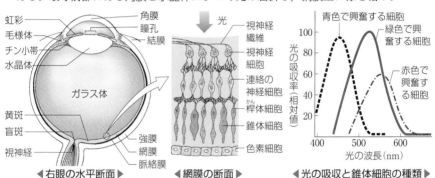

◀右眼の水平断面▶　　◀網膜の断面▶　　◀光の吸収と錐体細胞の種類▶

ⅰ) 視細胞　網膜には，錐体細胞と桿体細胞の 2 種類の視細胞がある。

- 錐体細胞　青錐体細胞，緑錐体細胞，赤錐体細胞の 3 種類があり，それぞれ 420 nm，530 nm，560 nm 付近の波長の光を最も吸収する，異なる種類のフォトプシンという視物質を含む。弱い光では反応しない。網膜の中央部の黄斑に特に多く分布する。

- 桿体細胞　黄斑をとりまく部分に多く分布し，弱い光でも反応する。ロドプシンと呼ばれる視物質を含んでおり，500 nm の波長の光を最も吸収する。色の識別に関与しない。

ⅱ) 網膜の部位

- 黄斑　網膜の中央部にあって，錐体細胞が密に分布している部分。

- 盲斑　視神経の束が網膜を貫いている部分。視細胞が分布していないため，光を感知できない。

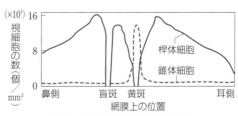

◀網膜上に存在する視細胞の分布▶

iii）桿体細胞が光を受容するしくみ

ロドプシンは，タンパク質の**オプシン**と，ビタミンAの一種である**レチナール**からなる。ロドプシンに光が当たるとレチナールの構造が変化する。これに伴ってオプシンの立体構造が変化し，桿体細胞の膜電位が

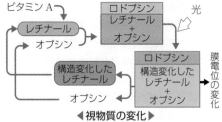

◀視物質の変化▶

変化する。レチナールの構造が変化すると，ロドプシンはレチナールとオプシンに解離する。暗所で，オプシンから離れたレチナールの一部が元の構造に戻り，再びオプシンと結合してロドプシンが合成される。

iv）明順応と暗順応

- **明順応**　暗所から急に明所に出ると，まぶしくてものが見えにくい。これは，暗所で蓄積された桿体細胞内のロドプシンが一度に構造変化を起こして，桿体細胞が過度に反応するために起こる。ロドプシンが減少すると桿体細胞の感度が低下し，錐体細胞の働きによって見えるようになる。

- **暗順応**　明所から急に暗所に入ると最初は見えにくいが，やがて見えるようになる。これは，錐体細胞の感度上昇とともに，桿体細胞のロドプシンが蓄積して桿体細胞の感度が上昇したことによって起こる。

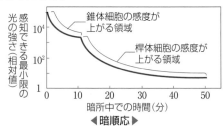

◀暗順応▶

ⅴ）入光量の調節　虹彩にある筋肉が反射的に動き，瞳孔の大きさが変化することで眼に入る光の量が調節される。

ⅵ）遠近調節　物体までの距離に応じて水晶体の厚みを変えることで，網膜に像を結ばせる。

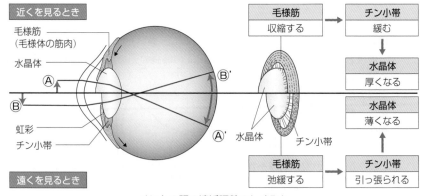

◀ヒトの眼の遠近調整のしくみ▶

❻ヒトの耳の構造と働き

（a） 耳の構造　耳は，聴覚と平衡覚に関わる構造から構成される。

ⅰ） 外耳　外界の音波は耳殻で集められ，外耳道を通って鼓膜を振動させる。

ⅱ） 中耳　鼓膜の振動は耳小骨によって増幅され，内耳に伝えられる。

ⅲ） 内耳　聴覚器としてのうずまき管と，平衡器としての前庭および半規管がある。

（b） 聴覚が生じるしくみ

ⅰ） 聴覚が生じるしくみ　中耳から伝わった振動は内耳の卵円窓を介して，うずまき管内のリンパ液に伝えられる。リンパ液の振動がうずまき管内の基底膜を振動させることで，基底膜上にあるコルチ器で聴細胞の感覚毛が変形して，聴細胞の膜電位が変化する。その後，音波の情報は，聴神経を介して大脳の聴覚中枢に伝えられ，聴覚を生じる。

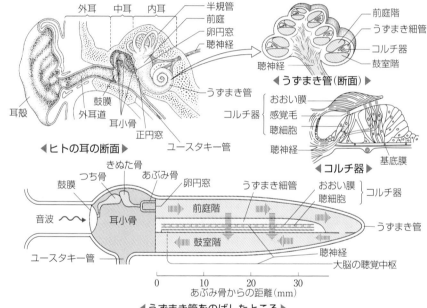

◀ ヒトの耳の断面 ▶

◀ うずまき管（断面）▶

◀ コルチ器 ▶

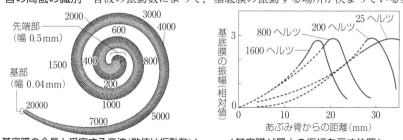

◀ うずまき管をのばしたところ ▶

ⅱ） 音の高低の識別　音波の振動数によって，基底膜の振動する場所が決まっている。

◀ 基底膜の全長と受容する音波（数値は振動数）▶

◀ 基底膜が最大の振幅を示す位置 ▶

(c) **平衡覚が生じるしくみ**

ⅰ）**前庭**　からだが傾くと，前庭の感覚細胞（有毛細胞）上の平衡石（耳石）がずれ，感覚毛が押されて感覚細胞が興奮する。

ⅱ）**半規管**　前庭につながる半円状の管で，3個の半規管が互いに直交する面に配置されている。その中でからだの回転に伴って管内のリンパ液に動きが生じ，感覚毛が刺激されて回転運動の方向や速さの感覚が生じる。

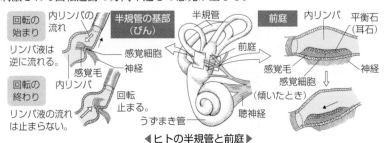

◀ヒトの半規管と前庭▶

❼嗅覚が生じるしくみ

空気中の化学物質を，嗅上皮の嗅細胞で受容することで嗅覚が生じる。化学物質の受容体は約350種類あり，1つの嗅細胞はこのうちの1種類の受容体しかもたないが，1種類の化学物質は複数の種類の受容体と結合できる。化学物質と結合した受容体の組み合わせで，何千種類ものにおいを嗅ぎ分けることができる。

❽中枢神経系の構造と働き

(a) **脳の構造**　脳は，大脳，間脳，中脳，小脳，延髄，橋からなる。間脳・中脳・延髄・橋は，生命維持に関する重要な機能をもっており，これらをまとめて脳幹という。

ⅰ）**大脳**　大脳皮質（灰白質）と大脳髄質（白質）からなる。大脳皮質は，大脳表面の大半を占める新皮質と，古皮質・原皮質などを含む辺縁皮質からなる。辺縁皮質には，記憶に関わる海馬が存在する。左右の半球は，脳梁でつながっている。

ⅱ）**間脳**　視床と視床下部からなる。視床は大脳に伝わる興奮を中継する。視床下部は，自律神経系の総合中枢として働く。

ⅲ）**中脳**　姿勢を保つ中枢，眼球運動や瞳孔調節を担う反射中枢。

ⅳ）**小脳**　からだの平衡を保つ中枢。

ⅴ）**延髄**　心臓の拍動・呼吸運動を支配する中枢，消化液・涙の分泌の反射中枢。

ⅵ）**橋**　大脳からの情報を小脳に中継して運動を制御している。

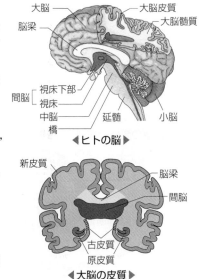

◀ヒトの脳▶

◀大脳の皮質▶

(b) **脊髄** 外側が白質，内側が灰白質（H字形）で，背根から感覚ニューロンが入り，腹根からは運動ニューロンが出る。

(c) **反射** 刺激に対し無意識に起こる反応。反射が起こる際の興奮伝達経路を反射弓といい，大脳を経由しない。脊髄・中脳・延髄などが反射中枢として働く。

　ⅰ）**脊髄反射** 膝蓋腱反射（膝のすぐ下を叩くと，足が前に跳ね上がる），屈筋反射（熱いものに触れると手を引く）

　ⅱ）**中脳反射** 立ち直り反射（直立姿勢が崩れた際，頭部を水平にして元の状態に戻そうとする），まぶしいときに瞳孔が小さくなる瞳孔反射

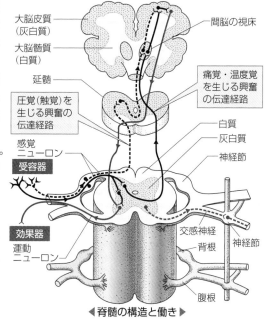

◀ 脊髄の構造と働き ▶

　ⅲ）**延髄反射** だ液分泌反射（口にものが入ると，だ液が出る）

❾効果器と反応

(a) **骨格筋の構造** 骨格筋は，筋繊維と呼ばれる多核の細長い細胞が集まったもので，その中に筋原繊維が束になっている。筋原繊維は明るくみえる明帯と，暗くみえる暗帯が交互に配列しており，明帯の中央にはZ膜と呼ばれる仕切りがある。Z膜とZ膜の間をサルコメア（筋節）という。筋原繊維は，細いアクチンフィラメントと太いミオシンフィラメントからなる。

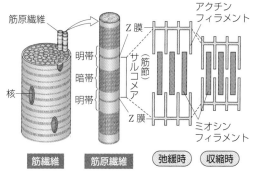

◀ 骨格筋の構造と筋収縮のしくみ ▶

(b) **筋繊維に連絡する神経**

　ⅰ）**終板** 運動ニューロンの神経終末と筋繊維がシナプスを形成している部分は，特に終板と呼ばれる。

　ⅱ）**運動単位** 骨格筋に連絡する運動ニューロンの軸索は途中で分岐して複数の筋繊維とシナプスを形成するため，1本の運動ニューロンの興奮により複数の筋繊維が収縮する。1本の運動ニューロンと，これが支配するすべての筋繊維をあわせて**運動単位**という。

(c) **骨格筋の収縮** 筋収縮は，ミオシンフィラメントの間にアクチンフィラメントが滑り込むことで起こる。これを滑り説という。このとき，フィラメントの長さはどちらも変わらない。また，アクチンフィラメントは，**アクチン**のほか，**トロポニン，トロポミオシン**と呼ばれるタンパク質からできている。

　　 i ）**筋肉の収縮時** 筋小胞体から放出される Ca^{2+} はトロポニンと結合し，これがミオシン結合部位を遮っていたトロポミオシンを外す役割を果たす。その結果，ミオシン頭部とアクチン分子とが結合し，筋収縮がはじまる。

　　 ii ）**筋肉の弛緩時** 筋小胞体への刺激がなくなると Ca^{2+} が筋小胞体に回収され，トロポミオシンがアクチンのミオシン結合部位を隠し，筋肉は弛緩する。

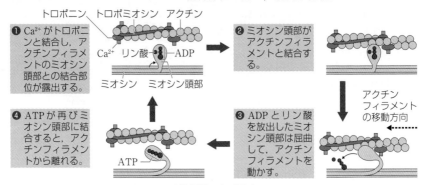

◀筋収縮のしくみ▶

(d) **ATP の再生** 筋収縮で消費された ATP は，高エネルギーリン酸結合をもつクレアチンリン酸が ADP にリン酸を渡すことで直ちに再生される。このため，筋肉中のATP 量は，収縮が続いても一定に保たれる。

(e) **筋肉の収縮曲線**

　　 i ）**単収縮** 単一の刺激を与えたときに起こる収縮。ミオグラフで記録した単収縮曲線は，潜伏期，収縮期，弛緩期などに分けられる。

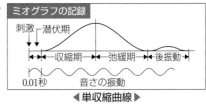

◀単収縮曲線▶

　　 ii ）**強縮** 連続刺激を与えたときに起こる収縮。これは，連続的な刺激によって，弛緩期が短くなるために起こる。

　　 iii ）**不完全強縮**…刺激の間隔が比較的長いとき（15回/秒）の収縮。

　　 iv ）**完全強縮**…刺激の間隔が短いとき（30回/秒）の収縮。随意筋の収縮。

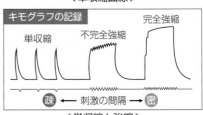

◀単収縮と強縮▶

(f) **刺激の強さと筋収縮** 1 本の筋繊維に閾値以上の刺激を与えると，一定の強さで収縮する。骨格筋を構成する各筋繊維の閾値はそれぞれ異なるため，刺激が強くなると収縮する筋繊維の数がふえ，筋収縮は大きくなる。

2 動物の行動

❶生得的行動

　　動物が特定の刺激に対して起こす生まれつき備わっている行動を，生得的行動という。

(a)　**かぎ刺激**　カイコガの雌の発するフェロモンやイトヨの雌の膨らんだ腹部のような，行動の引き金となる特定の刺激。

　　ⅰ）**フェロモン**　体外に放出され，それを感知した同種の他個体が特有の行動を引き起こす化学物質。　〔例〕　性フェロモン，道しるベフェロモン，警戒フェロモン

(b)　**固定的動作パターン**　かぎ刺激に対して起こる定型的な行動。

　　〔例〕　カイコガの探索行動，イトヨの生殖行動，ハイイロガンの卵転がし運動

(c)　**定位**　外界からの刺激をもとに，自分のからだを特定の方向に向ける行動を定位という。ツルなどの渡り鳥には，遠距離の目的地の方向を定めるために，太陽の位置を基準にして方向を決めるしくみをもつ種がある。

　　ⅰ）**走性**　光や化学物質，電気などの刺激に対して一定の方向に移動する行動を走性という。刺激源に近づく場合を**正の走性**，遠ざかる場合を**負の走性**という。

光走性…プラナリア・ミミズ(−)， 　　　　ミドリムシ(弱い光に＋，強い光に−)	重力走性…ミミズ(＋)， 　　　　マイマイ・ゾウリムシ(−)
化学走性…ハエ(アンモニアに＋)	電気走性…ゾウリムシ(−)(陰極へ集まる)
音波走性…コオロギ(＋)	流れ走性…メダカ・アメンボ(＋)

　　＋…正の走性　　　−…負の走性

(d)　**中枢パターン発生器**　歩行や呼吸，遊泳，飛翔などといった周期的な運動パターンは，中枢パターン発生器(CPG)と呼ばれる神経回路によって生み出される。

　　〔例〕　バッタの飛翔　下図のような神経回路モデルが考えられている。

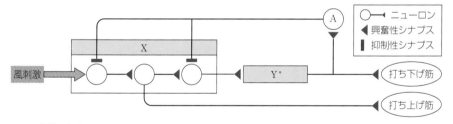

＊Yは多数の介在ニューロンで構成されており，内部で興奮が伝えられるのに時間がかかる。

風刺激がXに伝えられると，打ち上げ筋に興奮が伝えられて収縮が起こる。このとき，Yが存在することで打ち下げ筋には遅れて興奮が伝えられる。また，打ち下げ筋に興奮が伝えられるとともにXの神経が抑制され，打ち上げ筋の収縮が抑制される。

❷習得的行動と学習

　　受容した刺激に応じて神経回路が可塑的に変化し，行動パターンが変わることがある。この行動の変化を学習といい，変化した行動を習得的行動という。

(a)　**慣れ**　害のない刺激がくり返されると，それに反応しなくなる。これは慣れと呼ばれる学習である。

i）**慣れが起こるしくみ**　くり返し刺激を与えると，刺激を伝える感覚ニューロンのシナプス小胞が減少したり，電位依存性カルシウムチャネルが不活性化したりする。その結果，神経伝達物質の放出量が減少し，伝達効率が低下することで慣れが生じる。

　［アメフラシの例］　水管を継続的に触ると，えらを引っ込める反射が起こりにくくなる。

(b)　**脱慣れと鋭敏化**〔アメフラシの例〕

i）**脱慣れと鋭敏化**　慣れの生じた個体に対して尾など別の部分を刺激した後，水管を触ると，再びえら引っ込め反射が起こる(脱慣れ)。また，強い刺激を尾に与えると，弱いえら引っ込め反射しか生じない刺激に対しても，大きな反射が生じるようになる(鋭敏化)。

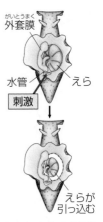

◀**アメフラシの反射**▶

ii）**脱慣れと鋭敏化が起こるしくみ**　水管からの刺激を伝える感覚ニューロンと，尾からの刺激を伝える感覚ニューロンは，介在ニューロンでつながっている。介在ニューロンから放出されたセロトニンを感覚ニューロンが受容すると，感覚ニューロンの末端でcAMPがつくられる。cAMPはプロテインキナーゼ(PK)という酵素を活性化させ，K^+チャネルを閉じさせる。このため，活動電位の持続時間が長くなり，神経終末へのCa^{2+}の流入量がふえる。それに伴い，シナプス小胞からの神経伝達物質の放出量が増加して伝達効率が高まり，脱慣れや鋭敏化が起こる。

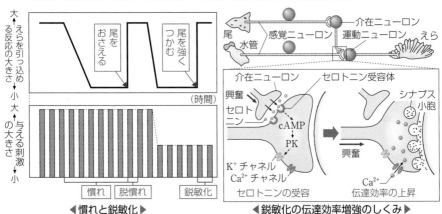

◀**慣れと鋭敏化**▶　　　◀**鋭敏化の伝達効率増強のしくみ**▶

(c)　**古典的条件付け**　ある反射を，それとは無関係の刺激(条件刺激)のもとでくり返して起こさせると，条件刺激だけで反射が起こるようになる。このように，ある反応を起こす刺激と，その反応とは本来無関係な刺激とを結びつける学習を，**古典的条件付け**という。

　［例］　パブロフの実験　イヌにベルの音(条件刺激)を聞かせた直後に肉片を与えることをくり返すと，ベルの音だけでだ液が出るようになる。

(d) **オペラント条件付け**　動物の自発的な行動と，それにより生じる結果とを結びつける学習。

　〔例〕　レバーを押すと食物が出るように設定した箱にネズミを入れると，最初はたまたまレバーに当たって食物を得るが，しだいに自発的にレバーを押す頻度が上がる。

(e) **臨界期**　動物の成長過程で，神経回路が形成されやすい時期があり，ある現象や反応が成立するかどうかがその時期に決まる場合がある。この時期を**臨界期**という。

　ⅰ）**刷込み**　鳥類のヒナは，ふ化後最初に見た動くものの後を追うようになる。発育初期の限られた時期に行動の対象を記憶する学習を刷込み（インプリンティング）という。

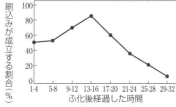

◀ 刷込みの成立（カモのひな）▶

　ⅱ）**小鳥のさえずり学習**　ある種の鳥類のさえずり学習は，雄親のさえずりを聞き，その音声パターンを脳に記憶する感覚学習と，記憶した音声パターンをまねて練習する運動学習で成り立っている。感覚学習の臨界期は生後20〜65日，運動学習は生後30〜90日であり，臨界期を過ぎると，学習してもうまくさえずることができない。

(f) **試行錯誤**　同じ行動を何度もくり返し行うことで，行動が変化することがある。このような学習のしかたを試行錯誤という。

(g) **知能行動**　経験や学習を元に，未経験の状況に対しても，目的に対応した適切な行動がとれるようになる。これを知能行動という。

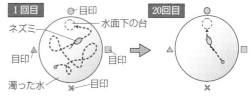

はじめは偶然台にたどりつくが，経験を重ねると，目印をもとに直線的に台の方へ泳ぐようになる。

◀ ネズミの試行錯誤 ▶

参考　**ミツバチのダンス**

　蜜をもち帰った働きバチは，巣板の垂直面でダンスをすることによって，えさ場までの距離と方向を伝える。えさ場が近くにあるときは円形ダンスを，遠くにあるときは8の字ダンスをくり返す。8の字ダンスの中央直線部分を進む方向と，重力に対し反対方向（鉛直上方）がなす角度は，えさ場の方向と太陽がなす角度を示す。また，えさ場までの距離はダンスの速さで知らせ，遅いほど遠いことを示す。

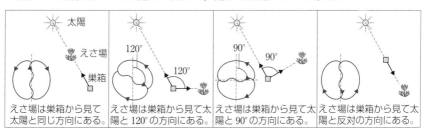

◀ えさ場の方向とミツバチの8の字ダンス ▶

☑**1** 下図は，ニューロンを中心とする構造を模式的に表している。

(1) 図中の a ～ f の名称を答えよ。

(2) 図の c をもったこのような神経繊維を何というか。また，c をもつことで，e から神経終末まで興奮が速く伝えられる。このような c をもつことによって起こる興奮の伝わり方を何というか。

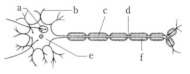

☑**2** 次の文中の（　　）に適当な語を記入せよ。

(1) ニューロンで活動電位が生じるのに必要な最小の刺激の強さを（　1　）という。

(2) 感覚器が受容することのできる刺激の種類を（　2　）という。

(3) ヒトの耳では，内耳の（　3　）の働きで聴覚を生じ，前庭および（　4　）の働きで（　5　）を生じる。

☑**3** ヒトの眼の遠近調節について，次の文の①～⑥に当てはまるものを（　　）内の語句から選び，記号で答えよ。

　　遠くのものを見るときには，①（ア．強膜　イ．毛様筋　ウ．チン小帯　エ．虹彩）が②（ア．弛緩　イ．収縮）して，毛様体のつくる輪が大きくなる。これに伴って，③（ア．強膜　イ．毛様筋　ウ．チン小帯　エ．虹彩）が④（ア．緩み　イ．引っ張られ），⑤（ア．ガラス体　イ．虹彩　ウ．水晶体　エ．毛様体）の厚みが⑥（ア．厚く　イ．薄く）なる。

☑**4** 次にあげた(1)～(4)の中枢は，脳のどこにあるか。

(1) 体温，血糖濃度の調節をする。　　　(2) 瞳孔を調節する。

(3) からだの平衡を保つ働きをする。　　(4) 心臓の拍動を調節する。

☑**5** 骨格筋について，次の文中の（　　）に適語を記入せよ。

　　骨格筋は，（　1　）と呼ばれる多核の細長い細胞が集まったもので，その中には多数の細長い（　2　）が束になって詰まっている。それぞれの（　2　）は，内部に（　3　）イオンを貯えた袋状の（　4　）で包まれている。

☑**6** 次の(1)～(4)が示す生物現象を何というか。それぞれ答えよ。

(1) イヌにベルの音を聞かせた直後に肉片を与え続けると，やがてベルの音を聞いただけでだ液を分泌するようになる。

(2) ネズミが同じ迷路を何度もくり返すうちに，ゴールの食物まで早く着くようになる。

(3) アメフラシの水管を短い間隔で継続的に刺激すると，えらを引く反射が起こりにくくなる。

(4) アヒルのひなが，最初に見た動くものの後を追う。

Answer ‥‥

1(1) a…シナプス　b…樹状突起　c…髄鞘　d…ランビエ絞輪　e…細胞体　f…軸索（神経繊維）
(2)有髄神経繊維，跳躍伝導　**2** 1…閾値　2…適刺激　3…うずまき管　4…半規管　5…平衡覚　**3**①イ
②ア　③ウ　④イ　⑤ウ　⑥イ　**4**(1)間脳 (2)中脳 (3)小脳 (4)延髄　**5** 1…筋繊維　2…筋原繊維
3…カルシウム　4…筋小胞体　**6**(1)古典的条件付け　(2)試行錯誤　(3)慣れ　(4)刷込み

基本例題33　興奮の伝導 ➡基本問題143

　図は活動電位を測定した結果である。図の①～③の状態を表す記述として正しいものをそれぞれ以下のア～カから選び，記号で答えよ。

ア．細胞内外へのイオンの移動が釣り合っていて，膜電位がほぼ一定に保たれている。
イ．イオンの移動がないため，膜電位が一定である。
ウ．K^+ が細胞内に移動することで電位が上昇する。
エ．K^+ が細胞外に移動することで電位が下降する。
オ．Na^+ が細胞内に移動することで電位が上昇する。
カ．Na^+ が細胞外に移動することで電位が下降する。

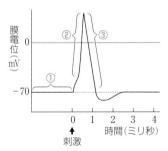

■ **考え方**　静止状態は，イオンの細胞内外への移動がないのではなく，それが釣り合っていて移動がないようにみえている状態である。また，このとき細胞の外側に Na^+ が，内側に K^+ が多く分布している。ニューロンなどは，閾値を超える刺激を受けると，電位依存性ナトリウムチャネルが一斉に開き，Na^+ が細胞内に流入して膜電位が急上昇する。また，電位依存性ナトリウムチャネルに遅れて，電位依存性カリウムチャネルが一斉に開き，K^+ が細胞外に排出される。これに並行して，電位依存性ナトリウムチャネルが不活性化の過程を経て閉じるため，膜電位が急降下する。

■ **解 答**
①…ア
②…オ
③…エ

基本例題34　眼の構造 ➡基本問題148

　右図はヒトの眼球の水平断面（上から見たもの）を示している。ヒトの眼の構造に関連した次の各問いに答えよ。

(1) 図中の a～i の名称を答えよ。
(2) この図は右眼か左眼か，どちらか答えよ。
(3) 次の特徴をもつ部位や細胞を，図中の記号 a～i で記せ。
　① 色の識別に関与する視細胞
　② 網膜上で視細胞がまったくない部分
　③ 眼に入る光の量を調節する部分
　④ 遠くを見る際に引っ張られる部分
(4) 光の来る方向は，X，Y のどちらか。

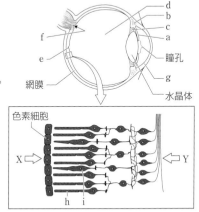

■ **考え方**　(2)水平断面を上から見た図で，盲斑は黄斑よりも鼻側になる。したがって，この図の場合は右眼である。(3)④遠くを見るときは，毛様筋が弛緩して毛様体のつくる輪が大きくなる。このときチン小帯が引っ張られて水晶体が薄くなる。(4)光が入ってくる側に視神経繊維が張り巡らされている。

■ **解 答**　(1) a …虹彩　b …毛様筋（毛様体）　c …チン小帯　d …ガラス体　e …黄斑　f …盲斑　g …角膜　h …桿体細胞　i …錐体細胞　(2)右眼　(3)①…i　②…f　③…a　④…c　(4)Y

基本例題35　耳の構造　　　　　　　　　　　　➡基本問題152

ヒトの耳の構造を示した右図について，次の各問いに答えよ。

(1) 図の1〜7の名称を答えよ。

(2) 図の1〜7のなかからリンパ液で満たされている部位をすべて選び，番号で答えよ。

(3) 次の働きをもつ部位を1〜7から選び，番号で答えよ。

① 咽頭につながっている管で，鼓膜内外の圧力差をなくす。

② てこの作用によって振動を増幅する。

③ 回転運動の方向や速さを感知する。

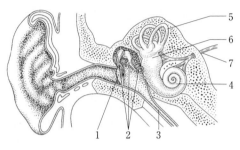

考え方 (2)リンパ液に満たされているのは内耳である。4のうずまき管，5の半規管，6の前庭がそれにあたる。(3)①ユースタキー管は，中耳と咽頭を連絡しており，中耳内の圧力を調整している。②耳小骨は，つち骨，きぬた骨，あぶみ骨の3つからなり，鼓膜の振動をうずまき管に伝える。③半規管は，3つの環状の管がお互いに垂直に並び，回転方向を立体的に感知することができる。

解答 (1)1…鼓膜　2…耳小骨　3…ユースタキー管　4…うずまき管　5…半規管　6…前庭　7…聴神経
(2)4，5，6　(3)①…3　②…2　③…5

基本例題36　興奮の伝達経路　　　　　　　　　➡基本問題155, 156

右図は，ヒトの脊髄の断面，およびニューロンの一部と皮膚や筋肉との連絡のようすを模式的に表したものである。なお，①〜④は，活動電位を記録する装置である。

(1) 図のa〜eの名称を記せ。

(2) 図のア〜ウの名称を記せ。

(3) 図のAの位置を刺激したとき，どの記録計で興奮が記録されるか。記録されるものの番号をすべて答えよ。

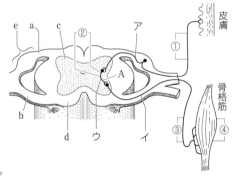

考え方 (1), (2)感覚神経は，脊髄の背根を通っている。背根の神経節には感覚神経の細胞体がある。運動神経は腹根を通って効果器へとつながる。(3)興奮は軸索内の両方向に伝導するが，シナプスの部分では一方向にしか伝達されない。これは，ふつうシナプス間隙が存在し，細胞どうしは物理的に離れており，神経終末側にしかシナプス小胞がなく，シナプス後細胞から前細胞へは神経伝達物質が分泌されないためである。

解答 (1)a…背根　b…腹根　c…灰白質　d…白質　e…神経節
(2)ア…感覚ニューロン
イ…運動ニューロン
ウ…介在ニューロン
(3)②，③，④

基本例題37　骨格筋の収縮　　　　　　　　　　　　　　　→基本問題157

骨格筋の収縮について以下の各問いに答えよ。なお，図中の数字は，文中の空欄の
ものと一致している。

骨格筋は筋繊維からできており，筋繊維はさらに細い筋原繊維でできている。筋原
繊維は明帯と暗帯とが交互に配列しており，このしま模様から骨格筋は（　1　）とも
呼ばれる。筋原繊維は，細い（　2　）と太い（　3　）から構成されている。（　4　）
と（　4　）で仕切られた間を（　5　）という。

(1)　文中の（　1　）～（　5　）に適する語
　　を答えよ。

(2)　骨格筋の細胞は，筋繊維，筋原繊維の
　　どちらか。

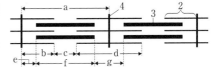

(3)　下線部の暗帯を示しているのは図中の a ～ g のどの範囲か。

(4)　弛緩時と比べて収縮時に長さが短くなる部分を，a ～ g のなかからすべて選べ。

■ **考え方**　(2)筋繊維は多核の細胞で，その中に筋原繊維が多
数束になって詰まっている。(3)太いミオシンフィラメントが顕
微鏡で観察したときに光を通さず暗く見えている。(4)b, d, f
はフィラメントそのものなので，それ自体は短くならない。

■ **解 答**　(1)1…横紋筋　2…アクチ
ンフィラメント　3…ミオシンフィラメ
ント　4…Z膜　5…サルコメア(筋節)
(2)筋繊維　(3)f　(4)a, c, e, g

基本例題38　習得的行動　　　　　　　　　　　　　　　→基本問題160

学習に関する次の文章を読み，以下の各問いに答えよ。

ァイヌは食物を与えるとだ液を分泌するが，ィベルを鳴らした直後に食物を与える
ということをくり返すと，ベルの音を聞いただけでもだ液を分泌するようになる。ま
た，ある鳥では，ゥ生後間もない限定された期間に見た，ある程度の大きさの動く物
体について歩くようになる。

(1)　下線部ア～ウについて，それぞれ何というか。

(2)　下線部イに関連して，レバーを押すとえさが出てくるしかけのある環境において，
　　ネズミが頻繁にレバーを押すようになるといったように，環境の変化(えさの出現)
　　によって行動の自発頻度(レバー押し頻度)が変化するような学習を何というか。

(3)　下線部ウについて，ある現象や反応が起こるか起こらないかが決まる時期を何と
　　呼ぶか。

(4)　下線部ア～ウのうち，習得的行動にあたるものをすべて選び記号で答えよ。

■ **考え方**　(2)古典的条件付けは行動(反応)に先行する刺激によって学習が
強化されるのに対し，オペラント条件付けは自発的な行動(反応)に後発する
刺激によって学習が強化される。(4)行動には，遺伝的にプログラムされた固
定的な神経回路による生得的行動と，経験や学習によって変化する神経回路
による習得的行動がある。

■ **解 答**　(1)ア…反射
イ…古典的条件付け
ウ…刷込み
(2)オペラント条件付け
(3)臨界期　(4)イ，ウ

基|本|問|題

思考

☑**143. 活動電位の発生のしくみ** ●活動電位は，細胞膜上の
膜輸送タンパク質によるイオンの移動によって生じる。右
図は膜電位の変化を示している。次の各問いに答えよ。

問1．ニューロンは，ある強さ以上の刺激を受けると興奮
する。興奮を生じさせる最小の刺激の強さを何というか。

問2．図の横軸と縦軸の1目盛り分が表す大きさとして適
当なものを①～④からそれぞれ1つ選び，番号で答えよ。

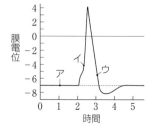

横軸：　①　1秒　　②　1/10秒　　③　1/100秒　　④　1/1000秒

縦軸：　①　1 V　　②　1/10 V　　③　1/100 V　　④　1/1000 V

問3．次の①～③はそれぞれ，4種類の膜輸送タンパク質を介したイオンの移動のようす
を示している。図のア～ウの膜電位のときのようすとして，最も適当なものをそれぞれ
選べ。なお，実線の矢印は Na^+ の移動を，破線の矢印は K^+ の移動を表している。

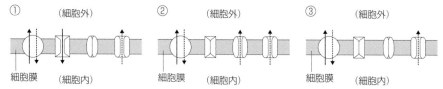

知識

☑**144. 刺激の強さと活動電位** ●あるニューロンへの刺激を少しずつ強くしながら，膜電位
の変化を調べる実験を行ったところ，図のような結果が得られた。次の各問いに答えよ。

問1．ニューロンの軸索では，刺激の強弱は何に変換されて伝えられているか。①～④か
ら最も適当なものを1つ選べ。

①　活動電位の大きさ　　　　　　　②　活動電位の発生頻度

③　活動電位と静止電位の大きさの差　　④　静止電位の大きさ

問2．この実験の結果からわかることを，次の①～⑤のなかからすべて選べ。

①　刺激の強さに関わらず，必ず興奮が起こる。

②　刺激の強さが閾値以上になると，はじめて
興奮が起こる。

③　刺激の強さに比例して，活動電位の大きさ
も大きくなる。

④　閾値以上では刺激の強さによらず，活動電
位の大きさは変わらない。

⑤　すべてのニューロンで閾値は同じ値である。

問3．この実験で示されるような性質を何という
か答えよ。

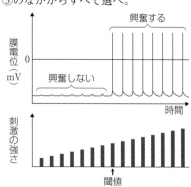

知識
□**145. 興奮の伝導と伝達** ●次の文章を読み，以下の各問いに答えよ。

　脊椎動物の神経系は，中枢神経系と（　1　）神経系の2つに大別される。中枢神経系は，脳とそれに続く（　2　）から構成されており，ヒトでは複雑な反応ができるように発達している。脳や脊髄から出て，内臓や体内の各器官へ分布し，視床下部からの指令によって恒常性の維持に働く（　3　）神経系は，2つのきっ抗する作用をもつ交感神経と副交感神経からなる。ニューロンは，受けた刺激の情報を電気的な信号に変えて伝えることに特化した細胞である。電気的な信号が同一ニューロン内で伝わることを興奮の（　4　）といい，ニューロン間で興奮が伝わることを興奮の（　5　）という。

問1．文中の（　1　）～（　5　）に当てはまる適切な語を答えよ。

問2．図1のA～Eの部位の名称を答えよ。

問3．図1のBをもつ神経繊維を何というか。また，Bの有無は何に関与するか答えよ。

問4．感覚ニューロンや運動ニューロンと，中枢の介在ニューロンでは，図1のBを形成する細胞の種類が異なる。それぞれについて，細胞の名称を答えよ。

問5．下線部に関して，5つのニューロンが図2に示すようにつながっていた場合，矢印の位置に人工的な刺激を与えたときに，興奮が伝わる部位をa～fのなかからすべて選び，記号で答えよ。

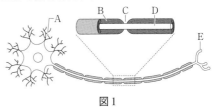

図1

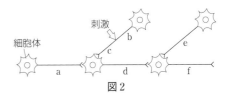

図2

知識
□**146. 興奮の伝達** ●次の文章を読み，以下の各問いに答えよ。

　ニューロンの接続部であるシナプスでは，シナプス前細胞の神経終末まで興奮が伝導すると，電位依存性（　1　）チャネルが開き，神経終末内に（　1　）イオンが流入する。この結果，神経終末にある（　2　）のエキソサイトーシスが誘発され，内部に含まれる神経伝達物質が（　3　）に放出される。シナプス後細胞には，神経伝達物質の（　4　）となる伝達物質依存性イオンチャネルがあり，伝達物質が結合するとイオンチャネルが開き，シナプス後細胞内にイオンが流入する。これによって，シナプス後細胞の膜電位が変化し，興奮などの反応が引き起こされる。このとき開いたイオンチャネルが（　5　）チャネルであると，シナプス後細胞内に（　5　）イオンが流入して，①膜電位を上昇させる。一方，開いたイオンチャネルが塩化物イオンチャネルであると，②シナプス後細胞内に塩化物イオンが流入し，膜電位を低下させる。

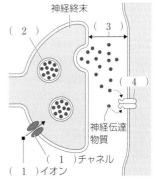

神経終末

（　2　）

（　3　）

（　4　）

神経伝達物質

（　1　）チャネル

（　1　）イオン

問1．文中の（　1　）～（　5　）に適語を入れよ。

問2．下線部①の電位変化は過分極性か脱分極性か。

問3．下線部②のような電位変化を何というか。

☐ **147. 受容器と適刺激** ●次の表は，ヒトの適刺激，受容器，感覚の関係を示したものである。表中の空欄に適する語を答えよ。

適刺激	受容器	感覚
（　1　）	眼の（　4　）	視覚
（　2　）	耳の（　5　）	聴覚
からだの傾き	耳の（　6　）	（　10　）
からだの（　3　）	耳の半規管	（　10　）
空気中の化学物質	鼻の（　7　）	嗅覚
液体中の化学物質	舌の（　8　）	味覚
圧力，化学物質など	皮膚の（　9　）	痛覚

知識

☐ **148. 眼の構造と働き** ●眼の構造と働きに関する次の文章を読み，以下の各問いに答えよ。

ヒトの眼はきわめて発達した視覚器で，カメラとよく似た構造をしている。眼の最外部にあるまぶたは眼を保護する役目をもっている。

ァ（　1　）はカメラの絞りに相当し，瞳孔の大きさを変化させ，ィ（　2　）に達する光の量を調節する。（　2　）に写し出された像の情報は，ゥ（　3　）を通して大脳に伝達される。レンズにあたる<u>ェ水晶体</u>は，見ようとする物体との距離に応じて，<u>ォ毛様筋</u>と<u>ヵチン小帯</u>によって厚さが変わり，ピントを調節する働きがある。フィルムに相当する（　2　）には2種類の視細胞がある。視細胞の1つは，明るいところで（　4　）の区別に関わる（　5　）である。（　5　）は，（　2　）の中央部である<u>ヶ（　6　）</u>に多く分布し，青色，緑色，赤色の波長の光を最もよく吸収する3種類の細胞があり，フォトプシンと呼ばれる視物質を含む。もう1つの視細胞は，暗いところでも光の強弱を識別できる（　7　）である。

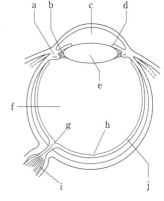

問1．文中の（　　）に適する語を記せ。

問2．右図は，ヒトの眼の構造を模式的に示している。文中の下線部ア～キに当てはまる部位を図から選び，記号で答えよ。

知識

☐ **149. 遠近調節** ●視覚における遠近調節について述べた次の文章の，{　　}で示された語句のなかから正しいものをそれぞれ1つ選び，記号で答えよ。

遠くから近くに視線を移し，近くにある物体を見ようとすると，毛様筋が{a．収縮　b．弛緩}して，毛様体の径が{c．大きく　d．小さく}なって，チン小帯が{e．緊張する　f．ゆるむ}。その結果，水晶体が{g．厚く　h．薄く}なって，焦点距離が{i．長く　j．短く}なり，近い物体にピントが合うようになる。

知識 計算

☐ **150. 盲斑の測定** ●次の文章は，盲斑を検出する実験に関するものである。水晶体の中心から網膜までの距離が 20mm であるものとして，以下の各問いに答えよ。

実験に際し，120mm の間隔を空けて 2 つの点を描いた検査用紙を準備した。左側の点を A，右側の点を B とする。眼の前方正面に検査用紙を置き，ア点Aに視線を固定することとし，左右の眼のそれぞれで試すと一方の眼だけで実験ができた。実験では，イ視線を動かさないようにして検査用紙を遠近方向に動かしたところ，検査用紙と眼（水晶体の中心）の距離が 500mm のときに点 B が見えなくなった。次に，検査用紙と眼の距離を 500

mm に保ち，視線を点 A に固定したまま，紙の上でペン先を A から B の方向に移動させた。すると，点 B の位置でペン先が見えなくなり，ある位置で再び見えた。この位置を点 C とする。

問1．下線部アに関して，検査できたのはどちらの眼か。

問2．下の文の（　　）に入る適切な語を①〜④のなかから 1 つ選べ。

実験ができた眼から，盲斑は網膜の中央から（　　）にずれた位置にあることがわかる。

①　上側　　②　下側　　③　鼻側　　④　耳側

問3．下線部イより，調べられた黄斑から盲斑までの距離は何 mm か。ただし，黄斑と盲斑を結ぶ線は直線で，点 A と B を結ぶ直線と平行であると考えてよい。

問4．実験の結果，BC 間の距離は 25mm であった。調べられた盲斑の直径は何 mm か。

知識

☐ **151. 明暗調節** ●明暗調節について次の文章を読み，以下の各問いに答えよ。

明所から急に暗所へ入ると，最初はよく見えないが，しばらくすると見えるようになる現象を「暗順応」という。網膜は光を受容する 2 種類の細胞をもつ（細胞 A，細胞 B とする）。図は，暗順応における 2 種類の細胞の感度変化を示したものである。

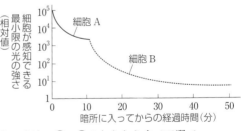

問1．図からわかることとして，適切なものを次の①〜④のなかからすべて選べ。

①　細胞 B の弱い光に対する感度は，細胞 A の弱い光に対する感度よりも高い。

②　細胞 A の弱い光に対する感度は，細胞 B の弱い光に対する感度よりも高い。

③　最初に細胞 A の感度が少し上昇し，続いて細胞 B の感度が上昇する。

④　最初に細胞 A の感度が少し低下し，続いて細胞 B の感度が低下する。

問2．下線部に関して，文中の（　　）に適する語をそれぞれ答えよ。

桿体細胞の視物質は（　1　）といい，（　2　）というタンパク質に，ビタミンAからつくられる（　3　）が結合してできた物質である。この（　1　）に光が当たると（　3　）が構造変化を起こし，これがタンパク質である（　2　）の部分的な立体構造の変化をもたらし，桿体細胞に（　4　）電位が発生する。

152. 耳の構造と働き ●下図は，ヒトの耳の構造の模式図である。以下の各問いに答えよ。

問1．図の(a)～(g)の名称を記せ。

問2．コルチ器と呼ばれる部位に該当する部分を，図の(a)～(g)のなかからすべて選べ。

問3．次の(1)～(4)の各部分における音の情報の伝わり方を①～⑤のなかから選び，それぞれ番号で答えよ。

(1) 外部～鼓膜まで　　(2) 鼓膜～内耳まで

(3) うずまき管内　　(4) 聴神経内

① 膜電位の変化　　② 骨の振動

③ 温度の変化　　④ リンパ液の振動

⑤ 空気の振動

問4．次の文章の空欄に適語を答えよ。

　平衡器は，回転に関係する（　1　）と，からだの傾きに関係する（　2　）からなり，回転感覚は，（　1　）の中にある（　3　）の動きが感覚細胞の感覚毛に伝わり，興奮を起こさせることによって生じる。傾きの感覚は，（　2　）内にある感覚細胞の感覚毛の上に乗っている（　4　）がずれ，重力の変化を感覚細胞に伝えることによって生じる。

問5．図の(d)の管は体内のどことつながっているか。その部分の名称を答えよ。

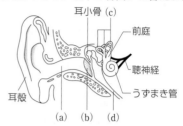

耳の構造

うずまき管の縦断面

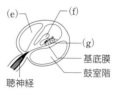

うずまき管の一部

153. ヒトの聴覚器 ●次の文章を読み，以下の各問いに答えよ。

　ヒトでは，外界からの音は，外耳を通り，鼓膜を振動させる。中耳では鼓膜の振動を（　1　）を介して卵円窓に伝え，内耳に到達する。内耳で音を受容する器官は，（　2　）である。（　2　）を満たすリンパ液が音の入力により振動すると，基底膜が揺れ，その上に分布する（　3　）が興奮する。この興奮が信号として（　4　）に伝わり，最終的に音の情報が脳へと達する。

問1．文章中の（　1　）～（　4　）に適する語を答えよ。

問2．ヒトが音の高低を聞き分けるしくみについて，右図を参考に，次の文中の{　}で示された語のうち，適当な方を選び，それぞれ記号で答えよ。

　基底膜の幅は，うずまき管の奥にいくにつれて{a．広く　b．狭く}なっており，奥にいくほど振動数の{c．大きい　d．小さい}音波を受容し，{e．高音　f．低音}として知覚される。

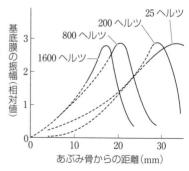

□ **154.** ヒトの中枢神経系 ●下図は脳の縦断面を示している。以下の各問いに答えよ。

問1．A～Fで示した部位の名称を，次の①～⑥のな
かからそれぞれ選べ。

① 小脳 　② 中脳 　③ 間脳 　④ 大脳

⑤ 延髄 　⑥ 橋

問2．次の(a)～(f)の機能は，図のどの部分の働きにつ
いて述べたものか。A～Fの記号で答えよ。

(a) 呼吸運動や心臓の拍動を調節する中枢。

(b) 体温，水分，血糖濃度などを調節する中枢。

(c) 眼球の運動や瞳孔の調節をする中枢。

(d) からだの平衡を保つ中枢。

(e) 感覚や随意運動の中枢。

(f) AとBを中継し，運動を制御する。

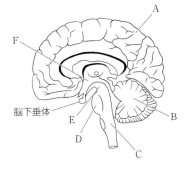

問3．図中のAに関して述べた次の文章について，（　　）に適する語をそれぞれ答えよ。

　　Aには，外側の（　1　）と呼ばれる細胞体の集まっている部分と，内側の（　2　）と
呼ばれる神経繊維の集まった部分があり，（　1　）はAの表面の大半を占める（　3　）
と，間脳の近くにある古皮質・原皮質などを含む（　4　）とからなる。（　4　）には記
憶に関わる（　5　）と呼ばれる部位も含まれる。

問4．図のA～Fのなかで，生命維持に重要な働きをする脳幹と呼ばれる部分に含まれる
のはどれか。すべて選び，記号で答えよ。

□ **155.** 脊髄反射と興奮の伝導経路

　　図は，ヒトの神経系の一部を模
式的に示したものである。図中の
①～⑬は，神経終末やシナプスを
示している。これについて次の各
問いに答えよ。

問1．図中の〔ア〕～〔コ〕に適する
語を答えよ。

問2．次の(a)，(b)における興奮の
流れを，図の①～⑬を使って，
例のように途中を省略せずに記
せ。

　　例：①→②→③→④

(a) 左手が熱いストーブに触れ，思わず手を引いた。

(b) 右手で握手をしたところ相手の手に力がこもったので，力強く握り返した。

問3．脊髄以外のヒトの反射中枢として最も適当な組み合わせを，次の①～④から選べ。

① 中脳，小脳 　② 小脳，延髄 　③ 大脳，延髄 　④ 中脳，延髄

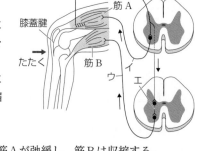

156. 脊髄反射 ●膝蓋腱反射に関する以下の各問いに答えよ。

問1．反射における興奮が伝わる経路のことを何というか。

問2．膝の関節のすぐ下をたたくと，筋Aが腱に引っ張られて伸びる。このときの筋Aの伸びを受容する受容器の名称を答えよ。

問3．膝蓋腱反射で筋Aが反応するとき，同時に筋Bも反応する。このときの筋Aと筋Bの収縮と弛緩に関する記述として最も適当なものを，次の①～④のなかから1つ選べ。

① 筋Aが収縮し，筋Bは弛緩する。　② 筋Aが弛緩し，筋Bは収縮する。

③ 筋A，筋Bともに収縮する。　④ 筋A，筋Bともに弛緩する。

問4．次の文中の{　}で示された語から適当なものをそれぞれ1つ選び，記号で答えよ。

　図中のエは{a．介在　b．感覚}ニューロンで，{c．伸筋　d．屈筋}に接続している運動神経の興奮を{e．促進　f．抑制}する。このとき，シナプス後細胞には{g．K$^+$　h．Na$^+$　i．Cl$^-$　j．Ca^{2+}}が流入して{k．過分極性　l．脱分極性}の電位変化を生じる。この電位変化を{m．興奮性シナプス後電位　n．抑制性シナプス後電位}と呼ぶ。

思考 論述

157. 骨格筋の収縮のしくみ ●次の文章を読み，以下の各問いに答えよ。

　脊椎動物の骨格筋は筋繊維の束でできており，ア筋繊維の中には筋原繊維が多数みられる。筋原繊維では，イ2種類のフィラメントが交互に規則正しく配列し，顕微鏡で観察すると図1のようにしま模様に見える。このような筋肉を（　1　）筋という。血管や消化管壁の筋肉など，しま模様のない筋肉は（　2　）筋である。活動電位は筋繊維表面の膜から細胞内部へ伸びるT管を伝わって細胞内へと広がる。T管は，筋原繊維を網目状に包む（　3　）に連絡している。（　3　）は，筋繊維の細胞膜が興奮したことによる情報をT管から受けると，（　4　）を放出して筋原繊維を活性化する。

問1．（　）に入る適切な語句をそれぞれ答えよ。

問2．下線部アの筋繊維と筋原繊維は，どちらが骨格筋の細胞か答えよ。

問3．下線部イの2種類のフィラメントは図1のA，Bである。名称をそれぞれ答えよ。

問4．図2のC，Dのタンパク質の名称をそれぞれ答えよ。図2のAとBは図1と同一のフィラメントを示している。

問5．Dに結合するイオンを答えよ。また，その結果，Cにどのような変化が生じるか40字以内で簡潔に答えよ。

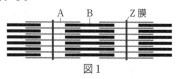

図1

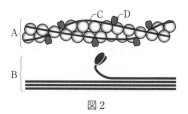

図2

[知識] [計算]

☐ **158. 興奮の伝導速度** ●カエルのふくらはぎの筋肉と，それにつながっている運動神経を切り取り，神経および筋肉の収縮に関する実験を行った。以下の各問いに答えよ。

〔実験〕 図1の神経と筋肉の接合部から2.0 cm離れた運動神経上のA点と，接合部から8.0cm離れたB点に，それぞれ別々に閾値以上の単一の電気刺激を与え，筋肉の収縮を調べた。その結果，図2のような筋収縮のグラフが得られた。

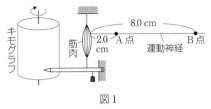

図1

問1. 運動神経の神経終末と筋繊維がシナプスを形成している部分を特に何というか。

問2. 実験結果から考えて，この運動神経における興奮の伝導速度は何m/秒か。

問3. 興奮が筋肉の接合部に伝えられた後，筋肉の収縮がはじまるまでに要する時間は，何ミリ秒と考えられるか。四捨五入して小数第1位まで求めよ。

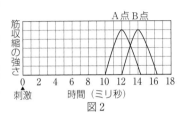

図2

[思考]

☐ **159. 筋収縮のしくみ** ●次の文章を読み，以下の各問いに答えよ。

筋収縮では，（　1　）イオンの作用によってアクチンフィラメントの構造が変化し，ミオシン頭部との結合部位が露出して結合できる状態になる。次に，ミオシン頭部がアクチンフィラメントと結合する。その後，（　2　）と（　3　）を放出したミオシン頭部は屈曲し，アクチンフィラメントを動かす。（　4　）が再びミオシン頭部に結合すると，アクチンフィラメントから離れる。

問1. 文中の（　1　）～（　4　）に適する語を答えよ。

問2. 右図は，骨格筋の筋原繊維の両端をつまんで引き伸ばし，さまざまな長さで固定して，筋収縮の際に発生する力（張力）を測定した結果である。ミオシンフィラメントには，中央のわずかな部分を除いて一様に突起があり，アクチンフィラメントと結合する突起の数が多いほど張力は大きくなり，結合がなくなると張力は0になる。また，サルコメアが短くなってアクチンフィラメントどうしが重なっても張力が下がることが知られている。図中のA，Bのときにみられるサルコメアの状態として最も適当なものを，次の①～④の図のなかから，それぞれ1つ選べ。

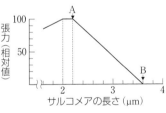

①

②

③

④

問3. このミオシンフィラメントの長さを答えよ。

160. 動物の行動 ●次の文章を読み，以下の各問いに答えよ。

動物の行動は，経験や学習がなくても生じる定型的な行動である，遺伝的にプログラムされた（　1　）的行動ばかりではない。外部の情報を取り込み，その情報に応じた行動の変化を学習といい，変化した行動を（　2　）的行動という。

動物は，ある刺激によって引き起こされる反応において，その刺激と，反応とはもともと無関係だった刺激とが結びついて，無関係だった刺激のみで反応を起こすようになることがある。このような学習を（　3　）条件付けという。一方，ネズミがレバーを押すとえさが出てくることを学習するように，自発的な操作によって，自身の行動とその行動の結果起こることを結びつける学習を（　4　）条件付けという。また，カモやアヒルのひなは，ふ化後間もない時期に見た一定の大きさの動く物体の後を追うようになる。このような，発育の初期の限られた時期に行動の対象が記憶される学習を（　5　）という。

問1．文章中の（　1　）～（　5　）に適する語を答えよ。

問2．下線部のような限られた時期のことを何というか。

161. アメフラシの慣れ ●次の文章は，アメフラシのえら引っ込め反射における慣れや鋭敏化のしくみについて説明したものである。文中の（　ア　）～（　ク　）に適する語を，下の①～⑧のなかからそれぞれ選べ。

水管へ弱い刺激をくり返すと，水管の感覚ニューロンとえらの運動ニューロンの間のシナプスで，（　ア　）が減少したり，電位依存性（　イ　）チャネルが不活性化したりする。その結果，（　ウ　）の放出量が減少して伝達効率が低下して，慣れが起こる。

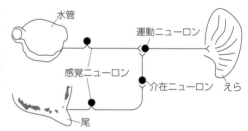

また，アメフラシの尾に強い刺激を与えると，水管への弱い刺激に対しても，過剰に反応が起こるようになる。このような現象を鋭敏化という。そのしくみは次のように説明される。

（　エ　）から入力を受けている（　オ　）が（　カ　）に作用し，（　カ　）に興奮が起こりやすくなる。この（　オ　）は神経伝達物質としてセロトニンを放出する。セロトニンを受容した（　カ　）では（　キ　）チャネルが閉じ，（　キ　）イオンの流出が減少して，活動電位の持続時間は長くなる。その結果（　イ　）チャネルの開く時間が長くなり（　イ　）イオンの流入量が増加し，（　ク　）へと分泌される神経伝達物質の量が増加する。このため伝達効率が高まり，弱い水管への刺激に対しても（　ク　）が強く興奮しやすくなり，敏感にえらを引っ込めるようになる。

① えらの運動ニューロン　　② カリウム　　③ 水管の感覚ニューロン

④ カルシウム　　⑤ 尾の感覚ニューロン　　⑥ 介在ニューロン

⑦ 神経伝達物質　　⑧シナプス小胞

思考

□ **162. 生得的行動** ● 次の文章を読み，以下の各問いに答えよ。

　動物は，特定の刺激に対して定型的な行動をとる場合があり，このような行動を（　１　）という。たとえば，カイコガの雄は雌が分泌する化学物質によって誘引されて，雌に対する探索行動を開始する。このような体外に放出されて，同種の個体に特定の反応を起こさせる化学物質を（　２　）という。カイコガの雄にとっての（　２　）のように，行動の引き金となる特定の刺激は（　３　）と呼ばれる。

問１．文章中の空欄に適切な語を答えよ。

問２．下線部を支持する実験とその結果として適当なものを，次の①〜⑤のなかから１つ選べ。

① ふたで密封した透明ガラス容器に雄をいれて雌の近くに置いた結果，雄はさかんに羽ばたき（婚礼ダンス）をした。

② ふたを開けた透明ガラス容器に雄をいれて雌の近くに置いた結果，雌は雄の方向へ移動した。

③ 両方の触角を基部から切断した雄を雌のそばに置いた結果，雄は羽ばたき（婚礼ダンス）をしなかった。

④ 雄の腹部末端を解剖により摘出し，抽出物を得た。それを付着させたろ紙片を雄の入ったガラス容器にいれた結果，雄はさかんに羽ばたき（婚礼ダンス）をした。

⑤ ふたを開けた透明ガラス容器に雌を入れて雄の近くに置いた結果，雄はさかんに羽ばたき（婚礼ダンス）をした。しかし，暗室で同じ実験を行ったところ，その行動は引き起こされなくなった。

知識

□ **163. 個体間の情報伝達** ● ミツバチに関する次の文章を読み，以下の各問いに答えよ。

　花の蜜や花粉を持ち帰った働きバチは，巣箱の中に垂直に並べられた巣板の上で円形ダンスや８の字ダンスを行うことによって，えさ場の場所をなかまに伝える。また，一定時間当たりの８の字ダンスの回数は，図１のようにえさ場までの距離を表している。

問１．１分間で行った８の字ダンスが12回だった場合，えさ場と巣の距離は何 km か。

問２．働きバチが，図２のように８の字ダンスをした。(1)，(2)のえさ場の方向はそれぞれどの方角になるか。図３の①〜⑧のなかから，それぞれ最も適するものを選べ。

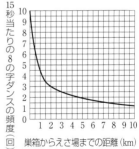

図１

図２

図３

思考例題 ⑨ 膜電位変化のパターンから神経回路を推測する ………

課題

　神経系では興奮性シナプスと抑制性シナプスが複雑に組み合わさることによって，情報の処理を行っている。ニューロン(a)~(j)が図1のような神経回路を形成しているとする。図2に示すように，ニューロン(g)を刺激した後，X秒後にニューロン(h)を刺激したとき，ニューロン(a)~(j)それぞれの膜電位を測定するとパターン①のような結果が得られた。また，ニューロン(g)と(h)を同時に刺激するとパターン②の結果が得られた。さらに，ニューロン(h)を刺激した後，X秒後にニューロン(g)を刺激するとパターン③の結果が得られた。パターン①~③において，ニューロン(g)と(h)に与えた刺激はそれぞれ1回とする。なお，この神経回路では，(c)と(f)の間にシナプスが形成されていることとする。また，すべてのニューロン間の興奮伝導速度と軸索の長さは同じとし，ニューロンが興奮性シナプスと抑制性シナプスから同時に信号を受けた場合は抑制性シナプスからの信号が優先的に働くこととする。

問. 図1の あ ~ こ に当てはまるニューロンを(a)~(j)の記号で記せ。

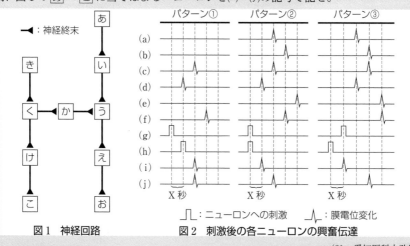

図1　神経回路　　　　　図2　刺激後の各ニューロンの興奮伝達

(21. 愛知医科大改題)

指針 ▶ 神経回路の起点を推測し，以降の膜電位変化と実験結果を比較する。

次の Step 1 ~ 4 は，課題を解く手順の例である。空欄を埋めてその手順を確認せよ。

Step 1 この神経回路の起点を推測する

　パターン②では，(g)と(h)以外のすべてのニューロンの膜電位が変化しているので，最初に刺激した(g)と(h)は，神経回路の一番端の（　1　）と（　2　）と推測できる。

Step 2 抑制性シナプスの位置を特定する

　(g)と(h)はまだ確定できないので，同時に刺激するパターン②から考える。以後，図2の横軸の目盛りを左から 0，X，2X…（秒後）と表記する。

　抑制性シナプスが存在しないと仮定すると，図のように 3X 秒後に 3 つの膜電位変化がみられるはずである。しかし，実際には 2 つしかみられないことから，

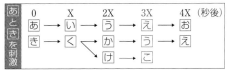

直前の う→え 間，か→う 間，け→こ 間のいずれかで抑制性シナプスが形成されていると考えられる。う→え 間で形成されているとすると，4X 秒後に膜電位変化は記録されないはずである。しかし，実際には 4X 秒後に膜電位変化が記録されているため，不適当であると判断できる。同様に か→う 間，け→こ 間の場合についても考えると，抑制性シナプスは（　3　）→（　4　）間に形成されていると判断できる。

Step 3 (g), (h)に対応するニューロンを特定する

　あ を先に刺激すると，抑制性の信号を受ける う 以降のニューロンで膜電位変化はみられず，4X 秒後に 2 つの膜電位変化がみられる。これは，パターン（　5　）に該当する。

　き を先に刺激すると，い と か から同時に う が信号を受ける。この場合，問題文から，抑制性シナプスの信号が優先的に働くため，う 以降のニューロンの膜電位は変化しない。したがって，3X 秒後に 1 つの膜電位変化がみられ，それ以降はみられない。これはパターン（　6　）に該当する。すなわち，（　7　）は あ，（　8　）は き であると判断できる。

Step 4 残りのニューロンを特定する

　どのパターンでも，(g)への刺激から X 秒後に（　9　）が反応していることから，（　9　）は く だと判断できる。同様に，(h)への刺激から X 秒後に反応している（　10　）は い だと判断できる。次に，パターン①に着目すると，(a), (b), (e)の膜電位が変化していないことがわかる。これらは，抑制性の信号を受ける う 以降のニューロンに対応すると考えられる。パターン②，③のどちらでも，(a)→(b)→(e)の順に変化していることから，これらがどのニューロンに対応するかがわかる。残る(c), (f), (j)のうち，どのパターンでも(d)の X 秒後に反応している(c)と(j)が，（　11　）と（　12　）のいずれかに対応すると判断できる。問題文に，「(c)と(f)の間にシナプスが形成されている」とあることから，これらのニューロンも確定することができる。

Stepの解答　1，2… あ，き (順不同)　3… か　4… う　5…③　6…①　7…(h)　8…(g)　9…(d)
10…(i)　11，12… か，け (順不同)

課題の解答　あ…(h)　い…(i)　う…(a)　え…(b)　お…(e)　か…(j)　き…(g)　く…(d)　け…(c)　こ…(f)

例題
解説動画

カエルの足のふくらはぎの筋肉を，それにつながる座骨神経とともに取り出して神経筋標本を作製した。それを図1のような装置にとりつけ，神経を刺激して筋肉の収縮を測定する実験を行った。

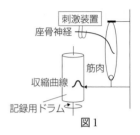
図1

まず，十分な時間間隔を空けながら，座骨神経に持続時間0.5ミリ秒の単発の電気刺激を与えることをくり返し，徐々に電気刺激の強さを増加させていった。すると，電気刺激に続いて，(a)短時間の筋収縮とそれに続く弛緩が測定されるようになった。(A)電気刺激の強さをさらに増加させると，筋収縮の程度はしだいに大きくなっていき，ある刺激強度で最大となって，それ以上刺激強度を増加させても変化しなくなった。そこで，その強度からさらに1.5倍の値に電気刺激の強さを固定した。このときの電気刺激と筋肉の収縮・弛緩の時間的関係を，図2に示す。

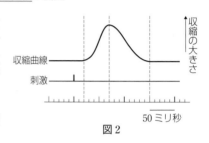
図2

次に，座骨神経に与える電気刺激を，単発刺激から連続刺激へと切り替えた。連続刺激は，持続時間0.5ミリ秒の刺激が一定の頻度(注)で20回連続するものとした。(B)じゅうぶんな時間間隔を空けながら，連続刺激をくり返し，徐々に刺激頻度を上げていくと，刺激の後に生じる筋収縮に変化が生じた。低頻度刺激では，個々の刺激1発ごとに小さな収縮とそれに続く弛緩が生じるだけであったが，刺激頻度がある程度高くなると，(b)のこぎり波状の収縮曲線を示しながら大きな収縮を生じるようになり，さらに，刺激頻度が高くなると，(c)滑らかな収縮曲線を示しながら大きな収縮を生じるようになった。

(注)　刺激の頻度とは，単位時間当たりの刺激の数のことで，1秒当たりの刺激の数はHz(ヘルツ)の単位で表される。

問1．座骨神経を単発刺激したときに筋肉に生じる下線部(a)の収縮，および，連続刺激したときに生じる下線部(b)，(c)の収縮について，その名称を答えよ。

問2．下線部(A)について，なぜ座骨神経への電気刺激の強さを変化させると，筋肉の収縮の程度も変化するのか，特に，座骨神経が多数の神経繊維から構成されている点に着目して説明せよ。

問3．図2によると，座骨神経に刺激を与えてから，その後に筋肉が収縮するまで時間がかかっている。以下の文章は，その間に神経や筋肉の中で起こっている現象について説明したものである。文中の空欄に適切な語を答えよ。

　　座骨神経を電気刺激すると，その中に含まれる運動神経の（　ア　）に（　イ　）が生じる。（　イ　）が伝導して（　ア　）末端に達すると，そこから神経伝達物質である

るアセチルコリンがシナプス間隙に放出される。これが筋肉の終板にある受容体に結合すると，筋細胞（＝筋繊維）内に陽イオンが流入して終板電位が生じ，さらに（　イ　）が生じる。筋繊維を伝わった（　イ　）は，さらに横行小管（T管）を経て（　ウ　）に伝わる。すると，（　ウ　）から筋細胞内に（　エ　）イオンが放出され，これが筋原繊維の中で，主に（　オ　）タンパク質でできた「細いフィラメント」と（　カ　）タンパク質でできた「太いフィラメント」の相互作用（滑り）を引き起こし，筋が収縮する。

問4．下線部(B)について，神経の刺激頻度をしだいに高くしていくと，筋肉の収縮のしかたが変化するのは，単発の刺激による筋収縮の効果が積み重なって大きな収縮を生じることによるものである。そのことに留意しながら，次の(i)，(ii)に答えよ。

(i)　図2の収縮曲線から推測して，連続刺激に対する筋肉の収縮のしかたが下線部(b)から(c)のように変化する境界の刺激頻度は，およそのくらいか。解答として最も適切と考えられるものを，以下の選択肢(a)～(e)より選び，記号で答えよ。

(a)　2 Hz　　(b)　5 Hz　　(c)　20 Hz　　(d)　50 Hz　　(e)　100 Hz

(ii)　また，そのように判断した理由について，必要ならば簡単な計算式を用いて説明せよ。

（東北大改題）

┃ 解 答 ┃

問1．(a)…単収縮　(b)…不完全強縮　(c)…完全強縮

問2．座骨神経を構成する多数の神経繊維はそれぞれ閾値が異なるので，電気刺激の強さを強くすると，閾値を超えて興奮する神経繊維の数がふえるため。

問3．ア…軸索　イ…活動電位（または興奮）　ウ…筋小胞体　エ…カルシウムオ…アクチン　カ…ミオシン

問4．(i)…(c)　(ii)…単収縮の収縮期に必要な時間は50ミリ秒なので，1回÷50ミリ秒＝20 Hz以上であれば，収縮期が終わる前に次の刺激による収縮がはじまることになるため。

┃ 解 説 ┃

問4．ある程度刺激頻度が高まると，連続する収縮曲線が重なってくる。このとき，刺激の受容から収縮期の終わりまでの時間は変わらない。収縮曲線の重なりは，完全に筋肉が弛緩する前に次の刺激による収縮がはじまるために起こる。このとき，収縮がすでに起こっている状態で次の収縮が起こるので，収縮が大きくなる。

図2のグラフから，単収縮では刺激が与えられたときから20ミリ秒間が潜伏期，次の50ミリ秒間が収縮期，その後，80ミリ秒間が弛緩期であることがわかる。これらより，1回の単収縮全体は150ミリ秒となる。刺激と刺激の間隔が130ミリ秒よりも短いと，理論上，不完全強縮となりはじめる。この問いでは，(b)不完全強縮が(c)完全強縮になる境界の頻度が問われているので，完全強縮になる最低の頻度を考える。完全強縮とは，筋肉が弛緩する前に，次の刺激による収縮が起こる状態である。よって，潜伏期後，筋肉が収縮しはじめて50ミリ秒後までに次の収縮が起これば弛緩期を含まないので，その時間を境界とする。このとき，その頻度は，1（回）÷50（ミリ秒）＝20（Hz）以上となる。

思考 実験・観察 論述

☐ **164. ニューロンとシナプスの働き** ■培養ニューロンが形成した図1のシナプスについ
て，次の実験1，2を行った。以下の各問いに答えよ。

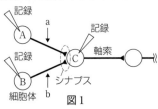

[実験1] ニューロンA，B，Cそれぞれの細胞体に記録電極を刺し入れ，膜電位を記録した。また，ニューロンA，Bの軸索のa，bの位置に刺激電極をあて，電気刺激を与えることができるようにした。この状態で，ニューロンAの軸索をaの位置で1回だけ刺激すると，ニューロンCの細胞体からは図2に示すような ア 性シナプス後電位が記録された。また，ニューロンBの軸索をbの位置で1回だけ刺激すると，ニューロンCの細胞体からは図3に示すような イ 性シナプス後電位が記録された。

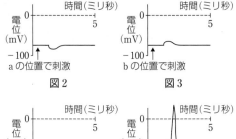

[実験2] ニューロンBの軸索をbの位置で時間間隔をあけて2回刺激すると，ニューロンCの細胞体からは図4のような反応が記録された。また，短い時間間隔で2回刺激すると，ニューロンCの細胞体からは図5のような反応が記録された。

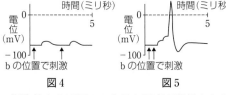

問1．文章中の ア ， イ に当てはまる最も適当な語を答えよ。

問2．ニューロンCは，図4の条件では活動電位を発生しなかったが，図5の条件では活動電位を発生した。この理由を「シナプス後電位」を用いて40字以内で説明せよ。

問3．ニューロンAの軸索とニューロンBの軸索を，それぞれaとbの位置で同時に刺激すると，ニューロンA，B，Cの細胞体からはそれぞれどのような電位変化が記録されると予想されるか。下の①～⑥から最も適切なものを1つずつ選び，番号で答えよ。

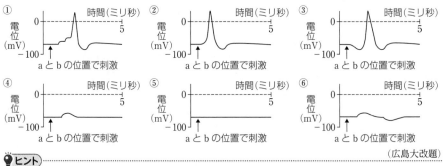

(広島大改題)

💡ヒント

問3．それぞれのニューロンへの刺激回数と閾値に達するかどうかを考える。

☑**165.** 化学物質の受容体 ■感覚に関する次の文章を読み，以下の各問いに答えよ。

化学物質による刺激を受け取る受容器を化学受容器と呼ぶ。舌にある受容器には味細胞，鼻にある受容器には嗅細胞という感覚細胞がある。味細胞や嗅細胞の表面に存在する受容体に化学物質が結合することが引き金となって<u>電気信号</u>が発生する。その電気信号が脳に送られることで，味覚や嗅覚が生じる。

問1．以下にあげる，感覚とそれに深く関わる組織の組み合わせのうち，適切なものを2つ選び，番号で答えよ。

① 平衡覚－鼓膜 　② 聴覚－おおい膜 　③ 視覚－網膜 　④ 嗅覚－基底膜

問2．下線部に関して，この信号の実体は活動電位である。神経繊維の途中に電気刺激を与えると，刺激を与えた位置に活動電位が生じる。活動電位は刺激を与えた位置から離れる方向に伝わり，後戻りしない。活動電位がこのように伝わる理由を80字以内で説明せよ。

問3．図は，化学物質を受容する細胞とそれと接続する神経細胞(N1〜N6)からなる受容器を模式的に示している。化学物質を受容する細胞の左上にある記号は，細胞表面に存在する受容体の種類を示す。ひとつの細胞には一種類の受容体しか存在しないものとする。表は受容体が結合する化学物質の種類を示す。ひとつの受容体は，複数種類の化学物質と結合することができる。化学物質を受容する細胞において受容体に化学物質が結合すると，その細胞に活動電位が生じ，活動電位は神経繊維を伝わり N1〜N6 の神経細胞に到達する。ただし，神経繊維の長さはすべて同じで，神経繊維を活動電位が伝わる速度はすべて同じものとする。また，化学物質を受容する細胞で生じた活動電位がそれと接続する神経細胞に単独で到達しても，N1〜N6 の神経細胞で活動電位は生じないが，2つの細胞で生じた活動電位が同時に到達すれば，その神経細胞では活動電位が生じるものとする。

	結合する化学物質の種類
受容体A	X，Y，Z
受容体B	Y，Z
受容体C	X，Z

化学物質を受容する細胞

化学物質を受容する細胞と接続する神経細胞　N1　N2　N3　N4　N5　N6

(1) 複数のシナプスからの入力が足し合わされる現象を何というか，答えよ。

(2) 化学物質 X，Y，Z それぞれをこの受容器に与え，化学物質が表のとおりに受容体に結合したとき，N1〜N6 の神経細胞のうち，活動電位が生じるものをすべて答えよ。

(20．大阪市立大改題)

💡ヒント

問3(2)．受容する細胞が同時に活動電位を生じないと加重が起こらず，神経細胞に活動電位は生じない。

思考 実験・観察

□ **166. 視神経の損傷と視野の欠損** ■次の文章を読み，以下の各問いに答えよ。

視覚はヒトにとって外界を認識するための重要な感覚である。眼に入った光は，網膜の (1) 2種類の異なる視細胞によって受容される。その際，視野中の位置に応じた視細胞が応答することで，目の前の物体の色・形を認識することが可能となる。(2) 網膜からの情報は，視神経を通り，視床を経て，大脳皮質の (3) 視覚野へと伝達される。

問１．下線部(1)について，ヒトの右眼の網膜における２種類の視細胞の分布を図１に示す。それぞれの視細胞は，網膜内の位置によって細胞密度が大きく異なる。図１内の実線 a および破線 b で示された視細胞の種類と含まれる視物質をそれぞれ答えよ。また，c，d の位置は，網膜上の特徴的な部分に対応する。その名称をそれぞれ答えよ。

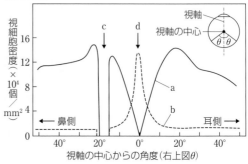

図１　ヒトの右眼の網膜における視細胞の分布

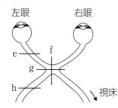

図２　網膜からの情報が伝わる経路

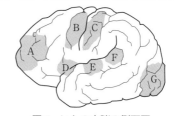

図３　ヒトの大脳の側面図

問２．下線部(2)について，網膜からの情報が伝わる経路を図２に示す。視神経が損傷を受けると，視野が欠損する場合がある。図２の e ～ h のように視神経が切断された場合，どのように視野が欠損するか。視野を表した下の模式図ア～コから選べ。なお，実線は視野全体を表し，点線で囲まれた領域は両眼の視野が重なる範囲を示す。また，切断によって見えなくなる領域が灰色で示されている。

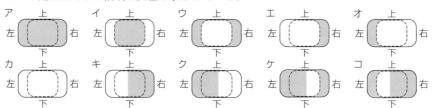

問３．図３はヒトの大脳を側面からみた図である。下線部(3)について，大脳皮質の視覚野はどの領域にあるか。図３のA～Gから選び，記号で答えよ。

(20. 浜松医科大改題)

💡ヒント

問２．左右の眼のどちらにおいても，網膜の右側の情報は右脳で，左側の情報は左脳で処理している。

思考 論述 計算

☑️**167. ミオグラフによる筋収縮の測定** ■次の文章を読み，以下の各問いに答えよ。

　神経細胞は，普段は細胞外が（　1　）に，細胞内が（　2　）に帯電している。神経細胞が刺激を受容すると，（　3　）が瞬間的に開いて（　4　）が神経細胞内に大量に流れ込み，（　5　）が発生する。また，（　5　）が発生した後，すぐに（　6　）に戻るのは，（　7　）が開き（　8　）が神経細胞の外に出るからである。

　神経の興奮と筋肉の収縮について実験するときに，カエルの足のふくらはぎの筋肉とそれにつながる神経（座骨神経）を切り離さずに取り出したものを使う。これを神経筋標本という。この実験には，すすを塗った紙をドラムにはり付けたミオグラフ，おんさなどを右の模式図のように設置して使用する。

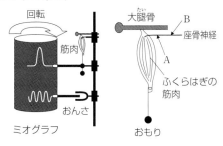

問1．文章中の（　1　）～（　8　）に入る適切な語または記号を答えよ。

問2．筋肉の神経筋接合部から3cm離れた座骨神経のAの場所で，1回刺激を与えると5.5ミリ秒後に，また，神経筋接合部から6cm離れたBの場所で同じ強さの刺激を与えると6.5ミリ秒後に，それぞれ筋肉の収縮が起こった。この座骨神経の興奮伝導速度（m/秒）を計算せよ。

問3．問2と同じ神経筋標本で，筋肉に直接電気刺激を与えた場合に収縮までに要した時間が2ミリ秒であった。神経筋接合部における刺激伝達に要した時間は何ミリ秒か，計算せよ。

問4．脊椎動物の有髄神経は興奮の伝導速度が非常に大きい。その理由を，神経の構造と興奮伝導様式を考慮して100字以内で説明せよ。

問5．座骨神経のAの場所で10秒間，1秒間に30回の割合で刺激を与え続けたところ，筋肉は刺激を与えている間，一続きの収縮をし続けた。このような筋肉の収縮と問2のような刺激で起こった収縮を，それぞれ何と呼ぶか。また，どちらの収縮がより強いか，等号あるいは不等号で記せ。

問6．問5のような刺激を与え続けると筋肉中の以下の成分はどのように変化すると考えられるか。増加するものと減少するものに分け，それぞれ記号で答えよ。

　(a)　グリコーゲン　　(b)　乳酸　　(c)　クレアチンリン酸

問7．問5のような刺激を与え続けたとき，筋肉1g中にクレアチンが0.0655mgふえたとすると，1gの筋肉で消費されたATPは何マイクロモルと考えられるか，答えよ。ただし，クレアチンの分子量を131とし，実験開始時と終了時で筋肉中のATP濃度に変化はなく，実験中に解糖系は働かなかったものとして計算せよ。

（東京海洋大改題）

💡**ヒント**
問6，7．クレアチンリン酸1分子は，それぞれ1分子のクレアチンとリン酸に分解される。

思考 論述
□**168.** ホタルの発光パターンと生得的行動 ■次の文章を読み，以下の各問いに答えよ。

　ホタルにはさまざまな種があり，発光パターンにより雌雄間で交信を行うことはよく知られている。光による交信をくり返すことで雌を認識した雄が雌に近づき，交尾を行う。一方，その交信手段を利用して相手を捕食する種もみられる。

　ある地域に共存するホタル4種(種A～D)における発光パターンの観察結果を下図に示した。横軸は時間を，図中の黒い部分は発光したことを示す。発光パターンと行動の観察結果の一部を，ア～オにまとめた。

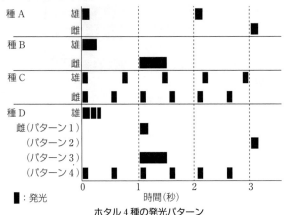

ホタル4種の発光パターン

ア．種Aの雄は2秒間隔で短く発光し，種Aの雌は雄の2回目の発光の約1秒後に短く発光した。雌雄は，その交信をくり返した。

イ．種Bの雄は0.3秒程度発光し，それに反応して種Bの雌が0.6秒程度発光した。雌雄は，その交信をくり返した。

ウ．種Cは雌雄間で，発光間隔が異なっていた。

エ．種Dの雌は，雄の発光に応じて同じ個体が複数のパターンで発光したが，種Dの雄が反応したのは1つのパターンのみであった。

オ．種Dの雌は，種A，B，Cの雄を捕食していた。

問1．種間で固有の発光パターンをもつことで，ホタルにはどのような利点があるか，30字以内で答えよ。

問2．種Dの雌がパターン1で発光したときの種A，B，Cの雌雄と種Dの雄の反応の有無，さらに，その反応に対し種Dの雌がどのように応答すると考えられるかを答えよ。

問3．種Dの雌がパターン2で発光したときの種A，B，Cの雌雄と種Dの雄の反応の有無，さらに，その反応に対して種Dの雌がどのように応答すると考えられるかを答えよ。

(静岡大改題)

💡ヒント
問2，3．発光パターンを整理し，D種の雌が行う捕食と交尾の行動の使い分けを考える。

□**169.** **アメフラシの慣れと鋭敏化** ■次の文章を読み，以下の各問いに答えよ。

アメフラシの水管に触れると，えらを強く引き込むえら引っ込め反射が起こる。しかし，水管にくり返し接触刺激を与え続けると，慣れと呼ばれる現象が起こり，水管に接触刺激を与えてもえらが引っ込みにくくなる。アメフラシのえら引っ込め反射に関連する興奮伝達の経路を図1に示す。

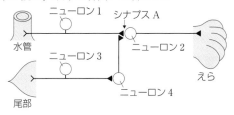

図1

問1．短期の慣れでは，伝達効率が変化する際，シナプスAではどのようなことが起こるか。関係するイオンチャネルの名称とその機能の変化を含めて説明せよ。

問2．アメフラシでは，水管への微弱な接触刺激に加えて，無条件刺激（生得的な反射を起こす刺激）として尾部への電気ショックを組み合わせてくり返し与える訓練を行うと，通常では反射が起こらないほどの，水管への微弱な接触刺激だけでも強いえら引っ込め反射を起こすようになる。このような刺激を組み合わせた訓練による学習を何というか。

問3．ニューロン4が放出する，脱慣れや鋭敏化に関わる神経伝達物質の名称を答えよ。

問4．図2の灰色太線は，慣れや鋭敏化が起きていない状態でえら引っ込め反射が起きた際に，ニューロン1の神経終末に発生する活動電位の波形を示す。慣れや鋭敏化が起きた場合，ニューロン1の神経終末に発生する活動電位の波形を，図2の黒実線①〜⑥からそれぞれ選べ。

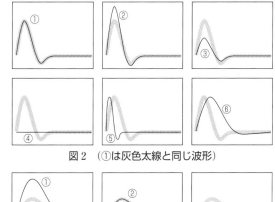

図2　（①は灰色太線と同じ波形）

問5．図3の灰色太線は，慣れや鋭敏化が起きていない状態でえら引っ込め反射が起きた際に，シナプスAに発生する興奮性シナプス後電位の波形を示す。慣れや鋭敏化が起きた場合，シナプスAに発生する興奮性シナプス後電位の波形を，図3の黒実線①〜⑤からそれぞれ選べ。

（24. 札幌医科大改題）

図3　（②は灰色太線と同じ波形）

ヒント

問2．水管への無害な刺激が尾を侵害する刺激と結びつき，水管への刺激だけで反射を起こすようになった。

問4，5．ニューロン1（感覚ニューロン）とニューロン2（運動ニューロン）の接合部であるシナプスAにおいて，伝達効率が低下すると慣れが起こり，伝達効率が上昇すると鋭敏化が起こる。

9 | 植物の成長と環境応答

1 植物の環境応答

❶植物の環境応答

　植物は，動物のように移動しないため，生育場所の環境に大きく影響を受けながら，成長や生殖を行う。植物の環境応答には，植物ホルモンや光受容体が関与する。

(a)　**植物ホルモン**　植物の形態形成や生理的状態を調節する物質。植物の種類が異っても同じ作用を示す。

(b)　**光受容体**　特定の波長の光を吸収し，生物に一定の作用を及ぼす物質。

(c)　**光形態形成**　光刺激によって，植物の発生や分化の過程が調節される現象。
　〔例〕　種子の発芽促進，茎の屈曲，花芽の形成など

2 植物の配偶子形成と発生

❶植物の発生と成長

　植物では，発芽後，一生を通じて**分裂組織**の細胞(幹細胞)が分裂をし続ける。

(a)　**栄養成長**　種子の発芽→新たな葉，芽，茎をつくって成長

(b)　**生殖成長**　茎頂の花芽への分化→開花・受粉→種子の形成

❷被子植物の配偶子形成と胚発生

(a)　**配偶子形成**

　　ⅰ）**雄性配偶子**　花粉母細胞$(2n)$→花粉四分子$(n×4)$→成熟した花粉(花粉管核(n)＋雄原細胞(n))

　　ⅱ）**雌性配偶子**　胚のう母細胞$(2n)$→胚のう細胞(n)→胚のう(卵細胞(n)＋助細胞$(n×2)$＋中央細胞(極核，$n+n$)＋反足細胞$(n×3)$)

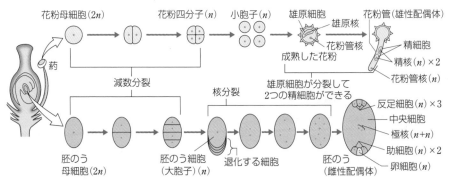

(b)　**受精と胚発生**　被子植物では，卵細胞(n)と精細胞(n)が合体すると同時に，中央細胞$(n+n)$と精細胞(n)が合体する。この現象を重複受精という。重複受精の後はそれぞれ，胚$(2n)$と胚乳$(3n)$になる。

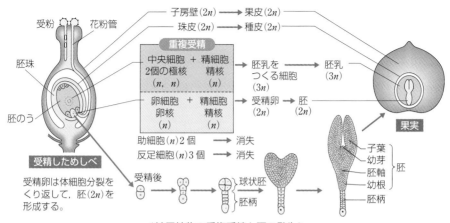

◀被子植物の重複受精と胚の発生▶

(c) **花粉管誘引物質**　胚のう内の助細胞は，ルアーと呼ばれるタンパク質を放出して花粉管を誘引する。

(d) **種子の形成**　種子は胚珠が成長したもので，被子植物では子房が成長してできた果実の中に形成される。種子は一時休眠した後で発芽し，胚は成長して植物体になる。

　ⅰ）**有胚乳種子**　胚乳が発達し，発生に必要な栄養分を胚乳に貯える。

　　〔例〕　カキ，イネ，ムギ，トウモロコシなど

　ⅱ）**無胚乳種子**　胚乳が発達せず，発生に必要な栄養分を子葉に貯える。

　　〔例〕　マメ科(ソラマメ，エンドウ，ダイズ)，アブラナ科(アブラナ，ダイコン)
　　　　　ブナ科(クリ，シイ，カシ)など

❸**裸子植物の生殖**

　花粉管内の精細胞(イチョウ，ソテツでは精子)と胚のう内の卵細胞が受精して胚($2n$)になる。胚乳の核は受精しないため，n のままである(重複受精はみられない)。

> **参考**　**被子植物の体制と形態形成**
>
> **被子植物の体制**　植物体は，根系とシュート(茎と葉)に分けられる。根系は植物体を支え，無機イオンや水を吸収する。茎は，主たる光合成の場である葉の位置を決定づける支柱として働く。
>
> **植物の体軸**　植物の体軸には，茎や根の頂端と基部を結ぶ頂端−基部軸(主軸)，茎や根の中心から外側に向かう放射軸，葉の表側と裏側を結ぶ向背軸の３つがある。頂端−基部軸は，胚発生の早い時期にオーキシンの濃度勾配に従って決まると考えられている。
>
> **根の放射軸**　放射軸は胚の発生段階でほぼ決定する。シロイヌナズナの根では，横断面で各組織の細胞が放射軸に沿って層状に存在する。

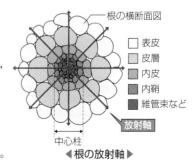

◀**根の放射軸**▶

□	表皮
	皮層
	内皮
	内鞘
■	維管束など

3 種子の発芽

❶種子の休眠と発芽

(a) **アブシシン酸**　胚の成長を停止させ，貯蔵物質を蓄積させたり，乾燥耐性を獲得させたりして，種子の休眠を維持する。

(b) **ジベレリン**　アブシシン酸の働きを抑制して休眠を打破させ，発芽を促進する。

(c) **オオムギの種子発芽のしくみ**

(1) 水・温度などの条件が発芽に適するようになると，胚でジベレリンが合成される。

(2) ジベレリンは糊粉層の細胞に作用し，アミラーゼ遺伝子の発現を誘導する。

(3) 生成されたアミラーゼによって，胚乳のデンプンが分解されて，糖が生じる。

(4) 糖は胚に吸収され，胚の細胞の浸透圧が高まり吸水が促進される。また，呼吸も促進される。

(5) 胚は成長を再開し，発芽がはじまる。

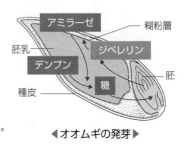

◀オオムギの発芽▶

❷光発芽種子と暗発芽種子

(a) **光発芽種子**　発芽に光を必要とする種子(例：レタス，タバコ，マツヨイグサ)

(b) **暗発芽種子**　暗所で発芽する種子(例：カボチャ，ケイトウ，トマト)

❸光発芽種子の発芽における光の影響

(a) **光発芽種子と光**　光発芽種子の発芽に有効な光は，赤色光(660 nm)であり，赤色光を照射した直後に遠赤色光(730 nm)を照射すると発芽しなくなる。赤色光と遠赤色光を交互に照射すると，最後に照射した光の種類によって発芽するか，しないかが決定される。

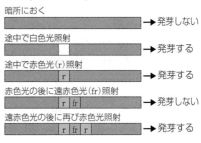

(b) **フィトクロム**　赤色光と遠赤色光を吸収する色素タンパク質。光発芽種子の発芽や花芽形成に関与。赤色光と遠赤色光の吸収によって，2つの型が可逆的に変化する。

(c) **光発芽種子の発芽のしくみ**　赤色光の照射によって種子内に生じた Pfr 型フィトクロムは，胚内の細胞でジベレリンの合成を促進する。このジベレリンがアブシシン酸による発芽抑制を解除し，発芽がはじまる。

(d) **光発芽種子の発芽環境**　葉を通過した太陽光は，赤色光の多くが吸収され遠赤色光の割合が高い。そのため，林冠が閉鎖した森林の林床では光発芽種子は発芽しない。

4 植物ホルモンと環境応答

❶植物の成長とオーキシン

(a) **オーキシン** 植物細胞の成長を促進し，屈性などに関与する植物ホルモン。植物が合成するのはインドール酢酸（IAA）という物質である。人工的に合成されたナフタレン酢酸（NAA）なども含めてオーキシンと呼ばれる。

ⅰ）**酸成長説** オーキシンは，細胞壁のセルロース繊維間の結合を緩めるタンパク質（酸性で働く）の合成を促進する。さらに，細胞壁への水素イオンの放出を促進して，細胞壁に含まれる液を酸性化する。その結果，セルロース間の結合が緩み，細胞は吸水によって成長する。このしくみは酸成長説と呼ばれる。また，ジベレリンには，セルロース繊維を頂端—基部軸に直交する横方向に合成する働きがある。ジベレリンが作用すると，細胞の横方向への拡がりが抑えられ，その結果，細胞が縦方向に成長する。一方，エチレンが作用すると，セルロース繊維は縦方向に合成され，細胞が横方向に成長する。

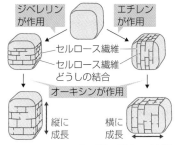

ⅱ）**極性移動** オーキシンの細胞内への取り込みは，AUXタンパク質の働きと拡散によって，細胞外への排出はPINタンパク質の働きによって起こる。オーキシンは，幼葉鞘や茎の先端部から基部に向かって移動するが，逆方向の基部から先端へは移動しない。これは，オーキシンを排出させるPINタンパク質が，基部側の細胞膜に局在することで起こる。

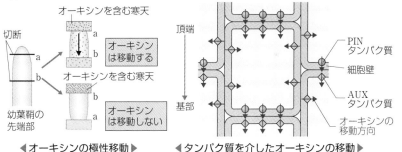

◀オーキシンの極性移動▶　　◀タンパク質を介したオーキシンの移動▶

参考　被子植物の分裂組織

植物は，幹細胞が集まった，細胞分裂を盛んに行う分裂組織をもち，この分裂組織が一生を通じて細胞分裂を行い，新たな茎や根，葉などをつくり成長する。分裂組織には，伸長成長に関わる茎頂分裂組織や根端分裂組織，維管束にあって肥大成長に関わる形成層などがある。

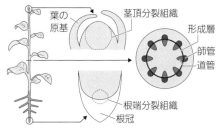

❷屈性と傾性

(a) **屈性**　植物が，刺激に対して一定の方向に屈曲する性質。細胞の不均等な成長によって起こる成長運動である。刺激源の方向に屈曲する正の屈性と，刺激源の反対方向に屈曲する負の屈性とがある。

(b) **傾性**　植物が，刺激の方向とは無関係に一定の方向に屈曲する性質。

◀さまざまな屈性▶

刺激	屈性	例
光	光屈性	茎（＋），根（－）
重力	重力屈性	茎（－），根（＋）
水分	水分屈性	根（＋）
化学物質	化学屈性	花粉管（＋）
接触	接触屈性	巻きひげ（＋）

＋…正の屈性　　－…負の屈性

◀さまざまな傾性▶

刺激	傾性	例
温度	温度傾性	チューリップの花は，気温が高くなると開く。
光	光傾性	タンポポの花は，日が昇ると開く。
接触	接触傾性	オジギソウの葉は，触れると閉じて下垂する。

❸光屈性

(a) **光屈性のしくみ**

(1) 茎の先端部で合成されたオーキシンは，下降して下部の細胞の伸長成長を促進する。

(2) 茎の先端部に光が当たると，オーキシンは光の当たらない側を下降する。

(3) 光の当たる側と当たらない側とで，細胞に成長の差が生じ，茎が屈曲する。

◀光屈性のしくみ▶

(b) **光受容体**

i) **フォトトロピン**　青色光（波長約450 nm）を吸収する色素タンパク質。光屈性に有効な光は青色光であることから，光屈性の光受容体はフォトトロピンであることがわかる。他にも，気孔の開口や葉緑体の定位運動に関与する。

光屈性の効果は，436nmの光の効果を1とし，各波長の光を照射したときの光屈性の効果を示す。

◀フォトトロピンの作用スペクトル▶

ii) **クリプトクロム**　青色光を吸収する色素タンパク質。茎の伸長成長の抑制に関与する。

(c) **光屈性に関する研究**

i) **ダーウィン父子の研究**　幼葉鞘の先端部が光を受容すると，それより下の部分で屈曲が起こることが明らかになった。

ii) **ボイセン イェンセンの研究**　幼葉鞘の先端部で生成された成長を促進する水溶性の物質が，光の当たらない側を下降することで，光の当たる側と当たらない側とで成長速度に差が生じることが示唆された。

iii) **ウェントの実験**　寒天片に拡散した成長を促進する物質の濃度差によって，屈曲の角度に違いがみられることが明らかになった。

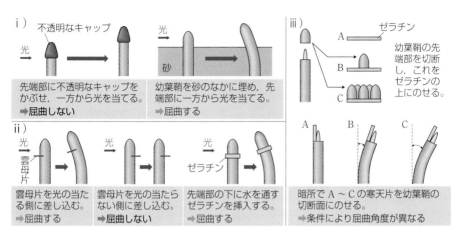

i）

先端部に不透明なキャップを
かぶせ，一方から光を当てる。
➡屈曲しない

幼葉鞘を砂のなかに埋め，先
端部に一方から光を当てる。
➡屈曲する

iii）

ゼラチン

幼葉鞘の先
端部を切断
し，これを
ゼラチンの
上にのせる。

ii）

雲母片を光の当た
る側に差し込む。
➡屈曲する

雲母片を光の当たら
ない側に差し込む。
➡屈曲しない

先端部の下に水を通す
ゼラチンを挿入する。
➡屈曲する

暗所でA～Cの寒天片を幼葉鞘の
切断面にのせる。
➡条件により屈曲角度が異なる

❹重力屈性

ⓐ 重力屈性とオーキシン（芽ばえを水平に置いた場合）

i）根における正の重力屈性

(1) 根冠のコルメラ細胞内のアミロ
プラストが細胞の重力方向（地表
側）に沈降。

(2) PINタンパク質が下側の細胞
膜に再配置。

(3) オーキシンが根の下側に輸送さ
れ，下側の細胞の成長が抑制。

ii）茎における負の重力屈性

(1) 内皮細胞内のアミロプラストが
細胞の重力方向（地表側）に沈降。

(2) オーキシンが茎の下側に輸送さ
れ，下側の細胞の成長が促進。

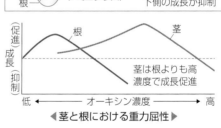

◀茎と根における重力屈性▶

参考　頂芽優勢

　頂芽が成長しているときは，側芽の成長が抑制される現象。頂芽優勢には，オーキ
シンとサイトカイニンが関与している。

サイトカイニン　側芽の成長を促進。

オーキシン　頂芽で合成され，側芽付近まで下降しサイトカイニンの合成を抑制。

未処理

頂芽優勢が維持される。

頂芽を切断

側芽が成長する。

茎頂部の切断面に
オーキシンを与える。

側芽が成長しない。

側芽にサイトカイニン
を与える。

側芽が成長する。

❺気孔の開閉

(a) 気孔の開閉のしくみ

気孔の開閉は，孔辺細胞が光や二酸化炭素，周囲の水分量などに応答することで調節されている。

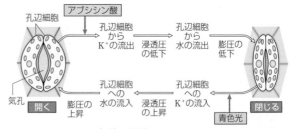

◀気孔の開閉のしくみ▶

(1) 植物が乾燥状態におかれると，葉でアブシシン酸が合成される。

(2) アブシシン酸の作用で，孔辺細胞において K^+ チャネルが開き，細胞外へ K^+ が大量に流出する。

(3) 孔辺細胞の浸透圧が低下し，水が流出することで膨圧が低下して気孔が閉じる。

(4) フォトトロピンが青色光を受容すると，孔辺細胞への K^+ の流入が促進される。

(5) 孔辺細胞の浸透圧が上昇し，水が流入することで膨圧が上昇して気孔が開く。

5 花芽形成

❶花芽形成と光

(a) 光周性
昼の長さ（明期）と夜の長さ（暗期）の影響を受けて生物が反応する性質。

〔例〕 植物の花芽形成，魚類・鳥類の繁殖活動，昆虫の休眠

(b) 限界暗期
植物の花芽形成は，明期の長さではなく，一定の連続した暗期の長さの影響を受ける。花芽形成が起こりはじめる連続した暗期の長さを限界暗期という。

(c) 光中断
一時的な光照射のうち，照射しない場合と逆の光周性反応がみられる場合の光処理。

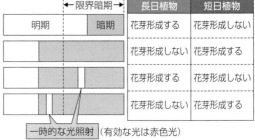

◀光条件と花芽の形成▶

	長日植物	短日植物
	花芽形成する	花芽形成しない
	花芽形成しない	花芽形成する
	花芽形成する	花芽形成しない
	花芽形成しない	花芽形成する

一時的な光照射（有効な光は赤色光）

長日植物	連続した暗期の長さが限界暗期より短くなると，花芽を形成する。春から初夏に咲く植物が多い。	アブラナ，アヤメ，コムギ，ホウレンソウ
短日植物	連続した暗期の長さが限界暗期より長くなると，花芽を形成する。夏から秋に咲く植物が多い。	アサガオ，イネ，オナモミ，キク
中性植物	明期や暗期の長さの影響を受けることなく，花芽を形成する。	エンドウ，トマト，トウモロコシ

❷花芽形成のしくみとフロリゲンの働き

(a) フロリゲン
花芽形成を促進する物質。シロイヌナズナではFTタンパク質が，イネではHd3aタンパク質が，それぞれフロリゲンとして働く。フロリゲンはすべての植物で共通の物質ではないが，植物ホルモンとして扱う立場もある。

(b) **花芽形成のしくみ** 葉で適当な日長が感知されると，フロリゲンが合成され，茎の師管を通って茎頂分裂組織に移動することで花芽形成が促進される。

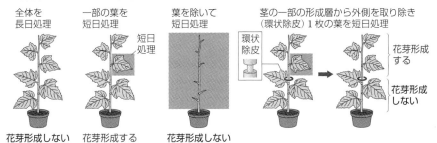

◀ 花芽形成の実験(オナモミ) ▶

❸春化

(a) **春化** 一定期間の低温によって，花芽形成が誘導される現象。秋まきコムギでは，花芽形成に関与する遺伝子の発現を抑制している遺伝子が，冬の低温にさらされることで発現しなくなり，花芽の形成が誘導される。

(b) **春化処理** 人為的に低温にさらして花芽形成を促進する処理。

❹花の形成と遺伝子による制御

(a) **花の形成とABCモデル** 花の形成には，3つのクラス(A，B，C)に分けられる調節遺伝子が働く。これらの遺伝子はホメオティック遺伝子であり，花の形成に必要な他の遺伝子の働きを制御している。こうした花の形成のしくみをABCモデルという。

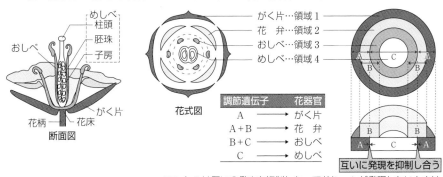

※AとCは互いの働きを抑制しあっており，Aが発現しないときはCが発現し，Cが発現しないときはAが発現する。

◀ 花の構造とABCモデル(シロイヌナズナ) ▶

(b) **ABCモデルとホメオティック突然変異体** A〜C各クラス遺伝子の突然変異により，ホメオティック突然変異体を生じる。
- Aクラス遺伝子の異常 → がく片と花弁ができない。
- Bクラス遺伝子の異常 → 花弁とおしべができない。
- Cクラス遺伝子の異常 → おしべとめしべができない。
- 全クラス遺伝子の異常 → がく片，花弁，おしべ，めしべができず，葉になる。

⑥ 果実の成長と成熟，落葉・落果

❶果実の成長と成熟

子房や花床が発達したものは一般的に果実と呼ばれ，植物ホルモンによって成熟する。

(a) **オーキシン** イチゴの花床（食用となる部分）の成長を促進する。

(b) **エチレン** バナナやリンゴの果実の成熟を促進する。

(c) **ジベレリン** ブドウの子房の発達を促進する。この作用は，種子なしブドウの生産に利用されている。

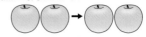

未成熟のリンゴのみ
成熟に時間がかかる。

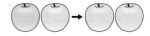

未成熟のリンゴと成熟したリンゴ
成熟したリンゴから放出されるエチレンによって未成熟のリンゴも短期間で成熟する。

◀**エチレンによるリンゴの成熟**▶

❷落葉・落果

落葉・落果は，葉柄や果柄の基部に形成される離層という特殊な細胞層の細胞壁が，酵素によって分解されることで起こる。落葉・落果期に，オーキシン濃度が低く，エチレン濃度が高くなることで，細胞壁を分解する酵素の遺伝子が発現するようになる。

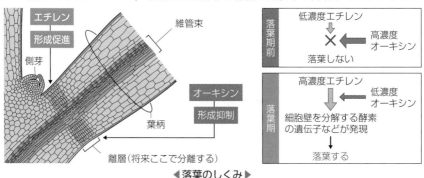

◀**落葉のしくみ**▶

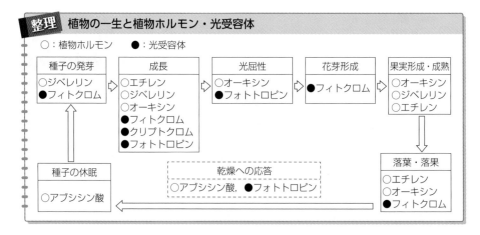

整理 植物の一生と植物ホルモン・光受容体

☑ **1** 植物の光受容体には，A．フィトクロム，B．クリプトクロム，C．フォトトロピンがある。次の(1)〜(4)の文はA〜Cのどれについて述べたものか，記号で答えよ。
　(1) 青色光を受容し，光屈性における光受容体として働く。
　(2) 赤色光吸収型と遠赤色光吸収型とが，光照射によって可逆的に変化する。
　(3) 青色光を受容し，茎の伸長成長の抑制に関与する。
　(4) 光発芽種子の発芽促進に関与する。

☑ **2** 次の文中の（　　）に適当な語を答えよ。
　被子植物の重複受精の過程では，1個の胚のうの中で，1個の（　ア　）が（　イ　）と合体するとともに，2個の極核をもつ（　ウ　）も（　イ　）と合体する。前者からは胚ができるが，後者からは（　エ　）がつくられる。（　エ　）の核相は（　オ　）である。

☑ **3** 光発芽種子の発芽のしくみを説明した次の文章を読み，下の各問いに答えよ。
　光発芽種子に（　ア　）を照射すると，（　イ　）はPfr型に変化する。Pfr型は，胚で（　ウ　）の合成を促進する。（　ウ　）は，（　エ　）による発芽抑制を解除する。
　(1) 文中の（　　）内に適する語を答えよ。
　(2) 光発芽種子をもつ植物の例として適当なものを，次の①〜⑤のなかから2つ選べ。
　　　① マツヨイグサ　　② キュウリ　　③ トマト　　④ ケイトウ　　⑤ レタス

☑ **4** 次の文中の（　　）に適当な語を記入せよ。
　ある植物の幼葉鞘に一方向から光を当てると，光の（　ア　）側に向かって屈曲する。このような性質を（　イ　）という。この現象は，（　ウ　）という植物ホルモンによって，茎の細胞の成長が（　エ　）されることによって起こる。

☑ **5** 次の文中の（　　）に適当な語を記入せよ。
　気孔の開閉は，（　ア　）細胞が光などに応答することで調節されている。（　ア　）細胞に（　イ　）色光が当たると，（　ア　）細胞の浸透圧が（　ウ　）し，吸水が（　エ　）される。その結果，（　ア　）細胞の膨圧が（　オ　）し，気孔が開く。

☑ **6** 短日植物について，次の各問いに答えよ。図の⟷は限界暗期（12時間とする）を示す。
　(1) 図の①〜③で，花芽を形成する条件はどれか。
　(2) 次のうち短日植物はどれか。記号で答えよ。
　　　ア．トマト　　　　イ．オナモミ　　　ウ．アヤメ
　　　エ．ダイコン　　　オ．キク　　　　　カ．コムギ
　(3) 花芽の形成を促す物質の名称を答えよ。

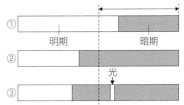

第9章　植物の成長と環境応答

Answer ⟩⟩

1(1)C　(2)A　(3)B　(4)A　**2**ア…卵細胞　イ…精細胞　ウ…中央細胞　エ…胚乳　オ…3n
3(1)ア…赤色光　イ…フィトクロム　ウ…ジベレリン　エ…アブシシン酸　(2)①，⑤　**4**ア…当たる
イ…光屈性　ウ…オーキシン　エ…促進　**5**ア…孔辺　イ…青　ウ…上昇　エ…促進　オ…上昇
6(1)②　(2)イ，オ　(3)フロリゲン

基本例題39　植物の配偶子形成と受精 　　　　　　➡基本問題170

次の被子植物の生殖細胞の形成と受精の図を見て，以下の各問いに答えよ。

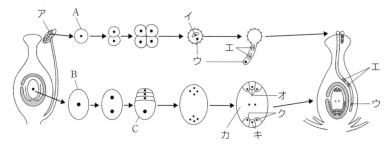

(1)　図中のA～Cの細胞およびア～クの名称を答えよ。
(2)　重複受精において，合体する細胞，または核の組み合わせを，図中のイ～クの記号を用いて答えよ。

■考え方　(1)被子植物では，1個の花粉母細胞が花粉四分子となり，1個の胚のうの母細胞から1個の胚のう細胞と，後に退化する3個の細胞ができる。この過程で減数分裂が起こる。花粉内には，雄原細胞と花粉管核が形成され，雄原細胞は分裂して2個の精細胞になる。

■解答　(1)A…花粉母細胞　B…胚のう母細胞　C…胚のう細胞　ア…葯　イ…雄原細胞　ウ…花粉管核　エ…精細胞　オ…反足細胞　カ…中央細胞　キ…卵細胞　ク…助細胞
(2)エとカ，エとキ

基本例題40　発芽のしくみ 　　　　　　➡基本問題173

次の①～④は，オオムギの種子の発芽のしくみを説明したものであり，下図はオオムギの種子を模式的に示したものである。これに関して，以下の各問いに答えよ。

①　水分・温度などが発芽に適した条件になると，(a)胚で（　ア　）という植物ホルモンが合成される。

②　（　ア　）は(b)糊粉層の細胞に作用し，（　イ　）遺伝子の発現を誘導する。

③　（　イ　）は(c)胚乳に分泌されて，（　ウ　）を糖に分解する。

④　糖は胚に吸収され，胚の細胞の浸透圧が高まり吸水が促進される。また，呼吸も促進される。その結果，胚は成長を再開し，発芽がはじまる。

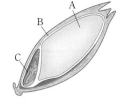

(1)　文中の（　ア　）～（　ウ　）に適する語を答えよ。
(2)　下線部(a)～(c)は右図のA～Cのどこに相当するか。それぞれ記号で答えよ。

■考え方　(1)オオムギの種子を発芽に適した環境におくと，ジベレリン（種子の休眠を打破する働きをもつ植物ホルモン）が胚で合成される。ジベレリンは糊粉層に働きかけ，アミラーゼを分泌させる。

■解答　(1)ア…ジベレリン　イ…アミラーゼ　ウ…デンプン
(2)(a)…C　(b)…B　(c)…A

基本例題41 光屈性 →基本問題175

次の図は，マカラスムギの幼葉鞘を用いて植物の成長を調べた実験を表したものである。これについて，以下の各問いに答えよ。

① 幼葉鞘に光を当てる。 ② 先端部を切り取って光を当てる。 ③ 切り取った先端部との間に寒天を入れて光を当てる。 ④ 先端部に雲母板を差し込んで光を当てる。 ⑤ 暗所で先端部の片側に雲母板を差し込んでおく。 ⑥ 光と反対側に雲母板を差し込んでおく。

(1) 植物が光に対して一定の方向に屈曲する性質を何というか。
(2) (1)の性質に関わる植物ホルモンの名称を答えよ。
(3) 図の実験①～⑥のうち，図の左方向に屈曲するものをすべて選べ。

考え方 (3)オーキシンは幼葉鞘の先端部で合成され，茎を下降する。また，水溶性で，寒天は透過できるが雲母板は透過できない。⑤では光の影響を受けないが，オーキシンは図の右側のみを下降するので左右で成長速度に差が生じ，左に屈曲する。⑥では，オーキシンは図の右側に移動するが下降できないため，左右で成長速度に差が生じない。

解答
(1)光屈性
(2)オーキシン
(3)①，③，⑤

基本例題42 日長条件と花芽形成 →基本問題180

下図は，1日のうちの明期と暗期の長さをさまざまに変え，限界暗期が9時間の短日植物の花芽形成を調べたものである。これらについて，次の各問いに答えよ。

(1) ①～④の明暗周期で栽培するとき，花芽が形成されるものをすべて選べ。
(2) 花芽形成を促進する物質名と，それがつくられる器官名をそれぞれ答えよ。
(3) 花芽形成などの反応が，明期・暗期の時間に影響を受ける性質を何というか。
(4) 花芽形成に関わる光受容体を答えよ。また，下のア～ウのうち，暗期の途中で照射した場合に花芽形成に影響を与える可能性があるものはどれか。
ア．青色光　イ．緑色光　ウ．赤色光

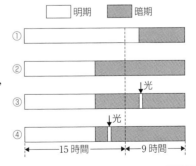

考え方 (1)短日植物は，限界暗期以上の連続した暗期で花芽を形成する。短時間の光照射により，連続した暗期が限界暗期よりも短くなると，花芽は形成されない。(2)花芽形成に関わるフロリゲンは葉で合成され，師管を通って茎頂に輸送される。(4)花芽形成に関わる光受容体はフィトクロムである。フィトクロムは赤色光や遠赤色光を受容する。

解答
(1)②，④
(2)フロリゲン，葉
(3)光周性
(4)フィトクロム，ウ

9. 植物の成長と環境応答　233

思考

170. 被子植物の配偶子形成 ●配偶子形成に関する次の文章を読み，次の各問いに答えよ。

【おしべの葯】 葯に存在する（　1　）が減数分裂をすることで（　2　）が形成される。（　2　）が成熟して花粉になる過程で細胞分裂が1回行われるため，最終的に，花粉は（　3　）と（　4　）の2個の細胞から構成されるようになる。（　3　）は受粉の後にさらに分裂して2つの精細胞になる。

【めしべの胚珠】 胚珠に存在する（　5　）が減数分裂により4つの細胞となり，そのうち1つが（　6　）になる。（　6　）は3回の核分裂を行い8個の核を生じる。これらのうち，1個は（　7　）の，2個は（　8　）の，3個は（　9　）の，残りの2個は胚のうの中央にある中央細胞の極核と呼ばれる核となる。このようにして胚のうが形成される。

問1．文中の（　　）に適する語を答えよ。

問2．（　5　）から卵細胞ができるまでに，何回の核分裂が行われるか。

問3．（　3　）および（　5　）の核相をそれぞれ答えよ。

問4．右図は（　1　）から精細胞が形成される過程における，細胞1つ当たりのDNA量の変化を示している。図中のa～hのうち，（　3　）の細胞に該当するものをすべて選び，記号で答えよ。

問5．2つの精細胞の一方は卵細胞と，もう一方は中央細胞と合体する。このような受精様式を何というか。

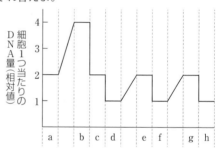

知識

171. 被子植物の種子形成と胚発生 ●次の文章を読み，以下の各問いに答えよ。

被子植物の種子形成の過程では，受精卵が分裂をくり返して（　1　）となり，胚乳細胞が（　2　）となる。（　1　）の形成過程では，先端の細胞が分裂を続けて球状となった（　3　）と，基部の細胞からなる（　4　）が生じる。（　4　）はやがて退化し消失するが，（　3　）の部分はさらに分裂をくり返し，さまざまな組織に分化していく。

問1．文中の（　　）に適する語を答えよ。

問2．右図は，ナズナの（　1　）を模式的に表したものである。図中のA～Dの部分の名称を答えよ。

問3．ナズナなどの種子では（　2　）が退化しており，栄養分を（　2　）以外の部分に貯えている。このような特徴をもつ種子を何というか。また，栄養分はA～Dのどの部分に蓄えられるか答えよ。

問4．問3で答えた種子をつくる植物を，下のア～オのなかから2つ選び，記号で答えよ。

ア．カキ　　イ．アブラナ　　ウ．イネ　　エ．ムギ　　オ．エンドウ

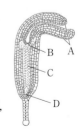

□**172. 植物の環境応答と光受容体** ●次の文章を読み，以下の各問いに答えよ。

植物は生育場所の環境に応じて，成長や生殖を行う。そのため，植物は，環境からの情報を受容し，その刺激に応答するしくみを有している。たとえば，(a)特定の光刺激を受容すると，(b)種子を発芽させたり，植物体の形態を変化させたりすることがある。

問1．下線部(a)について，光受容体について述べた次の①〜⑤のうち，正しいものをすべて選び，番号で答えよ。

① クリプトクロムは，茎の成長抑制に関与する光受容体である。

② フォトトロピンは，花芽形成や光発芽種子の発芽に関与する光受容体である。

③ フィトクロムは，気孔の開口や葉緑体の定位運動に関わる光受容体である。

④ クリプトクロムとフォトトロピンは緑色光を受容する。

⑤ フィトクロムは赤色光と遠赤色光を受容する。

問2．下線部(b)について，植物の特定の部位で合成され，植物の形態形成や生理的状態を調節する物質のことを何と呼ぶか。

□**173. 発芽と光条件** ●ある植物の種子について，照射する光と発芽の関係を調べるため，次の実験を行い，結果を図にまとめた。以下の各問いに答えよ。

まず，種子を暗所で1.5時間吸水させた。その後，次の処理(a)〜(e)をそれぞれ行い，48時間後に発芽した種子の割合（発芽率）を調べた。なお，処理はすべて25℃で行った。

処理(a) 暗所に置く。

処理(b) 赤色光を2分間照射した後，暗所に置く。

処理(c) 遠赤色光を5分間照射した後，暗所に置く。

処理(d) 赤色光を2分間照射した後，さらに遠赤色光を5分間照射し，暗所に置く。

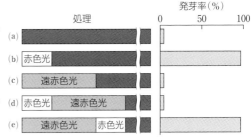

処理(e) 遠赤色光を5分間照射した後，さらに赤色光を2分間照射し，暗所に置く。

問1．この実験で用いた植物の種子のような性質をもつ種子を何というか答えよ。

問2．問1の種子を形成する植物を1種答えよ。

問3．この種子の発芽に影響を与える光受容体の名称を答えよ。また，発芽を促進する働きをもつ植物ホルモンの名称を答えよ。

問4．この植物の種子が，森林内に散布されたとする。この場合の森林内での発芽について説明した次の文中の{　}のなかから，適当な語をそれぞれ選び番号で答えよ。

森林内においては，植物の葉を透過した太陽光は，赤色光を含む大部分が葉に吸収されるため，遠赤色光の割合がア{①高く，②低く}なる。したがって，この種子が森林内の林床のような環境にあれば，イ{③赤色光吸収型，④遠赤色光吸収型}の光受容体の割合が大きくなり，発芽がウ{⑤促進，⑥抑制}される。

知識

☐ **174. 植物細胞の成長** ●植物細胞の成長のしくみについて述べた次の文章中の（　　）に適する語を答えよ。

　植物の成長は，細胞分裂による細胞の（　1　）の増加と，個々の細胞の（　2　）の増加，すなわち細胞の成長によって起こる。植物細胞の成長は，主に細胞外から吸収された水が細胞内の（　3　）に取り込まれ，（　3　）が大きくなることで起こる。この現象には，植物ホルモンの一種である（　4　）が関与している。

　（　4　）は，細胞内から細胞壁側への（　5　）イオンの放出を促進する。その結果，細胞壁に含まれる液が（　6　）性化する。これによって，細胞壁に存在する（　7　）繊維どうしのつながりを緩めるタンパク質が活性化され，細胞壁がやわらかくなる。その結果，細胞膜が細胞壁を押し広げようとする力，すなわち（　8　）に抵抗する力が弱まり，細胞が吸水することで，細胞が成長する。

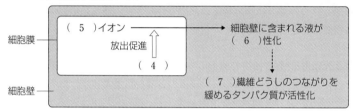

知識

☐ **175. 光に対する応答** ●光屈性に関する次の文章を読み，以下の各問いに答えよ。

　植物は，光や接触などの刺激を受けると，刺激の方向に対して一定の方向に屈曲することがある。たとえば，マカラスムギの幼葉鞘に光を当てると，光が当たる側へ屈曲しながら伸長する。この性質は，正の（　1　）と呼ばれる。（　1　）には，（　2　）という光受容体と，（　3　）という植物ホルモンが関与する。

問1．文中の（　　）に適する語を答えよ。

問2．次の①〜④のなかから正しいものをすべて選び，番号で答えなさい。
　①　植物の根が重力の方向に屈曲するのは，負の重力屈性を示しているといえる。
　②　アサガオの巻きひげが支柱に巻き付くのは，正の接触屈性を示しているといえる。
　③　花粉管は特定の化学物質に誘引されて伸長するため，正の化学屈性を示すといえる。
　④　オジギソウの葉が接触刺激によって葉を閉じる現象は，負の接触屈性を示しているといえる。

問3．幼葉鞘に下図のような操作をして光を当てた。光の方向に屈曲するものをすべて選び，番号で答えよ。

①　先端に光を通さないキャップをした。

②　先端以外を砂に埋めた。

③　先端に光の方向と直交するように雲母片を差し込んだ。

④　光の当たらない側に，光の方向と平行に雲母片を差し込んだ。

176. オーキシンの働きと移動 ●オーキシンの働きと移動について調べるため，マカラス

ムギの幼葉鞘を用い，暗条件下で次のような実験を行った。以下の各問いに答えよ。

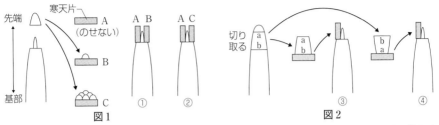

図1　図2

問1．図1の寒天片A〜Cに関して，含まれるオーキシン濃度が高いものから順に答えよ。

問2．図1の①および②は，それぞれ図の左右どちらに屈曲するか。また，より大きな角
　　度で屈曲するのは①，②のうちのどちらか。

問3．図2の③，④のうち，屈曲するものはどちらか。また，それは左右どちらに屈曲す
　　るか。

問4．オーキシンの移動に関する次の文中の（　　　）に適する語を答えよ。

　　幼葉鞘の先端部においては，オーキシンは（　1　）側から（　2　）側にしか移動しな
　　い。このような現象を，オーキシンの（　3　）という。これは，オーキシンを細胞外に
　　排出するタンパク質が，細胞の（　2　）側の細胞膜にのみ局在するために生じる。

177. 重力屈性のしくみ ●次の文章は，植物の芽ばえを水平に置いたときに起こる重力屈

性について述べたものである。以下の各問いに答えよ。

　植物の芽ばえを水平に置くと，茎と根は異なる方向に屈曲していく。この現象は，茎と
根のオーキシンに対する感受性の違いによって引き起こされる。芽ばえを水平に置くと，
オーキシンが重力方向に輸送されることで，下側となった細胞内のオーキシン濃度が
（　1　）くなる。茎と根ではオーキシンに対する感受性が異なっており，茎では下側の細
胞の成長が（　2　）され，根では下側の細胞の成長が（　3　）される。その結果，茎では
（　4　）の，根では（　5　）の重力屈性が起こる。

問1．文中の（　　　）に適当な語を答えよ。

問2．茎および根の細胞のオーキシンに対す
　　る感受性の違いは，右図のように表すこと
　　ができる。オーキシンの濃度が，1×10^{-2}
　　では，根と茎の成長はどのようになるか。
　　次の①〜④のなかから1つ選び，番号で答
　　えよ。

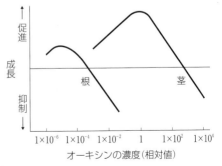

①　茎も根もよく成長する。

②　茎も根もほとんど成長しない。

③　茎はよく成長するが，根はほとんど成長しない。

④　茎はほとんど成長しないが，根はよく成長する。

思考

☑**178. 根の重力屈性** ●根における重力屈性に関する次の文章を読み，以下の各問いに答えよ。

　根の中心柱を通って根冠に達したオーキシンは，表皮と皮層を通って基部方向に運ばれる。根を水平に置くと，根冠内に存在する（　1　）細胞内にある（　2　）が，重力方向に沈降する。その結果，（　1　）細胞内で下側になった側の細胞膜に輸送タンパク質が再配置され，オーキシンが（　3　）へより多く輸送される。これにより，（　3　）の細胞の成長が（　4　）されて，（　5　）の重力屈性が起こる。

問1．文中の（　　）に適当な語を答えよ。

問2．下のように根冠と屈性の関係を調べるための実験①〜③を行った。結果に示す内容について，正しければ○を，誤っていれば×を答えよ。

実験	① 根冠を完全に除去した。	② 根冠を完全に除去し，水平に置いた。	③ 根冠を半分残した。
	重力方向	重力方向	重力方向　　根冠
結果	屈曲はみられなかった。	重力方向に屈曲した。	根冠の残っている方向に屈曲した。

知識

☑**179. 気孔の開閉** ●気孔の開閉のしくみに関する次の文章を読み，以下の各問いに答えよ。

　植物に（　1　）が当たったり，（　2　）が不足したりすると，気孔は（　3　）。一方，植物が乾燥状態におかれると，気孔が（　4　）ことで水分の減少を防ぐ。

問1．文中の（　　）内に最も適する語を次の①〜⑥のなかから選び，番号で答えよ。
　　① 酸素　　② 雨　　③ 閉じる　　④ 開く　　⑤ 光　　⑥ 二酸化炭素

問2．青色光を当てると気孔は開口する。この現象に関与する光受容体の名称を答えよ。

問3．下図は，気孔の開閉のしくみを表している。図中の（　ア　）〜（　エ　）に最も適する語を答えよ。

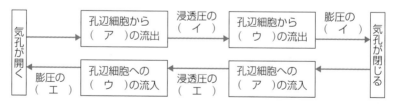

問4．気孔の閉鎖に関与する植物ホルモンの名称を答えよ。

問5．次の文は，膨圧の変化によって気孔が開閉するしくみを，孔辺細胞の構造の点から説明したものである。文中の{　}内に適する語を選び，番号で答えよ。

　　孔辺細胞の細胞壁は，気孔側が気孔の反対側よりも (a){①厚い，②薄い}ため，孔辺細胞が水を吸収すると，(b){③気孔の反対側，④気孔がある側}が伸びて，細胞全体が湾曲する。これにより気孔が開く。

[知識]

☐ **180. 日長条件と花芽形成** ●2種類の植物A，Bを
用いて，さまざまな明暗条件で育てたところ，図 I
のような結果が得られた。以下の各問いに答えよ。

問1．この実験のように，生物が昼間と夜間の長さ
の影響を受けて反応する性質を何というか。

問2．A，Bのような植物をそれぞれ何というか。

問3．植物Aおよび植物Bの例を，ア～オからそれ
ぞれ2つずつ選び，記号で答えよ。ただし，限界
暗期の時間は問わないものとする。

　ア．エンドウ　　イ．コムギ　　ウ．キク
　エ．オナモミ　　オ．アブラナ

問4．植物A，Bを，図Ⅱのような明暗条件で育て
た。花芽形成の結果①～④のそれぞれについて，
図 I にならって＋または－の記号で答えよ。

問5．花芽の形成に影響を与えるのは，連続した明
期と連続した暗期のどちらといえるか。

問6．植物A，Bとは異なり，日長の影響を受けずに花芽形成する植物を何というか。

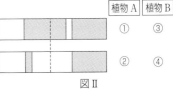

+：花芽を形成する
－：花芽を形成しない
図 I

図Ⅱ

[思考] [実験・観察]

☐ **181. オナモミの花芽形成** ●オナモミの花芽形成を調べる実験を行った。以下の①～④
は，その実験と結果について述べたものである。次の各問いに答えよ。

① 葉をすべて取り除い
て短日処理を行ったと
ころ，花芽が形成され
なかった。

② 葉を1枚残して短日
処理を行ったところ，
花芽が形成された。

①花芽が形成
されない

②花芽が形成
される

③全体で花芽が
形成される

④下部で花芽が
形成される

③ 植物体の下部の葉のみに短日処理を行ったところ，植物全体で花芽が形成された。

④ 環状除皮を行い，この部分より下の葉のみに短日処理を行ったところ，下の部分では
花芽が形成されたが，上の部分では花芽が形成されなかった。

問1．花芽形成を誘導する物質を何というか答えよ。

問2．下線部について，環状除皮とはどのような操作か簡潔に説明せよ。

問3．①～④の結果から，オナモミの花芽形成のしくみについて考察した次の文の
（　　　　）内に適する語を答えよ。

　実験（　1　）と実験（　2　）の結果から，オナモミにおいて花芽を形成するのに必要
な刺激は，（　3　）で受容されることがわかる。また，環状除皮を行った実験の結果か
ら，短日処理に関する情報は（　4　）を通って植物体全体に伝えられることがわかる。

第9章 植物の成長と環境応答

9. 植物の成長と環境応答　**239**

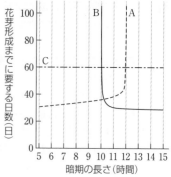

思考

□ **182. 花芽形成までに要する日数** ●右図は3種類の植物A～Cについて，異なる暗期の長さで生育させたときの，花芽形成までに要する日数をグラフで示したものである。次の各問いに答えよ。

問1．植物A～Cのうち，暗期の長さが一定以上になると花芽形成をする植物はどれか。また，そのような植物を何と呼ぶか。

問2．植物A～Cのうち，暗期の長さに関わらず，一定以上の日数が経つと花芽形成をする植物はどれか。また，そのような植物を何と呼ぶか。

問3．ある日本の都市で植物Bを栽培している。この都市の日長は，8月中旬には14時間より短くなり，冬至では9時間程度になる。この植物Bを12月下旬に花芽形成させるための最も適当な方法を下のア～ウのなかから選べ。なお，植物Bは，播種後短期間で花芽形成できるまで成長し，日長以外の影響を受けないものとする。

ア．8月中旬から夜間に一定時間強い光を当て，11月頃からは自然の日長周期で育てる。

イ．8月中旬から日中に一定時間暗所で育て，11月頃からは自然の日長周期で育てる。

ウ．8月中旬から自然の日長周期で育て，11月頃からは日中に一定時間暗所で育てる。

知識

□ **183. 花の形態形成** ●花の形成に関する次の文章を読み，以下の各問いに答えよ。

花を構成する各器官の形成は，主にA～Cのクラスに分けられた遺伝子群からつくられるタンパク質によって，器官形成に必要な遺伝子群の発現が制御されることで進む。シロイヌナズナについて，花の構造と領域，および発現するA～C各クラス遺伝子の位置関係を模式的に表すと右図のようになる。

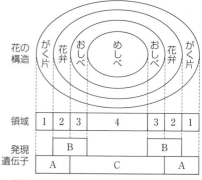

なお，Aクラス遺伝子とCクラス遺伝子は互いの発現を抑制しあっており，一方の働きが失われた場合は，他方が発現するようになる。

問1．A～C各クラス遺伝子は，発現領域に特有の構造を形成する位置情報をもたらす調節遺伝子である。このような調節遺伝子のことを総称して何と呼ぶか。

問2．Bクラス遺伝子の働きが失われた突然変異体では，領域1～4に何が形成されると考えられるか。

問3．花弁とがく片のみが形成される変異体では，A～Cのうちのどのクラスの遺伝子の働きが失われていると考えられるか。

問4．3つのクラスの遺伝子すべてが働きを失った場合，茎頂で分化する器官として最も適当なものを①～⑤のなかから選び，番号で答えよ。

① がく　　② 花弁　　③ おしべ　　④ めしべ　　⑤ 葉

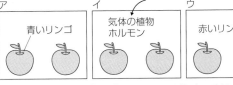

☑ **184. 果実の成熟** ● 3つの密閉容器を用意し，アとイには未成熟の青いリンゴを2個入れた。さらにイには，<u>気体の植物ホルモン</u>を吹き込んだ。ウには未成熟の青いリンゴ1個と，成熟した赤いリンゴを1個入れた。次の各問いに答えよ。

問1．下線部の気体の植物ホルモンとは何か。次の①〜④のなかから選び，番号で答えよ。
　　①　オーキシン　　②　ジベレリン　　③　アブシシン酸　　④　エチレン

問2．実験結果について述べた次の①〜⑤のうち，正しいものを1つ選び，番号で答えよ。
　　①　アの容器の青いリンゴが，ア〜ウの青いリンゴのなかで最も速く成熟した。
　　②　アの容器の青いリンゴは，イの青いリンゴより遅く，ウの青いリンゴより速く成熟した。
　　③　イの容器の青いリンゴは，成熟するのが最も遅かった。
　　④　ウの容器の青いリンゴは，アの容器の青いリンゴより速く成熟した。
　　⑤　アとイの容器の青いリンゴは，ほぼ同時に成熟した。

問3．イチゴの花床の発達に関与している植物ホルモンとして適当なものを，問1の①〜④のなかから選び，番号で答えよ。

☑ **185. 離層形成** ● 次の文中の（　　　）に適する語を答えよ。
　　植物の落葉や落果は，葉柄や果柄の基部に形成される（　1　）と呼ばれる特殊な細胞層の細胞壁が酵素で分解されることで起こる。（　1　）の形成を抑制する植物ホルモンが（　2　）であり，促進する植物ホルモンが（　3　）である。落葉・落果期になると（　2　）濃度が（　4　）し，（　3　）濃度が（　5　）する。これにより，細胞壁を分解する酵素の遺伝子が発現するようになり，落葉・落果が起こる。

☑ **186. さまざまな植物ホルモン** ● 次の(1)〜(6)は，さまざまな植物ホルモンの特徴や働きを説明したものである。これらに対応する植物ホルモンを下の①〜⑥のなかから選び，番号で答えよ。ただし，同じ番号を複数回選択してもよい。
(1)　DNAの分解産物から発見された植物ホルモンで，側芽の成長を促進する。
(2)　気体状のホルモンで，果実の成熟を促進したり，離層の形成を促進したりする。
(3)　孔辺細胞の膨圧を低下させ，気孔の閉鎖を促進する。
(4)　種子の発芽を抑制する。
(5)　イネのばか苗病の研究で発見された植物ホルモンで，ブドウの子房の発達を促進する。
(6)　細胞成長の促進や花床の成長促進，離層の形成抑制など，さまざまな生理現象に関与する。
　　①　アブシシン酸　　②　エチレン　　③　オーキシン
　　④　サイトカイニン　　⑤　ジベレリン　　⑥　フロリゲン

第9章　植物の成長と環境応答

課題

花粉がめしべの柱頭に付着すると，花粉は発芽して花粉管を伸ばす。この先端が胚の
うの入口に達すると，<u>ある化学物質の刺激により花粉管は胚のうの内部に進入する。こ
の進入した花粉管が胚のう内で破壊され，そこから精細胞が放出されること</u>が，受精の
成立に必要である。

問．下線部に関して，トレニ
アという植物を用いた実験
を行った。受粉と同時期に
胚のう内の特定の細胞をレ
ーザーで破壊し，受粉24時
間後に各胚のうへ花粉管が
進入した頻度を調べた。実
験結果の一部を表に示す。

胚のう内 の状態	各細胞の存在			進入頻度 (花粉管が進入した胚 のう数 / 全胚のう数)
	卵細胞	助細胞	助細胞	
完全	＋	＋	＋	48/49
1細胞 破壊	－	＋	＋	35/37
	＋	－	＋	35/49
2細胞 破壊	－	－	＋	11/18
	＋	－	－	0/77

＋：存在する　　－：存在しない

表の実験結果からわかることは何か。最も適当なものを1つ選べ。

① 花粉管の進入には卵細胞が必要であり，助細胞が最低1個必要である。
② 花粉管の進入には卵細胞が必要であり，助細胞が2個とも必要である。
③ 花粉管の進入には卵細胞は必要ではなく，助細胞が最低1個必要である。
④ 花粉管の進入には卵細胞は必要ではなく，助細胞が2個とも必要である。

(21. 星薬科大改題)

指針 胚のう内の状態が完全な場合と，それぞれの細胞を破壊した場合の花粉管の進
入頻度を比較し，各細胞と進入頻度の関係を考察する。

次の Step 1 ～ 3 は，課題を解く手順の例である。空欄を埋めてその手順を確認せよ。

Step 1 卵細胞の有無による花粉管の進入頻度の変化を確認する

胚のう内の状態が完全な場合と卵細胞のみを破壊した場合を比較すると，進入頻度に
差が（　1　）ことがわかる。したがって，花粉管の進入には卵細胞は必要（　2　）とわ
かる。

Step 2 助細胞が1個だけ存在する場合を検討する

胚のう内の状態が完全な場合と助細胞が1個だけ存在する場合を比較すると，助細胞
が1つあるときは，花粉管は進入（　3　）が，進入頻度に差がみられる。

Step 3 助細胞が存在しない場合を検討する

助細胞が存在しないとき，その進入頻度から，花粉管は進入（　4　）ことがわかる。
以上のことから判断して解答する。

Stepの解答 1…みられない　2…ではない　3…できる　4…できない
課題の解答 ③

思考例題 ⑪ 2種類の資料を組み合わせて考察する

ある植物の2つの品種（AとB）は，花芽形成の開始に必要な限界暗期の長さのみが異なっている。これらの種子を6月1日と8月1日に日本（大阪）でまいて栽培し，花芽形成の開始日を調査すると表のようになった。また，下図は，大阪，アムステルダム，バンコクの3都市における日長時間の周年変化を表す。ここでは，日長時間以外の条件は一定であり，花芽形成に影響を与えないものとする。

	播種日	花芽形成開始日
品種A	6月1日	7月31日
	8月1日	8月10日
品種B	6月1日	9月2日
	8月1日	9月2日

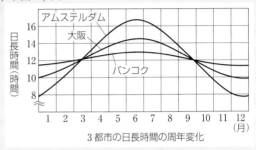

3都市の日長時間の周年変化

問．次のア〜ウの場合，花芽形成の開始時期はいつ頃になるか。下の①〜④から選べ。

ア．品種Aの種子を，アムステルダムで6月上旬にまいた場合

イ．品種Aの種子を，バンコクで6月上旬にまいた場合

ウ．品種Bの種子を，アムステルダムで6月上旬にまいた場合

① 6月中旬　② 7月下旬　③ 8月下旬　④ 9月中旬　　　（近畿大改題）

指針 限界暗期を推測し，各都市で暗期の長さが限界暗期を超える時期を読み取る。

次の Step 1 〜 3 は，課題を解く手順の例である。空欄を埋めてその手順を確認せよ。

Step 1 日長を感知してから花芽を形成するまでの日数を推測する

大阪で品種（ 1 ）を（ 2 ）に播種した結果から，この植物の種子が発芽・成長して日長を感知できるようになってから数日で花芽を形成すると考えられる。

Step 2 限界暗期の長さを推定する

大阪で品種Aを6月1日にまくと7月31日に花芽形成したことから，暗期の時間が品種Aの限界暗期の長さを超えたのは7月の（ 3 ）旬で，品種Aの限界暗期は約（ 4 ）時間と考えられる。品種AとBは限界暗期の長さのみが異なることをふまえて同様に考えると，品種Bの限界暗期は約（ 5 ）時間と考えられる。

Step 3 ア〜ウについて，暗期の長さが限界暗期を超える時期を読み取る

アについて，アムステルダムで限界暗期が（ 4 ）時間を下回るのは8月の（ 6 ）旬頃なので，花芽が形成されるのはそこから数日後だと考えられる。イ，ウについても同様に考える。

Stepの解答 1…A　2…8月1日　3…下　4…10　5…11　6…下
課題の解答 ア…③　イ…①　ウ…④

発展例題10　発芽調節と光受容体　　　　　　　　　⇒発展問題187

　植物の種子は，かたい種皮をもち，生育に適した環境条件になるまで発芽しないものが多い。この一時的な成長活動の停止を（　ア　）と呼ぶ。種子が成熟する際に，植物ホルモンの一種である（　イ　）の種子内含有量がふえ，その作用により脱水とデンプンなどの蓄積が誘導されることで（　ア　）が起こる。乾燥した種子が吸水することで成長を再開し，(a)胚からある植物ホルモンを分泌し，発芽に必要なさまざまな反応を引き起こす。

　植物によっては，(b)種子が吸水しただけでは発芽せず，光の刺激を必要とするものがある。このような種子を（　ウ　）と呼ぶ。（　ウ　）の発芽には，主に赤色光と遠赤色光を吸収する（　エ　）という光受容体が関わっている。

問１．文章中の空欄（　ア　）～（　エ　）に最も適当な語を答えよ。

問２．下線部(a)について，有胚乳種子であるオオムギ種子における吸水後から発芽までの反応を，次の語句をすべて用いて100字以内で説明せよ。

【語句】　糊粉層　　アミラーゼ　　胚乳　　糖

問３．下線部(b)について，図１は，レタスの種子を暗所で２時間吸水させた後，それぞれの処理を行った実験①～⑧の結果である。また，図２は実験③と実験④における光処理後に種子内のジベレリン含量を測定した結果である。これらの結果からわかることについて，次の(1)～(3)に答えよ。

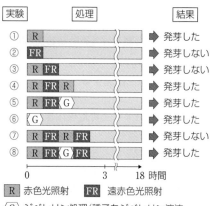

図1

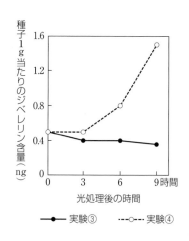

図2

(1)　図１の実験①～④の結果から，今回の実験で用いたレタス種子の発芽における赤色光および遠赤色光の効果について，最も適当なものを次のa～cのなかからそれぞれ１つ選び，記号で答えよ。ただし，同じ記号をくり返し選んでもよい。

　　a．発芽に関与しない　　　b．発芽を促進する　　　c．発芽を抑制する

(2) 図1の実験③，④，⑤，⑥と図2の結果から，今回の実験で用いたレタス種子の発芽における光とジベレリンの関係について，適当なものを次のa～dのなかからすべて選び，記号で答えよ。

　a．レタス種子のジベレリン含量の増加が，発芽に必要である。

　b．レタス種子のジベレリン合成は，光受容体が最後に赤色光を吸収することで誘導されると考えられる。

　c．レタス種子のジベレリン合成は，光受容体が最後に遠赤色光を吸収することで誘導されると考えられる。

　d．レタス種子のジベレリン合成は，光受容体が赤色光と遠赤色光の両方を吸収することで誘導されると考えられる。

(3) 図1の実験④，⑤，⑦，⑧と図2の結果から，(1)および(2)の考察に加えて以下のことが考えられる。次の文章中の空欄（　オ　），（　カ　）に入る最も適当なものを次のa～eのなかから1つ選び，記号で答えよ。

　光によるジベレリンの合成誘導は，遠赤色光の照射により（　オ　）される。ジベレリン処理で吸収されたジベレリンの働きを抑制することは（　カ　）である。

　　　a．促進　　　b．阻害　　　c．赤色光照射で可能

　　　d．遠赤色光照射で可能　　　e．光照射では不可能　　　　（21．島根大改題）

解答

問1．ア…休眠　イ…アブシシン酸　ウ…光発芽種子　エ…フィトクロム

問2．吸水後，胚で合成されたジベレリンが糊粉層に作用することで，<u>アミラーゼの遺伝子が発現する</u>。アミラーゼは<u>胚乳</u>中のデンプンを<u>糖</u>に分解し，これを胚が吸収して成長することで発芽が起こる。(88字)

問3．(1)赤色光…b　遠赤色光…c　　(2)a，b　　(3)オ…b　カ…e

解説

問1．種子の休眠の維持にはアブシシン酸が関与する。一方，休眠の打破には，ジベレリンが関与する。

問3．(1)　実験①の結果から，赤色光は発芽を促進し，実験③の結果から，遠赤色光は赤色光の効果を打ち消して発芽を抑制することが示唆される。

(2)　種子の発芽にはジベレリンが関与する。図1，2から，実験③ではジベレリン含量が増加しておらず，実験④ではジベレリン含量が増加していることがわかる。これらの結果から，実験④でのジベレリン含量の増加は，最後に赤色光を吸収したことによってもたらされたと考えられ，bは適当であると判断できる。さらに，実験③と⑤から，最後に遠赤色光を当ててジベレリン含量が増加しない場合は発芽しないが，追加でジベレリン処理を行うと発芽することがわかる。また，実験⑥では，ジベレリン処理のみで発芽している。以上のことから，aは適当であると判断できる。

(3)　図2から，遠赤色光によりジベレリン合成は阻害されているとわかる。しかし，実験⑧で発芽しているため，ジベレリンの働きは遠赤色光で抑制できないことがわかる。

☑**187. 光受容体と植物の環境応答** ■次の文章を読み，以下の各問いに答えよ。

　植物は光を光合成のためのエネルギー源として利用するが，環境の変化を感知するためのシグナルとしても利用する。たとえば，朝，太陽光が葉に当たると，①孔辺細胞の（　ア　）と呼ばれる光受容体が（　イ　）色光を受容することにより，気孔の開口が開始される。

　また，植物種によっては，光は発芽を調節する重要な環境シグナルとなっており，レタスなどの種子は吸水後に光を浴びることで発芽が促進される。このような種子を（　ウ　）という。この現象では，（　エ　）が光受容体として光を感知する役割を果たしている。光の作用は波長によって異なり，（　オ　）色光には発芽促進効果があり，（　カ　）色光にはこの効果を打ち消す作用がある。種子が受け取る光は周囲の植物にも影響される。葉のクロロフィルは（　オ　）色光を吸収するが（　カ　）色光はほとんど吸収しない。したがって，②（　ウ　）が（　オ　）色光により発芽することは，発芽後の生育にとって都合のよいしくみといえる。

問1．文中の（　ア　）～（　カ　）に入る適切な語を答えよ。

問2．気孔開口以外に（　ア　）が関与する現象を次の(a)～(e)のなかから2つ選べ。
- (a)　光屈性
- (b)　花芽形成
- (c)　器官脱離・落葉
- (d)　概日リズム制御
- (e)　葉緑体の定位運動

問3．下線部①に関して，水不足や乾燥した環境で，気孔の閉鎖を促す植物ホルモンの名称を答えよ。また，その植物ホルモンがもつ，気孔閉鎖以外の働きを1つ挙げよ。

問4．植物は（　ア　）や（　エ　）を含め，多くの種類の光受容体をもつ。ある光応答が，既知の光受容体Xを介して生じるかどうかを調べるにはどのような実験をすればよいか。2つ挙げて，それぞれ40字以内で説明せよ。

問5．下線部②について，どのような点で都合がよいのか，40字以内で説明せよ。

(21. 九州大改題)

ヒント

問4．特定の光受容体の働きを調べるためには，その光受容体が働く個体と働かない個体を比較する必要がある。また，光受容体は，種類ごとに特定の波長の光を吸収し，植物に特定の反応を起こさせる。

問5．植物の葉は赤色光を多く吸収し，遠赤色光はあまり吸収しない。このため，植物の葉を透過した光には赤色光は少なく，遠赤色光は多い傾向がある。

☑**188.** 花粉管の伸長 ■次の文章を読み，以下の各問いに答えよ。

　めしべの柱頭に花粉が付着すると，花粉は発芽して胚のうに向かって花粉管を伸ばす。（　ア　）細胞は分裂して2個の精細胞になり，花粉管が胚のうに達すると，精細胞は，花粉管の先端から胚のうの中に放出される。1個は卵細胞と受精して受精卵となり，その後，胚となる。もう1個は中央細胞と融合して（　イ　）細胞となり，その後，（　イ　）となる。このような現象は（　ウ　）と呼ばれる。

問1．文中の（　ア　）～（　ウ　）に適する語を答えよ。

問2．下線部に関して，次のⅠ～Ⅴの実験を行った。以下の設問に答えよ。

Ⅰ　ホウセンカの成熟した花粉のついた葯と柱頭を用意した。柱頭は薄くスライスして切片とした。

Ⅱ　10％のスクロースを含む寒天液とスクロースを含まない寒天液を用意した。2枚のスライドガラスにスクロースを含む寒天液を，別の2枚のスライドガラスにスクロースを含まない寒天液を塗り拡げた。

Ⅲ　寒天液が固まったら，葯から花粉を4枚のスライドガラス上の寒天培地に落とし，全体に塗り拡げた。

Ⅳ　スクロースを含む培地と含まない培地のスライドガラス1枚ずつについて，柱頭の先端部の切片を培地上に2，3枚ずつ，しっかりと密着するように置いた（図1）。

Ⅴ　寒天培地の乾燥を防ぐため，スライドガラスをペトリ皿に移してふたをし，25℃で培養した。花粉を落として30分後に検鏡し，花粉の発芽を観察した。

図1　花粉管の伸長実験

(1)　スライドガラスA～D上の花粉はすべて花粉管を伸ばしたが，平均の長さはスライドガラスによって異なっていた。花粉管の平均の長さが最も長いものと，最も短いものをA～Dのなかからそれぞれ選び，記号で答えよ。

(2)　柱頭切片を置いたスライドガラスC，Dでは，花粉管はその方向へと伸びる傾向があったが，柱頭切片を置いていないスライドガラスA，Bでは，さまざまな方向へ伸びた。これらの結果から，柱頭には花粉管を誘引する物質が含まれることが予想される。最終的には花粉管は胚のうに向かうことから，胚のうに含まれる細胞が誘引物質を放出していると考えられる。どのような実験をすれば，誘引物質を放出している細胞を特定することができるか，60字以内で説明せよ。　　　　　　　　　　　　（21. 甲南大改題）

💡**ヒント**

問2．(1)花粉管の伸長にはスクロースが有効である。(2)目的の細胞があるときとないときを比較する。

第9章 植物の成長と環境応答

思考

□**189. オーキシンの移動** ■次の文章を読み，下の各問いに答えよ。

オーキシンの移動には方向性があることが知られている。植物の茎が成長するとき，オーキシンは茎の先端部で合成されて基部方向に移動するが，逆方向には移動しない。

問１．このような方向性のあるオーキシンの移動を何と呼ぶか。

問２．オーキシンの移動のしくみを示す植物細胞（茎）の模式図として適切なものを，次の(a)〜(d)のなかから選び，記号で答えよ。なお，オーキシンの移動に関わる２種類の輸送タンパク質に関して，AUX1 は■で，PIN は●でそれぞれ表され，オーキシンの移動は矢印で示されている。

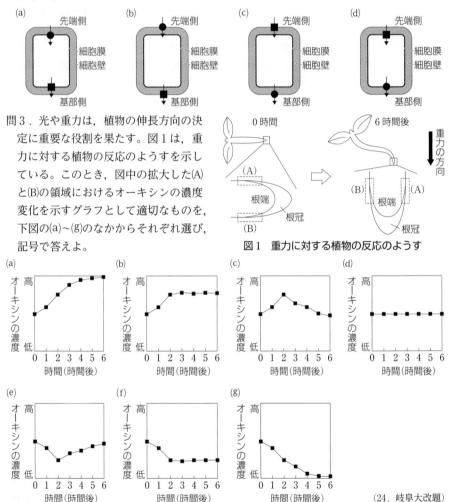

問３．光や重力は，植物の伸長方向の決定に重要な役割を果たす。図１は，重力に対する植物の反応のようすを示している。このとき，図中の拡大した(A)と(B)の領域におけるオーキシンの濃度変化を示すグラフとして適切なものを，下図の(a)〜(g)のなかからそれぞれ選び，記号で答えよ。

図１　重力に対する植物の反応のようす

(24. 岐阜大改題)

💡**ヒント**

問２．AUX1 はオーキシンの取込み輸送体であり，PIN は排出輸送体である。

☑ **190. 光受容体と光屈性** ■次の文章を読み，下の各問いに答えよ。

植物は，光の波長を識別することができる。太陽光には赤色光と遠赤色光が含まれており，赤色光/遠赤色光の光量比（R/FR）は約1.2である。一方，ある植物の木陰では，R/FR が0.13と大幅に減少する。このような木陰で起こる R/FR 値の減少は葉の細胞に含まれる（　ア　）という色素が遠赤色光より赤色光を多く吸収するためである。R/FR 値が低い環境で発芽した芽ばえは，日なたで発芽した芽ばえよりも胚軸（右図）が長く伸びる（徒長）。この現象を避陰反応と呼ぶ。

図　植物の芽ばえ

発芽した芽ばえは避陰反応によって植物体の大きさを調節するだけではなく，光の方向への成長をも調節する。この現象は（　イ　）と呼ばれオーキシンが関与することがわかっている。シロイヌナズナでは，胚軸で（　イ　）を示さない突然変異体が 2 種類発見され，その一方はフォトトロピンと命名された青色光受容体の欠損突然変異体であった。もう一方はA遺伝子の機能が失われたA遺伝子欠損突然変異体であった。野生型の胚軸を暗所で水平におくと，胚軸は重力方向とは反対方向に曲がる。このような実験を重力試験という。A遺伝子欠損突然変異体の胚軸は重力試験で曲がらなかったが，フォトトロピン欠損突然変異体の胚軸は野生型と同様に曲がった。オーキシンを野生型芽ばえの胚軸片面に塗布すると，塗布した側とは反対側に曲がる。このような実験をオーキシン試験という。オーキシン試験でA遺伝子欠損突然変異体の胚軸は曲がらなかったが，フォトトロピン欠損突然変異体の胚軸は野生型と同様に曲がった。

問１．文中の（　ア　），（　イ　）に適切な語を答えよ。

問２．文章とダーウィン，ボイセン イェンセンやウェントが行った（　イ　）に関する実験を念頭に，次の(A)～(E)から適切なものをすべて選び，記号で答えよ。適切な記述がない場合は，「なし」と記せ。

(A)　フォトトロピン欠損突然変異体では（　イ　）をもたらすオーキシンの移動が起こらない。

(B)　オーキシンはフォトトロピンの活性を促進している。

(C)　重力で胚軸が曲がるしくみと（　イ　）には共通のしくみがある。

(D)　A遺伝子の発現は（　イ　）をもたらすオーキシンの分解を促進する。

(E)　A遺伝子はフォトトロピンの活性抑制に関与する。

問３．A遺伝子とフォトトロピン遺伝子の両方を失った二重突然変異体の胚軸で，重力試験とオーキシン試験を行うとどのような結果が予想されるか。それぞれ，「曲がる」か「曲がらない」で答えよ。

(北海道大改題)

💡**ヒント**
問２，３．A遺伝子欠損突然変異体は，オーキシン試験でも屈性を示さないことから，A遺伝子の発現によってつくられるタンパク質が存在してはじめてオーキシンによる効果が現れると考えられる。

□ **191.** 花芽形成と日長 ■ある長日植物を材料として，長日条件でも花芽形成が促進されない変異体 x を得て，野生型との比較からその原因遺伝子 X を特定した。野生型では，この遺伝子 X の mRNA は直ちにタンパク質 X に翻訳され，このタンパク質 X が存在すると花芽形成が促進されることが示された。しかし，変異体 x では遺伝子 X の mRNA は検出されなかった。タンパク質 X がどのように日長に応答して花芽形成を調節するのかを調べるため，以下の実験を行った。その結果をもとに，問 1 と問 2 に答えなさい。

【実験】 野生型，変異体 x とも，それぞれ短日条件（8 時間明期，16 時間暗期）と長日条件（16 時間明期，8 時間暗期）で育てた。野生型について，遺伝子 X の mRNA 量を測定した結果，短日条件，長日条件どちらにおいても右図の破線で示すような 24 時間周期の変動を示した。一方，タンパク質 X の蓄積を明期開始から15時間後に調べた結果，長日条件ではタンパク質 X の蓄積が確認されたが，短日条件ではタンパク質 X は検出されなかった。

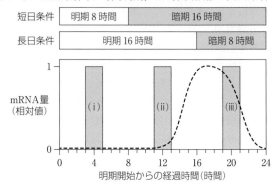

(i)，(ii)，(iii)は変異株 x において人為的に遺伝子 X の mRNA を発現させた時間帯を示す。

問 1．このタンパク質 X の性質として最も適していると考えられるものを次の①～④のなかから 1 つ選び，番号で答えよ。
① タンパク質 X は明所では不安定で直ちに分解されるが暗所では安定で分解されない。
② タンパク質 X は明所では安定で分解されないが暗所では不安定で直ちに分解される。
③ タンパク質 X は明所でも暗所でも安定で分解されない。
④ タンパク質 X は明所でも暗所でも不安定で分解される。

問 2．変異体 x において，図の(i)，(ii)，(iii)で示す時間帯に遺伝子 X を人為的に発現させた。遺伝子 X の mRNA は発現させた時間帯にのみ存在し，その間の mRNA 量は図の相対値 1 に相当するものとする。次の①～⑥について，花芽形成が促進されると期待されるものに○を，そうでないものに×を記入せよ。
① 短日条件下で(i)の時間帯に遺伝子 X を発現させた場合
② 短日条件下で(ii)の時間帯に遺伝子 X を発現させた場合
③ 短日条件下で(iii)の時間帯に遺伝子 X を発現させた場合
④ 長日条件下で(i)の時間帯に遺伝子 X を発現させた場合
⑤ 長日条件下で(ii)の時間帯に遺伝子 X を発現させた場合
⑥ 長日条件下で(iii)の時間帯に遺伝子 X を発現させた場合

(21．東京都立大改題)

💡ヒント
問 1．短日条件下で，遺伝子 X の mRNA が存在するがタンパク質 X が存在しないのはなぜかを考える。

思考 論述

☑**192.** 植物の受精と花の形成 ■次の文章を読み，以下の各問いに答えよ。

花粉はめしべの柱頭につくと発芽する。発芽した花粉から花粉管が胚珠に向かって伸長する。（　ア　）は花粉管の中で1回分裂して2個の（　イ　）となる。花粉管の先端が胚のうに達すると，（　イ　）の1個が卵細胞と受精し，（　ウ　）となる。（　イ　）の他の1個は（　エ　）と融合し，（　オ　）を形成する。このような受精の様式は（　カ　）と呼ばれ，被子植物特有の現象である。

(a)イネ科やカキノキ科などの植物では（　オ　）は種子の完成まで発達を続け，発芽時に必要な栄養分を貯える。(b)一方，マメ科やアブラナ科などの植物では（　オ　）は種子の完成までに消滅してしまう。

被子植物の花は4つの領域からなり，外側から内側に向かって，領域1～4に，がく片，花弁，おしべ，めしべがこの順に配置されている（表1）。(c)このような花器官の形態形成では，クラスA，B，Cと呼ばれる3つのクラスの遺伝子がつくるタンパク質の組み合わせによって，花のどの部分が形成されるかが決まる。Aクラスの遺伝子が働くと，がく片がつくられ，AクラスとBクラスの遺伝子が働くと，花弁がつくられる。また，Bクラスと Cクラスの遺伝子が働くと，おしべがつくられ，Cクラスの遺伝子が働くとめしべがつくられる（表1）。そのため，(d)これらの遺伝子A，B，Cのどれかが欠損すると野生型が示す花の構造がつくれなくなる。

表1

	領域1	領域2	領域3	領域4
野生型	がく片	花 弁	おしべ	めしべ
B遺伝子欠損型	①	②	③	④
A遺伝子欠損型	めしべ	おしべ	おしべ	めしべ

問1．（　ア　）～（　カ　）に当てはまる語を記入せよ。

問2．花粉母細胞と胚のう母細胞の核相を$2n$としたとき，（　イ　），（　ウ　），（　オ　）の核相を答えよ。

問3．下線部(a)に関して，このような植物の種子は何と呼ばれるか。

問4．下線部(b)に関して，発芽時に必要な栄養分を貯える器官は何か。また，このような植物を以下に示すなかから2つ選べ。

　　カキ，シロイヌナズナ，ダイズ，トウモロコシ

問5．下線部(c)のようなしくみを何というか。

問6．下線部(d)に関して，B遺伝子欠損型では，どのような花器官が形成されるか，表1の①～④に当てはまるそれぞれの名称を記せ。

問7．下線部(d)に関してA遺伝子欠損型では，本来がく片となる部分がめしべに，本来花弁となる部分におしべが形成され，おしべとめしべのみの花を生じる（表1）。このことから，Aクラスの遺伝子の作用とCクラスの遺伝子の作用の間にはどのような関係があるか。50字以内で説明せよ。

(滋賀県立大改題)

ヒント ....
問7．C遺伝子欠損型では，本来おしべとなる部分が花弁に，本来めしべとなる部分ががく片となる。
....

10 生態系のしくみ

1 個体群

❶個体群と生物群集

(a)　生態系と個体群　ある地域で生活する同種の個体の集まりを個体群という。また，ある地域で生息する個体群の集まりを生物群集という。生態系は，さまざまな生物の個体群からなる生物群集，および光や土壌などの非生物的環境からなる。生態系において，個体群内の同種個体どうし，または生物群集を構成する異種個体群どうしは，繁殖行動や捕食−被食の関係のように，さまざまな関係をもって共存している。このような生物間にみられる働き合いは，相互作用と呼ばれる。

(b)　個体群における個体の分布

- **集中分布**　個体は生息域の特定の場にかたまって分布する。（マイワシなど）
- **一様分布**　個体は生息域全体に均一に分布する。（フジツボなど）
- **ランダム分布**　個体は生息域全体に，見かけ上不規則に分布する。（タンポポなど）

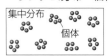  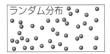

(c)　個体群の大きさの調査方法

- **区画法**　ある生物が生息する地域に，一定の広さの区画をいくつか設ける。区画中の個体数の平均値と，区画がその地域全体に占める面積から，全個体数を推定する。
- **標識再捕法**　捕獲した個体に標識をつけて放し，一定期間の後に再び捕獲する。下に示す比例関係が成り立つと仮定し，全個体数を推定する。

$$全個体数：\begin{bmatrix}最初の\\標識個体数\end{bmatrix} = \begin{bmatrix}2度目に捕獲された\\総個体数\end{bmatrix} : \begin{bmatrix}2度目に捕獲された\\標識のある個体数\end{bmatrix}$$

(d)　生存曲線　同時に生まれた生物の個体数の変動について，発育段階ごとの個体数の変化を調べ，生存個体数や死亡個体数を表に示したものを生命表といい，生命表をもとに，生存個体数の変化をグラフで示したものを生存曲線という。

- **生存曲線の3つの型**

  A：**早死型**…発育初期の死亡率が高い

  〔例〕魚類，多くの昆虫類，貝類

  B：**平均型**…生涯にわたってほぼ一定の死亡率

  〔例〕鳥類，ハ虫類，小型の哺乳類

  C：**晩死型**…発育初期の死亡率が低い

  〔例〕大型の哺乳類，ミツバチ

  AからCに移行するにつれて，産卵数や子の数が少なく，親が子を保護する度合が大きい傾向がある。

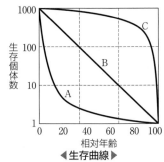

◀生存曲線▶

(e) **年齢ピラミッド** 個体群は，さまざまな発育段階(齢層)の個体で成り立っており，これを個体群の齢構成という。各齢層の個体数を順に積み重ねて図示したものを年齢ピラミッドといい，幼若型，安定型，老齢型に分けられる。

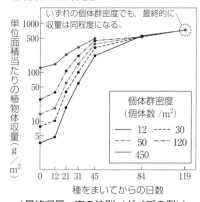

◀**個体群の年齢ピラミッド**▶

❷個体群の変動と維持

(a) **個体群の成長** 個体群内の個体数が時間とともに増加することを個体群の成長という。

　自然界の個体群は，ふつう，一定の個体数に達するまでは急速に成長する。しかし，個体群内の個体数が多くなるにつれて生活空間や食物などの資源が不足し，増殖が制限されるため，その成長曲線はＳ字形になる。個体群が維持できる最大の個体数を環境収容力という。

- 競争　資源をめぐる生物どうしの相互作用
- 種内競争　同種個体間での競争

◀**個体群の成長曲線**▶

(b) **個体群密度** 一定の生活空間内で生活する生物の個体数を個体群密度という。

$$個体群密度＝\frac{その個体群の全個体数}{生活空間の大きさ(面積または体積)}$$

(c) **密度効果** 個体群密度によって，個体群や個体に影響が現れることを密度効果という。

　ⅰ) **最終収量一定の法則** 一定の面積内で同種の植物について，個体群密度を変えて生育させると，高密度ほど各個体の成長が抑制される。結果として，個体群密度の大小に関わらず，最終的な植物の総重量(収量)はほぼ一定となる。これを最終収量一定の法則という。

　ⅱ) **相変異** 個体群内の個体の形態や行動に著しい変化が生じる現象を相変異という。

〔例〕 トノサマバッタの相変異

◀**最終収量一定の法則（ダイズの例）**▶

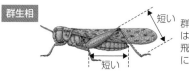

群生相の形態は，長距離を飛翔する行動に適している。

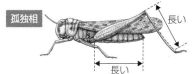

　ⅲ) **アリー効果** 個体群密度の上昇が個体群の成長に促進的に働くことがある。これはアリー効果と呼ばれる。

❸個体群の変動と環境

　生物は，気候などの非生物的環境とも密接に関わりながら生活しており，非生物的環境の変化は個体群に大きな影響を与える。また，生物の特徴は生息地の環境によって一定の傾向がみられることもある。

	変化の激しい環境	変化の少ない環境
個体群密度の変動	環境収容力に達することなく，大きな変動がみられる。	環境収容力に近い密度で安定する。
生息する生物の特徴と環境との関係	繁殖に適した期間が限られ，その期間に多くの子を生んで分散させる方が，適応度が高くなりやすい。 →小さな卵や子を多数つくる生物が多い。	競争が激しい傾向にあり，競争に強い子を少数生んで育てる方が，適応度は高くなりやすい。 →大きな卵や子を少数つくる生物が多い。

❹個体群内のさまざまな相互作用

(a) **群れ**　動物の個体群では，個体どうしが集まって群れを形成する場合がある。群れの形成には，食物を効率的に見つける，外敵から身を守る，繁殖行動を容易にするなどの効果がある。ウミネコでは，群れの最適な大きさは，各個体が周囲を警戒する時間と個体どうしが争う時間の和が最小になる大きさだということが知られている。

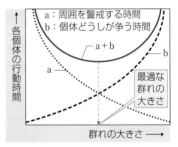

◀ 最適な群れの大きさ ▶

(b) **縄張り**　定住する個体が日常的に行動する範囲(行動圏)において，個体や群れが食物を確保したり子を育てたりするために占有する一定の生活空間を，縄張り(テリトリー)という。他の個体が縄張り内に侵入すると，これを攻撃し，排除する行動がみられる。縄張りの最適な大きさは，そこから得られる利益と，縄張りを維持する労力との差が最大になる大きさである。

〔縄張りをつくる生物の例〕　アユ，ホオジロ，シジュウカラ，トンボ　など

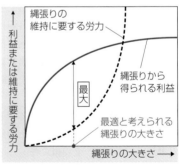

◀ 最適な縄張りの大きさ ▶

(c) **順位制**　個体群内では，個体間に優位と劣位ができることがあり，これを順位制という。順位制は，ふつう，からだの大きさ・雌雄・年齢などの違いが要因となって生じ，個体間の争いを減らして個体群の秩序を保つ効果がある。

〔例〕　ニワトリ(つつきの順位)　など

(d) **つがい関係**　雌雄がつがい関係を形成して子育てを行う場合，単独で子を育てるより子育てに成功しやすい。一夫一妻制（雄も子育てに参加する場合が多い）や一夫多妻制（雄は子育てに関わらない）がある。

・**ハレム**　一夫多妻制のなかでも，特に，優位な雄の1個体が複数の雌を独占し，その雌を守ることで形成された群れ　〔例〕　ゾウアザラシ　など

(e) **共同繁殖**　動物の群れにおいて，親以外の個体も子の世話に加わる繁殖のしかた。

・**ヘルパー**　自らは繁殖を行わず，他個体の繁殖を手伝う個体

・**包括適応度**　自分の遺伝子を広めることに関して，自分の残す子の数（適応度）を増加させる直接的な効果と，血縁者を助けることによる間接的な効果の総和を，包括適応度という。ヘルパーは，子育ての手伝いをすることで，自らの包括適応度を高めることになる。

(f) **社会性昆虫**　昆虫類には，多数の個体が集団で生活し，その集団内で個体の明確な分業がみられるものがある。このような昆虫を社会性昆虫という。ワーカーという自ら生殖を行わない個体による幼虫の世話などの利他行動がみられる。

〔例〕　ミツバチ，アリ，シロアリなど（ミツバチやアリは雄が半数体）

・**血縁度**　個体間で共通の祖先に由来する特定の遺伝子をともにもつ確率は，血縁度と呼ばれる。血縁度の比較から利他行動をとるワーカーの存在が説明できる。

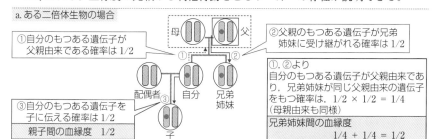

a. ある二倍体生物の場合

① 自分のもつある遺伝子が父親由来である確率は1/2
② 父親のもつある遺伝子が兄弟姉妹に受け継がれる確率は1/2
③ 自分のもつある遺伝子を子に伝える確率は1/2　親子間の血縁度　1/2

①，②より
自分のもつある遺伝子が父親由来であり，兄弟姉妹が同じ父親由来の遺伝子をもつ確率は，1/2 × 1/2 = 1/4（母親由来も同様）
兄弟姉妹間の血縁度　1/4 + 1/4 = 1/2

親子間の血縁度（1/2）＝ 兄弟姉妹間の血縁度（1/2）
自分の遺伝子を広めることに関して，自分にとって，子を産み育てることと弟や妹の世話をすることの価値は等しい。

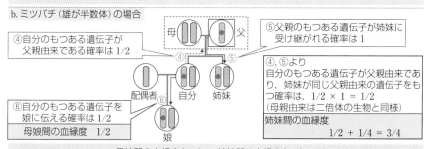

b. ミツバチ（雄が半数体）の場合

④ 自分のもつある遺伝子が父親由来である確率は1/2
⑤ 父親のもつある遺伝子が姉妹に受け継がれる確率は1
⑥ 自分のもつある遺伝子を娘に伝える確率は1/2　母娘間の血縁度　1/2

④，⑤より
自分のもつある遺伝子が父親由来であり，姉妹が同じ父親由来の遺伝子をもつ確率は，1/2 × 1 = 1/2（母親由来は二倍体の生物と同様）
姉妹間の血縁度　1/2 + 1/4 = 3/4

母娘間の血縁度（1/2）＜ 姉妹間の血縁度（3/4）
自分の遺伝子を広めることに関して，自分（ワーカー）にとって，子よりも姉妹の方が同じ遺伝子をもっている確率が高いため，子を産み育てることとよりも妹の世話をすることの方が価値が高い。

2 生物群集

❶個体群間の相互作用

　生物群集を構成する個体群は，他の個体群
とさまざまに相互作用しながら共存している。

(a) **捕食と被食**　自然界の生物では，被食者
と捕食者の関係でつながった**食物連鎖（食
物網）**がみられる。

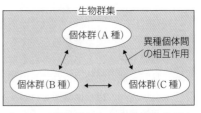

　生態系では，被食者が増加すると，捕食者にとっての食物がふえるため捕食者がふ
える。すると，被食者は捕食される機会がふえて減少する。被食者が減少すると食物
が減ることで捕食者は減少し，これに伴って再び被食者が増加する。このように，被
食者と捕食者の個体数は，相互に関連しながら周期的な変動をくり返すことが知られ
ている。また，一般に捕食者の個体数が変動する周期は，被食者のそれに遅れる。

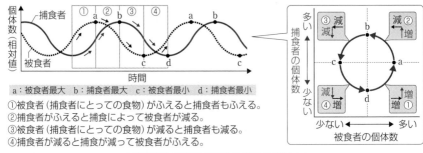

① 被食者（捕食者にとっての食物）がふえると捕食者もふえる。
② 捕食者がふえると捕食によって被食者が減る。
③ 被食者（捕食者にとっての食物）が減ると捕食者も減る。
④ 捕食者が減ると捕食が減って被食者がふえる。

◀捕食者と被食者の個体数変動の考え方▶

《ゾウリムシと酵母の培養実験》

　ゾウリムシと酵母を同じ容器で
培養すると，捕食者であるゾウリ
ムシは酵母を食べて増加し，酵母
は減少する。酵母が減少すると，
ゾウリムシもやがて減少する。こ
のように，捕食者と被食者の周期
的な変動は，実験的にも確かめら
れている。

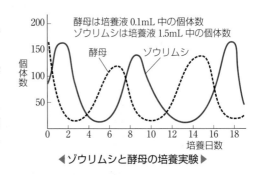

◀ゾウリムシと酵母の培養実験▶

(b) **寄生と共生**

　寄生　異種の個体どうしが関わり合い，一方が他方から栄養分などを奪い，その生物
　　に不利益を与えるような関係を寄生という。利益を得る側を寄生者，不利益を被
　　る側を宿主という。〔例〕　コマユバチ（寄生者）とガの幼虫（宿主）

　共生　異種の個体どうしが関わり合うことで，互いに利益がある場合を相利共生，片
　　方のみに利益がある場合を片利共生という。
　　〔例〕　相利共生…アリとアブラムシ　片利共生…サメとコバンザメ

(c) **種間競争** 食物や生活空間などの資源が類似する個体群間では，それらをめぐって種間競争が起こる。競争の結果，両種が共存できなくなる現象を競争的排除という。

〔例〕 共通の資源を利用するヒメゾウリムシとゾウリムシの2種を混合して飼育すると，成長の速いヒメゾウリムシは増殖するが，成長の遅いゾウリムシは競争的排除の結果，容器内から絶滅する。

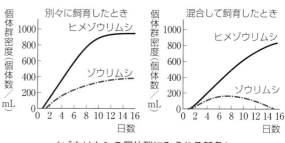

◀ゾウリムシの個体群にみられる競争▶

ニッチ 食物や生活空間などの資源の利用に関して，生態系内で各生物が占める位置をニッチ（生態的地位）という。一般に，同じニッチを占める種どうしは共存できない。ただし，ニッチの重なりの程度により，種間競争の程度も変わる。

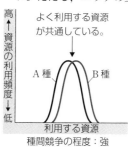

種間競争の程度：強

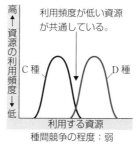

種間競争の程度：弱

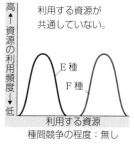

種間競争の程度：無し

生態的同位種 地理的に大きく離れた地域にニッチが似通う生物が生息している場合，これらの生物は生態的同位種と呼ばれる。似通った環境に適応した結果，互いによく似た形質をもっている。

・**収れん** 個別に進化した異なる生物がよく似た形質をもつことを収れんという。

❷多様な種が共存するしくみ

(a) **多様な環境とニッチの創出** 生物がつくり出す複雑で多様な空間は，多種の共存を可能にしている。たとえば，森林などの陸上生態系を構成する植物種が多様なほど，さまざまな枝や葉の高さに応じて形成される層状の空間の分布が多様となり，そこに生息する他の生物の種構成も多様になる。

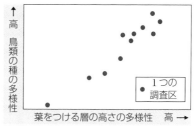

◀環境形成作用と種の多様性▶

(b) **ニッチの分割による多様な種の共存** 自然界では，1つの生物群集のなかに，似たような生活様式をもつ多種の生物がいても，利用する資源を違えることで，ニッチの重なりを解消し，共存している場合がある。たとえば，種ごとに食物の大きさが違っていたり，生活空間を分割（すみわけ）したりすることで実現する。

ⅰ）**基本ニッチと実現ニッチ**　特定の環境では，類似した個体群間の競争の結果，ニッチの変化が起こることがある。

- **基本ニッチ**　ある種が単独でくらす場合のニッチ。
- **実現ニッチ**　他種と共存した場合，実際にその種が占めるニッチ。実現ニッチは，基本ニッチよりも小さくなる。

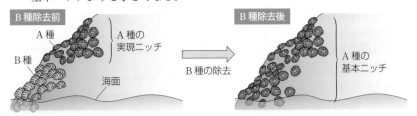

固着生活を営む2種のフジツボ（A種，B種）が共存する岩礁において，B種のみを取り除いたところ，A種の生息範囲が広がった。A種のもとの生息範囲は実現ニッチ，B種除去後は基本ニッチといえる。

◀**実現ニッチと基本ニッチ**▶

ⅱ）**形質置換**　食物など共通の資源をめぐる種間競争の結果，種間で形質に違いが生じる現象を形質置換といい，競争は形質置換によって緩和される。形質置換は，共進化の一種である。

　ガラパゴス諸島に生息する2種のダーウィンフィンチでは，それぞれが単独で生息する島のものと，両種が共存する島のものでは，形質置換が生じた結果，くちばしのサイズが異なる。これは，共存する島では，食糧とする種子のサイズが重複しないよう，種子の大きさに適したサイズにくちばしが変化したためと考えられている。くちばしのサイズが変化した2種間では，種子という食物資源を分割できる。

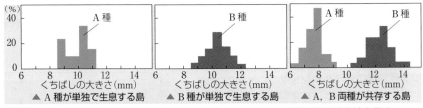

縦軸は，島にすむ全個体のうち，それぞれのくちばしの大きさをもつ個体が占める割合を示す。

◀**ダーウィンフィンチ類の形質置換**▶

(c)　**ニッチの分割を伴わない共存**　火事，干ばつ，洪水，台風など，生態系やその一部を破壊し，変化させる外的要因を撹乱という。

　　大規模な撹乱→破壊される程度が大きい
　　小規模な撹乱→競争的排除によって種数減少

　　→　中規模の撹乱が多種の共存をもたらす
　　　　　　　　　　　　　「中規模撹乱説」

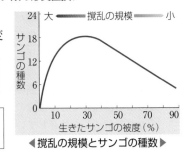

◀**撹乱の規模とサンゴの種数**▶

3 生態系の物質生産と消費

❶物質生産とエネルギー

(a) **生産者と物質生産** 生産者が一定期間内に，一定の空間で光合成によって生産した有機物の総量を総生産量という。その一部は，生産者自身の呼吸に使われたり，食物連鎖を通して消費者へ移行したりし，そのうえで残った量が，生産者の成長量になる。

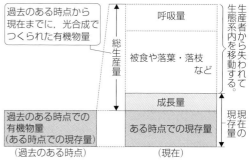

(b) **生産構造図** 植生を光合成器官と非光合成器官の垂直分布からとらえた構造を生産構造といい，植物による光の利用のしかたの特徴を知ることができる。生産構造は層別刈取法で調べられ，その結果を示したものを生産構造図という。

- **層別刈取法** 一定区画内に生育する植物体を等間隔の高さで層別に刈り取り，各層の光合成器官と非光合成器官の重量を測定する。
- **木本植物群集の生産構造** 高木からなる木本植物群集では，非光合成器官が多く，光合成器官は上部に集中している。
- **草本植物群集の生産構造** 草本植物群集は，下部まで光が届きやすいため，木本植物群集に比べると光合成器官は多い。草本の種類で2つの型に大別される。

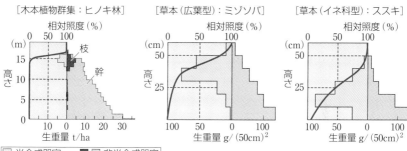

(c) **さまざまな生態系における物質生産の特徴**

陸上生態系 森林は，現存量が最も大きく純生産量が陸上生態系全体の約7割を占める。しかし，森林の主体である木本は，非光合成器官の割合が高く，総生産量の多くを呼吸によって消費するため，現存量に対する純生産量は大きくない。また，温暖で湿潤な気候ほど純生産量が大きくなる傾向がある。

水界生態系 水界生態系における生産者である植物プランクトンや海藻などのからだには，非光合成器官がほとんどない。そのため，陸上生態系に比べて，現存量に対する純生産量が大きい。また，沿岸域や湧昇域は，栄養塩類が豊富なため，外洋よりも単位面積当たりの純生産量が大きくなる。

❷物質とエネルギーの移動

生態系内では，生産者が生産した有機物に含まれる元素やエネルギーが生態系のなかを移動している。

(a) **炭素の循環** 炭素(C)はタンパク質，炭水化物，脂質，核酸などを構成する主要な元素である。生産者(植物など)によって大気中，水中の二酸化炭素をもとにつくられた有機物中の炭素は，食物連鎖を通じてさまざまな生物に取り込まれたり，非生物的環境に放出されたりしている。

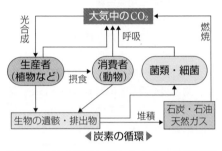

◀炭素の循環▶

(b) **物質収支** 生産者が生産した有機物は，生産者自身の呼吸に使われたり，食物連鎖を通じて消費者へ移行したりする。余剰分は成長量になる。

生産者の枯死量や消費者の不消化排出量・死滅量は，菌類・細菌に利用される。このような遺骸や落葉・落枝からはじまる食物連鎖は腐食連鎖と呼ばれる。

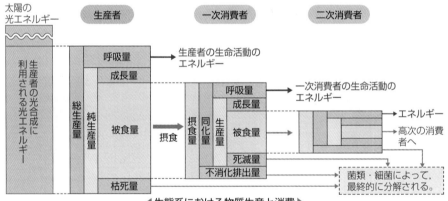

◀生態系における物質生産と消費▶

生産者	総生産量＝一定期間中に合成される有機物の総量
	純生産量＝総生産量－呼吸量
	成長量＝純生産量－(被食量＋枯死量)
消費者	同化量(二次生産量)＝摂食量(1つ前の栄養段階の被食量)－不消化排出量
	成長量＝同化量－(呼吸量＋被食量＋死滅量)
菌類・細菌	分解量＝生産者の枯死量＋消費者の不消化排出量・死滅量

※消費者にとって同化量は総生産量に，生産量は純生産量に相当する。

⒞ **エネルギーの流れ**　生態系内における物質の循環に伴ってエネルギーは移動する。
まず，生産者の光合成によって，光エネルギーが有機物中に化学エネルギーとして蓄
積される。そのエネルギーは食物連鎖を通じて消費者に移り，最終的に熱エネルギー
として生態系外へ放出される。このように，エネルギーは循環せず，一方向に流れる。

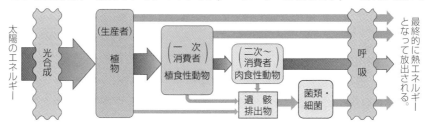

◀生態系におけるエネルギーの流れ▶

⒟ **エネルギー効率**　エネルギー効率は，前の栄養段階のエネルギー量のうち，次の栄
養段階のエネルギー量として移動する割合をいう。生産者，および消費者のエネルギ
ー効率は次式で表される。

$$\text{生産者のエネルギー効率(\%)} = \frac{\text{光合成に利用されるエネルギー量(総生産量)}}{\text{生産者が受けた光エネルギー量}} \times 100$$

$$\text{消費者のエネルギー効率(\%)} = \frac{\text{その栄養段階のエネルギー量(同化量)}}{\text{1つ前の栄養段階のエネルギー量(同化量※)}} \times 100$$

※1つ前の栄養段階が生産者の場合は総生産量

　生産者のエネルギー効率は，森林や草原では年平均1〜3.5%，湖ではその10分の1
程度となる。また，エネルギー効率の値は，一般に，栄養段階が高次になるほど大き
くなる。
　生産者が光合成で取り込んだエネルギーは，各栄養段階で大幅に減少して，より高
次の栄養段階に移行するため，栄養段階が高次の生物ほど利用できるエネルギー量は
少ない。そのため，栄養段階が際限なく積み重なることはない。また，利用できるエ
ネルギーが減少することから，ふつう栄養段階が高次の生物ほど個体数が少なくなる。
　生態ピラミッド　各栄養段階の生物が獲得するエネルギー量は，栄養段階が高次にな
るほど少なくなる。一般に，生物の個体数，生物量でもこの関係は同様である。こ
の関係を，生産者を底辺として積み重ねてピラミッド型に図示したものを，生態ピ
ラミッドという。ただし，個体数，生物量では，この関係が逆転する場合もある。

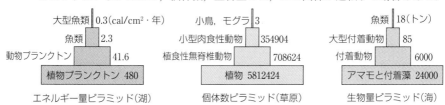

◀生態ピラミッド▶

(e) **窒素の循環**　主要な元素である窒素
(N)は，硝化菌，植物，動物，窒素固定
細菌，脱窒素細菌などの働きによって，
生態系内を循環する。

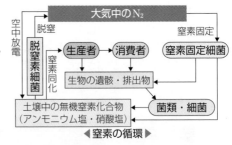

◀窒素の循環▶

　i）**窒素同化**　植物は，土壌中のアン
モニウムイオン(NH_4^+)や硝酸イオ
ン(NO_3^-)などの無機窒素化合物を
根から吸収し，これを用いて，光合

成によって合成した炭水化物(グルコース)からアミノ酸・タンパク質・核酸・ATP
などの有機窒素化合物を合成する。このような働きを窒素同化という。

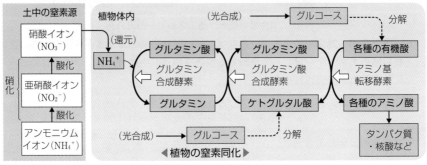

◀植物の窒素同化▶

※根の細胞では，吸収されたNH_4^+が直接グルタミンに同化される。

　ii）**硝化**　アンモニウムイオン(NH_4^+)が土壌中の亜硝酸菌の働きによって亜硝酸イ
オン(NO_2^-)に，さらに硝酸菌の働きによって硝酸イオン(NO_3^-)に変えられる反応。
硝化に関係する亜硝酸菌や硝酸菌などの細菌は硝化菌と呼ばれる。硝化菌はこの反
応で生じる化学エネルギーを利用して化学合成(→p.84)を行う。

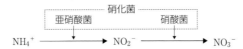

　iii）**脱窒**　土壌中の NO_3^- や NO_2^- などの窒素化合物の一部は，脱窒素細菌の働きに
より，気体の窒素(N_2)として空気中に放出される。この働きを脱窒という。

　iv）**空中窒素の固定**　窒素固定細菌は，大気中の窒素(N_2)を体内に取り込んで還元し，
アンモニウムイオン(NH_4^+)に変える。このような働きを窒素固定という。
窒素固定細菌の例
アゾトバクター…土壌中・水中に広く生息する好気性細菌
クロストリジウム…土壌中に生息する嫌気性細菌
根粒菌…マメ科植物の根に根粒を形成し共生する。単独では窒素固定を行わない。

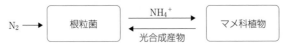

4 生態系と人間生活

❶生態系と生物多様性

(a) **生態系・種・遺伝子の多様性**　生物多様性には，生態系内にさまざまな種の生物が存在するという種の多様性だけではなく，生態系の多様性と，遺伝子の多様性というとらえ方もある。

《生物多様性の3つのとらえ方》

生態系の多様性

　地球上には，陸上，海洋，河川・湖沼などに，さまざまな生態系が存在する。

種の多様性

　生態系は，多様な種から構成される。これらの生物は，生態系内でさまざまな相互作用を通じ，生態系におけるそれぞれの役割を果たしている。

遺伝子の多様性

　個体群内の各個体がもつ遺伝子は多様である。遺伝子の多様性は，環境の変化やさまざまな病原体に対応できる個体が存在する可能性を高めている。

　生態系・種・遺伝子の多様性は相互に深く関連しあい，どれか1つだけで成り立つというものではない。

　また，現在，世界ではさまざまな人間生活の影響で生物多様性の損失が引き起こされている。

人間生活		多様性の損失
・土地利用の変化 ・生物の採取（乱獲） ・気候変動 ・汚染 ・外来生物	影響 →	現在，多くの既知種，未知種が絶滅の危機に瀕している。

(b) **人間生活と生態系の変化**

- **土地利用の変化**　道路や農耕地などの開発がある。生物の生息地の大規模な消失でなくとも，生息地が分断されて個体群の縮小や孤立を招くなどの問題もある。

- **生物の採取**　食品や薬，工芸品の材料などとして利用される野生生物の乱獲は，生態系における個体数のバランスを崩し，生物多様性の損失の大きな要因となる。

- **気候変動**　地球温暖化によって，生息域が縮小する可能性が指摘されている生物も多い。陸上哺乳類の約50%，鳥類の約25%が影響を受けているといわれている。

- **汚染**　生活排水，工業廃水や農耕地で利用する化学肥料の流失による水質汚染など。海洋におけるプラスチックによる汚染も問題視されている。

- **外来生物**　外来生物が移入すると，捕食や競争によって移入先の生態系のバランスが壊れたり，在来種との雑種を形成することによって在来種の遺伝的な特性が失われたりする。

　日本への移入の例：オオクチバス…捕食による在来種の駆逐

　　　　　　　　　　セイヨウタンポポ…在来種との交雑による遺伝的な特性の損失

　日本からの移出の例：クズ…地表を覆うことで在来種（植物）の生育を阻害

(c) **個体群の縮小と絶滅**　ある種が次世代を残さずに滅ぶことや，ある個体群から完全に個体がいなくなることを絶滅という。

ⅰ) **絶滅の渦**　個体群の絶滅につながる次のような過程がくり返されると，個体数の減少は加速し，個体群の絶滅が起きやすくなる。この現象は，絶滅の渦と呼ばれる。

- **生息地の面積の縮小**　生息地の破壊や縮小が起こると，そこにくらす個体群の大きさも縮小する。
- **遺伝子の多様性の低下**　小さな個体群では，近親交配（遺伝的に近い関係の個体との交配）の機会がふえる。近親交配では，遺伝病などの生存に不利な形質が現れやすくなる。このような現象を近交弱勢という。

  また，小さな個体群は，遺伝的浮動の影響を受けやすい。近交弱勢や遺伝的浮動は，遺伝子の多様性を低下させる要因となる。遺伝子の多様性が低い集団では，環境の変化や伝染病などに適応できる個体が存在しにくく，個体群をさらに縮小させる可能性が高い。

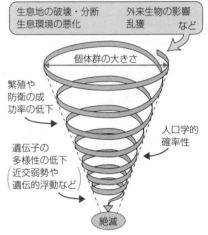

必ずしもこの順に絶滅の過程をたどるわけではなく，近交弱勢などは継続して影響を与える。

◀**絶滅の渦**▶

- **人口学的確率性**　個体数の少ない個体群は，偶然に生まれる子の性が偏るなど，絶滅につながる偶然の現象の影響を受けやすい。これを人口学的確率性という。
- **繁殖や防衛の成功率の低下**　個体群密度が低下すると，交配相手を見つけにくくなったり，天敵の発見が遅れやすくなったりして，繁殖や生存で不利になる。したがって，個体群密度が著しく低下すると個体群の減少を加速させることもある。

❷**生物多様性の保全とその意義**

(a) **生物多様性の重要性**　多様な生態系にくらす，絶滅を危惧されている種には，作物，材料，医薬品などとして，人間にとって役立つ可能性があるものも多い。未知の生物のなかにも，人間にとって有用なものが多く存在することが考えられる。

(b) **生態系サービス**　生態系から人間に対して直接・間接にもたらされている恩恵を生態系サービスという。人間が今後も持続的に生態系サービスを受け続けるためには，生物多様性の保全への配慮と行動が必要である。

(c) **生物多様性の保全**　ワシントン条約や生物多様性条約などの国際的な取り決めがなされている。また，維管束植物の固有種が1500種以上生息しているが，原生の植生が7割以上失われた地域を生物多様性ホットスポットと呼び，優先して保存すべき地域の目安にされている。現在，日本を含む世界36の地域が指定されている。

(d) **SDGs**　持続可能な世界を目指す国際目標。生物に関わる目標もある。

☑ **1** 次の文中の空欄1～3に当てはまる語を答えよ。

　　ある空間内で生活する同種の生物の集団を（　1　）といい，その大きさは（　1　）を構成する個体の数で表される。（　1　）の大きさを調べる方法として，（　2　）は，あまり移動しない動物や植物に用いられる。逆に，よく動き行動範囲の広い動物には（　3　）が用いられる。

☑ **2** 生物の個体数の変化を，A：発育初期の死亡率が高いもの，B：一生を通じてほぼ一定の死亡率を示すもの，C：発育初期の死亡率が低いものに分けると，次の生物①～⑥はA，B，Cのいずれに当てはまるか。

　　① サケ　　② ネズミ　　③ ハト　　④ カマキリ　　⑤ ゾウ　　⑥ ミツバチ

☑ **3** 次の文中の空欄ア～カに当てはまる語を答えよ。

　　個体群密度は，（　ア　）÷（　イ　）の大きさによって求めることができる。個体群密度の変化によって出生数や死亡数などに影響が現れることを，（　ウ　）という。また，（　ウ　）によって，個体群を構成する個体の形態や生活様式が変化する現象を（　エ　）という。（　エ　）としては，トノサマバッタにおける例がよく知られている。トノサマバッタでは，個体群密度が低い場合の（　オ　）相と高い場合の（　カ　）相で，体長や翅の長さなどにおいてさまざまな差異がみられる。

☑ **4** ある植物を，面積が1m²で土壌や日当たりなどの条件が同じ2つの土地（AとB）で，他の植物が生えないように管理しながら栽培した。Aでは100粒の種子を，Bでは500粒の種子をまいた。半年後，Aで生育したこの植物の総重量を量ると2000gであった。なお，A，Bともにすべての種子が発芽し，それらは半年間枯れることがなかったものとする。

　(1)　Bにおいて，播種から半年後の植物の総重量は何gとなると考えられるか。およその値を答えよ。

　(2)　この栽培実験の結果は，植物の個体群でみられる密度効果に関する法則を示唆するものである。この法則を何というか。

☑ **5** 動物の個体群内の相互作用について述べた次の(1)～(5)の文と関連の深い語をそれぞれ答えよ。

　(1)　ある個体の生活空間内に他の個体が侵入すると，これを攻撃して追い払う。

　(2)　集団内で，ヘルパーと呼ばれる個体が，他個体の繁殖を手伝う。

　(3)　個体群内に，優位のものと劣位のものとの関係がある。

　(4)　集団をつくり，食物や異性を効率的に見つける。

　(5)　同種の個体どうしにみられる，資源をめぐる相互作用。

Answer ⋯⋯

1 1⋯個体群　2⋯区画法　3⋯標識再捕法　**2** ①⋯A　②⋯B　③⋯B　④⋯A　⑤⋯C　⑥⋯C
3 ア⋯個体数　イ⋯生活空間　ウ⋯密度効果　エ⋯相変異　オ⋯孤独　カ⋯群生　**4** (1)2000g
(2)最終収量一定の法則　　**5** (1)縄張り　(2)共同繁殖　(3)順位制　(4)群れ　(5)種内競争

第10章 生態系のしくみ

6 右図は，ゾウリムシ類2種を混合して飼育したときの，個体間の相互作用を示している。

(1) この2種は，必要とする資源が共通していると考えられる。生物が，資源をめぐって生態系で占める位置のことを何というか。

(2) 種間競争の結果，図のように一方の種が他方を絶滅させるような現象を何というか。

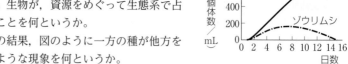

7 さまざまな生態系の物質生産に関して，次の各問いに答えよ。

(1) 陸上生態系である森林・草原において，
 ① 純生産量が大きいものはどちらか。
 ② 現存量当たりの純生産量が大きいものはどちらか。

(2) 水界生態系である外洋域・沿岸域において，
 ① 純生産量が大きいのはどちらか。
 ② 単位面積当たりの純生産量が大きいのはどちらか。

8 右図は，生態系におけるエネルギーの流れを示したものである。次の各問いに答えよ。

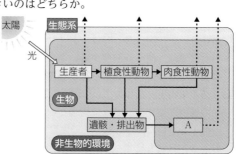

(1) ──→ はどのようなエネルギーの流れを示しているか。

(2) ┈┈➤ はどのようなエネルギーの流れを示しているか。

(3) Aはどのような生物か。

9 次の各問いに答えよ。

(1) アミノ酸やタンパク質などの有機窒素化合物を生体内でつくる働きを何というか。

(2) 空気中の N_2 を還元してアンモニウムイオンをつくる働きを何というか。

(3) マメ科植物と共生している，(2)の働きをする細菌の名称を答えよ。

(4) 土壌中の NO_2^- や NO_3^- から窒素（N_2）を生じる働きをもつ細菌を何というか。

(5) 土壌中の亜硝酸菌や硝酸菌により，無機窒素化合物が酸化される反応を何というか。

10 生物の絶滅に関する次の各問いに答えよ。

(1) 近親個体間の交配によって，生まれる個体でさまざまな耐性が低下するなどの生存に不利な形質が現れる現象を何というか。

(2) 人間生活のなかで多く使われる素材で，海洋を汚染し，特にウミガメ，海鳥，海生哺乳類などを誤食や窒息といった危機に陥れているものは何か。

(3) 固有種が多いにもかかわらず，原生の植生が大きく失われている地域を何というか。

Answer▶

6(1)ニッチ（生態的地位）　(2)競争的排除　**7**(1)①…森林　②…草原　(2)①…外洋域　②…沿岸域
8(1)化学エネルギー　(2)熱エネルギー　(3)菌類・細菌　**9**(1)窒素同化　(2)窒素固定　(3)根粒菌
(4)脱窒素細菌　(5)硝化　**10**(1)近交弱勢　(2)プラスチック　(3)生物多様性ホットスポット

基本例題43 　個体数の推定

➡基本問題 194

　ある範囲に生息する生物の個体数を推定する方法として，区画法と標識再捕法がある。次の各問いに答えよ。

(1)　100 m² の広場に 4 m² の区画を 8 か所設け，その中にいるセイヨウタンポポの個体数を数えた。その結果，1 区画当たりの平均個体数は 6 株だった。広場全体では何株のセイヨウタンポポが生育していると推定されるか。

(2)　学校の小さな池で30匹のメダカを採集し，すべてに標識をつけて池に戻した。数日後，40匹のメダカを採集すると，そのなかに標識をつけたものが 6 匹いた。池全体にはメダカは何匹いると推定されるか。

▊ 考え方　(1) 4 m² に 6 株であるから，100 m² に何株あるかという比例計算をする。求める広場全体の個体数を x とすると，4：6＝100：x　(2)池全体のメダカの個体数に対する30匹の標識個体数と，2 度目に捕らえた40匹に対する 6 匹の標識個体数には，比例関係がある。求める池全体の個体数を y とすると，y：30＝40：6

▊ 解 答 ▊
(1)150株
(2)200匹

基本例題44 　生存曲線

➡基本問題 195

　年齢別にみた生物の死亡率の大きさには，生物の種類，および外部環境の影響によって，ほぼ一定の型がみられる。図は横軸に相対年齢を，縦軸には出生数を一定にして，それぞれの年齢における生存個体数を対数目盛りで取って，年齢別の死亡の生じ方を表した生存曲線の模式図である。

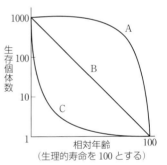

(1)　図の生存曲線A，B，Cそれぞれを説明するのに最も適している文を，次の①～③から選べ。

①　生育初期の死亡率が高い。

②　はじめは死亡率が低く，老齢期になって急速に高くなる。

③　生育の時期と死亡率はあまり関係しない。

(2)　次の①～③は，図のA，B，Cのいずれに当たるか，記号で答えよ。

①　産卵数の多い海産の無脊椎動物　　②　大型哺乳類　　③　多くの野鳥類

▊ 考え方　(1)個体数の急速な減少が相対年齢の初期であるか，後期であるかをみる。(2)産卵・産子数が少なく，発育初期に親の保護があるものはAの型を，産卵数や産子数が多く，発育初期に親の保護がないものはCの型を示す。

▊ 解 答 ▊
(1)A…②　B…③　C…①
(2)①…C　②…A　③…B

基本例題45　個体群の相互作用　　　　　　　　　　　　　　　➡基本問題206

右図は，2種のゾウリムシについて，すべての条件をそろえて単独飼育した場合と，2種を混合して飼育した場合のそれぞれの個体群の大きさの変化を示している。

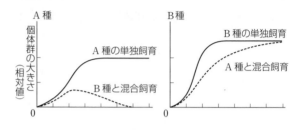

（1）　グラフから読み取れることを次から1つ選べ。

　　①　B種はA種を捕食する。　　　　　　②　A種とB種は競争する。

　　③　A種とB種は互いに影響を与えない。　④　A種とB種は共存できる。

（2）　次の文中の空欄に適語を入れよ。

　　A種との混合飼育の場合，B種個体群が（　1　）に達するまでに長時間を要するのは，A種の絶滅までは食物や生息場所などの（　2　）を独占できないためである。

■考え方■　(1)B種と混合飼育したA種は絶滅するが，その後，B種は個体数が変化していないので，B種がA種を捕食しているとは考えられない。(2)競争で奪い合う食物・生息場所などをまとめて，資源という。

■解答■　(1)②
(2)1…環境収容力
2…資源

基本例題46　エネルギーの流れ　　　　　　　　　　　　　　　➡基本問題211

右図は，ある生態系を構成する生物群集を栄養段階によって分類し，太陽からのエネルギーがこの間をどのように移っていくかを示したものである。図中の数字はエネルギーの量を表している。

| S_3 | G_3 | C_3 | D_3 | R_3 | U_3 | 二次消費者 |

| S_2 | G_2 | C_2 | | D_2 | R_2 | U_2 | 一次消費者 |

| S_1 | G_1 | C_1 | | D_1 | R_1 | 生産者 |

200

入射した光エネルギー（40000）

S：現存量　G：成長量　C：被食量　D：死滅量
R：呼吸量　U：不消化排出量

（1）　Cは被食量であるが，どのようなエネルギーとして上の栄養段階の生物に移動するか。

（2）　生産者のエネルギー効率を計算せよ。

（3）　一次消費者と二次消費者のエネルギー効率は，それぞれ10％と20％であった。二次消費者の同化量はいくらか。エネルギー量で表せ。

■考え方■　(1)生物は，体物質中にエネルギーを蓄積している。エネルギーは物質中に蓄えられたまま，上の栄養段階に移動する。したがって，物質中に蓄積されているエネルギーの種類を答える。
(2)(200／40000)×100＝0.5　(3)200×0.1×0.2＝4

■解答■
(1)化学エネルギー
(2)0.5％
(3)4

基本例題47 物質の循環

⇒基本問題213

下図は，炭素循環と窒素循環の主な経路を示しており，図中のXとYは，それぞれ生物にとって重要な元素である炭素と窒素のいずれかを表している。また，図中のA～Cは，食物連鎖における栄養段階を表している。下の各問いに答えよ。

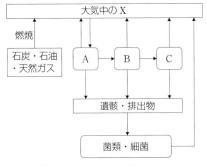
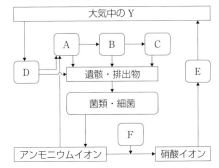

(1) 炭素は，XとYのどちらか。

(2) 図中のA～Cの生物は，栄養段階においてそれぞれ何と呼ばれるか。

(3) 図中のD～Fに当てはまる生物を，次の①～⑤から選び記号で答えよ。
　① 硝化菌　　② 脱窒素細菌　　③ 枯草菌　　④ 硫黄細菌　　⑤ 根粒菌

考え方 (1)石炭などの化石燃料の燃焼で生じるのは CO_2 である。(3)Dは大気中から窒素を取り込んでいる。この働きは窒素固定である。Eは，大気中に窒素を放出している。この働きは脱窒である。Fは無機窒素化合物を酸化している。この働きは硝化である。

解答 (1)X　(2)A…生産者　B…一次消費者　C…二次消費者　(3)D…⑤　E…②　F…①

基本例題48 生物多様性と絶滅

⇒基本問題208, 214, 215

生物多様性や絶滅に関する次の各問いに答えよ。

(1) 生物多様性は，3つのレベルでのとらえ方がある。3つのレベルとはどのようなものか，それぞれ答えよ。

(2) 撹乱の規模を低レベル，中間レベル，高レベルに分けたとき，どのレベルの撹乱が種の多様性を高めるように働くと考えられているか。

(3) 乱獲によって絶滅した生物や絶滅に瀕している生物は少なくない。絶滅危惧種の輸入入(国際取引)を規制する条約を何というか。

(4) 一度小さくなった個体群において，さまざまな要因が連鎖的に働きあい，その絶滅を加速させる現象を何というか。

考え方 (2)低レベルの撹乱しか起こらない環境では，ニッチが重なる生物間で競争的排除が起きやすい。一方，高レベルの撹乱では，生態系が大きく破壊されて絶滅する種も多くなりやすい。

解答 (1)生態系・種・遺伝子　(2)中間レベル　(3)ワシントン条約　(4)絶滅の渦

知識

☑ **193. 個体群の分布様式** ●図A〜Cは，個体群にみられる分布様式を示しており，図中の黒い丸は個体を表している。以下の各問いに答えよ。

A  B 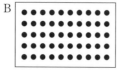 C

問1．図A〜Cに示された分布様式の名称を，それぞれ答えよ。

問2．次の①，②は，ふつう図A〜Cのどの分布様式を示すといわれるか。それぞれ記号で答えよ。

① 群れをつくる動物　　② 風で種子が散布される植物の芽生え

思考 計算

☑ **194. 個体数の推定** ●個体数の推定に関する次の各問いに答えよ。

問1．草原に生息するトノサマバッタの個体数を推定する。

(1) トノサマバッタは，ある草原全体に偏りなく生息しているものとする。この草原全体の20％を占める場所を面積の等しい30区画に区切り，そのうちの6区画について個体数を調査したところ，個体数はそれぞれ3，4，2，0，2，4個体であった。この草原全体では，何個体が生息していると推定できるか。なお，調査区画はできるだけばらばらに選んだ。

(2) トノサマバッタが草原内で偏った分布で生息している場合，(1)のような調査法では個体数を正確に推定することはできない。それはなぜか，簡潔に述べよ。

問2．ある池に生息するフナの個体数を推定する。まず50個体を捕獲し，背びれに切れ込みを入れてから，すべてを池に戻した。何日か後に再び40個体を捕獲したところ，そのなかには切れ込みの入ったものが5個体いた。

(1) この池全体では，何個体のフナが生息していると推定されるか。ただし，フナは池全体を自由に移動できるものとし，背びれの切れ込みはフナの行動や生存に影響を与えないものとする。

(2) 実際には，背びれの切れ込みがフナの生存に対して不利な影響を与えていたとすれば，(1)の計算結果には誤差が含まれる。この場合，池に生息している真の総個体数は，(1)の計算結果と比べて，多いと考えられるか，それとも少ないと考えられるか。

問3．ある細菌は，20分に1回分裂し2個体になる。10個体の細菌から培養を開始したとして，培養開始から2時間後に，細菌は何個体になっているか。また，培養をはじめて2時間後から3時間後までの1時間の間に，細菌の個体数はどれだけ増加するか。

問4．24時間ごとに分裂するゾウリムシを20個体用意して飼育した。飼育をはじめてから n 日後の個体数を n を用いて表せ。ただし，この飼育期間内で死亡した個体はいないものとする。

[知識]

☑ **195. 生存曲線** ●右図は，動物の生存曲線を，3つの型（Ⅰ型，Ⅱ型，Ⅲ型）に分類して示したものである。これについて，次の各問いに答えよ。

問1．これらの曲線のもととなる，発育段階ごとの生存数や死亡数を表した表を何というか。

問2．Ⅰ型，Ⅱ型，Ⅲ型に当てはまる特徴や生物例を，下の2つの語群からそれぞれ選べ。

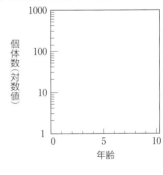

生存数（対数目盛り）

相対年齢

［特徴］

　① 産卵（産子）数が多く，親による保護があり，発育期の死亡率が低い。

　② 産卵（産子）数が少なく，親による保護があり，老齢期の死亡率が高い。

　③ どの年齢においても死亡率は一定である。

　④ 産卵（産子）数が少なく，親による保護がなく，老齢期の死亡率が低い。

　⑤ 産卵（産子）数が多く，親による保護がなく，発育初期の死亡率が高い。

　⑥ どの年齢においても死亡数は一定である。

［生物例］　A．シジュウカラ　　B．ミツバチ　　　C．カキ　　　D．ヒト　　　E．ヒラメ
　　　　　　F．ハツカネズミ

問3．Ⅲ型のある生物が，図のXで示す年齢で産卵を1回のみ行うとすると，次の世代も個体群の大きさを維持するためには，1個体の産卵数が何個以上でなければならないか。ただし，雌雄の個体数は同数とする。

[知識] [作図] [計算]

☑ **196. 生命表** ●表は，ある種の鳥のひな717羽に標識をつけ，毎年その個体数を追跡調査した結果である。ただし，調査中に調査区域における個体の出入りはなかったものとする。

問1．このような表を何と呼ぶか。

問2．表中の(ア)～(ウ)の数値を求めよ。(ウ)は小数第2位を四捨五入して小数第1位まで求めよ。

問3．表をもとに，この鳥の個体数変化のグラフを描け。ただし，グラフの個体数は対数値で表せ。

年齢	個体数	死亡数	死亡率(%)
0	717	366	
1	351	126	
2	(ア)	81	
3	144	52	
4	92	33	(ウ)
5	59	21	
6	38	(イ)	
7	24	9	
8	15	6	
9	9	3	
10	6		

個体数（対数値）

年齢

問4．この鳥の平均寿命は，次の(a)～(d)のうちどれに最も近いか。ただし，平均寿命（出生時点から生存できる年数の平均）は，各年齢の生存数の和を出生数で割った値で求められるものとする。

　(a)　1年　　　(b)　2.5年　　　(c)　4.5年　　　(d)　6年

知識

197. 齢構成 ●下図は，個体群を発育段階や齢ごとに，その個体数を積み重ねて図示したもので年齢ピラミッドという。次の文(1)～(3)は，それぞれどの年齢ピラミッドの特徴を示したものか。(A)～(C)の記号で答えよ。また，(A)～(C)はそれぞれ何型と呼ばれているか。

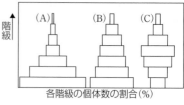

(1) 出生率と死亡率がほぼ等しく，個体数に大きな変化はない。

(2) 将来的に個体数は増加すると考えられる。

(3) 将来的に個体数は減少すると考えられる。

知識

198. 成長曲線 ●次の文は，生物の増殖について述べたものである。下の各問いに答えよ。

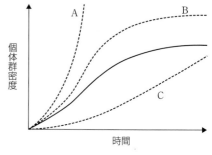

ある空間で生活する同種の生物の集団を（　1　）という。ある地域に新たに入り込んだ少数の（　1　）がそこで繁殖したとしても，一定数に達すると，右図実線部のようにあまり増加しなくなる。この曲線を（　2　）という。あまり増加しなくなる要因としては，（　3　）の不足による（　4　）の低下や（　5　）の増加，また，（　6　）による生活空間の汚染，外敵による（　7　）などがある。

問1．空欄に入る最も適切な語を次の語群から選び，記号で答えよ。

〔語群〕ア．食物や生活空間　イ．生存曲線　ウ．捕食　エ．産卵数（産子数）
　　　　オ．個体群　カ．死亡率　キ．成長曲線　ク．個体群密度　ケ．排出物

問2．増加しなくなる要因がすべて取り除かれたとすると，グラフはどのようになると考えられるか。図中のA～Cから選べ。

知識

199. 個体群密度 ●次の文章は，生物の個体群密度に関するものである。以下の各問いに答えよ。

ある個体群について，単位空間に生活している（　ア　）を個体群密度という。個体群密度は，（　ア　）を（　イ　）の大きさで割った値で示される。個体群密度は，個体群の成長や，個体の発育などに影響をもたらす。このように影響が現れることを（　ウ　）という。特に，個体群内で，個体に形態や行動の著しい変化が現れる場合を（　エ　）という。

たとえば，トノサマバッタでは，幼虫期の個体群密度が高まると，<u>成虫の翅の長さが相対的に（　オ　），後肢は（　カ　）なる</u>などの形態の変化が生じる。このような型を（　キ　）といい，低密度での型を（　ク　）という。

問1．空欄に入る最も適切な語を次の語群から選べ。

〔語群〕群生相　相変異　長く　短く　生活空間　孤独相　密度効果
　　　　個体数

問2．下線部の型のバッタがもつ行動の特徴を簡潔に述べよ。

思考

☑ **200. 最終収量一定の法則** ●次の文を読み，以下の各問いに答えよ。

単位空間当たりの個体数を（　1　）といい，（　1　）の変化に伴って，その個体群の性質が変化することを（　2　）という。たとえば，（　1　）を変えていくつかの区画でダイズを栽培すると，芽生えてからの時間経過が短いうちは，高い（　1　）の区画で単位面積あたりの収量は大きい。しかし，十分に時間が経過すると初期の（　1　）とは関係なしに，収量はほぼ一定の値に近づく。これは，光や栄養塩類などの（　3　）をめぐる競争の結果と考えられる。

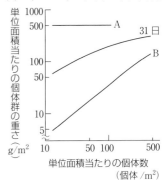

問1．文中の空欄に入る最も適切な語を答えよ。

問2．図は，さまざまな（　1　）でダイズの種子をまいてから12日後，31日後，84日後におけるダイズ個体群全体の重さを示したものである。84日後を示したものはAか，それともBか。

問3．下線部を何の法則というか。

思考 **計算**

☑ **201. 成長曲線** ●次に示すのは，ある生徒が，ウキクサの個体群の成長を調べ，先生からとても良い評価を受けて返却されたレポートの一部である。以下の各問いに答えよ。

> 〔準備〕　ウキクサ，培養液（ウキクサの成長にとって十分な栄養分を含む），
> 　　　　　直径4.5cmのペトリ皿，恒温器，蛍光灯
> 〔方法〕　1．ペトリ皿の底から1cmの位置まで培養液を入れ，ウキクサの葉状体を
> 　　　　　　50枚入れてふたをした。
> 　　　　　2．ペトリ皿を25℃に設定した恒温器に入れ，蛍光灯でペトリ皿の上から全
> 　　　　　　体にまんべんなく十分な光を当てた。
> 　　　　　3．12日間，24時間ごとに，葉状体の数を記録し，培養液を新しいものに入
> 　　　　　　れ替えた。
> 〔結果〕
>
> | 培養日数 | 0 | 1 | 2 | 3 | 4 | 5 | 6 | 7 | 8 | 9 | 10 | 11 | 12 |
> |---|---|---|---|---|---|---|---|---|---|---|---|---|---|
> | 葉状体数 | 50 | 55 | 65 | 87 | 102 | 130 | 160 | 189 | 237 | 261 | 280 | 280 | 280 |
>
> 〔考察〕　個体群の成長が一定数で止まった。個体群が成長し続けなかったのは，生活空間が不足したためと考えられる。なぜなら，□□□□□□□□□□□□□□□□□□□□□□□□□□□□□□□□からである。

問1．考察中の□□□に適する，個体群が成長し続けなかったのが生活空間の不足によるものだと考えられる根拠を答えよ。

問2．「生活空間の不足が個体群の成長を止めた原因である」を仮説とし，それを確かめるために，直径9.0cmのペトリ皿で追加の実験を行った。葉状体の最大数がどの程度になれば仮説を実証できるか。次のア～エから最も近いものを選び記号で答えよ。

ア．280　　イ．560　　ウ．840　　エ．1120

知識 **作図**

☐ **202. 群れ** ●右図は，ある動物の群れ内の個体数と，各個体が ①周囲を警戒する時間および ②個体どうしが争う時間を示したものである。

問1．下線部①，②を示す曲線は，それぞれ図中のa，bのいずれか。

問2．右図において最適な群れの大きさを示す個体数を，図中に矢印で示せ。

問3．一般的に，動物が群れをつくる利点として考えられることを2つあげよ。

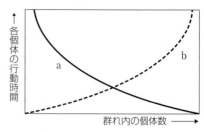

思考 **論述** **作図**

☐ **203. 個体群内の相互作用** ●食物確保を目的とした縄張りについて，以下の問いに答えよ。

問1．アユは，食物確保のための縄張りをもつ動物として知られている。しかし，高密度では縄張りをもつアユの割合は極端に低くなる。その理由を，30字以内で述べよ。

問2．図1は，ある動物の縄張りの大きさと，縄張りから得られる利益や縄張りを維持する労力との関係を示している。縄張りの最適な大きさを，図1中に矢印で示せ。

問3．図1で示された時点より個体群密度が増加した場合，縄張りを維持する労力を示す曲線はどうなるか。図2のア～ウから選び，記号で答えよ。ただし，イは図1の労力を示す曲線と変わらないものとする。

問4．図1で示された時点より，生息地の単位面積当たりの食物の量が増加したとする。その後，この動物の縄張りの広さはどのようになると予想されるか。ただし，このように生息地の質が向上しても，この動物が必要とする食物の量は変わらないものとする。

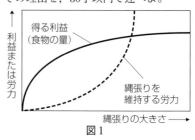

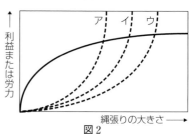

知識

☐ **204. 個体群内の相互作用** ●次のa～eの語に最も関連の深い説明文を語群1から，また，その動物例を語群2から，重複せずそれぞれ1つずつ選べ。

　　a．順位制　　b．縄張り　　c．ヘルパー　　d．群れ　　e．一夫多妻制

〔語群1〕　①　個体が一定の空間を占有し，食物の確保をする。

　　　　　②　集団をつくることによって，食物の確保に有利に働く。

　　　　　③　自らは生殖しない特定の個体が，別の個体の繁殖を手伝う。

　　　　　④　ハレムと呼ばれる集団を形成する。

　　　　　⑤　個体間にあらかじめ優位と劣位の関係があることで，無用な争いを避ける。

〔語群2〕　ア．オオカミ　　イ．エナガ　　ウ．ニワトリ

　　　　　エ．アユ　　　　オ．ゾウアザラシ

思考 **論述** **計算**

☐ **205.** 社会性昆虫と血縁度 ●次の文章を読み，以下の各問いに答えよ。

　ハミルトンは，<u>個体間で共通の祖先に由来する遺伝子を共有する確率で表わす血縁度</u>という概念を用いて昆虫の利他行動の進化を説明した。

　ミツバチは半数性という特徴をもち，オスは半数体（n），メスは倍数体（$2n$）である。図は，ミツバチの親子間の遺伝子の伝わり方を示している。図における「自分（メス）」と「姉妹」の間の血縁度は次のようになる。

　自分がもつある遺伝子が「母親」に由来する確率は1/2，姉妹が母親から自分と同じ遺伝子を受け取る確率は（　A　）である。自分と姉妹が母親由来の遺伝子を共有する確率はこれらの積であり，（　B　）となる。また，自分のもつある遺伝子が「父親」に由来する確率は1/2，姉妹が父親から同じ遺伝子を受け取る確率は（　C　）である。自分と姉妹が父親

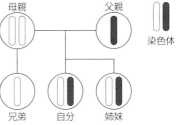

由来の遺伝子を共有する確率はこれらの積であり，（　D　）と計算される。自分と姉妹の間の血縁度は，（　B　）と（　D　）の和で求められるため，（　E　）となる。仮に，ワーカーである自分がオスと交尾して子をつくると，自分と子の間の血縁度は（　F　）となる。

問１．文中の空欄に適する数値を答えよ。

問２．ミツバチのように，繁殖や労働の分業が行われている昆虫を何と呼ぶか。

問３．下線部について，自分と同じ遺伝子をどれだけ残せたかを測る尺度において，実子だけではなく，実子以外の血縁関係にある個体まで考慮したものを何と呼ぶか。

問４．ミツバチのワーカーが，自分の子を残さず妹の世話をする利点を，「自分」「子」「妹」「血縁度」の4つの語を用いて，60字以内で説明せよ。

知識

☐ **206.** 個体群間の相互作用 ●右図は，水中で生活する2種の生物の個体群を，ある一定の大きさの容器で飼育したときの，個体群密度の変化を示したものである。これについて以下の各問いに答えよ。図中の1本の曲線は，1種の生物の個体群を表している。

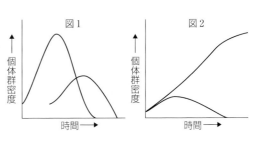

問１．図1，2の2種の生物の関係を表す最も適切な語を，①〜③からそれぞれ選べ。

　①　種間競争　　②　捕食−被食関係　　③　すみわけ

問２．図1，2のうち，同じ生活空間で共通の食物を利用している2種の生物の変動を表していると考えられるのはどちらか。

問３．図1，2では，一方の生物が絶滅しているが，自然界においてはそのようなことはあまり起こらない。その理由として適切でないものを①〜④から1つ選べ。

　①　生活空間が広いから。　　　　②　食物の種類が複数あるから。

　③　水温の変化が激しくないから。　④　生物の種が多様だから。

第10章 生態系のしくみ

207. 捕食と被食 ●右図は，捕食者である肉食性ダニと被食者である植食性ダニを，同じ容器の中で8か月間飼育したときの2種の個体数変動を示している。次の各問いに答えよ。

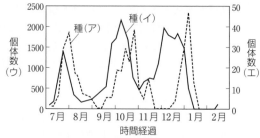

問1．図中の種(ア)，(イ)のうち，植食性ダニはどちらか。記号で答えよ。

問2．図のグラフ縦軸の個体数(ウ)，(エ)のうち，種(ア)に対応するものを記号で答えよ。また，いずれかを選んだ理由を簡潔に説明せよ。

問3．次のA～Dのなかから，捕食者と被食者の個体数が連動して増減するようすを示す図を1つ選べ。ただし，両者の個体数は，矢印の方向に変動するものとする。

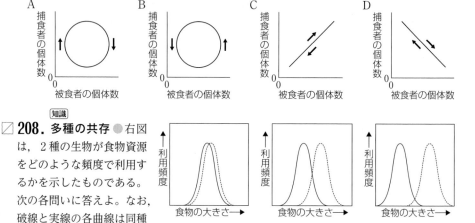

208. 多種の共存 ●右図は，2種の生物が食物資源をどのような頻度で利用するかを示したものである。次の各問いに答えよ。なお，破線と実線の各曲線は同種のものを示している。

問1．資源の利用について，各生物が生態系で占める位置を何というか。

問2．競争的排除が最も起きやすいのは，図1～3のどれと考えられるか。

問3．図1のような資源の利用をみせていた2種が，資源の利用頻度を互いに変化させ，図3のような利用頻度を示す場合がある。この変化に関連して，食物の大きさ以外に分割のみられる資源の例を1つあげよ。

問4．資源の分割に伴い，それらの種の形質に変化が生じることを何というか。

問5．多様な種が共存するしくみに関して，「中規模撹乱説」というものがある。サンゴ礁における波浪の強さと生きたサンゴの被度，および生きたサンゴの種数の関係を調べるとき，予想される結果として適切なものはどれか。右図のア～エから選び，記号で答えよ。

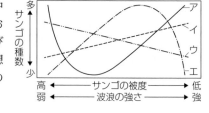

知識

☑ **209. 生産構造図** ●ある草原に生育する草本について生産構造図を作成すると，図Aと図Bのタイプがあった。これについて，下の各問いに答えよ。

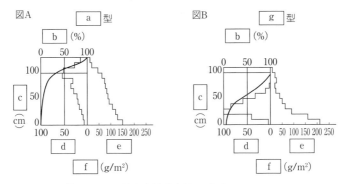

問1．このような図を描くための調査方法を何というか。

問2．図中の空欄 a ～ g に入る適語を次から選び，記号で答えよ。

ア．相対照度　　イ．植物体の高さ　　ウ．光合成器官　　エ．イネ科

オ．乾燥重量　　カ．気温　　　　　キ．広葉　　　　　ク．非光合成器官

思考　論述　計算

☑ **210. 生態系の物質生産** ●

右表は，地球上のさまざまな生態系における物質生産について調査し，その結果をまとめて記録したものである。次の各問いに答えよ。

生態系	面積 （×10⁶km²）	現存量 （×10⁹t）	純生産量 （×10⁹t/年）	純生産量/現存量 （/年）
森林	56.5	1698	74.6	0.04
草原	24.0	74.4	15.0	0.2
荒原	50.0	17.9	2.5	0.14
湿原	2.0	30.0	5.0	0.17
外洋域	332.4	1.0	43.4	43.2
浅海域	28.6	2.9	13.3	4.64

問1．森林の現存量は，同面積の草原の現存量の何倍か。次のア～オから最も近いものを選べ。

ア．2倍　　イ．5倍　　ウ．10倍　　エ．20倍　　オ．100倍

問2．森林の現存量は草原よりはるかに大きいのに対して，単位面積当たりの純生産量は草原の2倍程度しかない。その理由を簡潔に説明せよ。

問3．表中の陸上生態系のうち，単位面積当たりの純生産量が最も大きいのはどの生態系か。表中の生態系の名称で答えよ。

問4．次に挙げる森林のなかで，単位面積当たりの純生産量が最も大きいのはどれか。

【森林】　夏緑樹林　　針葉樹林　　照葉樹林　　熱帯多雨林

問5．海洋では，単位面積当たりの純生産量は浅海域が大きい。外洋域よりも，浅海域で物質生産が大きくなる理由を述べよ。

問6．外洋域において，純生産量／現存量の値が大きくなるのはなぜか。外洋域の生産者の特徴から考えられる理由を述べよ。

211. 物質の生産と消費 ●下の図は，ある生態系における物質の生産と消費について，模式的に示したものである。下の各問いに答えよ。

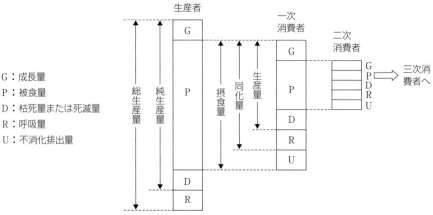

G：成長量
P：被食量
D：枯死量または死滅量
R：呼吸量
U：不消化排出量

栄養段階	総生産量 同化量	純生産量 生産量	（ 1 ）	被食量	枯死量 死滅量	（ 2 ）	成長量
生産者	100	(a)	15	65	10		(b)
一次消費者	(c)	(d)	10	(e)	4	8	7
二次消費者	(f)	19	(g)	8	(h)	4	6

数値は，生産者の総生産量を100としたときの相対値である。

問1．（ 1 ），（ 2 ）に適切な語を入れよ。

問2．(a)〜(h)に当てはまる数値をそれぞれ答えよ。

問3．二次消費者のエネルギー効率は何％か。四捨五入して小数第一位まで求めよ。

問4．生産者のエネルギー効率が2.0％だとすると，この生態系に入射した光のエネルギー量はいくらか。生産者の総生産量を100としたときの相対値で答えよ。

問5．次のエネルギーはどのような形態のエネルギーか答えよ。

① 生産者が，光合成によって有機物中に蓄えるエネルギー

② 生態系を移動した後，最終的に生態系外に失われるときのエネルギー

問6．栄養段階が際限なく積み重ならない理由を，エネルギー効率の観点から説明せよ。

知識

212. 生態ピラミッド ●次の文章を読み，下の各問いに答えよ。

各栄養段階の単位面積当たりの個体数，（ 1 ），（ 2 ）を積み重ねると，ピラミッド型となる。それぞれ個体数ピラミッド，（ 1 ）ピラミッド，（ 2 ）ピラミッドと呼び，これらをまとめて（ 3 ）ピラミッドという。（ 3 ）ピラミッドのうち，個体数ピラミッドや（ 1 ）ピラミッドは上下の大きさが逆転することがある。しかし，（ 2 ）ピラミッドは逆転することがない。

問1．文中の空欄に適当な語を入れよ。

問2．下線部のように，個体数ピラミッドの上下の大きさが逆転する例を1つあげよ。

☑ **213. 窒素の循環** ●下の図は，窒素循環の主な経路を示している。以下の各問いに答えよ。

問1．窒素固定細菌によって固定された窒素は，図中の①のように特定の植物に直接移る場合と，②のように地中または水中にとどまる場合とがある。①および②に関わる窒素固定細菌の名称を，それぞれ1つずつあげよ。ただし，②については①が行えるもの以外を答えよ。

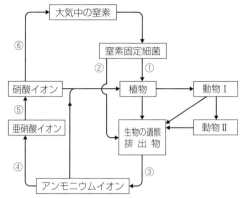

問2．④～⑥の経路は，すべて微生物の働きによって行われている。これらの微生物の名称を，それぞれあげよ。

問3．植物，動物Ⅰ，動物Ⅱは，生態系における役割からみてそれぞれ何と呼ばれるか。

問4．硝化と呼ばれる経路を①～⑥からすべて選び，記号で答えよ。

問5．植物は，根から吸収して取り入れた無機窒素化合物を利用して，有機窒素化合物を合成する。この代謝を何というか。

問6．生物体内に存在する窒素を含む重要な高分子化合物を2つあげよ。

☑ **214. 生物の絶滅** ●生物の絶滅について述べた①～④について，次の各問いに答えよ。

① 多くのクジラ類は絶滅寸前である。

② 有害な遺伝子がホモ接合になる子が生じやすくなる。

③ 新たに生まれた個体がすべて雌だった。

④ 群れの個体数が少なくなり天敵の発見が遅れるため，襲われやすくなった。

問1．①～④に述べられた事柄について最も関連が深い語を，次のア～エのなかからそれぞれ1つずつ選び，記号で答えよ。

　ア．乱獲　　イ．アリー効果　　ウ．近交弱勢　　エ．人口学的な確率性

問2．問1のア～エのような事柄などが連鎖的に起こることで，生物が加速度的に絶滅に向かう現象を何というか。

☑ **215. 生態系の保全** ●人間は，多くの生物を食料，医薬品，材料などとして利用している。つまり，種の多様性により多くの実用的な利益を受けている。他にも，空気や水の浄化，気候の変化の緩和，レジャーの場の提供など，生態系は人間に多大な恩恵を与えている。

問1．文中に述べられたような，人間が生態系から受ける恩恵を総称して何というか。

問2．次の①，②の活動の問題点をそれぞれ述べよ。

① ある川のメダカの個体数の減少を防ぐため，他の川で採集したメダカを放流する。

② 個体数が減少した植食動物の保護のため，天敵である肉食動物を捕獲・殺処分する。

問3．2015年，国連の総会で2030年までに達成することを目指して採択された行動計画に含まれる，持続可能な世界を実現するための17の目標を，略して何というか。

思考例題 ⑫ 生物現象に対する合理的な種の特徴を予想して判断する …

課題

脊椎動物の個体の性は，雄か雌かの二者択一の形質だと考えられがちであるが，実際にはそう単純ではない。魚類のなかには，性成熟後に雌から雄に，あるいは雄から雌に性転換する種も存在する。これについて，次の問いに答えよ。

問．キンギョハナダイのように一夫多妻制のハレムを形成する魚類のなかには，からだが大きくなると雌から雄に性転換する種が存在する。ハレムを形成する種が性転換する意義を示したグラフとして，最も適当なものを次の(1)～(4)から選べ。ただし，魚類はからだが大きいほど多くの配偶子をつくることができるものとする。

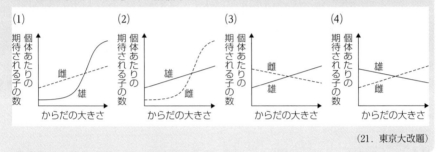

(21. 東京大改題)

指針 問題文から，グラフを読み取るためのキーワードを探り，そこから考えられる条件に適合するグラフがどれか判断する。

次の Step 1 ～ 2 は，課題を解く手順の例である。空欄を埋めてその手順を確認しなさい。

Step 1 リード文から考えられることを整理する

- からだが大きくなると雌から雄に性転換する…雌は，からだの大きさがある一定以上になると，雄に換わるほうが適応度を高められることが期待される。
- 一夫多妻制のハレム…強い雄が雌を独占する＝一定の大きさにまで成長していない雄の繁殖能力は（ 1 ），最大級の雄が極めて（ 2 ）繁殖能力をもつ。
- からだが大きいほど多くの配偶子をつくる…雌と雄のどちらも，成長するほど繁殖能力が（ 3 ）なる。

Step 2 選択肢のグラフの特徴と関連付ける

まず，「雌雄とも成長するほど繁殖能力が（ 3 ）なる」と考えられるので，グラフは(1)か(2)のいずれかであることがわかる。次に，性転換して雄になったほうが高い適応度が期待されるのだから，からだが小さいうちは雌のほうが，大きくなると雄のほうが繁殖に有利だと考えられる。また，「一定の大きさにまで成長していない雄の繁殖能力は（ 1 ），最大級の雄が極めて（ 2 ）繁殖能力をもつ」と考えられ，ハレムを形成する種が性転換する意義を示唆する。これらから，(1)と(2)から合理的な方を選べばよい。

Stepの解答 1…低く　2…高い　3…高く
課題の解答 (1)

思考例題 ⑬ 撹乱による生物量の変化をグラフから読み取って判断する ‥‥‥

課題

　図1は，ある場所で測定されたススキのみからなる草原の生産構造図である。ススキの同化部に感染するある病原菌は，同化部の単位面積当たりの生物量が多いほど感染率が高くなり，その結果，生物量のうち枯死する割合が増加する。ここでは，この生物量のうち枯死する割合を「枯死率」と呼ぶ。ススキの同化部の生物量と，病原菌が引き起こす枯死率との間には，図2に示す直線的な関係が認められている。この病原菌が，図1に示した生産構造図の草原にまん延し，草原のススキ全個体で同化部の枯死を引き起こした。このときの同化部の単位面積当たりの生物量の合計を，小数第一位まで求めよ。ただし，この病原菌はススキの同化部以外に感染せず，また，病原菌による枯死率は高さごとの同化部の生物量に応じて変化するものとする。（22. 同志社大改題）

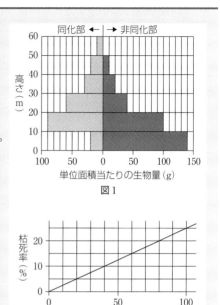

図1

図2

指針 単位面積当たりの枯死する同化部の生物量（枯死量）を求め，それを単位面積当たりの同化部の生物量から引いて，枯死せず残った同化部の生物量を求める。

次の Step 1 ～ 2 は，課題を解く手順の例である。空欄を埋めてその手順を確認しなさい。

Step 1 リード文で説明された草原の状況を整理する。

　この病原菌に感染すると同化部の一部は枯死するため，生物量は（　1　）する。高さごとの生物量に応じて枯死率が異なるため，高さごとに枯死量を求め，図1の同化部の生物量の合計から引けば，この病原菌が感染したときの同化部の生物量となる。

Step 2 図1と図2から，高さごとの枯死量を求める。

　高さ 0-10cm の場合，生物量は20gで，枯死率は（　2　）％であるから，枯死量は 20（g）×（　2　）/100＝（　3　）（g）である。同様にして整理すると下表のようになる。

高さ(cm)	0-10	10-20	20-30	30-40	40-50	50-60	合計
生物量(g)	20	90	60	30	20	10	230
枯死率(%)	（　2　）	22.5	15	7.5	5	2.5	—
枯死量(g)	（　3　）	20.25	9	2.25	1	0.25	（　4　）

以上から，（　5　）－（　4　）＝（　6　）と計算される。

Step の解答 　1…減少　2…5　3…1　4…33.75　5…230　6…196.3　**課題の解答** 196.3 g

発展例題11　個体数の変化　　　　　　　　　　⇒発展問題216

表1は，ある林において，ガの一種が卵から成虫になるまでの（　ア　）を3年にわたって作成したものである。（　ア　）には，発育段階ごとに，はじめの生存数，（　イ　），（　ウ　），死亡率などが記入されている。生存数の変化をグラフで表したものを（　エ　）といい，通常は同時期に生まれた個体の総数を1000とし，その後の個体数の減少を時間の経過を追って示す。

死亡率は，同じ種類の生物でも年や場所の違いによって変化する。このような変化は，環境や個体群密度の違いが原因で生じる場合もある。このように，個体群密度が個体や個体群に影響を及ぼすことを（　オ　）とい

表1　ある林におけるガの一種の（　ア　）

2009年

発育段階	はじめの生存数	（　イ　）	（　ウ　）	死亡率(%)
卵	4000	1600	ハチによる寄生	(1)
若齢幼虫	2400	1200	アリによる捕食	(2)
中老齢幼虫	1200	1140	鳥類による捕食	(3)
蛹	60	30	ハエによる寄生	(4)
成虫	30	—	—	—

2010年

発育段階	はじめの生存数	（　イ　）	（　ウ　）	死亡率(%)
卵	760	380	ハチによる寄生	(5)
若齢幼虫	380	190	アリによる捕食	(6)
中老齢幼虫	190	95	鳥類による捕食	(7)
蛹	95	40	ハエによる寄生	(8)
成虫	55	—	—	—

2011年

発育段階	はじめの生存数	（　イ　）	（　ウ　）	死亡率(%)
卵	200	120	ハチによる寄生	(9)
若齢幼虫	80	40	アリによる捕食	(10)
中老齢幼虫	40	4	脱　皮　失　敗	(11)
蛹	36	2	ハエによる寄生	(12)
成虫	34	—	—	—

う。表1のガの場合，年によって卵の数は大きく変動するのに対し，成虫の個体数の変動は小さい。これは（　オ　）が（　カ　）に作用したためである。

問1．文章中の（　ア　）～（　オ　）に適切な語を入れよ。

問2．表1の(1)，(2)の死亡率（%）を求めよ。

問3．下線部に関して，（　カ　）に適切な発育段階の名称を答えよ。また，そのように判断できる理由を答えよ。

問4．表2は，表1のガを捕食する動物の（　ア　）の一部を示したものである。これから（　エ　）を求めた場合のグラフの形状は，図のA～Cのどれに該当するか。

表2　表1のガを捕食する動物の（　ア　）

発育段階	はじめの生存数	（　イ　）
0　歳	1000	800
1　歳	200	160
2　歳	40	32
3　歳	8	6
4歳(終齢)	2	—

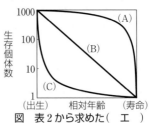

図　表2から求めた（　エ　）

（北海道大改題）

問1．ア…生命表　イ…死亡数　ウ…死亡要因　エ…生存曲線　オ…密度効果

問2．(1)　40％

　　　(2)　50％

問3．カ…中老齢幼虫

　　　理由：中老齢幼虫では，個体群密度が大きい年ほど死亡率が高くなっているから。

問4．B

問1．たとえば2009年において，卵のはじめの生存数が4000あるのに対して，若齢幼虫は2400である。その差は1600であるから，1600個の卵が孵化することなく死亡したことがわかる。このように，イ欄に記入されている数値は各時期の死亡数だと判断できる。

問2．死亡率は右式で求める。　　$死亡率（％）＝\dfrac{死亡数}{はじめの生存数}×100$

　　(1)　$\dfrac{1600}{4000}×100＝40（％）$　　(2)　$\dfrac{1200}{2400}×100＝50（％）$

問3．このガの発育段階ごとの個体数と死亡率を各年についてまとめると，右表のようになる。同一の林で測定しているため，その面積はいずれも変わらないと考え，この個体数が個体群密度を示すとみなしてよい。

発育段階ごとの個体数・死亡率

発育段階	2009年	2010年	2011年
卵	4000・40％	760・50％	200・60％
若齢幼虫	2400・50％	380・50％	80・50％
中老齢幼虫	1200・95％	190・50％	40・10％
蛹	60・50％	95・42％	36・6％

　　中老齢幼虫のはじめの個体数は，2009年が1200，2010年が190，2011年が40である。この齢期の幼虫の死亡率は，2009年が95％，2010年が50％，2011年が10％である。すなわち，個体群密度が大きいほど死亡率が高いという関係がはっきりとみられ，この発育段階に対して最も強く密度効果が働いていることがわかる。他の発育段階では，これほどはっきりとした関係はみられない。なお，個体群密度が小さいほど死亡率が低くなるのは，個体群密度が低い年では，天敵である鳥類に発見されにくく，捕食されにくいためと推測される。

問4．表2から各発育段階の死亡率を求めると，75～80％となり，生涯を通じてほぼ一定である。図の縦軸は対数目盛りであるため，死亡率が一定であればこのグラフにおいては傾きが一定となる。したがって，Bがこの動物の生存曲線である。なお，Aは晩死型，Bは平均型，Cは早死型と呼ばれる型のものである。

　　別の考え方として，表中の数値をグラフに書き込んで判別する方法もある。対数目盛りのため，正確に行うのは難しいが，一部だけでもわかれば判別は可能である。たとえば，4歳が終齢であることから2歳を寿命の半分（横軸の中央付近程度）とすれば，このときの生存個体数(40)が10～100の間に認められるのはBのみである。

発展問題

発 展 問 題

思考 論述 計算

☐ **216. 個体数の変化** ■次の文章を読んで，以下の各問いに答えよ。

　周期的に大発生することで知られるマイマイガは，幼虫期はさまざまな葉を食べて成長し，年に1回，羽化・交尾・産卵した後，成虫はすべて死亡する。そして，卵が越冬する。

　あるカラマツ林でカラマツ1本あたりのマイマイガの密度を調べたところ，図に示すように10年周期で変動した。マイマイガの雌は1個体あたり1000個の卵を産み，雌雄間で生存率の差はなく，性比は常に1：1であった。そして，すべての雌の成虫が交尾・産卵した。また，マイマイガの主な死亡原因は，昆虫による捕食と，ウイルスや真菌類に感染することによる病死であった。

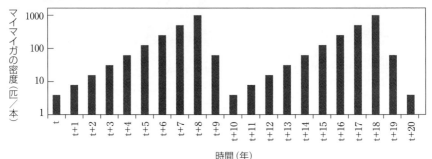

時間(年)

問1．X年におけるマイマイガの密度をN(X)と表す。t年から(t+8)年までの8年間，マイマイガの密度はN(X+1)＝2・N(X)の関係で増加した。このとき，卵から成虫になるまでの生存率(％)と死亡率(％)をそれぞれ答えよ。

問2．N(X+1)＝2・N(X)の関係が，8年間続いた後のN(t+8)をN(t)で表せ。

問3．マイマイガの密度は，(t+8)年から(t+10)年までに2年間，N(X+1)＝a・N(X)の関係で減少し，10年前の密度まで低下した。aの値を答えよ。また，この2年間の，卵から成虫になるまでの生存率(％)と死亡率(％)をそれぞれ答えよ。

問4．t年から(t+8)年までの8年間と(t+8)年から(t+10)年までの2年間の生存率の比を，前者を1として求めよ。ただし，小数点以下第3位を四捨五入して答えよ。

問5．マイマイガのt年から(t+8)年までの8年間の主な死亡要因は，昆虫による捕食であった。(t+8)年から(t+10)年までの2年間は，ウイルスや真菌による感染症が主な死亡要因であった。この死亡要因が変化するしくみを考えて60字以内で説明せよ。さらに，問4で答えた生存率の比をふまえて，マイマイガの密度が周期的に変動するしくみを考えて140字以内で説明せよ。

(21. 金沢大改題)

ヒント
問1．X年における雌のマイマイガの密度はN(X)/2であり，その雌が産卵した卵から成虫になるのが2・N(X)。　問5．個体群密度が高まることによって，感染症が蔓延する状況が生じる。

☑**217.** 血縁度 ■次の文章を読み，以下の各問いに答えよ。

　利他行動において（　ア　）を考える場合，助ける個体と助けられる個体が共通祖先由来の特定のアレルをもつ確率，つまり（　イ　）を考慮する必要がある。

　二倍体の生物において，ある個体Aが特定のアレルをもつとする。配偶子は減数分裂によってつくられるため，個体Aのある配偶子にそのアレルが含まれる確率は0.5である。したがって，個体Aの特定のアレルが子に受け継がれる確率も0.5である。また，個体Aの特定のアレルが母親由来である確率も父親由来である確率も共に0.5である。したがって，親子間の（　イ　）は0.5である。次に，兄弟姉妹間の場合を考えよう。親子間の（　イ　）は0.5であるため，個体Aの特定のアレルが母親由来で兄弟姉妹と共有される確率は（　ウ　）となる。同様に，個体Aの特定のアレルが父親由来で兄弟姉妹と共有される確率も（　ウ　）となる。したがって，兄弟姉妹間で特定のアレルが共有される確率，つまり兄弟姉妹間の（　イ　）は0.5となる。

　親子間の（　イ　）は0.5であるため，個体Aが自身の子を産んだ場合，特定のアレルが次世代に受け継がれる確率は0.5であるが，個体Aが兄弟姉妹を助けてその兄弟姉妹が子を産んだ場合，特定のアレルが次世代に受け継がれる確率は，兄弟姉妹間の（　イ　）×親子間の（　イ　）＝0.5×0.5＝0.25という等式で導かれる値となり，自身の子を産んだ場合よりも低下する。つまり，兄弟姉妹を助けることによって特定のアレルが間接的に受け継がれる確率は，自身が子を産むことによって直接的に受け継がれる確率よりも低い。したがって，遺伝子を次世代に残すという意味において「他個体を助けることによって間接的に残した子」と「自身が直接的に残した子」は等価ではないため，間接的に残した子については，その数を単純に数えるのではなく，残した子の数に助ける個体と助けられる個体との間の（　イ　）をかける必要がある。つまり，「（　ア　）＝自身が直接的に残した子の数＋他個体を助けることによって間接的に残した子の数×（　イ　）」と表せる。

問１．文中の（　ア　）と（　イ　）には適切な語を，（　ウ　）には等式を記入せよ。

問２．ミツバチでは，雌は受精卵から発生し二倍体であるが，雄は未受精卵から発生し半数体である。そのため，同じ父親をもつ姉妹間の（　イ　）は母娘間の（　イ　）よりも高い。姉妹間で特定のアレルが母親由来で共有される確率と，父親由来で共有される確率をそれぞれ等式を用いて説明し，それらの結果から姉妹間の（　イ　）を算出せよ。

問３．雌雄ともに二倍体である生物の場合，親子間の（　イ　）と兄弟姉妹間の（　イ　）はともに0.5であるため，遺伝子を残すという意味においては，「自身の子をℓ個体残すこと」と「両親を助けて弟妹をℓ個体残すこと」は等価である。では，ミツバチのように，雌が二倍体，雄が半数体である生物の場合，「ある雌個体が自身の子をm個体残すこと」と，「その雌個体が両親を助けて妹をn個体残すこと」が，遺伝子を残すという意味において等価になる場合，mとnの比をもっとも簡単な整数で示せ。

（23. 香川大改題）

💡**ヒント**..

問２．半数体は，染色体数が基本数の半分になっている個体である。

問３．等価であるということは，自身が産んだ子の集団がもつあるアレルの数と，両親を助けて育てた妹の集団がもつあるアレルの数が等しくなるということであると考える。

思考

□ **218. 被食と捕食** ■ (a)生態系を構成する生物には，光合成を行う（　ア　）者，（　ア　）者が合成した有機物を直接的，または，間接的に摂食して利用する（　イ　）者が存在している。このような被食者と捕食者の連続的なつながりは（　ウ　）と呼ばれており，栄養分の摂り方によって生物を段階的に分けるとき，これを（　エ　）という。実際の生態系においては，多くの生物は複数種類の生物を食べ，また複数種類の生物に捕食されている。このような被食者－捕食者の相互関係に注目して，群集全体を表現したものを（　オ　）という。

北大西洋に多数生息していたラッコは，毛皮貿易のための乱獲によって20世紀初頭には絶滅寸前にまで激減した。その後の乱獲禁止の国際的な取り組みの結果，1970年代には個体数が回復した。しかし，1990年代には再び(b)ラッコの個体数が急減し，それと同時にラッコの生息場所でもある巨大な海藻ジャイアントケルプ（コンブの一種）の個体数も急減した。このようなラッコを取り巻く生物群集の個体群変動の一要因として，近年に活発化した人間による沖合での漁業活動の影響が指摘されている。

問１．文章中の（　ア　）～（　オ　）に適切な語を入れよ。

問２．下線部(a)について，必要とする資源の種類やその利用の仕方などにおいて，ある種の生物が生態系の中で占める位置を何と呼ぶか。

問３．下線部(b)で示されるラッコの個体数変動が人間による魚類を対象とした漁業活動によって引き起こされたと仮定した場合に，右図のA～Eに当てはまる生物を下から選んで答えよ。

ジャイアントケルプ	ラッコ
シャチ	アザラシ類	ウニ

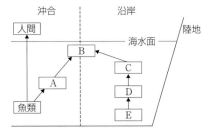

(注)矢印は被食者から捕食者への方向を表す

図　ラッコを取り巻く生物群の被食－捕食関係

問４．図に示された群集構成種の個体数変動の要因が，図中に示している被食－捕食関係だけであると仮定して，次の(1), (2)に答えよ。

(1) シャチ個体群が絶滅した場合に，まず起こると予想される魚類の個体数とジャイアントケルプの個体数の変化を答えよ。

(2) 次の文は，人間による漁業活動の縮小が被食者－捕食者の相互関係を介して，Eの個体数を増加させた場合のA～Dの生物の応答を説明したものである。文中の(カ)～(ケ)の選択肢から正しい方を選び，文を完成させよ。

「Aは(ヵ増加・減少)し，Bは個体数の多い(ヰA・C)を集中的に捕食するようになった結果として，Cは(ヶ増加・減少)，Dは(ヶ増加・減少)した。」

(岡山大改題)

💡**ヒント** ·············

問４．人間の漁業活動が縮小すれば，漁業対象である沖合の魚類の個体数が増加することになる。

☑**219. クマノミの縄張り** ■次の文章を読み，下の各問いに答えよ。

海は地球の表面の71%を占めており，$_A$そこにはサンゴ礁や深海といったいろいろな生態系が存在する。南シナ海などの暖かい海には，イソギンチャクの触手のなかに隠れて暮らすクマノミ類と呼ばれる魚のなかまがいる。$_B$このクマノミ類の1種（以下クマノミと呼ぶ）は図1に示すような白と黒の横縞模様をもつ。一方，他の魚では，図2に示すような白と黒の縦縞模様をもつ種もいる。クマノミは，1つのイソギンチャクのなかで，1個体のオスと1個体のメスがペアとなって暮らし，$_C$そのイソギンチャクの周りを縄張りとして防衛する。しかし，どのような縄張り防衛行動をとるかはわかっていない。

図1　クマノミ（横縞模様）

図2　他の魚の1種（縦縞模様）

問1．下線部Aに関する以下の文章の（　ア　）～（　オ　）に最も適切な語を入れよ。また，以下の文章中の波下線部について，その理由を説明せよ。

　クマノミが生息する海の沿岸部の生態系では，（　ア　）や（　イ　）が生産者，（　ウ　）が一次消費者である。その一次消費者をクマノミなどの小魚が捕食する。外洋の表層部という生態系では，（　ア　）が主要な生産者であり，（　ウ　）が一次消費者である。この一次消費者を小魚が捕食し，さらに魚食性の大型魚へと食物連鎖は続く。しかし，深海の熱水噴出孔に形成される生態系では，沿岸部や外洋と異なり，（　エ　）が生産者であり，食物連鎖はそこからはじまる。生態系では，物質は循環し，エネルギーは循環せずに流れていく。生物が代謝あるいは分解することができない化学物質が，食物連鎖を通して高次消費者の体内に高濃度に蓄積されることは（　オ　）と呼ばれる。

問2．下線部Bに関して，シマウマの胴体の模様は図1のクマノミと同じく横縞という。一方，図2の魚の模様は縦縞である。動物全般に当てはまるように，横縞と縦縞の定義を答えよ。

問3．下線部Cに関して，海の沿岸で，クマノミがいないイソギンチャクと，クマノミのペアがすむイソギンチャクの周りのそれぞれで魚類群集を調べると，図3のようになっていた。

矢印で示した魚のみがクマノミであり，他の魚はすべてクマノミ類以外の遊泳魚である。

図3　クマノミがいないイソギンチャク（左）と，クマノミのペアがすむイソギンチャク（右）の周りに形成される魚類群集

(1) 図3において，クマノミがいないイソギンチャクと，クマノミのペアがすむイソギンチャクの周りに形成される魚類群集の違いを1つ答えよ。

(2) (1)の違いが引き起こされる原因を考察せよ。　　　　　　　　　　(23. 東京都立大改題)

💡ヒント ・・

問3．クマノミは縄張りを形成し，縄張りに侵入した同種の他個体を追い出す。

思考 論述 計算

□ **220. エネルギーの流れと生産構造** ■生態系の構造とエネルギーの流れに関する次の文章を読み，下の各問いに答えよ。なお，文章と図の同一記号の欄には同一語が入る。

単位面積内に存在する生物体の量を（　ア　）という。また，単位面積内の（　イ　）によってつくられた有機物の総量を（　ウ　）といい，（　ウ　）から呼吸量を差し引いたものを（　エ　）という。

（　イ　）である植物は，光合成産物の一部を，植物の呼吸や（　オ　）による被食あるいは枯死により失うため，それらを差し引いたものが（　イ　）の（　カ　）となる。

(a)ある生態系において，植物のみを摂食して有機物を取り込むことでエネルギーを獲得する（　オ　）について，摂食量から消化吸収されなかった（　キ　）を除いたものは（　ク　）と呼ばれる。

植物個体群の構造とその個体群全体の物質生産との関わりは，(b)その個体群の地上部をいくつかの階層に分けて，各層における分布を示した（　ケ　）によって理解できる。

問1．文章中の（　ア　）~（　ケ　）に適切な語を記入せよ。

問2．図1は下線部(a)の生態系におけるエネルギーの流れを示す。（　イ　）のエネルギー効率を，四捨五入して小数第2位まで求めよ。

問3．図1の（　キ　）をすべて集めて生重量を計ったところ，2.0kg/(m²・年)となり，これを乾燥させると，生重量の20%になった。この乾燥させたもののエネルギー含量は1.7×10⁷J/kgであった。（　オ　）のエネルギー効率を，四捨五入して小数第2位まで求めよ。

問4．下線部(b)の植物個体群の（　ケ　）を示す図2において，図中のA，B，Cは何を示すか，その名称を答えよ。

問5．葉が水平方向に広がるタイプと，斜めに立って広がるタイプの2種の異なる草本植物からなる植生において，生産量を高めるために，高さが高くなることを必要とするタイプはどちらか記せ。またその理由を30字以内で答えよ。

（宮崎大改題）

図1　ある生態系におけるエネルギーの流れ

（　）内は，J/(m²・年)を示す。

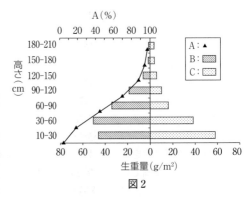

図2

💡**ヒント**

問3．（　オ　）のエネルギー効率は，（　イ　）の総生産量に対する（　オ　）の総生産量の割合である。（　オ　）の総生産量は与えられた条件から計算して求める。また，水分にはエネルギーが含まれない。

思考 論述 計算

□ **221. 窒素循環** ■次の文章を読んで，以下の各問いに答えよ。

　窒素を含む物質の代謝は，生物の種類によって行える反応が異なっている。まず，一部の原核生物は（　ア　）を行って，大気中の窒素（N_2）をアンモニアに変換することができる。また，これらの生物は合成したアンモニウムイオンをもとに（　イ　）を行ってアミノ酸などの有機窒素化合物を合成することができる。このような無機窒素化合物から有機窒素化合物を合成する働きは一次的な（　イ　）と呼ばれる。（　ウ　）は一次的な（　イ　）を行えるが，（　エ　）は行えない。そこで，（　エ　）の場合，他の生物が合成した有機窒素化合物を体外から取り込んで分解し，アミノ酸などの低分子の有機窒素化合物にする。そして，これをもとにタンパク質などのより高分子の有機窒素化合物を合成するのである。これは二次的な（　イ　）と呼ばれる。

　また，生物の枯死体や排出物が菌類・細菌によって無機化されると，土壌中では<u>硝化が進行</u>し，（　ウ　）などに吸収されやすい形態となる。

問1．文中の（　ア　）と（　イ　）に入る適切な語を答えよ。

問2．文中の（　ウ　）と（　エ　）に入る適切な語の組み合わせとして最も適当なものを，次の①〜⑥のなかから選び，記号で答えよ。

　①　ウ－原核生物　エ－真核生物　　　②　ウ－真核生物　エ－原核生物
　③　ウ－単細胞生物　エ－多細胞生物　④　ウ－多細胞生物　エ－単細胞生物
　⑤　ウ－植物　エ－動物　　　　　　　⑥　ウ－動物　エ－植物

問3．下線部に関して，次の問いに答えよ。

　(1)　硝化が進行するときの物質が変化する順序として最も適当なものを，次の①〜⑥のなかから選び記号で答えよ。

　　①　$NO_3^- \rightarrow NO_2^- \rightarrow NH_4^+$　　②　$NO_3^- \rightarrow NH_4^+ \rightarrow NO_2^-$
　　③　$NO_2^- \rightarrow NO_3^- \rightarrow NH_4^+$　　④　$NO_2^- \rightarrow NH_4^+ \rightarrow NO_3^-$
　　⑤　$NH_4^+ \rightarrow NO_3^- \rightarrow NO_2^-$　　⑥　$NH_4^+ \rightarrow NO_2^- \rightarrow NO_3^-$

　(2)　硝化とは，生態系内での窒素循環に果たす役割に着眼したときの名称であり，これを進行させる生物群にとっては全く別の意味をもつ。どのような意味をもつのか，簡潔に説明せよ。

問4．ある生物に5gの硝酸カリウム（KNO_3）を与えたところ，窒素の40%が吸収され，そのうちの50%がタンパク質に取り込まれた。なお，タンパク質中の窒素量は15%である。このとき，この生物が合成したタンパク質は何gと考えられるか。最も近いものを，次の①〜⑤のなかから1つ選べ。ただし，原子量はK＝39，N＝14，O＝16とする。

　①　0.5g　　②　1.0g　　③　1.5g　　④　2.0g　　⑤　2.5g

（21. 畿央大改題）

💡ヒント ·······

問3．硝化はエネルギーを発する酸化反応である。
問4．5gの硝酸カリウム（KNO_3）中の窒素の質量をAgとすれば，$A \times (40/100) \times (50/100)$gが，合成されたタンパク質全体の15%の質量を占めることになる。

総合演習

□ **222. 捕食による遺伝子頻度の変化** ◆ソトモノアラガイとい
う巻貝には右巻きと左巻きがあり，右巻き（R）は顕性，左巻き
（r）は潜性である。また貝が右巻きになるか，左巻きになるかは，
母体の遺伝子型によって決定される。たとえば，右巻きの純系
の雄（RR）と，左巻きの純系の雌（rr）を交配して得られた F₁ は
すべて左巻きに，F₁ どうしを交配して得られた子は，すべて右
巻きになる（図1）。水生昆虫のガムシのなかまには，幼虫が巻
貝を食物としているものがある。その大あごの形（図2の矢印
部分）を調べたところ，右側が左側より極端に長く鋭いことが
わかった。そこで，このガムシの幼虫の大あごの形は， ₐ左巻
きよりも右巻きの貝を捕食するのに有利な形なのではないか，
という仮説を考え，それを検証するため次の実験を行った。

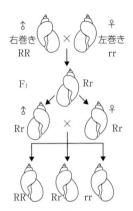

図1

図2

まず，1つの池からソトモノアラガイの稚貝を採集し，水槽でどの個
体もほぼ同じ大きさになるまで育てた。次に実験1として，そのなかか
ら右巻きの貝と左巻きの貝をそれぞれ100個体ずつ選び，同じ水槽に入
れた。この水槽にガムシの幼虫を入れ，じゅうぶんな時間の後に貝を調
べたところ，ガムシに襲われた貝には， ₆殻が壊れて食われてしまった
ものと， ꜀殻が壊れず食われもしなかったが殻に傷
が残ったものがあり，右表の結果が得られた。一方，
ガムシに襲われなかった貝は殻にまったく傷がなか
った。次に実験2として，ソトモノアラガイの右巻

	水槽に入れた貝の数	bの数	cの数
右巻き	100	64	6
左巻き	100	36	34

きの貝と左巻きの貝をともに殻を壊して中身だけにしたものを，それぞれ100個体ずつ同
じ水槽に入れた。この水槽にガムシの幼虫を入れ，十分な時間の後に，ガムシが食った貝
の数を右巻きの貝と左巻きの貝に区別して調べた。結果は，右巻きの貝と左巻きの貝の差
異はみられなかった。なお，貝の巻き方は，貝の中身だけからも判断できる。また，この
池ではソトモノアラガイは自由交配を行い，ハーディー・ワインベルグの平衡が成り立っ
ているものとする。さらに，雄と雌の比率は右巻きの貝も左巻きの貝も1：1とする。

問1．これらの実験結果から，下線部 a の仮説は正しいといえるか。理由とともに記せ。

問2．実験1の結果，ガムシに食われず生き残った貝のうち，左巻きの貝だけを使って自
　　由交配させたところ，それらの子供の20％が右巻きになった。実験1の後，生き残った
　　左巻きの貝の遺伝子型の分離比を記せ。

問3．実験1の結果，ガムシに食われず生き残った貝のなかで遺伝子型 rr の貝が占める
　　割合は，実験1に使われた合計200個体の貝のなかで遺伝子型 rr の貝が占めていた割合
　　の何倍か。小数点以下第3位を四捨五入して求めよ。

（東北大改題）

💡 **ヒント**
問3．問2から遺伝子頻度の数値を求めて代入する。

☑ **223. 競争的阻害** ◆次の文章を読み，下の各問いに答えよ。

基質によく似た物質が共存するとその酵素反応は阻害されることがあり，これを競争的阻害という。これについて，マルトースを加水分解してグルコースを生成する酵素であるマルターゼを用いて，マルトースとよく似た構造の阻害物質Xに関する次の実験を行った。

【実験A】ある濃度のマルターゼを含む緩衝液に，一定濃度のマルトースを加えて37℃に保温し，その後，時間を追って反応液中のグルコース生成量を測定した。その結果，図1に示すグラフが得られた。

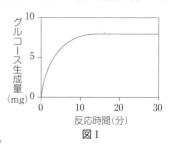

図1

【実験B】実験Aと同じ濃度のマルターゼを含む緩衝液に，一定濃度の阻害物質Xを加えた後，反応溶液に実験Aと同じ濃度のマルトースを加えて37℃に保温し，時間を追って反応液中のグルコース生成量を測定した。

問1．実験Aにおいて，反応開始後10分を過ぎたころから，グルコースの生成量がそれまで以上に増加しなくなった理由について説明せよ。

問2．マルターゼ濃度を半分にして，その他の条件は実験Aと同じようにして実験を行った。そのときのグルコース生成量と反応時間の関係を破線で描いたとする。最も適切と思われるグラフを図ⅰ～ⅳのなかから1つ選べ。ただし，各図中の実線グラフは図1と同じグラフが描かれている。

問3．実験Bの結果として，阻害物質Xを含む場合のグルコース生成量と反応時間の関係はどのようになるか，最も適切と思われるグラフ（破線）を図ⅰ～ⅳのなかから1つ選べ。ただし，阻害物質Xは実験の間，分解されることはない。

問4．阻害物質Xが競争的に阻害することを確かめるには，どのような実験を行い，どのような結果が得られたらよいか，説明せよ。

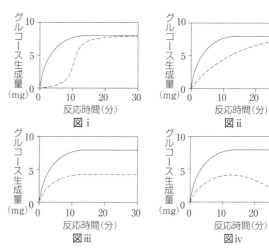

図ⅰ

図ⅱ

図ⅲ

図ⅳ

（お茶の水女子大改題）

💡**ヒント**

問4．競争的阻害と非競争的阻害の，阻害が起こるしくみの違いを踏まえて，温度，pH，酵素濃度，阻害物質濃度，基質濃度などの条件のうち，どれを変化させて実験を行えばよいかを考える。

思考 論述

□ **224. 免疫に関わる受容体** ◆次の文章を読み，下の各問いに答えよ。

　自然免疫においては，細菌やウイルスを認識する受容体であるトル様受容体（TLR）が主要な役割を果たしている。TLR にはいくつかの種類があり，それぞれ認識する異物の成分が異なる。このことに関して次の実験を行った。

【実験】正常なマウス（正常型マウス）では，病原体の感染を TLR が認識すると，感染初期に ZNF と呼ばれるタンパク質（タンパク質 Z）の産生が上昇し，それが血液中に放出されることがわかっている。そこで，産生されたタンパク質 Z の血中濃度を指標として，自然免疫に異常があることが予想される 5 種類の突然変異マウス A ～ E の自然免疫への影響を調べた。正常マウスおよび突然変異マウス A ～ E それぞれに，ある細菌（X 細菌）またはあるウイルス（Y ウイルス）を感染させ，血液を採取し，血液中にあるタンパク質 Z の濃度を測定した。いずれのマウスも感染 3 日目に最大値を示した。正常マウスでのタンパク質 Z の血中濃度を 1 としたときの相対的な値を図 1 に示した。

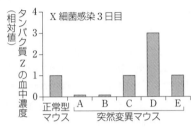

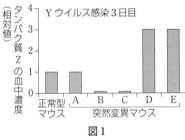

図 1

問 1．実験結果の考察として，**合理的でないもの**を次の①～⑤のなかから 1 つ選べ。
　①　突然変異マウス A では，X 細菌を認識する TLR に異常があると考えられる。
　②　突然変異マウス B では，X 細菌と Y ウイルスを認識する TLR に異常があると考えられる。
　③　突然変異マウス C では，Y ウイルスを認識する TLR をもっていないと考えられる。
　④　突然変異マウス D では，自然免疫が過剰に起きていると考えられる。
　⑤　突然変異マウス E では，Y ウイルスの侵入を認識できないと考えられる。

問 2．Y ウイルスに感染した正常マウスでは，感染 7 日目には体内の Y ウイルスが完全に除去されていることがわかっている。しかし，Y ウイルスに感染した突然変異マウス C では，感染 7 日目においてもウイルスが除去されず，10 日目で致死となった。また，Y ウイルスに感染した突然変異マウス C に，感染 3 日目にタンパク質 Z を血管内に投与すると，感染 7 日目に体内の Y ウイルスが完全に除去され，かつ，感染 10 日目においても死ななかった。これらの結果から予想されるタンパク質 Z の役割を簡潔に記せ。

問 3．突然変異マウス D は，X 細菌や Y ウイルスの感染によって致死となることはなかったが，正常マウスに比べて長期間の炎症が確認された。この理由について考えられること記せ。

(東北大改題)

💡ヒント
問 3．炎症とは，自然免疫が活性化し感染部位に発赤，発熱，はれ，痛みが生じる状態である。

□ **225. 性決定** ◆下図は，ある生物の性決定のしくみを示したものである。遺伝子AはX染色体上に存在し，雄ではX染色体が1本のみであるのに対し，雌ではX染色体が2本であるため，遺伝子Aから合成されるタンパク質Aが十分な量つくられる。タンパク質Aは遺伝子Bにおける選択的スプライシングに影響を及ぼす。すなわち，タンパク質Aの量が十分に多い場合には雌型のタンパク質Bが合成される。タンパク質Aの量がそれよりも少ない場合には雄型のタンパク質Bが合成される。タンパク質Bは，遺伝子Cの選択的スプライシングに影響を及ぼす。すなわち，タンパク質Bが雄型の場合には雄型のタンパク質Cが，雌型の場合には雌型のタンパク質Cがつくられ，その結果，個体の性分化を誘導する。遺伝子Aおよび遺伝子Bを別々に破壊する実験を行ったところ，どちらの場合も雄が生まれた。なお，図にはmRNAの前駆体は示していない。

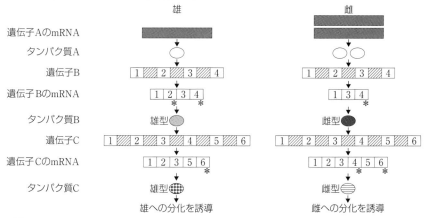

☐：エキソン　▨：mRNAに残らない部分に対応するDNAの領域　＊：終止コドンの位置

問1．十分な量のタンパク質Aが遺伝子Bの選択的スプライシングに対して，どのエキソンにどのような影響を与えるか，図を参考にして説明せよ。

問2．雌型のタンパク質Bが遺伝子Cの選択的スプライシングに対して，どのエキソンにどのような影響を与えるか，図を参考にして説明せよ。

問3．次のア〜ウの場合，この生物の性は雌雄のどちらになるか，理由とともに答えよ。なお，調べた個体にはX染色体が2本あるものとする。

　ア．遺伝子Aの開始コドンに相当する塩基の直後に，1塩基の挿入を伴う変異が生じた場合

　イ．遺伝子Bの第3エキソンの5′末端付近の塩基に置換が生じ，つくられたmRNAの該当部分に終止コドンが新たにできた場合

　ウ．遺伝子Cの第5エキソンにフレームシフトを伴う変異が生じた場合

(21. 静岡大改題)

ヒント
問1，2．選択的スプライシングによって，エキソンの組合せが異なるmRNAが合成される。
問3．終止コドンの位置に着目して，どのような影響があるかを考える。

□ **226. 光合成** ◆葉緑体で光合成が行われるときに，(a)光合成色素によって吸収された光エネルギーによって光化学系Ⅰと光化学系Ⅱの反応中心のクロロフィルは活性化され，（　ア　）が放出される。光化学系Ⅱの反応中心のクロロフィルは，（　イ　）の分解により生じた（　ア　）を受け取り，元の状態にもどる。光化学系Ⅰから放出された（　ア　）は，ストロマのカルビン回路で利用される（　ウ　）の生成に関与する。また，（　ア　）が流れる際に放出するエネルギーを使うことにより(b)チラコイド膜でATPが合成される。

　カルビン回路により，二酸化炭素は（　エ　）に取り込まれ，ホスホグリセリン酸ができる。その後，ホスホグリセリン酸はグリセルアルデヒドリン酸となる。トウモロコシやサトウキビなどの植物は，カルビン回路のほかに二酸化炭素を効率よく固定する反応系をもっている。

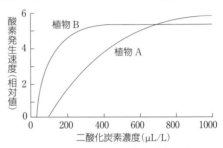

図1　植物Aと植物Bの光合成速度に対する二酸化炭素濃度の影響

　植物Aはカルビン回路だけをもち，植物Bはカルビン回路のほかに二酸化炭素を効率よく固定する反応系をもつ。植物Aと植物Bをそれぞれ密閉した透明な容器に入れ，33℃に保ち，強い光を照射して，内部の二酸化炭素濃度を変化させたときの酸素発生速度を測定すると，図1のようになった。次に，植物Aと植物Bを密閉した透明な容器に一緒に入れ，33℃に保ち，図1の実験と同じ強さの光を照射した。このときに，密閉したまま，容器内の二酸化炭素濃度を120時間にわたり測定したところ，図2のように変化した。

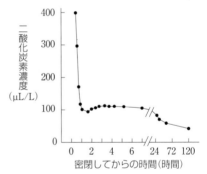

図2　植物Aと植物Bを入れた密閉容器中の二酸化炭素濃度の変化

問1．文章中の空欄（　ア　）〜（　エ　）にそれぞれ当てはまる適切な語を答えよ。

問2．下線部(a)の光合成色素の組成が，陸上植物のホウレンソウと褐藻類のコンブで違いがあるかどうかを調べたい。そのための実験の方法と予想される結果を説明せよ。

問3．下線部(b)のATP合成のしくみを100字程度で説明せよ。

問4．図2に示すように容器内の二酸化炭素濃度は，実験開始後，急激に減少した。その後，ほぼ一定に保たれた後に，ゆるやかに減少した。容器内の二酸化炭素濃度がこのように変化した理由を説明せよ。
　　　　　　　　　　　　　　　　　　　　　　　　　　　　　（お茶の水女子大改題）

💡**ヒント**

問4．図1から，植物Aでは二酸化炭素濃度が約100（μL/L）以下で，植物Bでは二酸化炭素濃度が約40（μL/L）以下で呼吸速度が光合成速度を上回ることがわかる。

思考 **論述**

☐**227. 植物の生存戦略** ◆ある地域に生育するタンポポについて，下の各問いに答えよ。

調査地域では外来種のセイヨウタンポポが多数生育し，在来種のシナノタンポポはごく一部に生育していた。調査地域にはこの2種のみが生育していた。セイヨウタンポポの個体群密度を調べるため，図のように個体群密度が高い場所と低い場所に，ある一定の大きさ（面積B）の調査区域を設置したところ，密度が高い区画の個体数は(n_c)，密度が低い区画の個体数は(n_d)となった。また，個体数を長期間調査したところ，①調査地域内のシナノタンポポの個体数はほとんど変化せず，個体群密度は低いままであった。

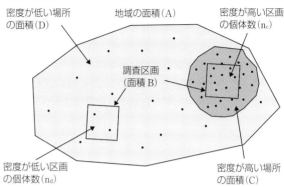

図　調査地域における個体分布と区画法による密度調査
図中の●はセイヨウタンポポの発生地点を示す

成熟した種子を実験室に持ち帰り発芽試験を行った。植物は種子が発芽場所から大きく動けないため，発芽に関わる光環境を知ることは，②植物の生き残り戦略を考えるうえで重要である。タンポポ類の種子には，太陽光を感知する（　ア　）と呼ばれる色素タンパク質があり，PrとPfrという2つの型がある。Prは（　イ　）色光をよく吸収してPfrに，Pfrは（　ウ　）色光をよく吸収してPrへ可逆的に相互変換する性質をもっている。セイヨウタンポポの種子は（　イ　）色光を照射するとよく発芽し，（　ウ　）色光を照射するとごく一部が発芽した。一方，シナノタンポポは（　イ　）色光を照射したときのみ発芽した。

問1．文中の（　ア　）～（　ウ　）に入る適切な語を答えよ。

問2．図の記号を利用して，調査地域全体におけるセイヨウタンポポの個体群密度（X）を推定する式を作成せよ。

問3．下線部①に関連して，在来種のシナノタンポポは有性生殖で種子を形成し，一方，外来種のセイヨウタンポポは卵細胞が受精なしに胚発生し種子が形成される。個体数の増加において，セイヨウタンポポの繁殖方法がシナノタンポポよりも有利となる理由を90字以内で説明せよ。

問4．下線部②に関連して，セイヨウタンポポとシナノタンポポの生き残り戦略として正しい記述をa～cから1つ選べ。

　a．シナノタンポポは，個体群密度が低く日当たりのよい場所で発芽しやすい。

　b．個体群密度が高い場所での個体の定着数は，シナノタンポポの方が多い。

　c．個体群密度が高い場所のセイヨウタンポポは，個体当たりの頭花数が増加する。

（信州大改題）

💡**ヒント**
問3．n_c や n_d を面積Bで割れば，それぞれの区画の単位面積当たりの個体数を求められる。

総合演習

228. 神経回路 ◆次のⅠ，Ⅱの文章を読み，下の各問いに答えよ。

Ⅰ　脳内では，複数のニューロンがシナプスを介して結合し，神経回路をつくっている。興奮性と抑制性のシナプス結合をもつ神経回路の例を以下の図１A～図１Cとして示す。これらの神経回路のシナプス結合は，次の２点の性質をもつとする。

(ⅰ)　１つの興奮性シナプスからの興奮性シナプス後電位によってシナプス後細胞で活動電位が生じる。

(ⅱ)　抑制性シナプス後電位は興奮性シナプス後電位を一定時間打ち消すことができる。

　　図１Aの入力刺激とニューロン n1～n4 の活動電位の発生パターンが図２Aのようになった。横軸が時間，縦軸が活動電位の大きさを表している。

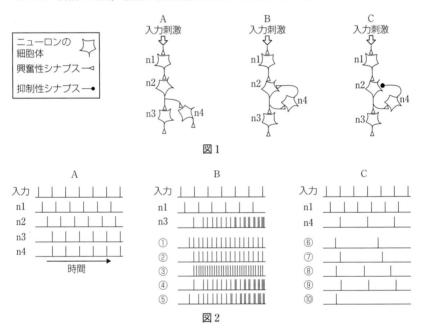

図1

図2

問１．図１Bの入力刺激とニューロン n1 と n3 の活動電位の発生パターンが図２Bのようになるとき，図１Bのニューロン n2 と n4 の活動電位の発生パターンはどのようになるか。図２Bの①～⑤からそれぞれ選び，番号で答えよ。

問２．図１Cの入力刺激とニューロン n1 と n4 の活動電位の発生パターンが図２Cのようになるとき，図１Cのニューロン n2 と n3 の活動電位の発生パターンはどのようになるか。図２Cの⑥～⑩からそれぞれ選び，番号で答えよ。

Ⅱ　アフリカツメガエルの幼生は，左右の体側筋を交互に収縮することによって水中で遊泳行動する。アフリカツメガエル幼生の遊泳軌跡(高速度ビデオ撮影画像)を図３Aとして示し，左体側筋(図３Aの矢印部)の収縮変化の一部を図３Bとして示す。図３Cに簡略化して示した神経回路によって，このようなリズミカルな行動パターンがつくられると考えられており，これら複数のニューロンの遊泳中の活動電位の発生パターンの一部

を図３Ｄとして示す。ただし，図３Ｃの興奮性と抑制性シナプスの性質は前述のⅠで示した(i)と(ii)の性質をもつとする。また，ニューロン n1 と n4 は活動電位を連続して４回発生するが，その最後の活動電位の発生後20ミリ秒間は一般的に興奮できない性質をもつとする。

A

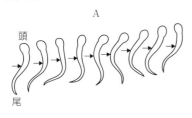

B

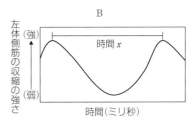

C

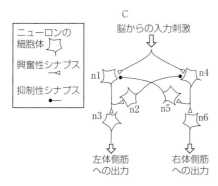

D

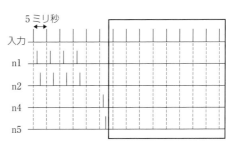

図３

問３．図３Ｃのニューロン n1，n2，n4，n5 の活動電位の発生パターンの続きを右図の太線枠内部に描き完成させよ。

問４．図３Ｄで示したように入力刺激が５ミリ秒間隔でくり返して入力されるとき，図３Ｂの時間 x は何ミリ秒になるか，答えよ。

問５．図３Ｃのニューロン n1 と n4 が活動電位を連続して２回発生して，その最後の活動電位発生後20ミリ秒間は一時的に興奮できない性質をもっていた場合は，図３Ａの場合と比べてどのような泳ぎ方になるか，次の(A)～(E)から１つ選び，記号で答えよ。

(A)　尾を振るリズムがゆっくりとなり，尾の曲がりは大きくなる。

(B)　尾を振るリズムがゆっくりとなり，尾の曲がりは小さくなる。

(C)　尾を振るリズムが速くなり，尾の曲がりは大きくなる。

(D)　尾を振るリズムが速くなり，尾の曲がりは小さくなる。

(E)　左右の体側筋が同時に収縮するため，尾を曲げることができなくなる。

(北海道大改題)

💡ヒント
問５．最初に n1 が活動電位を２回発生したとして，n1，n2，n4，n5 の活動電位の発生パターンがどのようになるかを考える。

229. 植物の花芽形成 ◆次の文章を読み，以下の各問いに答えよ。

種子植物を日長に対する花芽形成のようすから大きく分けると，日長が一定の長さ以上になると花芽を形成する長日植物，日長が一定の長さ以下(暗期が一定の長さ以上)になると花芽を形成する短日植物，また，日長や暗期の長さに関係なく一定の大きさに成長すると花芽を形成する中性植物の3種類になる。このうち，短日植物で，①花芽形成が起こりはじめる連続暗期の長さは植物が生育する環境によって異なっている。熱帯地方を原産とする植物の場合，関東地方の自然条件下では開花しないことが多い。サツマイモはアサガオと同じ短日植物であるがアサガオとは異なり，関東地方では自然条件下で花を咲かせることは難しい。そこでサツマイモの開花を誘導する方法を検討するため，図1に示すように，アサガオの芽ばえに，根を切除したサツマイモの芽ばえを接ぎ木する実験を行った。

これらの植物を長日条件で栽培したところ，いずれの植物においても花芽は形成されなかった。一方，(a)のアサガオで花芽が形成される短日条件では，(c)と(e)で穂木*のサツマイモにおいても花芽が形成され，(b)と(d)では花芽は形成されなかった。

さらに(c)の接ぎ木植物でアサガオの子葉をアルミホイルで覆い，葉に光が当たる時間を短日条件と一致させると，長日条件下でも花芽が形成された。

　*穂木　接ぎ木のときに根を残し土に植わっている方を台木といい，根を切除して台木に接ぐ植物のことを穂木という。

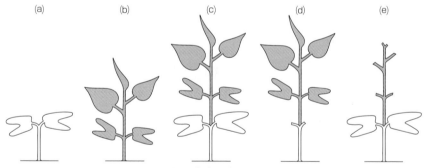

図1　実験に用いた植物

(a)　アサガオの芽ばえ
(b)　サツマイモの芽ばえ
(c)　アサガオの芽ばえにサツマイモを接ぎ木した植物
(d)　アサガオの葉を切除した芽ばえにサツマイモを接ぎ木した植物
(e)　アサガオの芽ばえに葉を切除したサツマイモを接ぎ木した植物

開花したアサガオには，赤紫色の花をつける個体と，青色の花をつける個体がみられた。赤紫色の花の個体は，アントシアン合成に関与する酵素の遺伝子Mに，潜性の突然変異が生じ，正常な色素の合成ができなくなっていた。ここでは突然変異の生じたアレル(対立遺伝子)をmと表記することにする。また，複数の花弁でつくられる器官を花冠といい，ア

サガオは図2のように花弁が融合した花冠をもつが，開花した
アサガオには，花冠が大きい個体と，花冠が小さい個体がみら
れた。花冠の大きさの違いは遺伝子Nによるもので，潜性のア
レルnがホモ接合のときに花冠は小さくなっていた。MとNは
同じ染色体に存在している。今，青色で花冠の大きい花をもつ
個体と，赤紫色で花冠が小さい個体を交配して雑種第一代を得
た。次に，この雑種に再び赤紫色で花冠が小さい花をもつ個体
を交配したところ，次のように表現型が分離した。

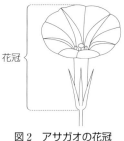

花冠

図2 アサガオの花冠

青色の花，大きい花冠　83個体　　　　青色の花，小さい花冠　18個体

赤紫色の花，大きい花冠　22個体　　　赤紫色の花，小さい花冠　77個体

問1．下線部①の花芽形成が起こりはじめる連続暗期の長さを何というか記せ。

問2．植物では，日長などの環境要因に応じてフロリゲンと呼ばれる物質が合成され，フ
ロリゲンの働きによって花芽形成が誘導されることが知られている。次の文章は図1の
植物(a)〜(e)を使った本文の実験結果からわかる，フロリゲンの特徴について述べている。
この文章の　ア　から　オ　に最も適切な語句を以下の語群より選べ。ただし，
同じ語句は2度使うことができない。

【語群】　より短い　　より長い　　サツマイモの葉　　アサガオの子葉

サツマイモの茎　　アサガオの茎　　アサガオの芽ばえ　　穂木のサツマイモ

サツマイモの根　　アサガオの根　　温度　　日長　　光の波長

　(a)のアサガオでは花芽が形成される短日条件でも，(b)のサツマイモでは花芽が形成さ
れなかったため，サツマイモでは　ア　連続暗期がフロリゲンの合成に必要である
ことがわかる。

　次に，花芽が形成されなかった(b)のサツマイモを(c)のようにアサガオの芽ばえに接ぎ
木すると，接ぎ木植物では花芽が形成されたため，フロリゲンは　イ　から
　ウ　へ移動することがわかる。一方，(e)のようにサツマイモの葉を切除しても花芽
は形成されるが，(d)のようにアサガオの子葉を切除した場合には，穂木のサツマイモに
花芽が形成されなかった。そのため，接ぎ木植物(c)におけるフロリゲンの合成には
　エ　が必要であることがわかる。さらに，接ぎ木植物(c)を長日条件で栽培しても，
アサガオの子葉をアルミホイルで覆って短日条件を与えると，花芽が形成されたため，
アサガオは子葉で　オ　の情報を受容することがわかる。

問3．次の(1)，(2)に答えよ。

(1)　遺伝子Mと遺伝子Nの組換え価(%)を計算式とともに示せ。

(2)　雑種第一代を自家受粉して得られる雑種第二代の表現型を示し，その出現数の比を
最も簡単な整数比で示せ。

(21. 茨城大改題)

💡**ヒント**
問2．(a)〜(e)のうち，花芽が形成された株の共通点に着目する。

論述問題

■1 進化と系統

■基|本|問|題

□**230.** 化学進化について，次の語をすべて用いて65字以内で説明せよ。
【生物の誕生，無機物，有機物】

□**231.** 遺伝的浮動について，次の語をすべて用いて35字以内で説明せよ。
【世代，遺伝子頻度】

□**232.** DNA の塩基配列やタンパク質のアミノ酸配列のデータをもとにした分子系統樹が，形質をもとにした系統樹よりも優れている点を，次の語をすべて用いて55字以内で説明せよ。【分岐年代，分子時計，2つの種】

□**233.** ウーズが提唱した3ドメイン説とはどのような考え方か，次の語をすべて用いて60字以内で説明せよ。【rRNA，グループ，界，ドメイン，分類階級】

□**234.** 旧口動物と新口動物の発生様式の違いを，次の語をすべて用いて50字以内で答えよ。【胚発生，原口】

■発|展|問|題

□**235.** 有性生殖を行う生物が配偶子をつくり出す際に行う減数分裂は，生物に遺伝的な多様性をもたらす重要なプロセスでもある。遺伝的多様性を生み出すための配偶子形成時の2つのしくみとはどのようなものか，100字以内で説明せよ。 (21. 三重大改題)

□**236.** 新しい機能をもった遺伝子が誕生する過程において，遺伝子重複が重要な役割を果たしてきたと考えられている。遺伝子重複のあとに，新しい機能をもった遺伝子が誕生するしくみを100字以内で説明せよ。 (お茶の水女子大)

□**237.** 突然変異で DNA の塩基配列が変化しても，タンパク質のアミノ酸配列は変化しないことがある。それはどのようなときか，50字以内で説明せよ。 (21. 大分大)

□**238.** 種は，生物の分類の基本となる単位である。生物学で最も一般的に使用される種の定義を，70字以内で説明せよ。 (21. 大阪医科薬科大改題)

□**239.** 植物の主要な生物群(コケ植物・シダ植物・裸子植物・被子植物)はどのように進化してきたか，次の語をすべて用いて125字以内で説明せよ。
【子房，種子，胞子，維管束，胚珠】 (21. 熊本大)

300　論述問題

■基|本|問|題|

☑**240.** 生命活動おける水がもつ主な役割を，次の語をすべて用いて40字以内答えよ。
【溶媒，比熱】

☑**241.** 能動輸送と受動輸送の違いについて，次の語をすべて用いて60字以内で答えよ。
【拡散，ATP，濃度勾配】

☑**242.** 脂質二重層とはどのような構造か，次の語をすべて用いて60字以内で説明せよ。
【リン脂質，疎水性，親水性】

☑**243.** 高温になるとタンパク質は，酵素としての働きを失う。なぜタンパク質は高温になると酵素としての働きを失うのか，次の語をすべて用いて20字以内で説明せよ。
【熱，立体構造】
(21. 三重大改題)

☑**244.** 酵素に基質特異性がみられる理由を，次の語をすべて用いて60字以内で答えよ。
【活性部位，立体構造】

■発|展|問|題|

☑**245.** 動物細胞では，水に次いで多い構成物質はタンパク質であるが，植物細胞では，水に次いで多い構成物質は何か。理由とともに50字以内で答えよ。
(21. 福井県立大)

☑**246.** 細胞膜のリン脂質二重層に対する通過のしやすさがホルモンによって異なる理由を，リン脂質二重層とホルモンの物質としての性質にもとづいて65字以内で説明せよ。
(21. 大阪医科薬科大改題)

☑**247.** リボソームで合成されたタンパク質が，小胞体からゴルジ体へどのように運ばれるかを100字以内で答えよ。
(21. 立教大改題)

☑**248.** 酵素におけるアロステリック効果とはどのようなものか80字以内で答えよ。
(21. 東京医科歯科大改題)

☑**249.** 一定量の酵素に対して基質の濃度をしだいに増していくと，基質濃度がある濃度に達するまでは反応速度は上昇するが，それ以上では反応速度が一定になる。反応速度が一定になる理由を80字以内で答えよ。
(21. 前橋工科大改題)

論述問題

■基|本|問|題|

☑ **250.** 植物の葉は，クロロフィルがあるため緑色に見える。緑色に見える理由を，クロロフィルの性質にもとづき，次の語をすべて用いて60字以内で説明せよ。
【青紫色光，赤色光，緑色光，反射】

☑ **251.** クロロフィルaは，赤色の光（波長680nm付近）と青色～青紫色の光（430nm付近）を強く吸収し，500nm付近の光はほとんど吸収しない。しかし，500nm付近の光も光合成には有効である。その理由を，次の語をすべて用いて30字程度で答えよ。
【カロテン，光合成色素，吸収】 (名古屋大改題)

☑ **252.** カルビン回路は光に依存しない反応であるが，多くの植物では昼間に働く。その理由を，次の語をすべて用いて60字程度で説明せよ。
【ATP，NADPH，光】 (慶応大改題)

☑ **253.** 酸素の供給を止めると，電子伝達系に引き続き，クエン酸回路も停止する。その理由を，次の語をすべて用いて140字以内で述べよ。
【NADH，$FADH_2$，NAD^+，FAD】

☑ **254.** 呼吸商とはどのような値か。次の語をすべて用いて40字以内で説明せよ。
【酸素，二酸化炭素，体積】 (滋賀医科大改題)

■発|展|問|題|

☑ **255.** 19世紀の科学者は，好気性細菌を利用して，緑藻類に単に光を当てる実験とプリズムを用いて光を分光して当てる実験を行っている。それぞれの実験結果と，そこから判明した事実を，「光合成」の語を用いて130字以内で説明せよ。 (東京農工大改題)

☑ **256.** 光合成と呼吸とは，共通するしくみにより ATP 合成を行っている。そのしくみを50字以内で説明せよ。 (21. 岐阜大改題)

☑ **257.** C_4植物は，C_3植物よりも乾燥した場所での生育に適している理由を「蒸散」の語を用いて70字以内で説明せよ。 (21. 岐阜大改題)

☑ **258.** 光合成に用いる色素以外で，光合成細菌が行う光合成と植物やシアノバクテリアが行う光合成のしくみの違いについて，100字以内で説明せよ。 (富山大改題)

☑ **259.** ミトコンドリアのマトリックスで起こる反応過程と，内膜で起こる反応過程について，それぞれ説明せよ。

■基|本|問|題|

☑ **260.** PCR 法で用いられる DNA ポリメラーゼの特徴を次の語をすべて用いて30字以内
で説明せよ。【好熱菌，最適温度，失活】

☑ **261.** 電気泳動法において，DNA 断片の長さに応じて移動する距離に差が生じる原理を
「分子量」の語を用いて60字以内で説明せよ。

☑ **262.** 遺伝子の発現について，DNA の塩基配列ではなく，RNA シーケンシングによって
mRNA を調べることの利点を次の語をすべて用いて40字以内で説明せよ。
【発現，細胞，発現量】

☑ **263.** トランスジェニック植物を作成する際に，ある除草剤に対して耐性となる遺伝子を
目的の遺伝子とともにプラスミドに組み込んでおくと，作成した植物を効率よく取得す
ることができる。その理由を，次の語をすべて用いて70字程度で述べよ。
【培地，除草剤，排除】　　　　　　　　　　　　　　　　　　　　　　（東京大改題）

☑ **264.** 現在，日本をはじめ，多くの国で遺伝子治療が行えるのは，倫理的な問題などによ
って特定の体細胞に限られている。これに関して，特定の体細胞に限っている理由を，
次の語をすべて用いて50字以内で述べよ。【生殖細胞，胚，次世代】

☑ **265.** 近年のヒトゲノム計画の発展によって，個人のゲノムを解明することが可能になっ
た。これにより，どのような問題が生じる可能性があると考えられるか。次の語をすべ
て用いて，50字以内で説明せよ。【疾病，個人情報】　　　　　　　　　（徳島大改題）

■発|展|問|題|

☑ **266.** 遺伝子組換えにおいて，目的の遺伝子を切り出す場合とプラスミドを切る場合は同
じ種類の制限酵素を使用する理由を120字以内で説明せよ。　（20. 東京医科歯科大改題）

☑ **267.** PCR は 3 つの温度(95℃，60℃，72℃)をくり返すことで，鋳型 DNA から増幅され
る。それぞれの温度で起こる反応について110字以内で説明せよ。　（19. 関西学院大改題）

☑ **268.** 遺伝子組換えの技術を利用してのインスリンの産生が，ブタやウシのすい臓からの
インスリン精製より優れている点を，100字以内で答えよ。　　　　　（岡山県立大改題）

☑ **269.** iPS 細胞を医療に応用する場合，ES 細胞に比べてどのような長所があるか。また，
どのような問題点があるか。250字以内で述べよ。　　　　　　　　　（滋賀医科大改題）

論述問題

■基|本|問|題|

☑ **270.** 調節タンパク質とは何か，次の語をすべて用いて90字以内で説明せよ。
【調節遺伝子，転写調節領域，アクチベーター，リプレッサー】

☑ **271.** ハウスキーピング遺伝子とは何か，次の語をすべて用いつつ，例を挙げて65字以内で説明せよ。【生命活動，細胞の種類】

☑ **272.** 母性因子とは何か，次の語をすべて用いて50字以内で説明せよ。
【母体，卵，発生】

☑ **273.** プログラム細胞死とは何か，細胞死の様式に言及し，次の語をすべて用いて80字以内で説明せよ。【発生過程，核，DNA】

☑ **274.** 誘導の連鎖の例として，眼の形成があげられる。イモリの尾芽胚期に神経管から眼の基本構造が完成するまでの過程を，次の語をすべて用いて90字以内で説明せよ。
【眼杯，水晶体，角膜，表皮，網膜】　　　　　　　　　　　　（滋賀医科大改題）

■発|展|問|題|

☑ **275.** 多細胞動物での精子形成過程と卵形成過程の異なる点を110字以内で述べよ。
（18．東京医科歯科大改題）

☑ **276.** 哺乳類における，一般の体細胞分裂と卵割の大きな違いは何か。40字以内で述べよ。
（東京大改題）

☑ **277.** バイソラックス突然変異体およびアンテナペディア突然変異体の形態的特徴について，それぞれ簡潔に説明せよ。
（福岡教育大）

☑ **278.** ゼブラフィッシュの原腸胚における背腹軸形成には，胚の腹側で産生される分泌タンパク質BMPと，背側で産生される分泌タンパク質コーディンが重要な役割を果たしている。あるBMPタンパク質の遺伝子欠失変異体では，腹側組織が縮小して背側組織が増大した。一方，コーディン遺伝子の欠失変異体では，背側組織が縮小して腹側組織が増大した。このとき，コーディン，BMP遺伝子の両方が欠失した二重変異体は，コーディン変異体かBMP変異体のどちらかの胚と同じ形態を示した。どちらの変異体の胚と同じ形態を示すと考えられるか，理由も含めて140字以内で述べよ。
（20．名古屋大改題）

■基|本|問|題|■■■

☑**279.** 有髄神経繊維と無髄神経繊維で興奮の伝導速度を比較すると，有髄神経繊維の方が速い。その理由を次の語をすべて用いて65字以内で答えよ。
【髄鞘，絶縁性，ランビエ絞輪】

☑**280.** ウマでは赤を見分けることができない。このことから考えられるウマの視細胞の特徴を「錐体細胞」の語を用いて，ヒトの視細胞と比較して50字以内で説明せよ。

☑**281.** トロポニンにカルシウムイオンが結合した後に生じるアクチンフィラメントの変化について，次の語をすべて用いて50字以内で答えよ。
【ミオシン結合部位，トロポミオシン】

☑**282.** 短時間の激しい運動では，クレアチンリン酸が利用される。そのときの，クレアチンリン酸の役割について，次の語をすべて用いて35字以内で説明せよ。
【リン酸，ATP，再合成】　　　　　　　　　　　　　　　　　　（20．鳥取大改題）

☑**283.** 慣れの形成は，神経伝達物質の量が減ることによって起こる。神経伝達物質が減少する2つの原因を，次の語をすべて用いて70字以内で説明せよ。
【シナプス小胞，不活性化】

■発|展|問|題|■■■

☑**284.** 刺激によって神経細胞に生じた興奮が脳に送られる際に，神経細胞間の情報伝達はシナプスを介して行われる。シナプスにおける神経伝達物質を用いた情報伝達のしくみを次の語をすべて用いて，150字以内で説明せよ。
【シナプス前細胞，カルシウムイオン，シナプス後細胞】　　　　（20．大阪市立大改題）

☑**285.** 天文愛好家は，望遠鏡の視野の中心にある淡い星を見るときに，そらし目（視野の中心ではない部位を見ること）で観察するとよく見えることを知っている。そらし目で観察するとよく見えるのは，視細胞の機能と分布のどのような特徴によるものか，次の語をすべて用いて80字以内で説明せよ。
【黄斑，周辺，視野の中心】　　　　　　　　　　　　　　　　　（21．同志社大改題）

☑**286.** 宇宙ステーション内では，前庭と半規管の働きは地上とどのように異なるか。考えられることを150字以内で述べよ。　　　　　　　　　　　　　　　　　　（20．滋賀医科大改題）

論述問題

■基|本|問|題|

☑ **287.** 被子植物のおしべの葯では花粉母細胞から花粉が形成される。この花粉が完成する
までの過程を次の語をすべて用いて80字以内で説明せよ。
【花粉母細胞，花粉，減数分裂，体細胞分裂】

☑ **288.** 光発芽種子では，赤色光と遠赤色光がフィトクロムに受容されることで発芽が調節
される。光発芽種子における発芽調節のしくみについて，次の語をすべて用いて80字以
内で説明せよ。なお，Pfr と Pr は1字として数えること。
【赤色光，遠赤色光，Pfr 型，Pr 型，発芽】

☑ **289.** 屈性と傾性の違いを，次の語をすべて用いて65字以内で説明せよ。
【屈曲，刺激の方向】

☑ **290.** シロイヌナズナにおいて，フロリゲンはどこで合成され，どこを通って茎頂に運ば
れるか。次の語をすべて用いて35字以内で説明せよ。
【フロリゲン，合成，輸送，茎頂】

■発|展|問|題|

☑ **291.** 重複受精とは何か。130字以内で説明せよ。　　　　　　　　　　　(21. 東京学芸大)

☑ **292.** 赤色光下においた野生型のシロイヌナズナに弱い青色光を照射すると，葉面温度の
低下が観察された。その理由を40字以内で述べよ。　　　　　　　　(21. 法政大改題)

☑ **293.** マカラスムギの幼葉鞘は正の光屈性を示す。このしくみについてオーキシンの移動
に着目し，次の語句をすべて用いて120字以内で説明せよ。
【オーキシン，合成，光の当たる側，光の当たらない側，移動，細胞成長】

☑ **294.** 成熟したリンゴの果実と未熟なリンゴの果実を同じ容器の中に入れて密閉したとこ
ろ，未熟なリンゴの果実も成熟した。未熟な果実が成熟した理由を70字以内で述べよ。
　　　　　　　　　　　　　　　　　　　　　　　　　　　　　　(21. 石川県立大)

☑ **295.** 気孔が閉じるしくみを，次の語をすべて用いて100字以内で説明せよ。
【水，K^+，アブシシン酸，膨圧，浸透圧】

☑ **296.** 植物体内のオーキシンの移動には方向性がある。オーキシンの下方への移動につい
て，方向性が生じるしくみを次の語をすべて用いて150字以内で説明せよ。
【細胞膜，輸送タンパク質，基部側】　　　　　　　　　　　　　(21. 工学院大改題)

■基|本|問|題|

☑ **297.** 個体数は無制限にふえることはなく途中から頭打ちになる。その理由について，次の語をすべて用いて60字以内で述べよ。【密度，不足】

☑ **298.** 植食性動物が群れをつくることは，個体にとってどのような有利な点があるか。次の語をすべて用いて60字以内で答えよ。【警戒，採食，時間】

☑ **299.** 生態的地位が類似した２種が，類似性を維持したまま長期間共存できるのはどのような場合か。次の語をすべて用いて50字以内で答えよ。【資源，種間競争】

☑ **300.** 生態系における物質の流れとエネルギーの流れの違いについて，次の語をすべて用いて60字以内で述べよ。【炭素，窒素，熱，循環】 (新潟大改題)

☑ **301.** 個体群絶滅の要因にもなる近交弱勢とはどのようなことか，次の語をすべて用いて60字以内で説明せよ。【遺伝子，交配，適応度】

■発|展|問|題|

☑ **302.** ダイズの成長に伴う質量の変化を調べると，個体群の密度を変えたときに，単位面積当たりの個体群の質量が変化することが分かる。ただし，時間が経過すると，種子をまいたときの密度に関係なくほぼ一定の値になる。どのようなことが起こってこのような結果となったのか，130字以内で説明せよ。 (20. お茶の水大改題)

☑ **303.** 縄張りとは何か。行動圏との違いが明確になるように80字以内で述べよ。
(18. 京都大改題)

☑ **304.** マメ科の植物の根に微生物との共生によってつくられる特別な構造の名称をあげて，その共生関係を130字以内で説明せよ。 (21. 高知工科大改題)

☑ **305.** 浅海域と外洋域の単位面積当たりの年純生産量を比べた時に，浅海域が大きい理由と外洋域が小さい理由を，合わせて100字以内で説明せよ。 (21. 金沢大改題)

☑ **306.** 窒素や炭素は生態系のなかを循環している。炭素は動物と植物の間でどのように循環しているか，130字以内で説明せよ。 (20. 大阪市立大改題)

☑ **307.** 遺伝的多様性の低下が個体群の絶滅を引き起こしやすくする理由を「環境の変化」という語を用いて，130字以内で説明せよ。 (18. 日本女子大改題)

知識

☑ **❶. 進化** ■次の文章を読み，以下の各問いに答えよ。

　生物は有機物をつくることができるが，地球に誕生した最初の生命体を構成していた有機物は，生物によらず化学的に生成したに違いない。そのような考え方にもとづき，生命に必要な物質が生命の出現以前に生成されていったであろう過程が研究されている。この過程を(a)化学進化という。他方，生命活動にはエネルギーが必要である。生物におけるエネルギーの獲得は，かつては光合成がすべての基盤になっていると考えられていた。しかし，1977年に，深海底から熱水が噴出する場所で，光合成に依存しない生物群集が発見された。この生物群集の生命活動のエネルギーを支えているのは，(b)化学合成細菌であった。この発見をもとに，一部の研究者は，(c)地球上に誕生した初期の生命体は，化学合成によってエネルギーを得ていた，という仮説を提唱した。この仮説のとおり，初期の生命体が化学合成によって栄養を得ていた独立栄養生物であったにしろ，あるいはそうではなく，体外から栄養を取り入れる従属栄養生物であったにしろ，初期生命体が生まれた後，(d)酸素を発生する光合成生物が現れ，更に(e)酸素を用いて呼吸をする生物が出現することで，地球上の生命は急速に多様化し，繁栄の道をたどっていった。

問1．下線部(a)について，次のa～cのうち，現在考えられている化学進化の過程として適当な記述はどれか。それを過不足なく含むものを，後の①～⑦のうちから1つ選べ。

　a．無機物から段階的に複雑な有機物が生成された。

　b．ATPがエネルギー物質として使われるようになってはじめて，ほかの有機物がつくられた。

　c．紫外線や放電などの物理的な現象が供給するエネルギーで，化学反応が進行した。

　① a　② b　③ c　④ a，b　⑤ a，c　⑥ b，c　⑦ a，b，c

問2．下線部(b)について，化学合成細菌のエネルギー獲得方法の例として最も適当なものを，次の①～⑤のうちから1つ選べ。

　① 水を分解して酸素を発生する。　② 亜硝酸イオンを硝酸イオンにする。

　③ 二酸化炭素から糖を合成する。　④ 糖を分解して二酸化炭素を発生する。

　⑤ 糖を分解して乳酸にする。

問3．下線部(c)に関連して，地球上の初期の生命体が，ほかの生物の有機物に依存しない独立栄養生物であった場合にも，従属栄養生物であった場合と同様に，その誕生の前には化学進化の過程が必要であったと考えられる。その理由として最も適当なものを，次の①～⑤のうちから1つ選べ。

　① 無機物からエネルギーを取り出す代謝には，光エネルギーは必ずしも必要ではないため。

　② 有機物を合成する代謝には，エネルギーが必要であるため。

　③ 有機物を合成する代謝のしくみ自体に，有機物が必要であるため。

　④ 有機物から代謝で取り出せるエネルギーの大きさが，有機物の種類で異なるため。

　⑤ 有機物を分解する代謝には，無機物が生じる反応があるため。

問4．下線部(d)に関連して，図は，地球の大気の酸素濃度が歴史的にどのように変化してきたかを，地球上で起きた出来事のおおよその時期とともに示している。この図の時系列の情報を踏まえた，地球と生物の歴史についての考察として適当でないものを，後の①〜⑤のうちから1つ選べ。

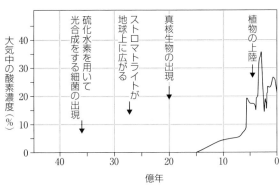

① 酸素発生をする光合成生物で最初に出現したものは，原核生物であった。

② 酸素発生をする光合成生物が繁栄しはじめてから，大気中の酸素濃度が現在の3割に達するまでには，約20億年かかった。

③ 大気中の酸素濃度が現在の半分程度まで上昇した後に，生物は陸上に進出した。

④ 光合成をする細菌が出現してから，光合成生物が酸素を発生する能力を獲得するまでには，約20億年が必要であった。

⑤ ミトコンドリアが獲得された時期の大気中の酸素濃度は，現在の1割にも満たなかった。

問5．下線部(e)に関連して，酵母のなかまの多くはアルコール発酵(以下，発酵)によってエネルギーを得ることができる一方，酸素を用いた呼吸によりエネルギーを得ることもできる。そのうちの多くの種では，グルコースが十分に存在すると，酸素の存在下でも発酵によってエネルギーを得る。その理由に関する次の考察文中のア〜ウに入る語句の組み合わせとして適当なものを，後の①〜⑧のうちから1つ選べ。

グルコース1分子当たりに合成されるATP量(ATP合成の効率)は発酵のほうが呼吸よりも(ア)。また，グルコースが十分に存在する条件でのATP合成の最大速度(単位時間当たりに合成可能なATP量)は，発酵のほうが呼吸よりも大きい。このため，細胞分裂の頻度が(イ)ときなど，単位時間当たりに獲得できるエネルギー量が重要となる条件では，たとえ酸素が存在する条件であっても，呼吸よりも発酵でエネルギーを得るほうが有利になると考えられる。ただし，発酵により解糖系の産物が(ウ)されてできたエタノールは，多くの微生物の生育を阻害するため，他の微生物との競争関係において発酵を行うことが利点になっている可能性も考えられる。

	ア	イ	ウ
①	多 い	高 い	酸 化
②	多 い	高 い	還 元
③	多 い	低 い	酸 化
④	多 い	低 い	還 元

	ア	イ	ウ
⑤	少ない	高 い	酸 化
⑥	少ない	高 い	還 元
⑦	少ない	低 い	酸 化
⑧	少ない	低 い	還 元

(22. 共通テスト追試改題)

思考

☐ **❷. 受精** ■次の文章を読み，以下の各問いに答えよ。

多くの動物の卵では，受精すると (a)小胞体に含まれている Ca^{2+} が放出され，卵の細胞質基質の Ca^{2+} 濃度が一時的に上昇する。これを Ca^{2+} 波と呼ぶ。Ca^{2+} 波は，受精膜の形成や，卵が発生するために必要なさまざまな代謝系の活性化（以下，卵の活性化）に必要である。(b)両生類のイモリや哺乳類のマウスは (c)体内受精を行い，受精の際に卵内に進入する精子の細胞質基質のタンパク質によって，Ca^{2+} 波が誘起される。イモリでは，(d)精子の細胞質基質に存在する酵素Xが，卵内で Ca^{2+} 波を誘起することが明らかとなっている。酵素Xは次に示す反応を触媒する酵素で，通常はミトコンドリアにおいてクエン酸を生成しているが，逆方向の反応の触媒も可能である。

オキサロ酢酸 ＋ アセチルCoA ＋ H_2O $\rightleftharpoons$ クエン酸 ＋ CoA

問1. 下線部(a)の働きに関する記述として最も適当なものを，次の ① ～ ⑤ のうちから 1 つ選べ。

① 内部にチラコイドをもち，ATP を合成する。

② 内部に DNA をもち，mRNA を合成する。

③ タンパク質を細胞外へ分泌（エキソサイトーシス）するための小胞をつくる。

④ 内部に分解酵素を含み，細胞内で生じた不要物を取り込んだ小胞と融合して，不要物を分解する。

⑤ リボソームで合成されたタンパク質を取り込み，他の細胞小器官への輸送に関わる。

問2. 下線部(b)に関連して，イモリとマウスに共通する特徴として適当でないものを次の ① ～ ⑤ のうちから 1 つ選べ。

① 胚の発生期に脊索をもつ時期がある。　　② 胚の発生期に羊膜を生じる。

③ 有髄神経繊維をもつ。　　　　　　　　　④ 腎臓で体液の塩分濃度を調節する。

⑤ 顎をもつ。

問3. 下線部(c)について，右表は，脊索動物の生殖の様式のリストである。表を参考に，脊索動物の体内受精に関する考察として最も適当なものを，後の ① ～ ⑥ のうちから 1 つ選べ。

体内受精を行う動物		体外受精を行う動物	
哺 乳 類	マウスなどすべての種	両 生 類	カエル，サンショウオのなかまなど
鳥 　 類	ニワトリなどすべての種	硬骨魚類	メダカなど多くの種
ハ 虫 類	トカゲなどすべての種	無 顎 類	ヌタウナギなどすべての種
両 生 類	イモリのなかまなど	原索動物	ナメクジウオ，多くのホヤなど
硬骨魚類	ウミタナゴなど一部の種		
軟骨魚類	サメなどすべての種		
原索動物	一部のホヤなど		

① 体内受精の獲得には，肺をもつ必要があった。

② 体内受精の獲得には，胎生である必要があった。

③ 体内受精は，淡水での生殖を行うために必要な条件であった。

④ 体内受精は，水のない環境での生殖を行うために必要な条件であった。

⑤ 体内受精は，脊椎動物ではじめて獲得された。

⑥ 体内受精は，四足（四肢）動物ではじめて獲得された。

問４．下線部(d)について，Ca^{2+} 波の誘起における酵素Xの働きを調べるため，イモリを用いて実験１～５を行った。実験１～５の結果から導かれる，Ca^{2+} 波の誘起における酵素Xの働きに関する考察として最も適当なものを，後の①～④のうちから１つ選べ。

実験１　酵素Xを未受精卵に注入したところ，Ca^{2+} 波がみられた。

実験２　酵素Xの阻害剤Aをあらかじめ未受精卵に添加してから酵素Xを注入したところ，Ca^{2+} 波はみられなかった。

実験３　精子の細胞質基質の成分を分析したところ，クエン酸が大量に含まれていた。

実験４　未受精卵にクエン酸を注入したところ，Ca^{2+} 波はみられなかった。

実験５　未受精卵にアセチル CoA を注入したところ，Ca^{2+} 波がみられた。

①　ミトコンドリアにおける呼吸を活性化し，ATP の合成量を増加させることで Ca^{2+} 波を誘起する。

②　卵内のクエン酸の生成を活性化し，生成されたクエン酸が Ca^{2+} 波を誘起する。

③　卵内でアセチル CoA の生成を活性化し，生成されたアセチル CoA が Ca^{2+} 波を誘起する。

④　卵内でオキサロ酢酸の生成を活性化し，生成されたオキサロ酢酸が Ca^{2+} 波を誘起する。

問５．下線部(d)に関連して，多くの動物では，１個の卵に進入する精子は１個であるが，興味深いことにイモリでは多くの場合，複数個の精子が進入する多精が起こる。この場合でも，最終的に卵核と融合する精子の核は１個である。イモリにおける卵の活性化と多精の関係を調べるため，問４の実験１を発展させ，多数の未受精卵を用いて，卵に注入する酵素Xの量と Ca^{2+} 波が誘起された卵の割合との関係を調べたところ，下図の結果が得られた。図から相対値１の量の酵素Xで Ca^{2+} 波が誘起される確率は，２割であることがわかる。１回当たり相対値１の量の酵素Xを卵に複数回注入したとき，Ca^{2+} 波を誘起する確率は毎回同じであるとすると，後の記述 a ～ d のうち，図から導かれる考察はどれか。それを過不足なく含むものを，後の①～⑧のうちから１つ選べ。ただし，８割以上の卵で Ca^{2+} 波が誘起されたとき，卵の活性化に十分であるとみなす。

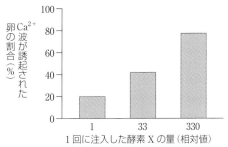

注：精子１個当たりの酵素Xの量を相対値１とする。

a．５個の精子の進入は，確率的に卵の活性化に十分である。

b．10個の精子の進入は，確率的に卵の活性化に十分である。

c．精子５個分の酵素Xの１回の注入は，卵の活性化に十分である。

d．精子10個分の酵素Xの１回の注入は，卵の活性化に十分である。

①　b　　②　d　　③　a，b　　④　c，d　　⑤　b，d　　⑥　a，b，d

⑦　b，c，d　　⑧　a，b，c，d

（22．共通テスト追試改題）

思考

☐ ❸. バイオテクノロジー ■次の文章を読み，以下の各問いに答えよ。

　栽培種のキクは，病原菌に感染することで枯れたり成長が抑制されたりすることがある。そこで，トランスジェニック植物の作製技術を用いて，キクに病原菌に対する抵抗性を付与する研究が進めてられている。その実験方法の一例として，手順1～3がある。

手順1　薬剤Kの耐性遺伝子Xを組み込んだプラスミドを準備する。薬剤Kを与えると，遺伝子Xが導入されていない植物の細胞は増殖できないが，遺伝子Xが導入された植物の細胞は増殖することができる。(a)このプラスミドに病原菌に対する抵抗性を付与する遺伝子YのDNAを取り込み，図1のプラスミドを作製する。なお，作製したプラスミドにおいて，遺伝子Xと遺伝子Yはいずれも転写調節領域とプロモーターに連結されており，それぞれの遺伝子は導入された植物細胞で発現する。

遺伝子X
（薬剤Kに対する耐性を付与）

遺伝子Y
（病原菌に対する抵抗性を付与）

図1

手順2　図1のプラスミドをアグロバクテリウムに導入する。このアグロバクテリウムを，輪切りにしたキクの茎の細胞に感染させる。その後，茎から多数の新たな芽（不定芽）を形成させる。これらの不定芽には，遺伝子Xと遺伝子Yの両方が導入されたものと，どちらも導入されていないものとがある。

手順3　(b)薬剤Kを含む培地で，手順2で得られた不定芽を培養する。その後，不定芽から植物体を再生させ，トランスジェニック植物を作製する。作製したトランスジェニック植物で(c)遺伝子Yが発現していることを確認する。

問1．下線部(a)について，プラスミドに遺伝子YのDNAを組み込む際に必要な処理や操作に関する次の文中のア・イに入る語句として最も適当なものを，後の①～③のうちから1つずつ選べ。

　遺伝子YのDNAの両端とプラスミドのそれぞれを（　ア　）で切断後，（　イ　）を用いて両者をつなぐ。

①　制限酵素　　②　DNAヘリカーゼ　　③　DNAリガーゼ

問2．下線部(b)について，トランスジェニック植物の作製過程で，この操作を行う理由として最も適当なものを，次の①～⑤のうちから1つ選べ。

①　遺伝子Yが導入された細胞で，遺伝子Yの働きを適度に弱めるため。

②　遺伝子Yが導入された細胞の分化を抑制し，導入されていない細胞の分化を促進するため。

③　遺伝子Yが導入されていない細胞が，増殖しないようにするため。

④　遺伝子Yが導入されていない細胞が，未分化な状態を維持するため。

⑤　遺伝子Yが導入された細胞とされていない細胞を同程度に増殖させるため。

問3．下線部(c)について，図2はキクの染色体に組み込まれた遺伝子Yを模式的に示したものである。トランスジェニック植物における遺伝子Yの転写に関する後の文章中のウ・エに入る語句として最も適当なものを，後の①～④のうちからそれぞれ1つ選べ。

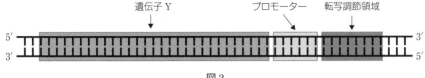

図2

　遺伝子Yは（　ウ　）によって転写される。遺伝子Yが転写される際にアンチセンス鎖（鋳型鎖）となるのは，図2に示す2本鎖のうち，（　エ　）の鎖である。

① RNAポリメラーゼ　　② DNAポリメラーゼ　　③ 上側　　④ 下側

問4．手順1～3により作製したトランスジェニック植物を自家受精させて多数の種子を回収し，発芽させ，育てた。このとき得られた個体のうち，病原体に対する抵抗性をもつ個体の割合として最も適当なものを，次の①～⑤のうちから1つ選べ。ただし，トランスジェニック植物を作製したキクは二倍体であり，遺伝子Yはキクの細胞で1本の染色体の1箇所に組み込まれたものとする。

① 25%　　② 33%　　③ 50%　　④ 75%　　⑤ 100%

（22．共通テスト本試改題）

思考

☐❹．自由交配と自家受精　■個体数が減少すると近親交配の機会が増して，生まれてくる子の生存率や成長速度が低下することがある。これは，低頻度で存在する潜性の有害なアレルがホモ接合になることで起こる。近親交配が生じるとホモ接合体が増えることは，中立なアレルを用いて確かめることができる。自家受精によるホモ接合体の頻度の変化に関する次の文章中のア・イに入る数値の組合せとして最も適当なものを，後の①～⑧のうちから1つ選べ。

　まず，自由に交配が行われている個体群を考え，1組のアレルAとa（Aはaに対して顕性）を含む遺伝子座において，潜性のホモ接合体aaの頻度が1%であるとする。このとき，ヘテロ接合体Aaの頻度は（　ア　）%である。ここで，すべての個体が自家受精によって等しい数の子を次世代に残すとすると，aaの個体が次世代に残す子の遺伝子型はすべてaaとなるが，Aaの個体が残す子の4分の1もaaとなる。したがって，次世代におけるaaの頻度は（　イ　）%と求められ，自由に交配が行われていた親世代に比べて頻度が高まる。

	ア	イ			ア	イ
①	1.98	1.495		⑤	18	4.5
②	1.98	2.495		⑥	18	5.5
③	9	2.25		⑦	54	13.5
④	9	3.25		⑧	54	14.5

（22．共通テスト追試改題）

思考

☑ **❺. 植物ホルモン** ▨次の文章を読み，以下の各問いに答えよ。

授業で光合成について学んだヨウコさんは，植物が葉以外の部分でも光合成をするのかを知りたくなった。根は白いし，そもそも土の中に存在するので光合成をしないはずだと考えて調べてみると，樹木に付着して大気中に根を伸ばすランのなかまや，幹を支える支柱根を地上に伸ばすヒルギのなかまでは，根が緑色になって光合成をしているという記事を見つけた。さらに，その記事に紹介されていたシロイヌナズナを用いた論文では，根に光が当たっても必ず緑色になるわけではなく，図のように植物ホルモンのオーキシンやサイトカイニンの添加，あるいは茎から切断されることによって，根のクロロフィル量が変化することが報告されていた。

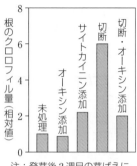

注：発芽後2週目の芽ばえに各処理を行い，光照射下で7日間育成した。

問1．ヨウコさんは，図をもとに，どのような場合に根が緑色になるのかを考えてみた。根が緑色になるかどうかを制御するしくみに関して，図の結果から導かれる考察として最も適当なものを，次の①〜⑤のうちから1つ選べ。

① オーキシンは，根の緑化を促進する作用をもつ。

② サイトカイニンは，根の緑化を促進する作用をもつ。

③ オーキシンとサイトカイニンは，どちらも根の緑化を阻害する。

④ オーキシンとサイトカイニンは，どちらも根の緑化に関係しない。

⑤ 茎や葉は，根の緑化に関係しない。

問2．ヨウコさんは，緑色になった根が実際に光合成をするかどうか自分で確かめたいと思い，次の実験を計画した。

最初に，息を吹き込んだ試験管に根を入れて，ゴム栓でふたをしてしばらく光をあてる。次に，試験管に石灰水を入れてすぐにふたをしてよく振り，石灰水が濁らなければ，光合成をしていると結論できると考えた。しかし，この計画を友達に話したところ，たとえ石灰水が濁らなくても，それだけでは本当に光合成によるものかどうか分からないと指摘されたので，追加実験を計画した。このとき追加すべき実験として適当でないものを，次の①〜⑤のうちから1つ選べ。

① 根を入れないで同じ実験をする。　② 光を当てないで同じ実験をする。

③ 石灰水の代わりにオーキシン溶液を入れて同じ実験をする。

④ 石灰水に息を吹き入れて石灰水が濁ることを確認する。

⑤ 根の代わりに光合成をすることが確実な葉を入れて同じ実験をする。

問3．ヨウコさんは，樹木に取りついたランの根がなぜ緑色なのかにも興味をもち，そのしくみを調べるため，茎と葉を切除して，その後の根にみられる変化を経時的に測定する実験を計画した。このときに測定すべき項目として適当でないものを，次の①〜④のうちから1つ選べ。

① クロロフィル量　② ひげ根の長さの総和　③ オーキシン濃度

④ サイトカイニン濃度 　　　　　　　　　　(21. 共通テスト第一日程改題)

思考

☐ **❻. 物質収支** ▨ 次の文章を読み，以下の各問いに答えよ。

　サンゴ礁になぜ多種多様な魚類が高密度で生息しているのかを明らかにするため，魚類の物質収支を調べた。あるサンゴ礁に生息している魚類を，サンゴの隙間などに隠れて暮らすハゼなどの種（以下，小型底生魚）と，これらの小型底生魚を主要な餌とするハタなどの種（以下，大型魚）との2群にわけることとした。これら2群の単位面積当たりの年間成長量，年間被食量，および現存量は，図1のとおりであった。

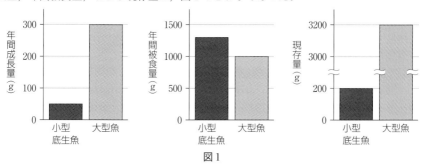

図1

問1．図1にもとづいた，サンゴ礁の魚類の物質収支と群集の特性についての考察に関する，次の文章中のア・イに入る語として最も適当なものを，下の①～⑤のから1つ選べ。

　　小型底生魚は，大型魚に比べて（　ア　）が大きく，年間の死亡率が（　イ　）と考えられる。

① 現存量　　② 年間成長量　　③ 年間被食量　　④ 低い　　⑤ 高い

問2．図1の結果をもとに，小型底生魚と大型魚の，年間生産量（同化量から呼吸量と老廃物排出量を引いた量）と，現存量に対する年間生産量の割合を，死滅量を無視して計算すると，表1のようになった。表1のウ・エに入る数値として最も適当なものを，下の①～⑥のうちからそれぞれ1つ選べ。ただし，同じものをくり返し選んでもよい。

表1

	年間生産量(g)	年間生産量／現存量(%)
小型底生魚	1350	（　エ　）
大型魚	（　ウ　）	41

① 25　　② 50　　③ 338　　④ 675　　⑤ 1300　　⑥ 6750

問3．一般に，高次の栄養段階の生物の現存量が低次のそれに比べて小さくなるような，生態ピラミッドと呼ばれる構造がみられる。図1と表1とから導かれる，このサンゴ礁の生態系についての考察に関する次の文章中のオ・カに入る語句として最も適当なものを，下の①～⑤のうちから1つ選べ。

　　小型底生魚では，大型魚に比べ，現存量当たりの生産量は（　オ　）。そのため，生態ピラミッドは，低次の栄養段階の現存量が（　カ　）構造を示す。

オの選択肢：① 小さい　　② ほぼ等しい　　③ 大きい

カの選択肢：④ 小さい，逆転した　　⑤ 大きい，すそ野の広い

(21. 共通テスト第二日程改題)

共通テスト対策

■1 原子の構成

❶元素と原子　物質を構成する基本の成分を元素といい，物質を構成する最小の粒子を原子という。原子の中心には，中性子と正（＋）の電気を帯びた陽子を含む原子核があり，そのまわりを負（－）の電気を帯びた電子が回っている。原子核には，その元素に固有の数の陽子が含まれており，この数を原子番号という。原子では，電子の数が陽子の数に等しく，原子全体としては電気的に中性である。陽子の数と中性子の数との和を質量数という。原子の質量は，質量数にほぼ比例する。

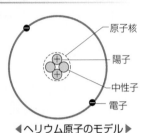

◀ヘリウム原子のモデル▶

❷原子量　原子の質量は，質量数12の炭素の質量を「12」とし，これを基準とした相対的な値（相対質量）で表される。これを原子量という。

おもな元素の原子量の例	
水素　H＝1	酸素　O＝16
炭素　C＝12	ナトリウム　Na＝23
窒素　N＝14	リン　P＝31

■2 同位体

多くの元素には，原子核中の陽子の数は同じだが，中性子の数が異なるものがある。このように，原子番号は同じであるが質量数の異なるものを同位体という。同位体は，質量が異なるだけで，化学的性質は同じである。

- **放射性同位体**　同位体のなかには，^{14}C のように自然に崩壊して放射線を出す性質（放射能）をもつものがある。これを放射性同位体（ラジオアイソトープ）という。

同位体の例

元素	同位体		
	非放射性		放射性
水素	^1H	^2H	^3H
炭素	^{12}C	^{13}C	^{14}C
窒素	^{14}N	^{15}N	
酸素	^{16}O	^{18}O	
リン	^{31}P		^{32}P

■3 分子と分子量

物質固有の化学的性質をもつ最小の単位を分子という。分子はいくつかの原子から構成されている。分子の相対的質量を分子量といい，分子を構成している原子の原子量の和に等しい。分子をつくらず結晶をつくっている NaCl などの組成式で表される物質では，分子量に相当する値として式量が用いられる。式量は，組成式を構成する各元素の原子量の和として求められる。

物　質	分子式	分子量の求め方		分子量	1 mol の質量
水	H_2O	$1×2＋16＝18$	（原子量）	18	18 g
酸　素	O_2	$16×2＝32$	⎧ O…16	32	32 g
二酸化炭素	CO_2	$12×1＋16×2＝44$	⎨ H…1	44	44 g
エタノール	C_2H_6O	$12×2＋1×6＋16＝46$	⎩ C…12	46	46 g
グルコース	$C_6H_{12}O_6$	$12×6＋1×12＋16×6＝180$		180	180 g

4 物質量（モル）

　アボガドロ数（$6.02×10^{23}$）個の粒子（原子・分子・イオンなど）の集団を 1 モル（**mol**）という。モルを単位として示された量を物質量という。物質 1 mol の質量（モル質量）は，原子量，分子量，式量の数値にグラム毎モル（g/mol）をつけたものとなる。また，1 mol の気体の体積（モル体積）は，標準状態（ 0 ℃, 1013hPa）のもとでは，気体の種類に関わらず 22.4 L/mol である。

5 溶液の濃度

❶**質量パーセント濃度**　溶液の質量に対する溶質の質量の割合をパーセント（%）で表した濃度を質量パーセント濃度という。

$$質量パーセント濃度（\%）＝\frac{溶質の質量（g）}{溶液の質量（g）}×100＝\frac{溶質の質量（g）}{溶媒の質量（g）＋溶質の質量（g）}×100$$

❷**モル濃度**　溶液 1 L 中に含まれる溶質の量を物質量（mol）で表した濃度をモル濃度という。

$$モル濃度（mol/L）＝\frac{溶質の物質量（mol）}{溶液の体積（L）}$$

6 酸・塩基・塩

- 酸…水に溶けて H^+ を生じる物質。
- 塩基…水に溶けて OH^- を生じる物質。
- 塩…酸と塩基の中和によって生じる酸の陰イオンと塩基の陽イオンからなる物質。

酸	化学式	塩基	化学式	塩	化学式
塩　酸	HCl	水酸化ナトリウム	NaOH	塩化ナトリウム	NaCl
炭　酸	H_2CO_3	水酸化カリウム	KOH	硝酸カリウム	KNO_3
リン酸	H_3PO_4	アンモニア	NH_3	炭酸カルシウム	$CaCO_3$
				リン酸カルシウム	$Ca_3(PO_4)_2$
（有機酸）酢酸，ピルビン酸，乳酸，クエン酸		（有機塩基）アデニン，グアニン，チミン，シトシン，ウラシル		炭酸水素ナトリウム	$NaHCO_3$

7 水素イオン指数（pH）

　水溶液の酸性またはアルカリ性の強弱は，いずれも H^+ のモル濃度（水素イオン濃度）の大小を用いて 1 つの指標で示すことができる。これを水素イオン指数といい，**pH** をつけて表す。pH7 が中性で，この値が小さいほど水素イオン濃度が大きく酸性が強い。

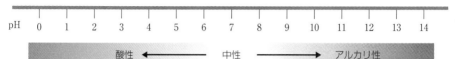

8 酸化・還元

　下のような反応をそれぞれ酸化，還元という。酸化と還元は常に同時に起こり，このような反応を酸化還元反応という。

酸化…「物質が酸素を受け取る」「物質から水素が奪われる」「物質から電子が奪われる」
還元…「物質から酸素が奪われる」「物質が水素を受け取る」「物質が電子を受け取る」

9 光の性質

　光は，電磁波と呼ばれる波の一種である。電磁波は，電気と磁気の振動が空間を伝わる波である。波の，隣り合う山から山，谷から谷までの距離を波長という。ヒトの眼に見える波長の光を可視光線といい，その範囲は，およそ 380〜770 nm の範囲である。太陽の光や電灯の光はさまざまな波長の光を含み，白色光と呼ばれる。太陽光をプリズムに通すと，スクリーン上に虹のような一連の色の帯が見える。この現象を光の分散といい，このとき見られる色の帯は，スペクトルと呼ばれる。

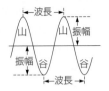

光	波長の範囲〔nm〕	色
紫外線	約10〜380	
可視光線	380〜430	紫
	430〜490	青
	490〜550	緑
	550〜590	黄
	590〜640	橙
	640〜770	赤
赤外線	770〜約10^5	

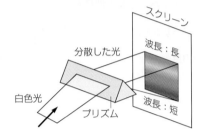

10 等差数列

　ある規則に従って1列に並べられた数の列を数列といい，数列に含まれる各数を項という。数列の項は，最初の項から順に第1項，第2項，……といい，n番目の項を第n項，第1項を特に初項という（nは自然数）。数列の第n項 a_n がnの式で与えられるとき，これを数列$\{a_n\}$の一般項という。数列のうち，各項に一定の数dを加えることによって次の項が得られるものを等差数列といい，dをその数列の公差という。初項a，公差dの等差数列$\{a_n\}$の一般項a_nは，次のように表される。　$a_n = a + (n-1)d$

〔例〕　0，2，4，6，8，……のように表される数列は，初項0，公差2の等差数列であり，一般項a_nは $a_n = 0 + (n-1)\cdot 2 = 2n - 2$

11 順列と組み合わせ

　異なるn個のものからr個を取り出し，それを1列に並べた順列の総数は，r個の数の積として次のように表される。　$\displaystyle {}_nP_r = \frac{n!}{(n-r)!} = n(n-1)(n-2)\cdots\cdots(n-r-1)$

〔例〕　4種類のものから重複せずに3個を選んで1列に並べるとき，選び方の総数は，

$\displaystyle {}_4P_3 = \frac{4!}{(4-3)!} = 24$通り　（重複を許して3個を選ぶ場合，$4^3 = 64$通り）

　また，異なるn個のものからr個を取り出す組み合わせの総数は，次のように表される。

$$\displaystyle {}_nC_r = \frac{{}_nP_r}{r!} = \frac{n(n-1)\cdots\cdots(n-r-1)}{r(r-1)\cdots\cdots 2\cdot 1} = \frac{n!}{r!(n-r)!}$$

〔例〕　4種類のものから3個を選ぶとき，その組み合わせは，

$\displaystyle {}_4C_3 = \frac{{}_4P_3}{3!} = \frac{4!}{3!\,1!} = 4$ 通り

付録② 指数，有効数字

1 指数

$10=10^1$，$10 \times 10 = 10^2$，$10 \times 10 \times 10 = 10^3$，…のように，10を$n$個掛け合わせたものを$10^n$と表し，$n$を$10^n$の指数という。

nを正の整数として，10^0，10^{-n}は，次のように定められる。

$$10^0 = 1 \quad \cdots ① \qquad 10^{-n} = \frac{1}{10^n} \quad \cdots ②$$

〈例〉$\underbrace{300000000}_{\text{0が8個}} = 3 \times 10^8$ $\qquad \underbrace{0.0000000005}_{\text{0が10個}} = 5 \times 10^{-10}$

● 指数計算の法則：m，nを整数として，次の関係が成り立つ。

$$10^m \times 10^n = 10^{m+n} \quad \cdots ③$$
$$10^m \div 10^n = 10^{m-n} \quad \cdots ④$$
$$(10^m)^n = 10^{mn} \quad \cdots ⑤$$

2 有効数字とその計算

❶ **有効数字**　理科で扱う数値は測定による数値であり，誤差が含まれている。測定値のうち，信頼できる数値のことを有効数字，その数字の個数を桁数といい，「有効数字○桁」のように表す。

〈例〉1.30…有効数字3桁　　　0.036…有効数字2桁

有効数字の桁数を明確にするため，最上位の桁を1の位におき，$□ \times 10^n$ の形で表す。ただし，$1 \leqq □ < 10$ とする。

〈例〉$245.5 \rightarrow 2.455 \times 10^2$ $\qquad 0.0230 \rightarrow 2.30 \times 10^{-2}$

❷ **有効数字の計算**

(a)　**足し算・引き算：計算結果の末位を，最も末位の高いものにそろえる。**

〈例〉$7.1\,\text{cm} + 2.55\,\text{cm} = 9.65\,\text{cm}$ $\qquad 9.7\,\text{cm}$

最も末位の高い数値は7.1である。計算結果9.65の末位をこの数値にそろえるためには，小数第2位の5を四捨五入して，9.7とする。

```
      7.1
 +)   2.5 5
      9.6 5
        7
```
：誤差を含む部分

(b)　**掛け算・割り算：計算結果の桁数を，有効数字の桁数が最も少ないものにそろえる。**

〈例〉$45.1\,\text{cm} \times 6.8\,\text{cm} = 306.68\,\text{cm}^2$ $\qquad 3.1 \times 10^2\,\text{cm}^2$

計算結果の306.68を$□ \times 10^n$の形で表すと，3.0668×10^2となる。ここで，有効数字の桁数が最も少ない数値は6.8で，計算結果の桁数をこの桁数（有効数字2桁）にそろえる。

したがって，$3.0668 \times 10^2 \rightarrow 3.1 \times 10^2$

有効数字2桁┘　└ここを四捨五入する。

```
      4 5.1
 ×)    6.8
    3 6.0 8
  2 7 0.6
  3 0.6 6 8
      1
```

出題大学一覧

数字は問題番号を，（　）内は掲載ページを示す。

新課程版 セミナー生物

2023年1月10日　初版　第1刷発行
2025年1月10日　初版　第3刷発行

編　者　第一学習社編集部

発行者　松本　洋介

発行所　株式会社 第一学習社

広島：広島市西区横川新町7番14号　〒733-8521　☎ 082-234-6800
東京：東京都文京区本駒込5丁目16番7号　〒113-0021　☎ 03-5834-2530
大阪：吹田市広芝町8番24番　〒564-0052　☎ 06-6380-1391

札　幌 ☎ 011-811-1848　　仙台 ☎ 022-271-5313　　新　潟 ☎ 025-290-6077
つくば ☎ 029-853-1080　　横浜 ☎ 045-953-6191　　名古屋 ☎ 052-769-1339
神　戸 ☎ 078-937-0255　　広島 ☎ 082-222-8565　　福　岡 ☎ 092-771-1651

訂正情報配信サイト 47328-03
利用に際しては，一般に，通信料が発生します。

https://dg-w.jp/f/266bc

47328-03

ISBN978-4-8040-4732-4

■落丁，乱丁本はおとりかえいたします。

ホームページ
https://www.daiichi-g.co.jp

生物の系

植物界

種子植物

裸子植物	被子植物（子房を形成）	
	双子葉類	単子葉類
アカマツ, ソテツ, イチョウ	ヤマザクラ, キキョウ, アサガオ, バラ	オニユリ, ヒガンバナ, アヤメ

種子を形成

シダ植物
ゼンマイ,
スギナ,
ワラビ

コケ植物
スギゴケ,
ゼニゴケ,
ツノゴケ

維管束を形成

菌界

担子菌類
マツタケ,
シイタケ,
マイタケ

子のう菌類
酵母,
アオカビ,
アミガサタケ

担子胞子を
形成

子のう胞子
を形成

菌糸が
隔壁をもつ

地衣類
ウメノキゴケ,
マツゲゴケ,
サルオガセ

地衣類は，菌類と藻類
が共生する特殊な生物
群を指す。

接合菌類
ケカビ,
クモノスカビ

菌糸からなる

原生生物界

車軸藻類
シャジクモ

緑藻類
アオサ,
ミル

褐藻類
ワカメ,
マコンブ,
ホソメコンブ

変形菌類
ジクホコリ,
ムラサキホコリ

細胞性粘菌類
キイロタマ
ホコリカビ

クロロフィル
a，bをもつ

ケイ藻類
ハネケイソウ,
ホシガタケイソウ

紅藻類
アサクサノリ,
マクサ,
カバノリ

クロロフィル
aをもつ

クロロフィル
a，cをもつ

変形体

細菌

モネラ界

細菌

大腸菌,
根粒菌,
乳酸菌,
緑色硫黄細菌,
硝酸菌

シアノバクテリア
イシクラゲ,
ユレモ

始